# 中国核科学技术进展报告

(第八卷)

中国核学会 2023 年学术年会论文集

中国核学会 ◎ 编

# 第 3 册

核材料分卷

核化学与放射化学分卷

锕系物理与化学分卷

科学技术文献出版社

· 北京 ·

图书在版编目（CIP）数据

中国核科学技术进展报告. 第八卷. 中国核学会2023年学术年会论文集. 第3册，核材料、核化学与放射化学、锕系物理与化学 / 中国核学会编. —北京：科学技术文献出版社，2023.12
ISBN 978-7-5235-1044-5

Ⅰ.①中… Ⅱ.①中… Ⅲ.①核技术—技术发展—研究报告—中国 Ⅳ.① TL-12

中国国家版本馆 CIP 数据核字（2023）第 229299 号

中国核科学技术进展报告（第八卷）第3册

| 策划编辑：丁芳宇 | 责任编辑：孙江莉 | 责任校对：张永霞 | 责任出版：张志平 |

| 出 版 者 | 科学技术文献出版社 |
| --- | --- |
| 地　　址 | 北京市复兴路15号　邮编 100038 |
| 编 务 部 | （010）58882938，58882087（传真） |
| 发 行 部 | （010）58882868，58882870（传真） |
| 邮 购 部 | （010）58882873 |
| 官方网址 | www.stdp.com.cn |
| 发 行 者 | 科学技术文献出版社发行　全国各地新华书店经销 |
| 印 刷 者 | 北京厚诚则铭印刷科技有限公司 |
| 版　　次 | 2023年12月第1版　2023年12月第1次印刷 |
| 开　　本 | 880×1230　1/16 |
| 字　　数 | 678千 |
| 印　　张 | 24 |
| 书　　号 | ISBN 978-7-5235-1044-5 |
| 定　　价 | 120.00元 |

版权所有　违法必究

购买本社图书，凡字迹不清、缺页、倒页、脱页者，本社发行部负责调换

# 中国核学会 2023 年学术年会大会组织机构

| | |
|---|---|
| **主办单位** | 中国核学会 |
| **承办单位** | 西安交通大学 |
| **协办单位** | 中国核工业集团有限公司　　国家电力投资集团有限公司 |
| | 中国广核集团有限公司　　　清华大学 |
| | 中国工程物理研究院　　　　中国工程院 |
| | 中国科学院近代物理研究所　中国华能集团有限公司 |
| | 哈尔滨工程大学　　　　　　西北核技术研究院 |
| **大会名誉主席** | 余剑锋　中国核工业集团有限公司党组书记、董事长 |
| **大会主席** | 王寿君　中国核学会党委书记、理事长 |
| | 卢建军　西安交通大学党委书记 |
| **大会副主席** | 王凤学　张涛　邓戈　欧阳晓平　庞松涛　赵红卫　赵宪庚 |
| | 姜胜耀　殷敬伟　巢哲雄　赖新春　刘建桥 |
| **高级顾问** | 王乃彦　王大中　陈佳洱　胡思得　杜祥琬　穆占英　王毅韧 |
| | 赵军　丁中智　吴浩峰 |
| **大会学术委员会主任** | 欧阳晓平 |
| **大会学术委员会副主任** | 叶奇蓁　邱爱慈　罗琦　赵红卫 |
| **大会学术委员会成员** | （按姓氏笔画排序） |
| | 于俊崇　万宝年　马余刚　王驹　王贻芳　邓建军 |
| | 叶国安　邢继　吕华权　刘承敏　李亚明　李建刚 |
| | 陈森玉　罗志福　周刚　郑明光　赵振堂　柳卫平 |
| | 唐立　唐传祥　詹文龙　樊明武 |
| **大会组委会主任** | 刘建桥　苏光辉 |
| **大会组委会副主任** | 高克立　田文喜　刘晓光　臧航 |
| **大会组委会成员** | （按姓氏笔画排序） |
| | 丁有钱　丁其华　王国宝　文静　帅茂兵　冯海宁　兰晓莉 |
| | 师庆维　朱华　朱科军　刘伟　刘玉龙　刘蕴韬　孙晔 |
| | 苏萍　苏艳茹　李娟　李亚明　杨志　杨辉　杨来生 |
| | 吴蓉　吴郁龙　邹文康　张建　张维　张春东　陈伟 |
| | 陈煜　陈启元　郑卫芳　赵国海　胡杰　段旭如　昝元锋 |

|  |  |
|---|---|
|  | 耿建华　徐培昇　高美须　郭　冰　唐忠锋　桑海波　黄　伟<br>黄乃曦　温　榜　雷鸣泽　解正涛　薛　妍　魏素花 |
| **大会秘书处成员** | （按姓氏笔画排序） |
|  | 于　娟　王　笑　王亚男　王明军　王楚雅　朱彦彦　任可欣<br>邬良苊　刘　宣　刘思岩　刘雪莉　关天齐　孙　华　孙培伟<br>巫英伟　李　达　李　彤　李　燕　杨士杰　杨骏鹏　吴世发<br>沈　莹　张　博　张　魁　张益荣　陈　阳　陈　鹏　陈晓鹏<br>邵天波　单崇依　赵永涛　贺亚男　徐若珊　徐晓晴　郭凯伦<br>陶　芸　曹良志　董淑娟　韩树南　魏新宇 |
| **技术支持单位** | 各专业分会及各省级核学会 |
| **专　业　分　会** | 核化学与放射化学分会、核物理分会、核电子学与核探测技术分会、原子能农学分会、辐射防护分会、核化工分会、铀矿冶分会、核能动力分会、粒子加速器分会、铀矿地质分会、辐射研究与应用分会、同位素分离分会、核材料分会、核聚变与等离子体物理分会、计算物理分会、同位素分会、核技术经济与管理现代化分会、核科技情报研究分会、核技术工业应用分会、核医学分会、脉冲功率技术及其应用分会、辐射物理分会、核测试与分析分会、核安全分会、核工程力学分会、锕系物理与化学分会、放射性药物分会、核安保分会、船用核动力分会、辐照效应分会、核设备分会、近距离治疗与智慧放疗分会、核应急医学分会、射线束技术分会、电离辐射计量分会、核仪器分会、核反应堆热工流体力学分会、知识产权分会、核石墨及碳材料测试与应用分会、核能综合利用分会、数字化与系统工程分会、核环保分会、高温堆分会、核质量保证分会、核电运行及应用技术分会、核心理研究与培训分会、标记与检验医学分会、医学物理分会、核法律分会（筹） |
| **省级核学会** | （按成立时间排序） |
|  | 上海市核学会、四川省核学会、河南省核学会、江西省核学会、广东核学会、江苏省核学会、福建省核学会、北京核学会、辽宁省核学会、安徽省核学会、湖南省核学会、浙江省核学会、吉林省核学会、天津市核学会、新疆维吾尔自治区核学会、贵州省核学会、陕西省核学会、湖北省核学会、山西省核学会、甘肃省核学会、黑龙江省核学会、山东省核学会、内蒙古核学会 |

# 中国核科学技术进展报告
（第八卷）

## 总编委会

主　　任　欧阳晓平

副主任　　叶奇蓁　邱爱慈　罗　琦　赵红卫

委　　员　（按姓氏笔画排序）

于俊崇　万宝年　马余刚　王　驹　王贻芳
邓建军　叶国安　邢　继　吕华权　刘承敏
李亚明　李建刚　陈森玉　罗志福　周　刚
郑明光　赵振堂　柳卫平　唐　立　唐传祥
詹文龙　樊明武


### 编委会办公室

主　　任　刘建桥

副主任　　高克立　刘晓光　丁坤善

成　　员　（按姓氏笔画排序）

丁芳宇　于　娟　王亚男　朱彦彦　刘思岩
李　蕊　张　丹　张　闫　张雨涵　胡　群
秦　源　徐若珊　徐晓晴

## 核材料分卷
### 编委会

主　任　蒙大桥

副主任　马文军　冯海宁　任宇宏　杨启法　陈　瑜
　　　　周跃民　易　伟　胡晓丹　唐亚平　黄群英
　　　　韩恩厚

委　员　（按姓氏笔画排序）
　　　　王　虹　田春雨　朱国胜　刘马林　江小川
　　　　李正操　李爱军　张乐福　畅　欣　郑绪华
　　　　姚美意　袁改焕　钱跃庆　凌云汉　温　丰
　　　　薛新才

## 核化学与放射化学分卷
### 编委会

主　任　张生栋

副主任　丁有钱　沈兴海

委　员　（按姓氏笔画排序）
　　　　丁有钱　王祥科　史克亮　冯孝贵　吴　浪
　　　　沈兴海　张生栋　袁立永　徐　凯

## 锕系物理与化学分卷
### 编委会

主　任　刘柯钊

副主任　刘　宁

委　员　（按姓氏笔画排序）
　　　　丁有钱　王　健　王殳凹　帅茂兵　孙晶晶

# 前　言

《中国核科学技术进展报告（第八卷）》是中国核学会 2023 学术双年会优秀论文集结。

2023 年中国核科学技术领域取得重大进展。四代核电和前沿颠覆性技术创新实现新突破，高温气冷堆示范工程成功实现双堆初始满功率，快堆示范工程取得重大成果。可控核聚变研究"中国环流三号"和"东方超环"刷新世界纪录。新一代工业和医用加速器研制成功。锦屏深地核天体物理实验室持续发布重要科研成果。我国核电技术水平和安全运行水平跻身世界前列。截至 2023 年 7 月，中国大陆商运核电机组 55 台，居全球第三；在建核电机组 22 台，继续保持全球第一。2023 年国务院常务会议核准了山东石岛湾、福建宁德、辽宁徐大堡核电项目 6 台机组，我国核电发展迈进高质量发展的新阶段。我国核工业全产业链从铀矿勘探开采到乏燃料后处理和废物处理处置体系能力全面提升。核技术应用经济规模持续扩大，在工业、医学、农业等各领域，产业进入快速扩张期，预计 2025 年可达万亿市场规模，已成为我国核工业强国建设的重要组成部分。

中国核学会 2023 学术双年会的主题为"深入贯彻党的二十大精神，全力推动核科技自立自强"，体现了我国核领域把握世界科技创新前沿发展趋势，紧紧抓住新一轮科技革命和产业变革的历史机遇，推动交流与合作，以创新科技引领绿色发展的共识与行动。会议为期 3 天，主要以大会全体会议、分会场口头报告、张贴报告等形式进行，同时举办以"核技术点亮生命"为主题的核技术应用论坛，以"共话硬'核'医学，助力健康中国"为主题的核医学科普论坛，以"核能科技新时代，青年人才新征程"为主题的青年论坛，以及以"心有光芒，芳华自在"为主题的妇女论坛。

大会共征集论文 1200 余篇，经专家审稿，评选出 522 篇较高水平的论文收录进《中国核科学技术进展报告（第八卷）》公开出版发行。《中国核科学技术进展报告（第八卷）》分为 10 册，并按 40 个二级学科设立分卷。

《中国核科学技术进展报告（第八卷）》顺利集结、出版与发行，首先感谢中国核学会各专业分会、各工作委员会和 23 个省级（地方）核学会的鼎力相助；其次感谢总编委会和 40 个（二级学科）分卷编委会同仁的严谨作风和治学态度；最后感谢中国核学会秘书处和科学技术文献出版社工作人员在文字编辑及校对过程中做出的贡献。

《中国核科学技术进展报告（第八卷）》总编委会

# 核材料
## Nuclear Material

# 目 录

关于单独锻焊接见证件锻造比的研究 …………………………… 王祥元，刘 芳，张立殷，等（1）

二氧化硅纳米气凝胶保温材料钠冷快堆运行工况实验研究 …… 张金权，阮章顺，付晓刚，等（8）

Incoloy 800H 合金在 950 ℃两种气氛下氧化行为研究 ………… 李昊翔，郑 伟，杜 斌，等（16）

核燃料管座增材制造过程的变形控制 …………………………… 秦国鹏，张海发，艾才垚，等（23）

乏燃料后处理厂溶解设备材料研究综述 ……………………………… 赵 远，陈思喆，陆 燕（29）

国产新锆合金腐蚀和吸氢行为研究 ……………………………… 张鹏飞，俞海平，高 博，等（36）

Inconel 617 和 Incoloy 800H 合金在高温堆环境中的腐蚀

 行为研究 ……………………………………………………… 郑 伟，何学东，李昊翔，等（44）

核用锆合金棒材不同类型超声人工缺陷检测探讨 ………………… 卢 辉，李恒羽，马静卫（52）

LOCA 事故工况下锆包壳的韧-脆行为研究进展 ………………… 赵琬倩，吕俊男，张 伟，等（58）

梯度密度仪在包覆燃料颗粒致密热解炭层密度测量方面的

 研究与应用 …………………………………………………… 高 原，张 芳，李自强，等（65）

超高温气冷堆燃料元件制备和性能评价研究 …………………… 刘马林，程心雨，刘泽兵，等（71）

高温铅铋环境铁马钢表面氧化膜微动磨损行为研究 …………… 米 雪，孙 奇，郑学超，等（80）

SiC/MoSi$_2$-SiC-Si 涂层在水气条件下氧化行为研究 …………… 杨 辉，韦晓钰，赵宏生，等（86）

TRISO 颗粒 SiC 层纳米力学行为的分子动力学模拟 …………… 严泽凡，刘泽兵，田 宇，等（93）

SiC 材料沉积制备过程的分子动力学模拟 …………………… 田 宇，严泽凡，刘荣正，等（105）

锆铪分离碱洗余水回用及锆回收试验研究 ……………………… 王育学，孔冬成，龚道坤（116）

核电厂主汽门取压管断裂原因分析 ………………………………………… 张 震，赵 亮，张 维（126）

热处理状态对 FeCrAl 合金激光焊接头组织与性能影响研究 ……… 梁雨茵，牛屹天，胡琰莹（132）

15-15Ti 不锈钢锁底结构激光-TIG 复合焊接焊缝

 性能分析 …………………………………………………………… 关 怀，徐晓东，张雪伟，等（139）

干法粉末制备免磨削中心开孔芯块技术研究 ……………………… 高志欢，叶力华，张 涛（146）

高温气冷堆燃料元件基体石墨热膨胀各向异性

 测量影响因素的研究 ………………………………………… 张凯红，赵宏生，程 星，等（153）

单棒绕丝点焊工艺优化研究 ………………………………………… 张蒙蒙，郭天阳，孔云德（159）

基于物理信息神经网络的镍基 617 合金蠕变-疲劳寿命

 预测框架 ………………………………………………………… 王蓝仪，张 行，邓 晰，等（166）

TRISO 包覆颗粒中致密热解炭的超高温行为研究 ……………… 李嘉煊，王桃葳，刘泽兵，等（175）

通过 FB-CVD 和 SPS 制备 SiC/C 层状复合陶瓷 ……………… 赵 健，徐志彤，刘马林，等（181）

热压烧结方法制备氧化铍陶瓷研究 …………………………… 周湘文，侯明栋，刘荣正，等（187）

碳化锆包覆层的流化床-化学气相沉积制备工艺研究 ………… 程心雨，刘泽兵，刘荣正，等（192）

外致密热解炭层对 TRISO 颗粒超高温行为的影响 …………… 刘泽兵，杨 旭，刘荣正，等（198）

一种分子动力学与动力学蒙特卡洛耦合方法在核结构钢辐照
　氦演化研究中的实现与应用 ……………………………… 李六六，胡雪飞，彭　蕾（204）
高温气冷堆包覆燃料颗粒制备 FB-CVD 流程模拟研究 ………… 蒋　琳，刘荣正，邵友林，等（211）
U-10 wt.％ Zr 合金熔炼工艺研究 …………………………………………… 陈　超，白志勇（218）
事故容错燃料用大晶粒 $UO_2$ 芯块研究进展 ……………………… 陈蒙腾，李　锐，任啟森，等（224）
核级石墨材料迂曲度计算方法研究 ……………………………… 彭　磊，郭亦诚，郑　伟，等（235）
基体石墨氧化中裂变金属 Sr 的释放机制研究 …………………… 陈晓彤，张　伟，朱洪伟，等（241）
铬涂层锆合金包壳的径向压缩模拟研究 ………………………… 王蓓琪，温　欣，李　懿，等（247）
Cr 涂层 $U_3Si_2$-Al 燃料元件设计及核-热-力多场耦合分析 …… 刘子豪，温　欣，李　懿，等（256）
Ce-La 合金氧吸附性能的第一性原理研究 ……………………… 温　欣，王蓓琪，刘子豪，等（266）
Zr-1Sn-$x$Fe-0.2Cr-0.02Ni 合金在 500 ℃ 含氧
　蒸汽中的腐蚀行为 ……………………………………………… 徐诗彤，肖香逸，黄建松，等（273）

# 关于单独锻焊接见证件锻造比的研究

王祥元，刘　芳，张立殷，张　娟，刘素红

[东方电气（广州）重型机器有限公司，广东　广州　511455]

**摘　要：** 核电设备在制造过程中通常针对不同焊缝设置焊接见证件以验证产品焊缝质量，在保证焊接见证件母材试板厚度、坡口结构尺寸、焊接顺序及工艺与产品焊缝相同的前提下，焊接见证件母材通常采用平板状并且单独锻造。为了保证单独锻造的焊接见证件对产品的代表性，通常要求单独锻造焊接见证件母材与对应产品出自同一钢锭，具有相似的锻造比，具有相同的热处理制度。本文对焊接见证件的锻造比进行研究，可以为锻件及对应焊接见证件的制造提供一定的参考。

**关键词：** 焊接见证件；单独锻；锻造比

## 1　实验背景

反应堆压力容器及蒸汽发生器是核电站的主要设备，在保证安全运行中起着重要作用。压水堆核岛机械设备设计和建造规则（RCC-M）规定：为了验证产品焊缝质量的一致性，并保证与焊接工艺评定所确定的操作工艺一致，应在焊接生产过程中制备一些产品焊缝见证件[1]。同时要求焊接见证件母材应按下列规定选取：

（1）取自为制造该设备所提供的材料；
（2）取自为制造该设备所用的某一炉号材料。

在技术上不能满足上述两个要求的情况下，为了保证母材具有代表性，制造商应制定具体取材措施。

理想状态下，焊接见证件应取自所代表锻件的延长段，因其具有更好的代表性。基于焊接工艺的考虑，在保证焊接见证件母材试板厚度、坡口结构尺寸、焊接顺序及工艺与产品焊缝相同的前提下，焊接见证件的尺寸、形状通常与产品存在一定的差异，例如蒸汽发生器管板与封头环焊缝焊接见证件采用平板对接，管板镍基堆焊焊接见证件为厚度及尺寸远小于产品管板的平板。因为形状与尺寸的差异，这些焊接见证件与产品通常分别单独锻造，锻件的性能受锻造过程中变形影响，而锻造比是影响锻件变形的重要因素。锻造比是锻造时金属变形程度的一种表示方法。锻造比越大，锻件的变形程度越高，直接影响到材料的最终夹杂物尺寸、材料最终成型后的纤维流向，进而对材料的综合性能产生影响[2]，为了保证焊接见证件母材的代表性，通常要求单独锻造的焊接见证件与对应产品具有相似的锻造比。

受锻件形状、尺寸及原始坯料的影响，不同锻件锻造变形工序也不一样，涉及拔长、镦粗、芯棒锻造及挤压等工序，通常多种变形工序混用，这时锻造比的计算颇为复杂。RCC-M M380中规定：

（1）锻件的纵向总锻造比等于每次连续锻造纵向锻造比的乘积；
（2）锻件的横向总锻造比等于锻造后的平均直径与锻造前的平均直径之比；
（3）总锻造比等于纵向锻造比与横向锻造比的乘积。

杨振恒[3]认为当镦粗与拔长工序混合使用时，将镦粗与拔长锻比分开计算更能反映生产工艺，同时总锻造比等于各分锻比之和更能反映机械性能变化上的规律，分锻比在2以下用乘法，2以上用加

---

作者简介：王祥元（1986—），男，硕士研究生，高级工程师，现主要从事核电材料科研工作。

法有一定的合理性。陈长民[4]研究几种结构钢的金相组织及力学性能，认为轴类的最小锻造比应由公认的3.0降低为2.0，王允禧等[5]研究表明♯45钢钢锭的最佳锻造比为1.5～3.0，裴悦凯等[6]研究认为综合考虑生产成本及钢材力学性能H13钢锻造比在4～6为最优。目前开展的锻造比研究涉及的锻造比数值较小，且多在实验室进行，与实际工程应用中存在差异。而实际生产中核电锻件及对应的单独锻造焊接见证件锻造比数值较大，同时产品与对应的焊接见证件锻造比数值存在一定差异。随着我国核电自主创新的深化，有必要对单独锻焊接见证件的锻造比及性能进行研究。

## 2 锻件选择

锻件的性能结果受化学成分、锻造成型、热处理、试样加工及试验操作的影响，为了更好地分析锻造比对性能的影响，选择同一型号蒸汽发生器，三家不同锻件厂供货的产品及焊接见证件进行对比。三家锻件制造厂对应产品及单独锻造焊接见证件锻造比见表1。锻件厂A下部筒体上锻造比为5.5与上筒体下一致，因此未统计；锻件厂C管板锻件锻造比为13及14，与上筒体下及下筒体下锻件锻造比相同，且管板锻件取样位置为距离试料圆周面100 mm，距离试料端面50 mm，与其余锻件$T \times T/4$取样存在差异（$T$为锻件热处理厚度），故锻件厂C数据统计未考虑管板。不同厂家模拟焊后热处理保温温度、保温时间、装炉方式差异可能会对材料的性能结果产生影响，因此只选取锻件交货态下的强度、塑性及韧性进行分析。不同锻件厂生产的锻件数量不同，如锻件涉及多个批次，数据采用多个批次的平均值。

表1 锻件及单独锻造焊接见证件清单

| 锻件名称 | 锻件厂A | 锻件厂B | 锻件厂C |
| --- | --- | --- | --- |
| 上筒体下与锥筒体焊接见证件（上筒体侧） | 3.6 | 98.4 | 30 |
| 上筒体下 | 5.5 | 11.7 | 13 |
| 下筒体下 | 7.5 | 14.5 | 14 |
| 下筒体上 | — | 18 | 12 |
| 管板 | 10.5 | 10.2 | — |
| 下封头与管板焊接见证件（下封头侧） | 39.2 | 99.9 | 55.4 |
| 管板与下封头焊接见证件（管板侧） | 66.1 | 77.6 | 42 |
| 锥筒体与下部筒体焊接见证件（锥筒体侧） | 4.1 | 110.7 | 68 |

注：表中数值为锻件及焊接见证件锻造比数值。

## 3 分析讨论

对三家不同锻件厂的性能热处理态（淬火＋回火）纵向（试样轴线平行于锻件主变形方向）室温拉伸、纵向350 ℃拉伸及纵向和横向（试样轴线垂直于锻件主变形方向）0 ℃冲击性能进行统计分析。

### 3.1 锻造比差异

钢锭质量、尺寸及锻件下料质量差异导致三家不同锻件厂锻件锻造比存在差异，以上筒体下为例，三家锻件厂采用钢锭质量及尺寸如表2所示，锻件厂A钢锭及下料尺寸小，锻件最终成型后尺寸相比钢锭变化小，因此锻造比显著小于锻件厂B及锻件厂C。

表2 钢锭质量及尺寸

| 钢锭 | 锻件厂A | 锻件厂B | 锻件厂C |
|---|---|---|---|
| 质量/t | 88 | 176 | 152 |
| 尺寸/mm | 冒口外径2335<br>水口外径2100 | 冒口外径2782<br>水口外径2512 | 冒口外径2451<br>水口外径2197 |

### 3.2 强度变化

室温拉伸及350 ℃拉伸规定塑性延伸强度（$R_{p0.2}$）及抗拉强度（$R_m$）随锻造比的变化如图1所示，针对抗拉强度：

（1）厂家A室温拉伸最大抗拉强度为652.2 MPa，对应锻造比为5.5，最小抗拉强度为621 MPa，对应锻造比为66.1；350 ℃拉伸最大抗拉强度629 MPa，对应锻造比3.6，最小抗拉强度586 MPa，对应锻造比为66.1；

（2）厂家B室温拉伸最大抗拉强度为639 MPa，对应锻造比为98.4，最小抗拉强度为587 MPa，对应锻造比为77.6；350 ℃拉伸最大抗拉强度602 MPa，对应锻造比14.5，最小抗拉强度582 MPa，对应锻造比为77.6；

（3）厂家C室温拉伸最大抗拉强度为662 MPa，对应锻造比为42，最小抗拉强度为621 MPa，对应锻造比为12；350 ℃拉伸最大抗拉强度613 MPa，对应锻造比42，最小抗拉强度576 MPa，对应锻造比为12。

规定塑性延伸强度（$R_{p0.2}$）最大值与最小值对应锻件锻造比基本与抗拉强度一致。

三家锻件厂室温拉伸抗拉强度相比平均值的比值随锻造比变化见图1d，除厂家B在锻造比77.6时相比平均值偏低6%外，其余均在平均值±4%以内，锻造比小于20的锻件纵向室温拉伸抗拉强度相比平均值在±2%以内。厂家B锻造比为77.6焊接见证件（厚124 mm）在性能热处理时，为保证与对应产品（厚775 mm）采用相同的热处理制度，性能热处理淬火保温及回火保温分别保温了16 h，统计分析表1中所列焊接见证件，除厂家B该锻造比为77.6锻件外，其余锻件性能热处理保温时间均根据厚度进行调整，未与对应产品保温时间保持一致，推测该焊接见证件保温时间过长，导致室温拉伸抗拉强度偏低。

从强度变化趋势可见，厂家A锻造比从3.6到66.1，厂家B锻造比从10.2到110.7，厂家C锻造比从12到68，室温拉伸及350 ℃高温拉伸抗拉强度及屈服强度基本一致，未出现显著的增加与降低。RCC-M M篇中通常规定材料总锻造比大于3，结合三家厂家数据可见，当锻造比大于3之后，材料的室温拉伸、高温拉伸抗拉强度及规定非比例延伸强度相对稳定。

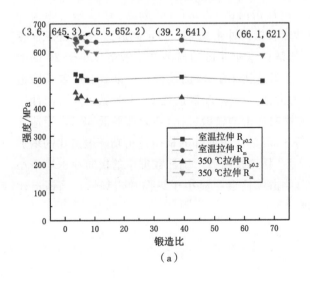

(a)

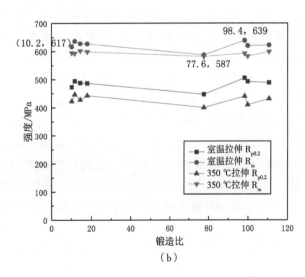

(b)

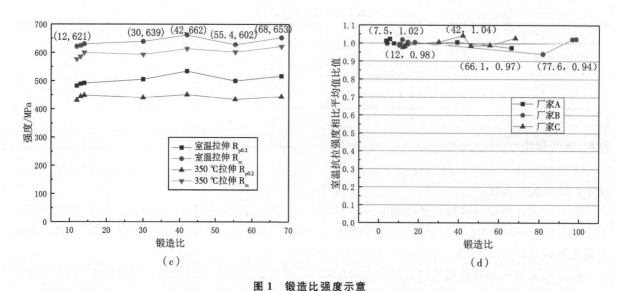

**图 1　锻造比强度示意**

(a) 厂家 A；(b) 厂家 B；(c) 厂家 C；(d) 相比平均值波动

## 3.3　塑性变化

室温拉伸及 350 ℃拉伸断后伸长率（A）及断面收缩率（Z）随锻造比的变化如图 2 所示。厂家 A 室温拉伸及 350 ℃拉伸断后伸长率、断面收缩率随锻造比的增加未发生明显变化，不同锻造比下 350 ℃拉伸断后伸长率、断面收缩率均稍高于室温；厂家 B 在锻造比 77.6 时室温断面收缩率降低明显，其余 5 个不同锻造比锻件相差很小，厂家 B 锻造比 77.6 的锻件 350 ℃拉伸断面收缩率在 6 个锻件中是最高的；厂家 C 室温拉伸断后伸长率及断面收缩率随锻造比增加未产生明显变化，锻造比大于 40 的锻件 350 ℃拉伸断后伸长率及断面收缩率高于锻造比 40 以下锻件；计算断面收缩率与平均值比值，见图 2d，除厂家 B 锻造比 77.6 锻件比值相比平均值小 0.05，厂家 C 锻造比 14 锻件比值相比平均值小 0.03，其余锻件的断面收缩率相比平均值均在 ±0.02 范围内波动。

## 3.4　冲击韧性变化

0 ℃纵向及横向冲击吸收功（$KV_2$）随锻造比的变化如图 3 所示。锻造比 20 以下，三家制造厂 0 ℃横向及纵向 KV 冲击试样结果相差较小；厂家 A 在锻造比 3.6 时纵向较横向高出 14 J，锻造比 4.1 时纵向较横向高 16 J；厂家 B 在锻造比 10.2 时，纵向较横向高 13.4 J；厂家 C 在锻造比 12 时纵向较横向高 25.7 J。锻造比大于 20 的锻件纵向 KV 冲击吸收功显著高于横向试样，厂家 A 纵向相比横向高出 27 J，厂家 B 锻造比 77.6 锻件纵向冲击较横向冲击高出 63.3 J，锻造比 110.7 锻件纵向冲击较横向冲击高 96.8 J；厂家 C 锻造比 30 锻件纵向冲击较横向冲击高 62.7 J，锻造比 68 锻件纵向相比横向高出 72.3 J。厂家 A 及厂家 B 锻造比大于 20 的锻件纵向冲击功显著高于锻造比小于 20 的锻件；三家制造厂锻造比大于 20 的锻件横向冲击功均小于锻造比小于 20 的锻件，厂家 B 及厂家 C 锻造比大于 20 的锻件横向冲击功显著小于锻造比小于 20 的锻件。厂家 A 锻造比 66.1 时纵向及横向冲击功均小于锻造比 39.2 锻件；厂家 B 锻造比 77.6 锻件横向冲击功较锻造比 18 锻件降低 68 J，锻造比 110.7 时横向冲击功为 164.7 J；厂家 C 锻造比大于等于 30 的 4 个锻件的横向冲击功随锻造比的增加而不断下降，在锻造比为 68 时，横向冲击功为 132.7 J，是三家制造厂统计数据中的横向冲击功最小值。从统计结果可见，当锻造比大于 20，锻件的横向冲击韧性会明显小于纵向冲击韧性，当锻造比大于 60，锻件的横向冲击韧性存在较大幅度降低可能。

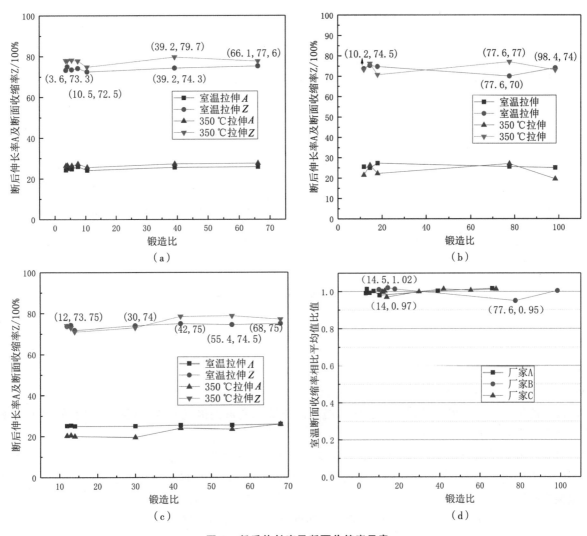

**图 2 断后伸长率及断面收缩率示意**

(a) 厂家 A；(b) 厂家 B；(c) 厂家 C；(d) 相比平均值波动

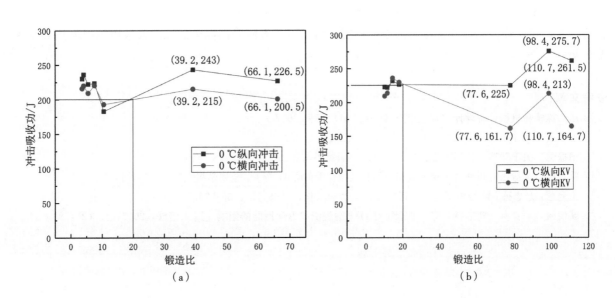

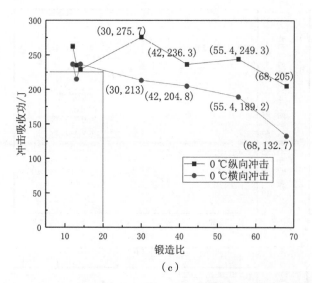
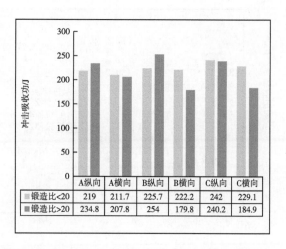

**图 3　纵向及横向冲击吸收功示意**

(a) 厂家 A；(b) 厂家 B；(c) 厂家 C；(d) 锻造比 20 前后冲击对比

## 4　结论

结合蒸汽发生器实际工程应用中三家不同厂家的锻件性能分析可见：

锻件的锻造比并非越大越好，锻造比的增加需要锻件变形的能耗投入，但锻件的性能并不会增强，甚至会发生降低。

（1）当锻造比大于 3，锻件的纵向室温强度随锻造比的增加不会发生显著的增加或降低；

（2）当锻造比大于 3，锻件的断后伸长率及断面收缩率随锻造比增加变化不明显，锻造比对锻件的塑性影响不明显；

（3）锻造比大于 20 之后，锻件横向冲击韧性显著小于纵向冲击韧性，当锻造比大于 60，横向冲击韧性存在较大幅度降低可能；

（4）鉴于厂家 B 一件较薄焊接见证件采用与较厚产品相同性能热处理保温时间后出现强度下降情况，而其余未采用相同热处理保温时间焊接见证件未出现强度的显著降低，如见证件与对应产品厚度相差较大，建议焊接见证件保温时间根据厚度调整，不与对应产品同炉热处理或采用相同的热处理保温时间。

**参考文献：**

[1] 压水堆核岛机械设备设计和建造规则（RCC-M）[S]. 2007.
[2] 王祖唐. 锻压工艺学 [M]. 北京：机械工业出版社，1983.
[3] 杨振恒. 关于锻造比计算方法的探讨 [J]. 金属材料与热加工工艺，1982（01）：44-53.
[4] 陈长民. 锻造比对几种结构钢的金相组织和机械性能的影响 [J]. 金属学报，1960（1）：1-14.
[5] 王允禧，余忠孙. 45 号钢锻造比的研究 [J]. 金属学报，1965（8）：66-76.
[6] 裴悦凯，马党参，刘宝石，等. 锻造比对 H13 钢组织和力学性能的影响 [J]. 钢铁，2012，47（2）：81-86.

# Study on forging ratio of individual forging welding test coupons

WANG Xiang-yuan, LIU Fang, ZHANG Li-yin, ZHANG Juan, LIU Su-hong

[Dongfang (Guangzhou) Heavy Machinery Co., Ltd., Guangzhou, Guangdong 511455, China]

**Abstract:** In the manufacturing process of nuclear power equipment, welding test coupons are usually set for different welds to verify the weld quality of the products. On the premise of ensuring that the thickness of the test plate, groove structure size, welding sequence and process of the welding test coupons base metal are the same as the product weld. Meanwhile, the welding test coupons base metal is usually flat and separately forged. In order to ensure the representative of the separate forging welding test coupons base metal to the product, it is usually required that the separate forging welding test coupons base metal and the corresponding product come from the same ingot, having similar forging ratio and the same heat treatment. In this paper, the forging ratio of welding test coupons base metal is studied, which can provide some reference significance for the manufacture of forgings and corresponding welding test coupons.

**Key words:** Welding test coupons; Individual forging; Forging ratio

# 二氧化硅纳米气凝胶保温材料钠冷快堆运行工况实验研究

张金权，阮章顺，付晓刚，秦　博，陶　柳，龙　斌

（中国原子能科学研究院，北京　102413）

**摘　要**：为保证二氧化硅纳米气凝胶保温材料在钠冷快堆领域的安全应用，开展了二氧化硅纳米气凝胶保温材料在快堆正常运行工况和事故工况的高温烘烤实验，并进行气体成分、质量变化、外观形貌观察、反应产物观察等分析。结果表明，二氧化硅纳米气凝胶保温材料在初次高温烘烤时，宏观外貌、颜色等未发生明显变化，保温材料向外界释放大量 $CO_2$ 和 $CO$ 等有害气体。经 505 ℃预先烘烤的样品，再次在高温下烘烤，其外观变化、质量变化、释放有害气体等方面稳定性明显优于经 65 ℃预先烘干的样品。高温工况下，经 65 ℃预先烘干的样品对与其直接接触的不锈钢材料高温腐蚀影响明显大于经 505 ℃预先烘烤的样品，甚至较高温度下不锈钢表面有明显 $Fe_2O_3$ 等锈迹产生。经预先高温烘烤后，二氧化硅纳米气凝胶保温材料在钠冷快堆正常工作温度和事故工况温度下趋于稳定。

**关键词**：二氧化硅气凝胶；纳米气凝胶保温材料；钠冷快堆；钠火；高温烘烤

气凝胶材料是一种纳米孔洞中充满气态分散介质的多孔轻质固体材料[1-2]，自被发明以来，通过不断改性，以其低密度、高孔隙率、高比表面积、低折射率、低介电常数等特性表现出优异的绝热、隔声、吸附等性能[3-5]，因而在保温节能、化工冶金、环境治理等领域表现出广阔的应用前景[1,2,6-8]。

钠冷快堆众多工艺系统与设备长期处于高温运行状态，相关设备外表面需要敷设保温材料以保证系统的正常运行。钠冷快堆常规运行工况，设备表面最高温度在 500 ℃左右，设备保温层外表面温度一般控制在 45～60 ℃；发生钠泄露燃烧等事故工况下，则会产生 700～800 ℃的高温，甚至最高达 1100 ℃的高温[9-12]。二氧化硅纳米气凝胶保温材料在钠冷快堆工况下使用，其性状如何变化，是否会产生有毒有害气体，是否会对设备和环境造成潜在危害，由于目前尚未有二氧化硅纳米气凝胶保温材料在快堆领域的直接应用研究，这些问题尚未明确。因此，本项研究开展二氧化硅纳米气凝胶保温材料快堆工况高温性能研究，为相关材料的工程应用提供技术支持。

## 1　实验内容及条件

针对钠冷快堆常规运行工况及钠火事故工况条件，开展二氧化硅纳米气凝胶保温材料大气中高温烘烤实验研究，实验条件和参数列于表 1。

表 1　二氧化硅纳米气凝胶保温材料高温烘烤实验条件和参数

| 实验序号 | 温度/℃ | 时间/h | 实验环境 | $V_{材料}:V_{大气}$ | 预处理 |
|---|---|---|---|---|---|
| 1 | 505 | 16 | Air | 1:4 | 原始样品 |
| 2 | 505、600、700、800、1100 | 3 | Air | 1:200 | 65 ℃大气中干燥 400 h |
|  |  |  |  | 1:200 | 505 ℃大气中烘烤 400 h |

作者简介：张金权（1982—），男，正高级工程师，现主要从事反应堆材料与液态金属相容性等研究工作。
基金项目：中核集团领创科研项目（LC202309000420-167546）。

## 2 实验设备及实验材料

### 2.1 实验设备

实验设备主要为高温管式炉，包括炉体、石英管、压力表、控制系统、气体采集器、气体采集袋等部件，设备如图1所示。该设备用于开展保温材料在505～1100 ℃大气环境中的烘烤实验，并在实验后采集气体。

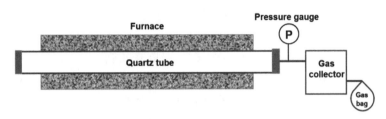

图1 高温管式炉示意

### 2.2 实验材料

本研究中所用的二氧化硅纳米气凝胶保温材料样品来源于浙江某企业规模化生产的产品，其化学组成列于表2。

表2 二氧化硅纳米气凝胶保温材料主要成分

| 成分 | 无定形 $SiO_2$ | $TiO_2$ | 玻璃纤维 | $Al_2O_3$ |
|---|---|---|---|---|
| 含量/wt% | 30～60 | 4～6 | 20～50 | 5～10 |

二氧化硅纳米气凝胶保温材料样品初始尺寸为100 mm×100 mm×10 mm。

## 3 实验结果及分析

### 3.1 二氧化硅纳米气凝胶保温材料高温初始短时烘烤实验

本阶段研究主要开展二氧化硅纳米气凝胶保温材料出厂安装后，初始升温至高温的运行工况实验，实验后对样品的气体成分、宏观形貌等开展分析。

#### 3.1.1 原始样品在大气中高温烘烤后的形貌

二氧化硅纳米气凝胶保温材料经过505 ℃高温大气环境短时烘烤后，外观基本无变化，保持较好的形状；材料颜色仍然为白色，无明显改变；材料表面的纤维组织和侧面多层组织未发生明显变化。这表明材料在505 ℃大气环境中宏观形貌等特征没有明显变化（图2）。

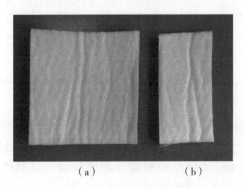

图2 二氧化硅纳米气凝胶保温材料外观形貌
（a）原始样品；（b）烘烤后

### 3.1.2 原始样品在大气中烘烤后产生的气体

将二氧化硅纳米气凝胶保温材料置于高温管式炉石英炉膛内，保温材料体积占炉膛体积约20%，经505 ℃烘烤16 h，采集炉膛内气体并进行成分和含量分析。经检测，保温材料高温烘烤后气体中CO和$CO_2$体积含量分别为7%和14%；同时检测环境大气中CO含量为0，$CO_2$体积含量约为$5×10^{-4}$%。这表明，经505 ℃高温短时间烘烤后，二氧化硅纳米气凝胶保温材料释放出大量CO和$CO_2$气体，且含量较高，远超环境允许含量[13-14]。

二氧化硅纳米气凝胶保温材料制造过程中主要包括超临界干燥、冷冻干燥和常压干燥三种干燥方法，通常采用超临界$CO_2$进行干燥处理，防止气凝胶表面开裂[1,15]；纯$SiO_2$气凝胶对高浓度$CO_2$有较强吸附能力，在$CO_2$体积含量为10%的气体中对$CO_2$吸附量达到49.5 mL/g[1]。二氧化硅纳米气凝胶保温材料的成分分析示于图3，样品主要成分为Si元素和O元素所组成的$SiO_2$，二氧化硅纳米气凝胶保温材料在采用$CO_2$超临界干燥的制造过程中吸附大量$CO_2$，出厂成品中有一定量的$CO_2$。当二氧化硅气凝胶保温材料处于高温环境，制造过程中吸收的$CO_2$被释放出来，使周围环境$CO_2$的浓度大幅升高。制备纳米气凝胶的原材料通常会使用正硅酸乙酯（TEOS）、甲基三乙氧基硅烷（MTES）、甲基三甲氧基硅烷（MTMS）等有机物[2,16-17]，同时会使用一些粘接剂等有机物，高温下羟基、甲基等表面基团分解或氧化释放$CO_2$、CO、$CH_4$、$C_2H_6$等气体[7]。这些气体在一定条件下可与$CO_2$发生重整反应并生成CO及$H_2O$等产物[18-19]，因此气凝胶材料高温烘烤产生的气体中含有一定的CO。

 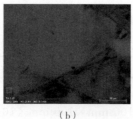  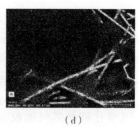

(a) (b) (c) (d)

**图3 纳米气凝胶样品元素含量分析**
(a) 微观形貌；(b) Si；(c) O；(d) Al

### 3.2 二氧化硅纳米气凝胶材料在不同温度的烘烤实验

本阶段研究主要开展二氧化硅纳米气凝胶保温材料在钠冷快堆常规工况及事故工况等不同工况环境中短时烘烤实验。二氧化硅纳米气凝胶保温材料分两组进行预处理，第一组经65 ℃烘干400 h，第二组经505 ℃烘烤400 h，然后开展两组材料不同温度下的烘烤实验。实验后对保温材料样品及直接接触的不锈钢材料开展宏观形貌、质量、气体成分、材料成分等分析。

#### 3.2.1 宏观形貌观察

将两组二氧化硅纳米气凝胶保温材料放入304不锈钢烧杯内开展大气环境的烘烤实验，实验后的保温材料样品外观形貌示于图4。图4中a～e为预先于65 ℃烘干后再烘烤实验的样品，f～j为预先于505 ℃烘烤后再次烘烤实验的样品，两组再烘烤温度从左至右依次为505 ℃、600 ℃、700 ℃、800 ℃、1100 ℃。从中可以看出，a、f样品在505 ℃烘烤3 h后未出现变化；b、g在600 ℃烘烤3 h未有明显变化；c、h样品在700 ℃烘烤3 h后有明显变化，体积均有一定程度萎缩，65 ℃烘干的样品体积萎缩更明显；d、i在800 ℃烘烤3 h后变化同样比较明显，其中65 ℃烘干的d样品体积萎缩比较严重，有轻微熔化黏附在一起迹象，i样品与700 ℃烘烤实验后的样品体积变化接近；e、j样品在1100 ℃烘烤后均发生巨大变化，e样品明显熔化形成浅绿色玻璃体物质，样品牢固黏附在一起，甚至黏附在烧杯底，j样品坍塌较大，有部分熔化黏附在一起。

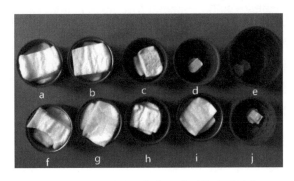

**图 4　保温材料样品烘烤实验后的宏观形貌**

与保温材料高温烘烤实验直接接触的不锈钢样品形貌示于图 5。原始不锈钢样品表面具有典型的银白色金属光泽，如图 5a 所示。不锈钢样品在大气中经高温烘烤 3 h 后，所有样品表面颜色均发生明显变化，如图 5b 所示，样品从原有银白色变化到紫红色、蓝色，过渡到亚光灰色。高温下，不锈钢表面形成几十纳米到几百纳米不同厚度的氧化膜，最终导致不锈钢表面呈现不同颜色[20]。与经 505 ℃预处理 400 h 保温材料实验后的不锈钢样品，如图 5c 所示，其表面颜色从红棕色变化到亚光灰色，与大气中实验后样品表面颜色较接近。与经 65 ℃预处理 400 h 保温材料实验后的不锈钢样品，如图 5d 所示，其表面形貌有较大变化，表面有明显锈迹，甚至在 700 ℃和 800 ℃高温下样品表面出现大量锈迹。

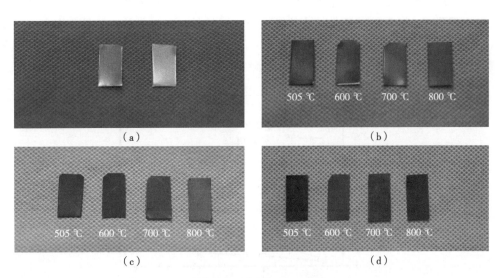

**图 5　不锈钢样品宏观形貌**

（a）原始样品；（b）大气中；（c）505 ℃大气中烘考 400 h 纳米气凝胶环境；（d）65 ℃大气中干燥 400 h 纳米气凝胶环境

经观察发现，预先于 65 ℃烘干 400 h 的样品，其后在 700 ℃以上高温环境中，其体积变化、熔化程度等明显大于预先经过 505 ℃烘烤 400 h 的样品；且预先于 65 ℃烘干的二氧化硅纳米气凝胶保温材料对直接接触的 304 不锈钢产生的腐蚀影响明显大于预先于 505 ℃烘烤的样品。这表明，经 65 ℃长时间烘干的保温材料，其中仍含有较多的水分和其他不稳定化学物质，其后在高温环境下释放，且高温下可与不锈钢材料发生直接化学作用，使不锈钢材料产生明显锈迹。

#### 3.2.2　样品质量变化

二氧化硅纳米气凝胶保温材料在高温大气环境下的烘烤质量变化示于图 6。经 65 ℃预先烘干 400 h 的样品，再经 505～800 ℃大气中烘烤 3 h 后，质量变化率总体随温度增高而增大。经 505 ℃预先烘烤的样品，在 505 ℃、600 ℃大气中再烘烤 3 h 后质量变化率较低，比 700 ℃、800 ℃下再烘烤后质量变化率明显低。二氧化硅纳米气凝胶保温材料在 65 ℃烘干时，温度未对保温材料造成直接影响，其后无论在

505 ℃还是 800 ℃烘烤 3 h 均有明显质量变化。材料在 505 ℃烘烤 400 h 预处理时，大部分吸附物质及其他不稳定物质已被高温蒸发出来，因此再次在相对接近的 505 ℃和 600 ℃烘烤时，质量变化率非常小；而在超出材料使用限值的更高温度 700 ℃和 800 ℃下烘烤时，则有明显质量变化。

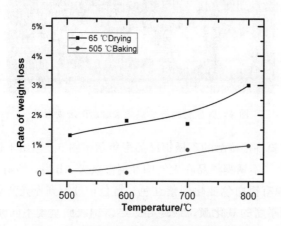

图 6　气凝胶样品在各温度下烘烤后失重率

不锈钢样品在大气中以及在预先经 505 ℃烘烤 400 h 的保温材料中实验后质量变化接近，质量变化率极小，质量变化随温度升高而略有增长，即使在 800 ℃实验后质量变化率仅为 0.07%，如图 7 所示。仅在 65 ℃烘干 400 h 的二氧化硅纳米气凝胶保温材料，高温下其对不锈钢材料的质量变化影响较明显，尤其在 700 ℃、800 ℃事故工况温度下，使与之直接接触的不锈钢产生较明显的氧化增重。不锈钢样品的质量变化率与上述宏观形貌观察结果也是一致的。

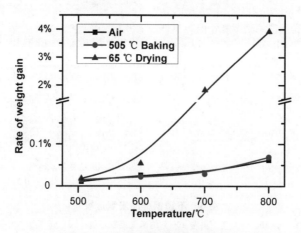

图 7　不锈钢样品实验后的增重率

### 3.2.3　气体成分分析

采集二氧化硅纳米气凝胶保温材料在大气中烘烤 3h 后炉膛内的气体，并进行成分和含量分析，结果示于图 8。无论是经过 505 ℃预先烘烤的材料还是 65 ℃预先烘干的材料，其在 505～800 ℃温度下烘烤 3 h 后采集的气体中 $CO_2$ 体积含量远远高于大气中的含量，大气中 $CO_2$ 的体积含量约为 $(4～5)\times10^{-4}$%。65 ℃预先烘干再次烘烤样品实验后的 $CO_2$ 体积含量约为 2%～7%，随温度升高先增加后减少；505 ℃预先烘烤样品再次烘烤实验后的 $CO_2$ 体积含量约为 $(1.3～4)\times10^{-3}$%，随温度升高而略微降低。结果表明，65 ℃预先烘干样品再次烘烤实验后的 $CO_2$ 体积含量远远高于经过 505 ℃预先烘烤再次烘烤样品的含量。

65 ℃预先烘干样品再次烘烤实验后的 CO 体积含量远远高于经过 505 ℃预先烘烤再次烘烤样品的含量，65 ℃预先烘干样品再次烘烤实验后的 CO 体积含量随温度升高而增加，为 0.5%～1.8%；

505 ℃预先烘烤样品再次烘烤实验后的CO体积含量极低，仅为（0～10）×$10^{-6}$％。

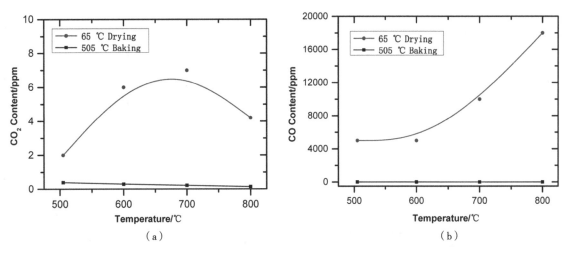

**图8 烘烤实验后气体成分含量变化**
(a) $CO_2$含量；(b) CO含量

综上可以看出，$CO_2$和CO体积含量在实验中变化较明显，经过65 ℃预先烘干的样品再次在高温下释放的$CO_2$和CO气体含量远高于505 ℃预先烘烤的样品释放量，且$CO_2$和CO含量远远超出安全允许范围。

### 3.2.4 样品及不锈钢成分分析

将原始样品及高温下大气中烘烤实验后的二氧化硅纳米气凝胶保温材料研磨成粉末，进行X射线衍射（XRD）分析，结果示于图9。从中可以看出，无论是原始样品，还是经过505 ℃预先烘烤或65 ℃预先烘干并再经过高温烘烤3 h的样品，所有样品主要成分仍为非晶体，无明显其他物质产生，长时间的高温环境未对材料非晶成分产生明显改变。

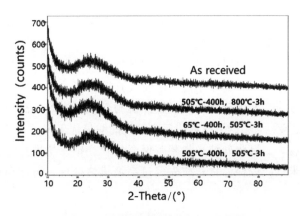

**图9 纳米气凝胶材料的XRD分析**

对与保温材料高温烘烤实验直接接触的不锈钢样品表面进行XRD分析，结果示于图10。保温材料经505 ℃预先烘烤400 h，其后各温度下对与直接接触的不锈钢样品无明显影响，与大气中实验结果一致。经65 ℃预先烘干400 h的保温材料，再烘烤时其对不锈钢材料产生明显影响，600 ℃实验后不锈钢表面产生少量$Fe_2O_3$，当温度达到700 ℃及800 ℃时，不锈钢材料表面产生较明显的$Fe_2O_3$。对不锈钢材料表面的XRD分析结果与图6不锈钢样品宏观形貌观察结果一致，也与不锈钢样品质量变化率分析结果一致。

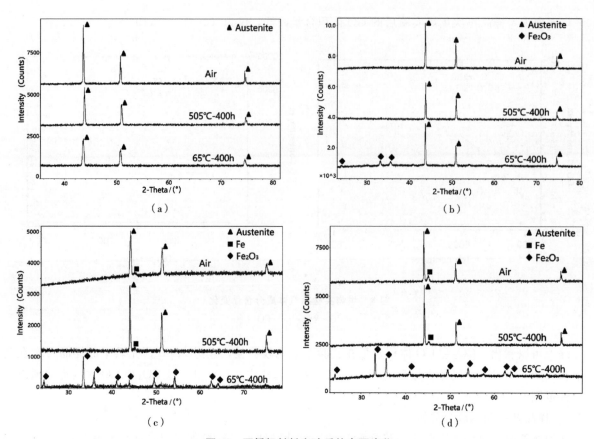

**图 10 不锈钢材料实验后的表面产物**
(a) 505 ℃实验;(b) 600 ℃实验;(c) 700 ℃实验;(d) 800 ℃实验

## 4 结论

通过开展二氧化硅纳米气凝胶保温材料大气环境中不同温度的烘烤实验,对烘烤后的样品开展宏观观察、质量变化、气体成分等分析,得到以下结论:

(1) 二氧化硅纳米气凝胶保温材料以出厂状态在钠冷快堆工作温度下初次使用时,释放大量 $CO_2$ 和 CO 等有害气体,对人员和周围环境等存在造成较大直接危害的可能。

(2) 经 505 ℃预先烘烤的二氧化硅纳米气凝胶保温材料,再次处于高温环境时,其释放有害气体量、体积变化量、质量变化率、与不锈钢材料的反应等性能明显优于仅经 65 ℃预先烘干的材料。

经预先高温烘烤处理后,二氧化硅纳米气凝胶保温材料在钠冷快堆正常工作温度和事故工况温度下趋于稳定。二氧化硅纳米气凝胶保温材料应先经过高温烘烤处理,再使用在快堆设备上。

**参考文献:**

[1] 沈晓冬,吴晓栋,孔勇,等. 气凝胶纳米材料的研究进展 [J]. 中国材料进展,2018,37 (9):671-680.
[2] 孔勇,沈晓冬,崔升. 气凝胶纳米材料 [J]. 中国材料进展,2016,35 (8):569-576.
[3] 耿幼明,张福臣,赵方昕. $SiO_2$ 气凝胶隔热保温新材料的结构、制备及其在建筑领域的应用 [J]. 河南科技,2018,637 (4):84-87.
[4] 王真,戴珍,赵宁,等. 气凝胶材料研究的新进展 [J]. 高分子通报,2013 (9):50-55.
[5] 史春亚,李铁虎,吕婧,等. 气凝胶材料的研究进展 [J]. 材料导报,2013,27 (5):20-24.
[6] 周小芳,王美月. 气凝胶纳米材料研究进展 [J]. 建筑技术,2017,48 (10):1114-1117.
[7] 李雄威,段远源,王晓东. $SiO_2$ 气凝胶高温结构变化及其对隔热性能的影响 [J]. 热科学与技术,2011,10 (3):189-193.

[8] 薛威, 李强, 陈涵, 等. 二元凝胶法制备 $Al_2O_3$ 多孔陶瓷及其表面强化层 [J]. 硅酸盐学报, 2019, 47 (9): 1261-1267.
[9] 杜海鸥, 申凤阳, 吴杰, 等. 废钠销毁技术研究 [J]. 原子能科学技术, 2009, 43 (3): 252-256.
[10] 吴锦彬, 李强. 金属钠池火重点问题研究进展 [J]. 消防科学与技术, 2018, 37 (11): 1465-1468.
[11] BAGDASAROV Y E, VINOGRADOV A V, DROBYSHEW A V, et al. Sodium Fires and Fast Reactor Safety [J]. Atomic Energy, 2015, 119 (1): 25-31.
[12] 孙树斌. 钠滴氧化燃烧特性的实验研究 [D]. 哈尔滨: 哈尔滨工程大学, 2015.
[13] 国家质量监督检验检疫总局. GB 3095—2012 环境空气质量标准 [S]. 北京: 中国环境科学出版社, 2012.
[14] 中华人民共和国国家卫生健康委员会. GBZ 2.1—2019 工作场所有害因素职业接触限值 第1部分: 化学有害因素 [S].
[15] 张志华, 王文琴, 祖国庆, 等. $SiO_2$ 气凝胶材料的制备、性能及其低温保温隔热应用 [J]. 航空材料学报, 2015, 35 (1): 87-96.
[16] 何文, 张旭东, 韩丽. $Al_2O_3/SiO_2$ 气凝胶纳米粉的制备与表征 [J]. 中国陶瓷, 2000, 36 (6): 4-6.
[17] 马立云, 金良茂, 汤永康, 等. $TiO_2$-$SiO_2$/$SiO_2$ 双层复合薄膜制备及折射率调控 [J]. 硅酸盐学报, 2020, 48 (4): 470-476.
[18] 张安杰, 夏晓雯, 刘芳. 甲烷二氧化碳催化重整制合成气研究进展 [J]. 广东化工, 2014, 41 (8): 85-86.
[19] 张晨昕, 郭大为, 毛安国, 等. 烟气体系下 $CO_2$ 与 $CH_4$ 重整反应的研究 [J]. 石油炼制与化工, 2016, 47 (11): 56-60.
[20] 黄琪, 昂扬, 叶尚臣, 等. 304 不锈钢高温氧化着色研究 [J]. 金属功能材料, 2017, 24 (1): 39-43.

# Investigation on silica nano aerogel thermal insulation material baking in sodium cooled fast reactor operating conditions

ZHANG Jin-quan, RUAN Zhang-shun, FU Xiao-gang, QIN Bo, TAO Liu, LONG Bin

(China Institute of Atomic Energy, Beijing 102413, China)

**Abstract**: Silica nano aerogel thermal insulation material which with excellent thermal insulation property is suggested to be used in sodium-cooled fast reactor (SFR). In order to explore some key issues as the thermal insulation material used in SFR, some tests of the silica nonoporous aerogel thermal insulation material baking at temperature from 505 ℃ to 1100 ℃ were conducted. After tests, a series of examinations including gas composition analysis, rate of mass change evaluation, surface morphology observation, reaction products analysis were performed. The results showed that the macroscopic appearance and color of the silica nonoporous aerogel thermal insulation material did not change significantly after it initial baked at high temperature, and it could release a lot of harmful gases such as $CO_2$ and CO to the environment. The stability of appearance change, mass change and release of harmful gas of the samples pre-baked at 505 ℃ were obviously better than that pre-baked at 65 ℃. After pre-baking at high temperature, the silica nonoporous aerogel thermal insulation material tends to be stable at operating temperature. At high temperature, the stainless steel contact with the silica nonoporous aerogel thermal insulation material were corroded by the sample pre-baked at 65 ℃ more than that pre-baked at 505 ℃. After pre-baked at high temperature, the silica nonoporous aerogel thermal insulation material turned to be more stable at the normal operating temperature and the accident temperature of SFR.

**Key words**: Silica aerogel; Nanoporous aerogel thermal insulation material; Sodium-cooled fast reactor; Sodium fire; High temperature baking

# Incoloy 800H 合金在 950 ℃两种气氛下氧化行为研究

李昊翔，郑　伟，杜　斌，银华强，何学东，马　涛，杨星团

(清华大学核能与新能源技术研究院，北京　100084)

**摘　要：** Incoloy 800H 合金是高温气冷堆蒸汽发生器传热管备选材料之一。本项工作对其在空气侵入事件下循环流动的两种氧气含量差异较大气氛下的腐蚀行为展开研究。搭建配气式高温合金腐蚀实验台架开展多组时间长度不同的氧化实验，结合合金氧化动力学理论计算了合金的抛物线速率常数 $k_p$，并利用电子天平、SEM、EDS、XRD 以及气相色谱仪等测试手段进行了讨论分析。结果表明：氧气浓度的大幅变化并不是影响合金氧化程度的重要因素。在发生空气侵入事件后，Incoloy 800H 合金在低和高氧浓度气氛下合金均出现明显的氧化腐蚀行为。两种气氛下合金的质量增重类似，抛物线速率常数 $k_p$ 值十分接近，氧化层厚度接近，合金发生非常类似的氧化行为。

**关键词：** Incoloy 800H 合金；氧化；高温气冷堆；空气侵入事件

## 1　实验背景

高温气冷堆（High-Temperature Gas-Cooled Reactor，HTGR）作为第四代核电系统，其具有固有安全性好、出口温度高、效率高等优点。由于其一回路冷却剂氦气有较高的出口温度，高温气冷堆在化学工艺热应用和制氢领域得到了迅速发展[1-2]。

高温气冷堆一回路氦气中各种杂质的含量控制一直是一个重要的工程问题。由于高温堆一回路氦气中含有 ppm 量级的气体杂质，如 CO、$CO_2$、$O_2$、$H_2O$、$CH_4$ 等[3]，使得超高温（950 ℃）的氦气进入蒸汽发生器传热管中进行热交换时会发生腐蚀现象。故高温气冷堆蒸汽发生器传热管腐蚀研究一直是一个重要的研究方向。为保证蒸汽发生器传热管具有良好的耐高温和耐腐蚀性，性能优异的高温镍基、镍铁基合金被选为高温堆蒸汽发生器传热管备选材料。其中镍铁基合金 Incoloy 800H 被应用在清华大学设计开发的高温气冷堆示范电站（HTR-PM）的蒸汽发生器传热管上[4]。

自 20 世纪 80 年代，国外开始对高温合金在非纯氦气环境下的腐蚀行为展开研究。以 QUADAKKERS[5-6]，ROUILLARD[7-9] 等为代表的科研人员对几种主流高温合金在正常工况非纯氦气环境下的腐蚀进行了大量的研究。但对于事故工况下的研究相对匮乏。本文对 Incoloy 800H 合金在典型事故之一的空气侵入事件[10]下循环流动的两种氧气含量差异较大气氛下的腐蚀行为展开研究，研究腐蚀时间与氧气含量对于合金在超高温下氧化行为的影响。

## 2　实验方法

### 2.1　实验材料

本次实验选用 Incoloy 800H 合金作为实验对象。Incoloy 800H 合金购买自重庆江夏材料有限公司，合金的主要化学成分及含量如表 1 所示。

---

作者简介：李昊翔（1996—），男，博士生，现主要从事高温堆蒸发器传热管腐蚀研究。
基金项目：国家重点研发项目（2020YFB1901600），国家科技重大专项（ZX06901），模块化 HTGR 超临界发电技术合作项目（ZHJTJZYFGWD2020），清华大学实验室创新基金项目。

表 1 Incoloy 800H 合金的主要化学成分 (wt. %)

| 合金名称 | C | Ni | Cr | Mo | Fe | Si | Mn | Ti | Al | Co |
|---|---|---|---|---|---|---|---|---|---|---|
| Incoloy 800H | 0.082 | 30.96 | 21.28 | — | Base | 0.32 | 0.97 | 0.25 | 0.25 | — |

## 2.2 实验步骤

实验开始前，将样品在无水乙醇中进行超声脱脂处理，之后在空气中加热干燥，并使用电子天平称重记录。本轮实验所选取的两组实验气氛为含氧非纯氦气以及空气，如表 2 所示。氦气气氛由清华大学核研院自行搭建的配气式高温合金腐蚀台架配置。配气式高温合金腐蚀台架的示意图如图 1 所示。该台架具有的主要优点如下：①实验系统能够达到并保持长时间极高的真空度。②实验系统可以做到多种 ppm 量级杂质的准确注入和持续监测。③配置非纯氦气及非纯氦气注入过程中对实验系统中的氧分压和水分压的控制与持续监测。④通过自行配气，实验系统拥有较高的经济性和效率，同时几乎可以适用于高温堆运行环境的所有工况。

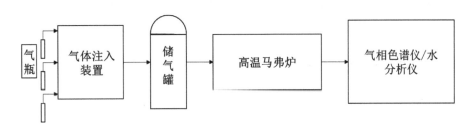

**图 1 台架示意**

每轮实验设置 2 个平行样品以保证实验结果的准确性和可重复性。实验过程中高温马弗炉变温步骤如下：

步骤 1：高温马弗炉从室温（20 ℃）以 5 ℃/min 匀速升温至 950 ℃。

步骤 2：对于 3 组等温氧化实验，在 950 ℃ 分别恒温 50 h、100 h 和 200 h。

步骤 3：在恒温阶段结束后，高温马弗炉以 5 ℃/min 匀速降温至 600 ℃，再自然冷却。

非纯氦气实验过程中气体流量通过质量流量计控制在 125 mL/min，气相色谱仪（GC-6600）连接高温炉管道出口以便全程监测炉内杂质含量的变化情况。实验结束后，用高精度电子天平（精度 0.1 mg，XPR205）称量样品。采用场发射扫描电子显微镜（FESEM）、X 射线能量色散谱（EDS）以及 X 射线衍射分析（XRD）对样品的微观结构进行观察和成分分析（表 2）。

表 2 氧化实验气氛中杂质含量（$P_{tot}=0.1$ MPa）/ppm

| 气体杂质 | He | $H_2$ | $O_2$ | $N_2$ | $H_2O$ | CO | $CO_2$ | $CH_4$ |
|---|---|---|---|---|---|---|---|---|
| 非纯氦气 | Bal. | — | 96 | — | 1.7 | <0.1 | <0.1 | <0.1 |
| 空气 | — | — | $2\times10^5$ | $8\times10^5$ | — | — | 380 | — |

## 3 结果与分析

### 3.1 质量增重与氧化动力学

本项研究中 Incoloy 800H 合金的质量变化按式（1）计算。

$$\rho_A = \frac{m_2 - m_1}{A}。 \tag{1}$$

式中，$\rho_A$ 为单位表面积质量变化，mg/cm²；$m_2$ 为腐蚀后质量；$m_1$ 为腐蚀前质量；$A$ 为样品表面积。

Incoloy 800H 合金在两组气氛下氧化后的质量增重情况见表3。可以看出，随着氧化时间的增长，合金的质量增重增加。这说明合金在两组气氛下均发生较为明显的氧化腐蚀。相同氧化时间下，合金在空气中的质量增重大于在非纯氦气环境下的质量增重，这说明在空气中由于氧气浓度更高，合金发生更为剧烈的氧化腐蚀。

表3 Incoloy 800H 合金在两组气氛下氧化后质量增重情况

|  | 50 h | 100 h | 200 h |
| --- | --- | --- | --- |
| 空气/（mg/cm²） | 0.87 | 1.14 | 1.60 |
| 非纯氦气/（mg/cm²） | 0.78 | 1.11 | 1.53 |

采用氧化动力学对实验后合金样品的质量变化与腐蚀时间的关系进行分析。氧化动力学通常通过质量变化方程的抛物线氧化定律来描述，如 Tammann[11] 和 Pilling 和 Bedworth[12] 描述的经典方程式 (2)：

$$\Delta m^2 = k_p \cdot t \text{。} \tag{2}$$

式中，$\Delta m$ 为单位时间内合金单位表面积的质量增重，$t$ 为单位时间，$k_p$ 为抛物线速率常数。

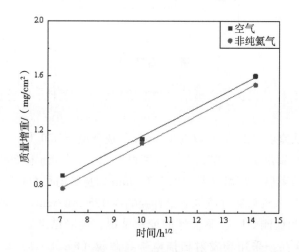

图2 Incoloy 800H 合金质量增重随腐蚀时间的变化

实验后合金质量增重变化如图2所示。可以明显看出 Incoloy 800H 合金在两种气氛中的质量增重与腐蚀时间的平方根成线性关系，即说明其在两种气氛中的氧化动力学均满足氧化抛物线规律，经公式 (2) 计算得到的合金在两组气氛中的 $k_p$ 值如表4所示。可以看出，Incoloy 800H 合金在空气和含 96 ppm 氧气的非纯氦气中的 $k_p$ 值较为接近。在之前工作[13]中在空气实验下得到的 $k_p$ 相对较小，经分析这是由于当时实验环境与本轮实验有差异所致，在空气环境中长时间腐蚀后 Incoloy 800H 合金出现了氧化层剥落的现象，导致 $k_p$ 的计算结果较小。以上结果说明在本研究环境下，氧气浓度的大幅变化并不会对合金的氧化速率有明显的影响。

表 4　Incoloy 800H 合金在两组气氛中的 $k_p$ 值

| | 非纯氮气 | 空气 |
|---|---|---|
| $k_p$/(mg² · cm⁻⁴ · s⁻¹) | 3.16×10⁻⁶ | 2.99×10⁻⁶ |

### 3.2　合金形貌与元素分析

图 3 和图 4 为 Incoloy 800H 合金在两组气氛中腐蚀后的 SEM 和 EDS 图像。图 5 为合金表层 XRD 图像。可以看出，两组气氛下合金表层均形成了含 Cr 元素的连续完整的氧化层，其主要成分在之前的研究中被证实为 $Cr_2O_3$[3]。同时在合金的表层还生成了含 Mn 氧化物，在之前的研究中被证实为 $MnCr_2O_4$[3]，同时根据 XRD 图像可知，合金表层还存在 $MnFe_2O_4$。在表层氧化层的下侧，出现了硅的氧化物，这在 Bates 等的工作中被证实为 $SiO_2$[14]。在氧化层的下方出现含 Al 元素的内部氧化物，其主要成分为 $Al_2O_3$。这说明在实验过程中，合金在气氛中主要发生氧化反应。根据气氛含量可以看出，主要是高含量的氧气参与合金的氧化反应，如式（3）所示。其中，气氛中含有的微量水蒸气也会对合金进行氧化，发生式（4）反应。两组气氛下合金氧化层的厚度大致相当，在空气下合金表层氧化层略厚，根据 XRD 图像可知这应是由于表层形成了更多的 $MnCr_2O_4$ 和 $MnFe_2O_4$ 氧化物所致，内氧化物的深度也更深。这与质量增重得到的结果一致，说明 Incoloy 800H 合金在两组气氛下发生了相似的腐蚀行为，该结果与质量增重部分的结果一致。

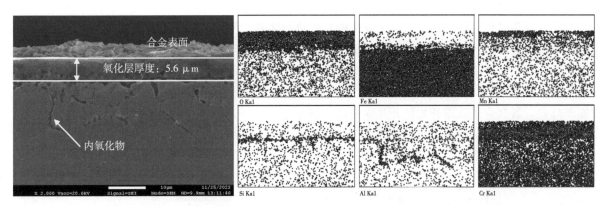

**图 3　Incoloy 800H 合金在非纯氮气下腐蚀 100 h 后截面的 SEM 以及 EDS 图像**

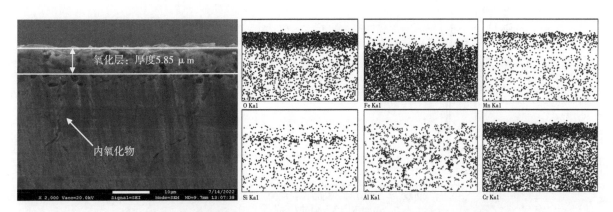

**图 4　Incoloy 800H 合金在空气下腐蚀 100 h 后截面的 SEM 以及 EDS 图像**

$$xO_2 \text{（g）} + yM \text{（sol）} \rightleftharpoons M_yO_{2x} \text{（sol）} \tag{3}$$
$$xH_2 \text{（g）} + yM \text{（sol）} \rightleftharpoons M_yO_x + xH_2 \text{（sol）} \tag{4}$$

式中，M 为 Cr、Mn、Si、Al 等元素。

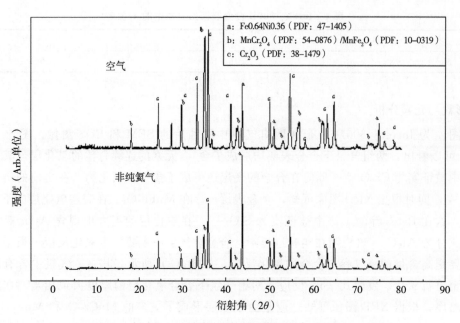

**图 5 Incoloy 800H 合金在空气下腐蚀 100 h 后表层 XRD 图像**

### 3.3 气相色谱分析

由于气相色谱仪无法对空气中高氧分压的氧气进行实时监测，仅对非纯氦气实验中氧气含量进行监测，氧气含量随时间变化曲线如图 6 所示。可以看出，氧气对合金的氧化主要集中在氧化初期，这是因为氧化开始时合金表层还未形成能抵御合金被进一步腐蚀的氧化层。在升温过程中氧气含量开始下降直至降到 0 附近，合金发生式（3）所示的氧化反应。在升温结束后，随着氧化层的形成氧化反应逐渐减弱，氧气含量逐渐开始回升并逐渐趋近于原始值。

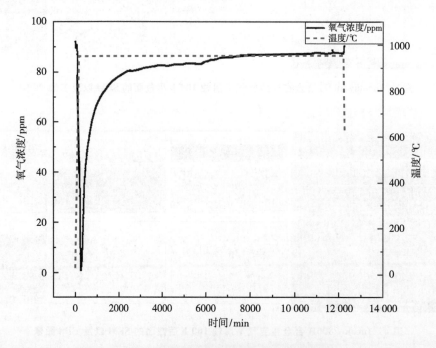

**图 6 Incoloy 800H 合金非纯氦气实验中氧气含量变化**

## 4 结论

本项工作结合空气侵入事件的事故背景，对 Incoloy 800H 合金在循环流动的两种氧气含量差异较大气氛下的腐蚀行为进行多组时间长度不同的氧化实验。得到的主要结论如下。

Incoloy 800H 合金在两组气氛中均发生了明显的氧化现象，合金表层生成 $Cr_2O_3$ - $MnCr_2O_4$ 氧化层，氧化层下方生成 $SiO_2$ 层，合金氧化层下方基体内部生成 $Al_2O_3$ 内氧化物。两组气氛下的腐蚀行为一致。同时，两组气氛下腐蚀后 Incoloy 800H 合金的质量增重、氧化速率常数 $k_p$、氧化层厚度以及内氧化深度均较为接近，这说明在空气侵入事件发生时，侵入极低含量的氧气也会对蒸汽发生器传热管造成明显的氧化腐蚀，应避免破口出现导致痕量氧气侵入。

## 参考文献：

[1] KUGELER K, ZHANG Z. Modular High-temperature Gas cooled Reactor Power Plant [M]. 2019: 1-21.

[2] ZHANG Z. Development Strategy of High Temperature Gas Cooled Reactor in China [J]. Strategic Study of Chinese Academy of Engineering, 2019, 21 (1): 12-19.

[3] LI H, ZHENG W, DU B, et al. The high temperature corrosion of Incoloy 800H alloy at three different atmospheres. Journal of Nuclear Science and Technology, 2023, 60 (2): 165-174. https://doi.org/10.1080/00223131.2022.2089756.

[4] LI J F, YANG S G, YU L Y, et al. First Time Localization Practice of Steam Generator Tubes of Incoloy 800H for Nuclear Power Plant, 2015, 44 (18): 92-94.

[5] QUADAKKERS W J, SCHUSTER H. Corrosion of High Temperature Alloys in the Primary Circuit Helium of High Temperature Gas Cooled Reactors. Part I: Theoretical Background. Werkstoffe Und Korrosion - Materials and Corrosion. 1985, 36 (4): 141-150.

[6] QUADAKKERS W J. High temperature corrosion in the service environments of a nuclear process heat plant [J]. Materials Science and Engineering, 1987, 87: 107-112.

[7] ROUILLARD F, CABET C, WOLSKI K, et al. High temperature corrosion of a nickel base alloy by helium impurities [J]. Journal of Nuclear Materials, 2007, 362 (2-3): 248-252.

[8] ROUILLARD F. Mécanismes de formation et de destruction de la couche d'oxyde sur un alliage chrominoformeur en milieu HTR [D]. Ecole des Mines de Saint-Etienne, France, 2007.

[9] ROUILLARD F, CABET C, WOLSKI K, et al. Oxide-layer formation and stability on a nickel-base alloy in impure helium at high temperature [J]. Oxidation of Metals, 2007, 68 (3): 133-148.

[10] VILIM R B, POINTER W D, WEI T Y. Prioritization of VHTR system modeling needs based on phenomena identification, ranking and sensitivity studies. [R]. Argonne National Lab. (ANL), Argonne, IL (United States), 2006.

[11] TAMMANN G. The chemical and galvanic characteristics of compound crystals and their atomic distribution-An article on the understanding of alloying [J]. ZEITSCHRIFT FüR ANORGANISCHE UND ALLGEMEINE CHEMIE, 1919, 107 (1/3): 1-239.

[12] PILLING N B, BEDWORTH R E. The oxidation of metals at high temperatures [J]. JOURNAL OF THE INSTITUTE OF METALS, 1923, 29: 529-582.

[13] LI H X, ZHANG H, ZHENG W, et al. Study on oxidation kinetics of three kinds of candidate superalloys for VHTR under air ingress accident. Annals of Nuclear Energy, 2023 (189): 109844. https://doi.org/10.1016/j.anucene.2023.109844.

[14] BATES G H. The Corrosion Behavior of High-Temperature Alloys During Exposure for Times up to 10000 h in Prototype Nuclear Process Helium at 700 to 900 ℃ [J]. Nuclear Technology, 1984, 66 (2): 415-428.

# Study on oxidation behavior of Incoloy 800H alloy at 950 ℃ in two atmospheres

LI Hao-xiang, ZHENG Wei, DU Bin, YIN Hua-qiang, HE Xue-dong, MA Tao, YANG Xing-tuan

(Institute of Nuclear and New Energy Technology, Tsinghua University, Beijing 100084, China)

**Abstract:** Incoloy 800H alloy is one of the alternative materials for heat transfer tube of steam generator of high temperature gas-cooled reactor (HTGR). In this work, the corrosion behavior of the two kinds of atmosphere with large difference in oxygen content circulating under the air ingress accident was studied. A gas distribution type superalloy corrosion test bench was built to carry out several groups of oxidation experiments with different time lengths. The parabolic rate constant $k_p$ of the alloy was calculated based on the theory of alloy oxidation kinetics. The experimental alloy was discussed and analyzed by means of electronic balance, SEM, EDS, XRD and gas chromatograph. The results show that the large change of oxygen concentration is not an important factor affecting the corrosion degree of the alloy. After the air ingress accident, the Incoloy 800H alloy showed obvious oxidation corrosion behavior under low and high oxygen concentration atmosphere. The mass gain of the alloy in the two atmospheres is similar, and the parabolic rate constant $k_p$ value is very close, the thickness of oxide layer is close, and the alloy has very similar oxidation behavior.

**Key words:** Incoloy 800H alloy; Oxidation; High temperature gas-cooled reactor; Air ingress accident

# 核燃料管座增材制造过程的变形控制

秦国鹏,张海发,艾才垚,张丽英

(中核建中核燃料元件有限公司,四川 宜宾 644000)

**摘 要:** 为适应新一代压水堆核燃料对堆内异物过滤能力及元件棒限位的要求,新型核燃料管座大多采用了空间曲面、异形流道等复杂的过滤结构设计,这些异形结构很难用传统机械加工方式实现,但非常适合金属增材制造方式。同时由于增材制造过程是一系列不同工序组成的复杂组合,制造过程会存在机械应力、热应力、材料收缩应力、切削应力、二次残余应力等多种应力变形,这种变形累加会严重影响核燃料精密零件的制造精度。因此有必要研究新型管座增材制造过程的变形控制,保证核燃料零部件产品的质量及可靠性。本文以典型的管座 SLM 增材制造过程为例,介绍了对 SLM 成型、基板去除、后处理校正、机械加工补偿等关键工序变形趋势及控制方法的最新研究进展。

**关键词:** 核燃料;管座;金属增材;制造过程;SLM;变形控制

为了增强压水堆核燃料的耐异物冲刷划伤能力,保护元件棒的结构完整性,新型的核燃料设计上大多采用空间曲面、异形流道等复杂的过滤结构设计。这些异形过滤结构优点是异物过滤效果好,有利于核电运行安全;缺点是结构复杂,采用常规机械加工方法难度大且成本高,不利于出口产品的制造经济性。增材制造技术的应用可以很好地解决上述矛盾。然而,增材制造仍属于材料成型大学科的范围,需要考虑材料成型过程中的各种应力应变情况。典型的精密增材制造过程是一系列不同工序的复杂组合,会存在机械应力、热应力、材料收缩应力、切削应力、二次残余应力等多种应力。因此有必要对制造过程变形控制加以研究,保证核燃料的制造精度及质量。下面从 SLM 成型、基板去除、后处理校正、机械加工补偿等工序介绍增材制造变形及控制方法的最新研究进展。

## 1 试验条件

研究对象选择新型自主设计核燃料下管座(燃料棒坐底式结构),材料为低钴奥氏体不锈钢 022Cr19Ni10(核级)。增材制造技术选用成熟的激光选区熔化(Selective Laser Melting,SLM)技术[1],其余试验条件见表1。

表 1 试验条件清单

| 项目 | 试验条件 | 项目 | 试验条件 |
| --- | --- | --- | --- |
| 外形尺寸 | 215 mm×215 mm×62 mm | 试验环境 | 室温23.5 ℃,相对湿度35%~45% |
| 基板材质 | 45 钢 | 粉末规格 | 15~53 $\mu m$ |
| SLM 设备 | EP-M260 | 打印层厚 | 40 $\mu m$ |
| 热处理设备 | 内热式真空热处理炉 | 打印件密度 | 7.883 g/cm³ |

---

作者简介:秦国鹏(1981—),男,甘肃张掖人,正高级工程师,工学学士,中国原子能工业有限公司元件棒焊接技术子领域科技带头人,现主要从事核燃料的焊接、增减材制造相关技术研究工作。

## 2 研究结果

### 2.1 SLM成型过程变形控制

#### 2.1.1 支撑结构的设计

典型的核燃料下管座为带内部空腔的支座式精密结构，具有孔、薄壁、厚壁、悬空、异形槽、倒角、圆角等典型特征。因为使用典型的激光选区熔化（SLM）技术，为保证产品的打印性[2]，必须采用支撑结构来控制打印件在SLM成型过程中的零件变形及成型质量。经过分析，下管座中可能需要设计支撑结构的位置如图1所示，共有5处悬空结构。其中2处悬空结构位于零件内部腔体，3处悬空结构位于打印件与基板之间，常规情况下这些地方都必须增加支撑结构来保证SLM成型。然而，支撑结构本质上是通过刚性限位、辅助承载的形式来工作的，支撑的受力结构和成型过程冷热不均会不可避免地产生机械应力、热应力、材料收缩应力[3]。因此增加的支撑结构越多，工件的受力情况越复杂，去除支撑结构后工件的残余应力分布情况就越复杂。

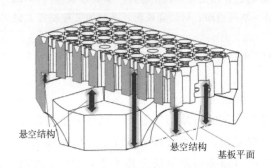

**图1 典型下管座特征及悬空结构示意**

通常情况下，SLM打印件的成型过程应尽量减少支撑结构的数量。研究发现，典型下管座可以通过选择合适的成型方向、加强局部结构强度的方法来减少支撑结构设计，实现优化打印模型，减少成型及后处理时间的效果。具体方法：首先，分析结构以确定不同SLM成型方向必须设计的悬空及桥接结构的数量；其次，预测成型过程的热应力及材料收缩应力分布趋势；然后评估去除支撑结构的工艺难度及成本；最终综合制造效率、工艺难度、制造经济性，得到合理优化后的支撑结构设计模型。图2所示为研究得出的能实现最少支撑数量的成型方向，即倒置下管座成型方向。这种情况下，只存在1种悬空结构，位于支腿与管座之间，产品的制造效率和制造经济性最高。但相对应的，由于孔系结构的不均匀性会导致打印层（基板平面）的烧结热量[4]累计不同，从而在基板与打印件结合过渡区域会形成复杂的不均匀温度场，导致打印件的内部应力分布和变形情况更加复杂。针对成型过程

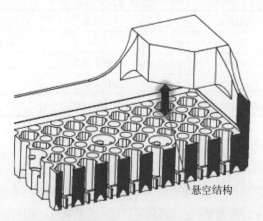

**图2 支撑结构数量最小化的成型方向示意**

的应力分布情况,通过增加支撑结构和局部位置打印余量的方式,增强打印件刚性并抵消部分应力,尽可能地降低制造工艺难度。最终研究得出的管座支撑结构设计方案如图 3 所示,除了在支腿悬空位置增加支撑结构外,还在管座外方和部分通孔位置增加打印余量,这样可以对打印件预先施加一个拘束力[5],从而抵消部分热成型过程产生的变形量。经试验验证,该方案可以使打印后的管座平面度变形减小 50% 以上。

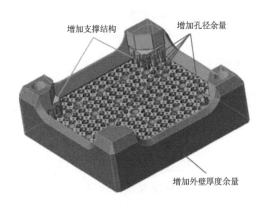

**图 3　支撑结构设计示意**

### 2.1.2　成型过程优化

SLM 成型过程产生的应力主要有激光烧结堆积过程的热应力、材料收缩应力等。最主要的应力集中发生在基板结合层和支撑结合层。分析原因,一是基板与打印件材质不同导致材料收缩率不同,二是成型初期基板的相对热容量较大,三是支撑位置烧结能量更集中或烧结后冷却时间短。研究发现可以通过基板预热、增加打印层间时间,增加冷却时间、优化烧结路径等方法来提高成型过程的热量均匀性,减少变形。图 4 所示为典型的打印成型过程变形产生的缺陷照片,缺陷产生原因是部分支撑结构的烧结路径设置不合理,使打印层间冷却时间过短,从而产生了热量集中,最终导致支撑结构变形失效。

**图 4　典型打印成型过程变形缺陷**

## 2.2　基板去除

核燃料下管座 SLM 成型带基板的产品如图 5 所示,其中下部光亮金属部分即为基板。打印成型结束后,由于材质不同以及烧结热应力分布不均会导致基板与打印件结合层存在不同程度的应力集中。如果不加控制直接分离基板会使打印件发生残余应力变形。

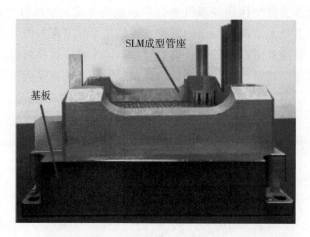

**图 5　带基板的 SLM 管座**

常见的处理措施为消除应力热处理，热处理温度一般为 300 ℃左右。而核燃料管座要求服役状态材料为固溶态，为了兼顾这一工艺要求，管座基板去除前采用了 1050 ℃左右的固溶热处理，最大化地消除了内部残余的应力对打印件变形的影响。之后采用线切割的方法分离切除管座与基板。研究发现，固溶处理后管座与基板分离面仍然出现了 0.8 mm 的下凹变形，变形方向如图 6 所示。分析该现象的产生原因为：带基板结合位置产品的有效加热/冷却厚度过大，无法通过固溶处理完全消除成型应力。因此还须其他措施来消除工件残余应力影响。

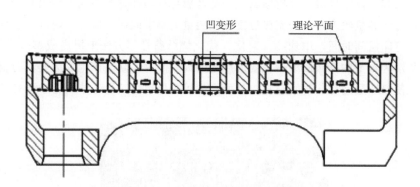

**图 6　基板去除后的管座变形示意**

### 2.3　后处理校平

为保证产品的外形及形位公差尺寸，研究增加了后处理校平工序，使用反变形法对固溶处理后的产品变形平面进行机械校平。具体方法为：采用油压机对平面进行基础机械校平。首先压力为 20 000 N，保压 10 min，校正控制凹平面的平面度在 0.10 mm 以内；然后翻转管座，施压使管座上下表面平行度控制在 0.1 mm 以内；之后放置管座 24～48 h 自然时效；最后使用多次磨削的方法逐步磨平管座上下表面，控制管座基板分离平面厚度均匀性≤±0.1 mm。

研究发现，经过多次磨削后的管座，由于加工二次残余应力的原因，在运输或放置一段时间后，管座平面仍不可避免的发生了 0.2 mm 左右的反向凸变形，如图 7 所示。管座平面发生凸变形后，会使以平面为基准的燃料棒安装孔的孔轴线出现一定的倾斜或偏移，导致管座孔系位置不规则度超差，如图 8 所示。上述变形超差问题必须进行校正以保证产品精度，考虑到此阶段产品的其余尺寸及表面粗糙度已加工到位，不能继续采用反变形校平或热处理消除应力，所以选用机械加工的方法来补偿应力变形量。

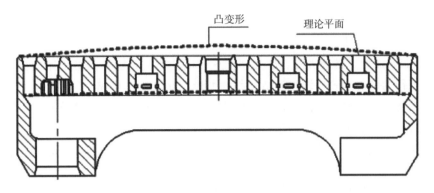

**图 7 磨削校平后的管座变形示意**

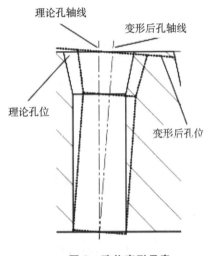

**图 8 孔位变形示意**

## 2.4 机械加工补偿

根据最终产品尺寸，预留少许孔径加工余量，采用机械加工补偿的方法精加工孔系尺寸及位置度，从而实现对二次残余应力变形进行校正。具体方法为：首先进行轻微二次保压校平，保证支腿与连接板的平面度。然后先精铰燃料组件定位销孔，确定中心坐标；之后精铰燃料棒安装坐底孔，保证孔系直径及位置度；最后加工四方，保证各孔系与管座外形的相对位置度。最终机械加工补偿获得合格的增材制造核燃料下管座局部如图 9 所示。

**图 9 合格的下管座平面示意**

## 3 结论

本文通过对 SLM 成型、基板去除、后处理校正、机械加工补偿等关键工序的变形趋势及控制方法研究，找到了可行的核燃料管座增材制造过程的变形控制方法，形成结论如下。

（1）由于核燃料管座结构的特殊性，增材制造过程中会出现反复的应力变形情况，只能在不同阶段采用针对性的措施来控制变形对产品制造精度的影响。

（2）使用支撑设计优化、成型过程优化、热处理、机械校平、机械加工补偿等组合措施可以有效地控制核燃料管座 SLM 成型变形。

（3）研究成果能保证增材制造核燃料管座的尺寸精度及可靠性[6]，对新技术在自主核燃料中的应用做出了一定的贡献。

**参考文献：**

[1] XU YANG. A review of metal 3D printing technology [J]. China Metal Bulletin, 2019 (2): 104-105.
[2] 许洋. 金属3D打印技术研究综述 [J]. 中国金属通报, 2019 (2): 104-105.
[3] KVRNSTEINER P, WILMS M B, WEISHEIT A, et al. High-strength damascus steel by additive manufacturing [J]. Nature, 2020, 582 (7813): 515-519.
[4] 张丽英, 秦国鹏. 核燃料防屑板的激光增材制造技术研究 [J]. 电焊机, 2020, 7 (50): 104-108.
[5] QIN G P, ZHANG L Y. Primary Research on metal 3D printing manufacturing technology of fuel assembly parts [J]. Machinery, 2018 (45): 99.
[6] 张丽英, 秦国鹏. 连接柄3D打印成形质量控制研究 [J]. 焊接技术, 2022, 11 (50): 51-55.

# Deformation control in additive manufacturing Nozzle of nuclear fuel

## QIN Guo-peng, ZHANG Hai-fa, AI Cai-yao, ZHANG Li-ying

(CNNC Jianzhong Nuclear Fuel Co., Ltd., Yibin, Sichuan 644000, China)

**Abstract**: In order to meet the requirements of the new-generation pressurized water reactor nuclear fuel on the filtration capacity of foreign matter in the reactor and the limit of fuel rods, most of the new nuclear fuel Nozzle adopts complex filtration structure design such as space curved surface and special shaped runner. These special-shaped structures are difficult to be realized by traditional machining methods but are very suitable for metal additive manufacturing. At the same time, additive manufacturing process is a complex combination of a series of different processes, there will be mechanical stress, thermal stress, material shrinkage stress, cutting stress, secondary residual stress and other stress deformation in the manufacturing process, which will seriously affect the manufacturing precision of nuclear fuel precision parts. Therefore, it is necessary to study deformation control in the additive manufacturing process of new Nozzle to ensure the quality and reliability of nuclear fuel components. Taking a typical SLM additive manufacturing process of Nozzle as an example, this paper introduces the latest research progress on the deformation trend and control methods of SLM forming, substrate removal, post-treatment correction, machining compensation and other key processes.

**Key words**: Nuclear fuel; Nozzle; Metal additive; Manufacturing process; SLM; Deformation control

# 乏燃料后处理厂溶解设备材料研究综述

赵 远，陈思喆，陆 燕

(中核战略规划研究总院有限公司，北京 100048)

**摘 要**：乏燃料具有强放射性，因此后处理厂设备必须十分坚固耐用和可靠。后处理厂设备材料尤其是溶解器材料的选用和开发已成为后处理工程的重点难题之一。目前，锆合金、钛合金等在后处理厂高温、强酸、高辐射的运行环境下，与不锈钢相比具有较好的耐腐蚀性能，在后处理工程应用中具有一定的前景。本文将对国际上针对乏燃料后处理厂溶解器耐腐蚀材料的相关研究进行总结。

**关键词**：乏燃料；后处理；溶解器材料；腐蚀

目前用于燃耗较高的轻水反应堆氧化物燃料的常规工艺是 Purex 流程，典型的后处理厂包括法国 UP-2、UP-3、英国 THORP 热氧化物后处理厂和日本六个所后处理厂。Purex 流程是指用硝酸溶解从核电厂卸出的乏燃料，用有机溶剂磷酸三丁酯作为萃取剂，去除核裂变产物，回收铀、钚的化学过程。Purex 流程是现今最有效、最成功的核燃料后处理流程，是实现核燃料循环利用，减少环境污染，确保核电生产安全性和经济性不可缺少的环节。

现有后处理厂的主要设备都是在高温、强酸（浓硝酸）、高辐射（含大量高放射性裂变产物）的条件下运行，因此，需要进行远距离、密封操作并进行辐射屏蔽。随着运行时间推进，一些设备尤其是溶解器等会出现磨损、腐蚀等情况，甚至出现加速腐蚀的状况。运行环境的特殊性决定了溶解器对选材性能的高要求，因此，元件溶解器、高放射性废酸蒸发器以及硝酸回收器等设备的选材成为后处理工程的主要难点问题。本文将对乏燃料后处理厂溶解器材料研究现状进行综述，以期为我国后处理厂溶解设备材料选型提供参考。

## 1 不锈钢材料

304L、316L 和 310Nb 奥氏体不锈钢在后处理厂中大量用作盛装硝酸溶液的结构材料。在硝酸中，这些材料几乎都通过较厚的三价铬氧化物层使其处于钝化状态，从而可以耐受硝酸腐蚀。但是，在某些特殊硝酸溶液中，其腐蚀电位可能发生偏移进入过钝化区域。在该区域，即便这些材料因碳含量极低而不易腐蚀，但仍可能发生晶间腐蚀。钢的腐蚀电位极大地取决于内部参与氧化还原过程的 Fe、Cr 和 Ni 元素与介质中氧化物质之间所发生的阳极反应。在后处理介质中可以发现三种使腐蚀电位升高的情况[1]：①纯硝酸-水溶液，硝酸溶液可自动催化硝酸还原；②硝酸溶液含有氧化性离子；③含有电化学活性高于钢合金元素的硝酸溶液，将导致电偶腐蚀。因此，在乏燃料后处理厂建造过程中，视处理条件不同，需要选择最适合的钢材并严苛控制冶金过程，确保不锈钢只在其钝化区域内工作，且在硝酸溶液中保持均匀、低速的溶解。

晶间腐蚀是核燃料后处理厂中所用的奥氏体不锈钢的主要退化机制之一，其原因是晶界杂质分离和形成相应的活性位点。在东海后处理厂，由于奥氏体不锈钢的腐蚀，主要工艺设备（如溶解器和酸回收蒸发器）停运了很长一段时间来进行调查、维修或更换故障设备等。针对溶解器故障的情况，开发并应用了远程修理技术，使用潜望镜确认修补后焊缝的完好性，并将第三台溶解器安装在备用热室

---

作者简介：赵远（1994—），女，河北衡水人，助理研究员，工学硕士，从事核科技情报研究工作。

内。另外，在此之前，酸回收蒸发器已经更换了两次，已采用新材料（如 Ti-5Ta 合金）作为第四代蒸发器的新材料，并制造了中试规模的设备[2]。

日本 Ioka 等研发了超高纯度（EHP）奥氏体不锈钢，同时进行了多次新的熔炼，以控制有害杂质的总量低于 100 ppm[3]。在含强氧化性离子的沸腾 $HNO_3$ 溶液中对 EHP 奥氏体不锈钢的晶间腐蚀行为和各种杂质进行了检查，发现 EHP 奥氏体不锈钢中的晶间腐蚀和杂质间存在相互关联，其腐蚀速率反映了晶间腐蚀的程度。研究结果表明，在 310 型 EHP-SSS 中添加 B、P、Si、C、S 和 Mn 等杂质可使腐蚀速率逐渐升高，在含量为 10 000 appm 或更低的情况下，Mn 对 EHP-SSS 的腐蚀速率几乎没有影响。因此，控制 B 和 P 对 EHP-SSS 的晶间腐蚀行为非常重要。

日本 Ningshen S 等研究了 11%Cr 铁素体/马氏体和 9%～15%Cr 氧化物弥散强化钢在不同硝酸浓度下的钝化膜组成和耐腐蚀性[4]。在所有的被研究合金钢中，随着硝酸浓度由 1 M 升高至 9 M，开路电位变高。随着硝酸浓度从 1 M 升高至 9 M，动电位极化图的结果也显示腐蚀电位发生变化，存在电位超出钝化区的风险，且可能导致过钝化腐蚀。结果显示，钝化膜主要由 $Fe_2O_3$、$Cr_2O_3$ 和 $Y_2O_3$ 组成，取决于合金元素，且 Fe 和 Cr 浓度的深度分布随硝酸浓度而变化。腐蚀试验后的表面形态在所研究的硝酸浓度下没有显示出晶间腐蚀。硝酸浓度的影响表明，与 15%Cr ODS 钢相比，9%Cr ODS 钢和 11%Cr F/M 钢中的开路电位升高更多，15%Cr ODS 钢表现出较低的腐蚀电位和钝化电流密度，以及略高的破裂电位。表面形态的 SEM 表明，在 9%Cr ODS 和 11%Cr F/M 钢中存在多孔氧化层，而 15%Cr ODS 钢中几乎没有。所有被研究合金钢均未显示出任何晶间腐蚀，表明它们对该浓度硝酸具有良好的抗性。因此，从实际应用的角度来看，这对将用于乏燃料后处理厂的结构材料而言或将是合乎要求的。

随后，该研究组还评价了美国钢铁学会（ANSI）304L 型不锈钢和耐硝酸型（NAG）310L 不锈钢在 1～11.5 M 硝酸和 15.65 M 沸腾硝酸中的耐腐蚀率[5]。在两种合金中，随着硝酸浓度上升，开路电位和腐蚀电位发生了偏移，达到了一个较为敏感的电位。但是，钝化电流密度并未受到影响，随着浓度升高，过钝化电位偏移到一个较高的电位。显微结构显示 304L 不锈钢存在严重的晶间腐蚀（IGC）现象，而 310L 不锈钢的晶间腐蚀情况较轻。另外，结果显示有 $Cr_2O_3$ 和 $SiO_2$ 存在，主要发生 Si 富集现象。

BARC 研究了耐硝酸级（NAG）304L 不锈钢的耐腐蚀机制[6]。研究证明，通过严格控制化学成分，特别是碳、镍、铬、硅和磷以及显微结构能够改善浓硝酸溶液中的晶间腐蚀和均匀腐蚀现象，并在硝酸（5～10 mpy）中保持较低的均匀腐蚀率且可以延长不锈钢部件的寿命。但由于存在氧化性的高价态离子，使得其腐蚀性随时间变化而越来越强。

美国芝加哥大学 Ningshen 等对 304L 不锈钢在模仿离心萃取器环境的酸性水溶液中的腐蚀行为进行了评价[7]。该研究在以下水溶液环境中开展腐蚀试验：5.0 M $HNO_3$；5.0 M $HNO_3$+0.1M HF；以及 5.0 M $HNO_3$+0.1 M HF+0.1 M $Zr^{4+}$。结果表明，5.0 M $HNO_3$+0.1 M HF 溶液腐蚀性最强，而加入 $Zr^{4+}$ 离子可将 HF 的腐蚀性减弱至 $HNO_3$ 溶液同一水平。另外，304L 不锈钢浸没在 5.0 M $HNO_3$ 以及 5.0 M $HNO_3$+0.1 M HF+0.1 M $Zr^{4+}$ 溶液中会生成一层钝化膜，而对于浸没在 5.0 M $HNO_3$+0.1 M HF 溶液中的样品存在氟化铬。并且因为 $Zr^{4+}$ 与 $F^-$ 反应生成 $ZrF_4$ 化合物，与浸没在硝酸溶液的 304L 不锈钢样品一样，表面均产生了一层氧化铬钝化膜，导致了浸没在 5.0 M $HNO_3$+0.1 M HF+0.1 M $Zr^{4+}$ 溶液中的样品，相较于浸没在 5.0 M $HNO_3$+0.1 M HF 溶液中其腐蚀率会下降。

日本 UENO 等为了评估乏燃料后处理厂的部件寿命，建造了一台减压式热虹吸蒸发器的大型模拟体试验装置，研究由 304ULC 不锈钢制成的传热管在沸腾硝酸中的腐蚀机理[8]。腐蚀试验持续了 36 000 h，测试了该试验期间腐蚀量和速率的变化情况，研究了腐蚀量与管表面温度和热通量之间的关系，根据腐蚀表面的形态观察和晶间渗透深度的测量，研究了腐蚀扩展机理。经过较长一段时间后，腐蚀量和速率的增加达到饱和，此时轮流出现晶间渗透和晶粒下降。这一结果意味着可采用线性估计来预测寿命。另外，管表面温度和热通量是决定腐蚀量的主要因素。在沸腾起始部分和顶部均可观察到大量腐蚀，在这些部位也观察到较高的管表面温度和热通量。

超低碳不锈钢用作后处理溶解器设备材料会产生晶间腐蚀，因此，需要进行一系列的优化改造。目前，日本DOI等研制了高Cr-W-Si的Ni基RW合金[9]。随着动力堆燃料中$^{235}$U浓度的提高和燃耗的加深，其乏燃料中产生的超铀元素和裂变产物的含量有所升高，从而又增强了硝酸溶液的腐蚀性。因此，就需要寻找耐腐蚀性能更强的新型材料来替代超低碳不锈钢。随着Zr、Ti、Nb等金属优秀的抗腐蚀性能逐渐被认知，并在工业腐蚀环境的应用中表现出良好的稳定性，开发Zr、Ti、Nb等具有强烈钝化倾向的金属，用来代替超低碳不锈钢用作后处理溶解器设备材料，成为国际上普遍认同的后处理溶解器设备材料的发展方向。

## 2 Zr合金

纯Zr在室温下为密排六方晶体的金属。在当今的核动力反应堆中，Zr及Zr合金被普遍用作结构部件和燃料包壳材料，在水环境中的抗腐蚀与抗辐照方面都表现出良好的性能。Zr可用来替代不锈钢用作溶解器设备候选材料，它在沸腾硝酸溶液中表现出良好的抗蚀性，且不受过钝化腐蚀的影响，并且，经过处理的Zr合金可以获得更优越的性能。

韩国Yang-Il Jung等[10]的研究证明，通过对有氧化钇（$Y_2O_3$）涂层的Zr-4合金板材采取激光束扫描进行表面处理，Zr-4合金在室温下的抗拉强度增加了20%，同时形成了较薄的分散氧化层，其厚度小于Zr-4合金基体厚度的10%，但样品的拉伸伸长率大大降低。随着试验温度升高至380℃，延展性的降低可忽略不计。该现象可以通过两种机制进行解释：①氧化物颗粒在金属基体中分散；②Zr-4合金中发生相变。

深圳大学陈双双等对Zr62.8-Cu15-Co9.2-Ti6-Al7玻璃合金进行微弧氧化（MAO）处理，获得了更高的室温塑性[11]。处理15 min和30 min后，玻璃合金试样的塑性应力分别增加了5.5%和7.9%。由于应力集中，而在涂层/基体界面的剪切带引入成核位点以及原位形成涂层，对扩展剪切带造成物理约束效应，均可以导致塑性增强。这一发现可从表面改性的角度开辟一条韧性金属玻璃研究新途径。

Mordyuk等通过超声波喷丸（UIP）引发的大塑性变形过程，在Zr-1%Nb合金表面形成超细晶粒（UFG）表面层[12]。结果说明，处理后的合金在不同程度的有效应变和表面显微硬度下形成的微观结构与耐腐蚀性相互关联。超声波喷丸作为一种简单的生产工艺，通过调整靠近表面晶粒的微观结构和晶向，可大大提高金属材料的性能，如耐腐蚀性和硬度。

北京航空航天大学张涛等通过激光表面熔化（LSM）处理对Zr55Cu30Al10Ni5块体金属玻璃进行表面改性，从而改善其力学性能[13]。经过激光表面重熔后，Zr55Cu30Al10Ni5合金仍然是完全非晶结构。对比发现，经过LSM处理的样品在断裂前表现出5.3%的压塑性应变。由于复杂残余应力的分布和LSM处理引起的表面层自由体积增大，经过LSM处理的金属玻璃可能在力学性能方面得到改善。

俄罗斯PUSHILINA研究了脉冲电子束（PEB）以及吸氢对Zr合金性质变化的影响[14]。大电流脉冲电子束处理Zr-1Nb合金，可减少样品在氢化气氛中、温度处于350~550℃时的吸氢量。脉冲电子束对表面处理，可形成一层保护性氧化膜，防止吸氢，同时，因电子束照射表面使其温度超过熔点并快速降温，还可形成一层坚硬的结构。

在法国阿格UP3和UP2后处理厂内，建造有总计100 t以上的Zr制设备，并铺设了长度超过5000 m的Zr管，几乎是无故障运行。UP3后处理厂运行时的工况证明了采用Zr材制造大型复杂工艺设备的合理性[15]。其中包括溶解器、草酸母液蒸发器、热交换器、玻璃固化除尘器、液体放射性废物处理反应器等。1971年首次投入使用热虹吸蒸发器，这是首个投入使用的Zr制设备，一直无故障运行到1983年。

## 3　Ti 合金

在硝酸中 Ti 本身具有很好的抗腐蚀性能，特别是在浓度达到 98% 的沸腾硝酸中，Ti 合金比不锈钢具有更优异的耐蚀性。因而在硝酸生产和处理过程中，纯 Ti 得到了广泛的应用。在亚沸腾温度下，所有硝酸浓度的变化范围内 Ti 均表现出了优异的抗腐蚀性能。但当温度超过 353 K 后，Ti 的抗腐蚀性能就取决于硝酸的纯度。

纯 Ti 与纯 Zr 在常温下都为密排六方晶格结构，具有很强的各向异性。工业纯 Ti 耐应力腐蚀性能极好，只有少数的几种强氧化剂（如发烟硝酸）和含卤素元素，才产生应力腐蚀。

为了改善 Ti 在沸腾硝酸中的抗腐蚀性能，加入一些难熔金属来实现合金化处理。加入的难熔金属的离子大小要与 Ti 接近，而且在硝酸中的溶解度要低并可生成稳定的氧化膜。只有 Ta 和 Nb 可满足这些要求。

日本 KIUCHI 等为了考察 Nb 和 Ta 组分对 Ti 合金腐蚀速率的影响，在沸腾的供给流量为 10 mL/($cm^2 \cdot h$) 的 12 mol/L $HNO_3$ 中对一系列 Ti 合金进行了试验，试验得到腐蚀速率由大到小分别为纯 Ti、Ti-5Nb、Ti-7Nb、Ti-6.5Nb-1Ta、Ti-6Nb-2Ta、Ti-5.5Nb-3Ta、Ti-5Ta（商业熔炼产品）、Ti-1.8Nb-5Ta，这说明在 Ti 中加入这些合金元素可在稳定的 α 相范围内有效增加 α 相 Ti 的抗腐蚀性能。而且由于在 $HNO_3$ 中 Ta 的溶解度较 Nb 低，所以加入 Ta 更加有效[16]。

巴西 Karen Alves de Souza 等[17]进行了在不同 Ta 含量下 Ti-Ta 合金电化学试验，以研究不同 Ta 含量下 Ti-Ta 合金的电化学行为。极化曲线引出的临界电流（阳极电流密度最大值）和腐蚀电流密度随着 Ta 含量的增多而降低。这些结果都表明，随着 Ta 含量的增多，材料的抗蚀性能也增加。已有研究将从 Ti-10Ta 一直到纯 Ta 不同 Ti 含量的合金，在 436 K 沸腾下浓度为 10%～70% 的硝酸溶液的密封玻璃试管中进行腐蚀试验。所有这些试验的材料都表现出良好的抗腐蚀性能，其腐蚀速率低于 0.025 mm/年，并且也没有脆化的倾向[18]。仅在后处理环境中，只加入少量 Ta 的 Ti-Ta 合金，就能达到技术设计的要求。

目前国际普遍认为加入 5% Ta 的 Ti-Ta 合金是替代超低碳不锈钢用于后处理溶解器的新型材料。Ti-5%Ta 合金在室温下是 α 相合金。α-β 双相 Ti 合金以及 β 单相 Ti 合金在沸腾的硝酸中进行所有的腐蚀试验表明，增加 β 相稳定元素的含量会降低合金的抗腐蚀性能。α 单相合金对热硝酸的抗腐蚀能力最好。尽管 Ta 和 Nb 都是 β 相稳定元素，但它们在硝酸中都显示出了优良（比单独 Ti 要好）的抗蚀能力。

印度 KAPOOR 等[19]在 Ti-5Ta 合金基础上研制了 Ti-5Ta-1.8Nb 合金。在合金中添加 1.8% 的 Nb 后，β 相（几乎 1%）就能以析出物的形式存在，通过扫描电镜观察到了 Ti-5Ta-1.8Nb 合金中存在 α+β 相。通过研究表明，纯 Ti 的 α 相抗蚀性能比 β 相更好，但 Ti-5%Ta-1.8%Nb 合金 β 相化学成分与纯 Ti 中的 β 相不同，由于 Ti-5Ta-1.8Nb 合金 β 相中富积了 Ta 和 Nb，Ti-5Ta-1.8Nb 合金中 β 相的存在对于在强氧化性介质中是无害的，在沸腾的硝酸溶液中，它还有助于建立更好的钝态，使其具有良好抗腐蚀能力。

燕山大学评估了激光表面重熔（LSR）对 Ti-ZrβTi 合金显微结构和机械性质的影响，利用二氧化碳激光对 Ti-Zr 合金表面进行重熔[20]。结果表明，相比于母材，重熔区域的合金显微结构变得更为细致且一致性更强，这是由于熔化和凝固导致的。同时，在 LSR 后，在整个 β 基质中均匀分布亚稳态六边形 ω 相结构。相比未进行激光处理的区域，重熔区域的微硬度和弹性模量均有增加同时，还确定了 LSR 对 Ti-Zr 合金机械性能的强化效果。所得出的结果表明，LSR 是一种改进合金表面机械性能的一种有效手段。

## 4　其他合金

印度 MANIVASAGAM 教授报告了两种新合金 Ti-4Nb-4Zr 和 Ti-2Nb-2Zr 的开发、显微结构以及浸没在沸腾硝酸环境中的腐蚀行为[21]。在11.5 M的液相、气相和凝析相硝酸中开展腐蚀试验，并在室温下对两者开展了动电位阳极极化研究。结果表明，相比于Ti-4Nb-4Zr合金，Ti-2Nb-2Zr合金在三相腐蚀试验中腐蚀行为更差；新研制的近α相Ti-4Nb-4Zr合金在所有三相腐蚀环境中有着优异的耐腐蚀行为，相比于乏燃料后处理厂硝酸溶液处理过程中所采用的常规合金，其有着优秀的可焊接性。此外，热处理后的βTi-4Nb-4Zr合金的耐腐蚀性比α+β相热处理样品更为优异。

北京理工大学采用减压烧结方式制备$ZrSiO_4$试块，并在$SiC_f$/SiC底层上通过空气等离子法沉积$ZrSiO_4$层[22]。$ZrSiO_4$试块以及$ZrSiO_4$层均表现出致密的显微结构。水蒸气腐蚀试验研究结果显示，$ZrSiO_4$试块表面出现了某些孔隙。主要的晶相为$ZrO_2$，腐蚀后$ZrSiO_4$试块的质量损失较小。109 h后$ZrSiO_4$层从底层剥脱。沉积层内$ZrO_2$数量和密度分布达到最高峰，沉积层的主体晶相仍为$ZrSiO_4$。腐蚀后$ZrSiO_4$沉积层表面可观察到多孔显微结构，伴有少数裂纹。EBC材料的耐久性是其中的关键因素，但这些$ZrSiO_4$层不能在1300 ℃燃烧环境中超过200 h。因此，需要改进EBC材料中的$ZrSiO_4$材料。

Zr基和Ti基溶解器盛有高放射性和强腐蚀性硝酸溶液，需要连接至由AISI型304L不锈钢（SS）制成的后处理设备的剩余部分，这就要求高完整性和耐腐蚀性的异种接头。印度Shan kar等的研究中提出采用摩擦焊接固态连接工艺来连接Zr-4合金和304L不锈钢，因为熔焊工艺会在界面处产生脆性金属间化合物沉淀，从而降低接头的机械强度以及耐腐蚀性[23]。实验结果证明：①利用摩擦焊接工艺，在Zr-4合金和304L不锈钢之间获得了良好异种接头，其抗拉强度更高，无任何中间层。当Ti和镍作为中间层时，由于研究中使用的Ti和镍更厚，弯曲延性没有得到提升；②当有或没有中间层时，均可获得无任何分层或空隙的良好接头；③在HAZ中和无中间层的摩擦焊接接头的断裂表面上存在Ni11Zr9和Ni7Zr2等脆性金属间化合物；④含/无中间层的接头的显微硬度高于304L不锈钢（278VHN），低于Zr-4合金侧（165VHN）；⑤对摩擦焊接接头进行试验后发现腐蚀速率约为225μm/年，且所有的腐蚀均发生在304L不锈钢侧面和接头界面处。

## 5　小结

超低碳不锈钢作为核燃料溶解设备用材料，它在沸腾硝酸中由于过钝化而出现晶间腐蚀，导致了这种材料在后处理环境中应用的局限性。虽然对它进行了改进，但是随着动力堆燃料中$^{235}$U浓度的提高和燃耗的加深，开发代替超低碳不锈钢的高效可靠的新材料将成为必然的趋势。

目前，国际上普遍开发Zr基合金与Ti基合金代替超低碳不锈钢作为核燃料溶解设备使用的新材料。Ti基合金在含有氧化性离子的沸腾硝酸环境中，表现出优异的抗腐蚀性能，并且对应力腐蚀开裂不敏感。Ti作为合金元素加入Zr中，还能降低Zr在沸腾硝酸环境中应力腐蚀裂纹的敏感性。

对核燃料后处理用材料的研究综合评价结果表明，Ti-Ta合金的抗腐蚀性能较好，在核燃料后处理设备应用上最具前景。我国应根据国外后处理设备用材料的研究与发展，开展新型材料工程应用性能的研究，这对提高商业后处理工厂的安全性和经济性具有十分重要的意义。

**参考文献：**

[1] FAUVET P, BALBAUD F, ROBIN R, et al. Corrosion mechanisms of austenitic stainless steels in nitric media used in reprocessing plants [J]. Journal of Nuclear Materials, 2008, 375 (1): 52-64.

[2] YAMANOUCHI T, AOSHIMA A, SASAO N, et al. Experience of corrosion problems and material developments in the Tokai Reprocessing Plant (IAEA-TECDOC—421). International Atomic Energy Agency (IAEA), 1987.

[3] IOKA I, SUZUKI J, MOTOKA T, et al. Correlation between Intergranular Corrosion and Impurities of Extra High Purity Austenitic Stainless Steels [J]. Journal of Power and Energy Systems, 2010, 4 (1): 105-112.

[4] NINGSHEN S, SAKAIRI M, SUZUKI K, et al. The surface characterization and corrosion resistance of 11 [J]. Journal of Solid State Electrochemistry, 2014, 18 (2): 411-425.

[5] NINGSHEN S, SAKAIRI M. Corrosion degradation of AISI type 304L stainless steel for application in nuclear reprocessing plant [J]. Journal of Solid State Electrochemistry, 2015, 19 (12): 3533-3542.

[6] http://www.barc.gov.in/publications/eb/golden/reactor/toc/chapter11/11_13.pdf.

[7] NINGSHEN S, MUDALI U K, RAMYA S, et al. Corrosion behaviour of AISI type 304L stainless steel in nitric acid media containing oxidizing species [J]. Corrosion Science, 2011, 53 (1): 0-70.

[8] UENO F, KATO C, MOTOOKA T, et al. Corrosion Phenomenon of Stainless Steel in Boiling Nitric Acid Solution Using Large-Scale Mock-Up of Reduced Pressurized Evaporator [J]. Journal of Nuclear Science and Technology, 2008, 45 (10): 1091-1097.

[9] DOI M, KIUCHI K, YANO M, et al. Improvement Effect on Corrosion Under Heat Flux in Nitric Acid Solution of Anti-IGC Stainless Steel and High Cr-W-Si Ni Base RW Alloy : JAERI-Research [R]. Japan: JAERI, 2001.

[10] JUNG Y I, KIM H G, GUIM H U, et al. Surface treatment to form a dispersed $Y_2O_3$ layer on Zircaloy-4 tubes [J]. Applied Surface Science: A Journal Devoted to the Properties of Interfaces in Relation to the Synthesis and Behaviour of Materials, 2018, 429 (1): 272-277.

[11] CHEN S S, LI W H, ZENG X R. Enhanced room-temperature plasticity in a Zr-based glassy alloy by micro-arc oxidation treatment [J]. Journal of Non-Crystalline Solids, 2018.

[12] MORDYUK B N, KARASEVSKAYA O P, PROKOPENKO G I, et al. Ultrafine-grained textured surface layer on Zr-1%Nb alloy produced by ultrasonic impact peening for enhanced corrosion resistance [J]. Surface & Coatings Technology, 2012, 210 (none): 54-61.

[13] CHEN B, PANG S, HAN P, et al. Improvement in mechanical properties of a Zr-based bulk metallic glass by laser surface treatment [J]. Journal of Alloys and Compounds, 2010, 504 (supp-S1).

[14] PUSHILINA N S, LIDER A M, KUDIIAROV V N, et al. Hydrogen effect on zirconium alloy surface treated by pulsed electron beam [J]. Journal of Nuclear Materials, 2015, 456: 311-315.

[15] DECOURS J, DEMAY R, BERNARD C, et al. (1991). Zirconium-made equipment for the new La Hague reprocessing plants (CEA-CONF—10550). Proc RECORD, 1991, 2: 570-575.

[16] KIUCHI K, HAYASHI M, HAYAKAWA H, et al. Fundamental Study of Controlling Factors on Reliability of Fuel Reprocessing Plant Materials Used in Nitric Acid Solutions [A] //The Fourth International Conference on Nuclear Fuel Reprocessing and Waste Management RECOD'94 [C]. London: British Nuclear Industy Forum, 1995: 267-271.

[17] KAREN ALVES DE SOUZA, ALAIN R. Preparation and Characterization of Ti-Ta Alloys for Application in Corrosive Media [J]. Materials Letters, 2003, 57: 3010-3016.

[18] CRAIG B D, ANDERSON D S. ASM Handbook of Corrosion Data [M]. USA: ASM Publication, 1995: 543.

[19] KAPOOR K, KAIN V, Gopalkrishna T, et al. High Corrosion Resistant Ti-5%Ta-1.8%Nb Alloy for Fuel Reprocessing Application [J]. Journal of Nuclear Materials, 2003, 322: 36-44.

[20] YAO Y, LI X, WANG Y Y, et al. Microstructural evolution and mechanical properties of Ti-Zr beta titanium alloy after laser surface remelting [J]. Journal of Alloys and Compounds, 2014, 583: 43-47.

[21] MANIVASAGAMG, ANBARASAN V, MUDALI U K, et al. Corrosion-Resistant Ti-xNb-xZr Alloys for Nitric Acid Applications in Spent Nuclear Fuel Reprocessing Plants [J]. Metallurgical & Materials Transactions A, 2011, 42 (9): 2685-2695.

[22] LIU L, ZHENG W, ZHUANG M A, et al. Study on water corrosion behavior of $ZrSiO_4$ materials [J]. Journal of Advanced Ceramics, 2018, 7 (4): 336-342.

[23] SHANKAR A R, BABU S S, ASHFAQ M, et al. Dissimilar Joining of Zircaloy-4 to Type 304L Stainless Steel by Friction Welding Process [J]. Journal of Materials Engineering and Performance, 2009, 18 (9): 1272-1279.

# Review of dissolver material in spent nuclear fuel reprocessing plant

## ZHAO Yuan, CHEN Si-zhe, LU Yan

(China Research Institute of Nuclear Strategy Co., Ltd., Beijing 100048, China)

**Abstract:** Owing to high activity of spent nuclear fuel, the equipment of reprocessing plant must be durable and reliable enough. The selection and development of equipment materials, especially dissolver materials, has become one of the key problems in nuclear reprocessing engineering. At present, zirconium alloy and titanium alloy have better corrosion resistance than stainless steel in the operation environment of high temperature, strong acid and high radiation in the nuclear reprocessing plant, and have broad application prospects in nuclear reprocessing engineering. This paper summarizes worldwide R&D status of corrosion resistant materials for the spent fuel reprocessing plant.

**Key words:** Spent nuclear fuel; Reprocessing; Dissolver material; Corrosion

# 国产新锆合金腐蚀和吸氢行为研究

张鹏飞，俞海平，高　博，童龙刚，庞　森

(国核宝钛锆业股份公司，陕西　宝鸡　721013)

**摘　要**：本文以国产新型 Zr-Sn-Nb、Zr-Nb 合金和 Zr-4、ZIRLO 合金带材为研究对象，采用静态高压釜开展腐蚀试验，研究了锆合金在 360 ℃/18.6 MPa 纯水、360 ℃/18.6 MPa/70 ppm LiOH 水溶液及 400 ℃/10.3 MPa 过热蒸汽中的腐蚀和吸氢行为。结果表明：水化学条件对不同锆合金的腐蚀行为影响规律不同，国产新锆合金在 360 ℃/18.6 MPa 纯水中的耐腐蚀性能明显优于传统合金。LiOH 水溶液对 Zr-Sn 系和 Zr-Nb 系二元合金具有明显加速腐蚀的现象，而 Zr-Sn-Nb 系合金对 LiOH 不敏感，表现出非常优良的耐腐蚀性能。含 Nb 较高（～1%）的 Zr-Sn-Nb 合金抗 400 ℃/10.3 MPa 过热蒸汽腐蚀能力较差。合金成分对锆合金腐蚀吸氢行为有很大影响，用腐蚀增重对样品腐蚀后的氢含量进行归一化处理后，发现在相同腐蚀增重情况下，Zr-4 和国产新型 Zr-Sn-Nb 合金腐蚀时的吸氢量明显大于其他两种合金。

**关键词**：锆合金；腐蚀行为；吸氢行为

当前世界上运行的商用核电站中，90% 以上是轻水反应堆（包括压水堆和沸水堆），其余为重水反应堆。这些核反应堆的燃料元件的包壳或压力管材料都是锆合金，这是因为锆的热中子吸收截面非常小，添加少量合金元素制成的锆合金具有良好的耐高温水腐蚀性能、良好的综合力学性能和较高的导热性能。第三代核电厂如 AP1000 核电厂的燃料组件燃耗已达到 62 000 MWd/tU，这显著提高了核电厂的经济性。随着燃料燃耗的进一步提高，对核燃料包壳材料的服役性能特别是耐腐蚀性能提出了更高的要求。

为满足核电高燃耗、长周期、高安全可靠性的发展目标，世界各国都在积极开发高性能新锆合金。在锆合金发展和成分优化中，通常先通过堆外高压釜腐蚀试验来了解合金的腐蚀行为，然后做成燃料棒放在试验堆内进行辐照考验，了解其在堆内的腐蚀行为[1]。堆外高压釜腐蚀试验通常采用下面几种水化学条件：

(1) 360 ℃/18.6 MPa 纯水（了解锆合金的一般腐蚀规律）；

(2) 360 ℃/18.6 MPa/70 ppm LiOH 水溶液（模拟堆内的水化学条件，了解 LiOH 对锆合金腐蚀行为的影响）；

(3) 400 ℃/10.3 MPa 水蒸气（考察锆合金在压水堆中的耐均匀腐蚀能力）。

本文针对我国自主开发的两种新型 Zr-Sn-Nb、Zr-Nb 合金，以及 ZIRLO、Zr-4 合金带材，在高压釜中不同试验条件下进行了腐蚀性能研究，分析合金成分对锆合金腐蚀行为和吸氢行为的影响。

## 1　试验方法和试验方案

### 1.1　试验方法

本文选择国产新型 Zr-Sn-Nb、Zr-Nb 合金，以及传统 ZIRLO、Zr-4 合金等具有不同体系代表性的合金，使用静态高压釜开展腐蚀试验，参照 ASTM G2/G2M—2006《Standard Test Method for Corrosion Testing of Products of Zirconium, Hafnium and Their Alloys in Water at 680°F (360 ℃) or in Steam

---

作者简介：张鹏飞(1987—)，男，陕西凤翔人，高级工程师，学士，现主要从事核级锆合金板带材科研技术工作。

at 750°F (400 ℃)》标准，将试样分别在 360 ℃/18.6 MPa 纯水、360 ℃/18.6 MPa/70 ppm LiOH 水溶液及 400 ℃/10.3 MPa 水蒸气中浸泡 450 天，试验期间定期取样并称量，用测量单位面积腐蚀增重的方法表示腐蚀程度，计算公式如下：

腐蚀增重：
$$w_t = 10\ 000 \cdot (W_t - W_0)/S \tag{1}$$

锆合金在不同水环境下堆外高压釜中的腐蚀规律相同，具有两个性质不同的腐蚀阶段：转析前的腐蚀和转析后的腐蚀。在转析前腐蚀阶段，腐蚀速率较低，形成一层薄的具有保护性的黏着于基体的黑色氧化膜，这层致密的氧化膜中富含亚稳的四方氧化锆（$t-ZrO_2$）和立方氧化锆（$c-ZrO_2$），服从抛物线或立方规律。当氧化增重达 30～50 mg/dm² 或氧化膜厚度达到 2～3 μm 时发生转析，转析后腐蚀动力学呈线性规律，亚稳的 $t-ZrO_2$ 或 $c-ZrO_2$ 转变为单斜氧化锆（$m-ZrO_2$），氧化膜比较疏松，氧化膜颜色逐渐转变为灰褐色。转析前后的腐蚀动力学用下面两个方程来描述：

转析前：
$$\Delta w_1 = w_t = k_1 t^{n_1}, \tag{2}$$

转析后：
$$\Delta w_2 = w_t - w_{t_0} = k_2(t - t_0)^{n_2}. \tag{3}$$

式中，$W_0$ 为样品腐蚀前的质量（mg）；$W_t$ 为样品腐蚀一定时间 $t$ 后的质量（mg）；$S$ 为样品的表面积（mm²）；$w_t$ 为腐蚀时间为 $t$ 时的增重（mg/dm²）；$W_{t_0}$ 为转析时（$t_0$）的增重；$\Delta w$ 为腐蚀增重的变化（mg/dm²）；$k_1$ 和 $k_2$ 为速度常数；$n_1$ 和 $n_2$ 为关系指数。

腐蚀后的样品使用氢测定仪参照 GB/T 13747.21—2017《锆及锆合金化学分析方法 第 21 部分：氢量的测定 惰气熔融红外吸收法/热导法》进行了氢含量测试，用经腐蚀增重归一化处理后的样品吸氢分数来表示吸氢程度，吸氢分数（HUF）的计算公式为：

$$HUF = [8 \cdot C_{H(d=0.57)}^t \cdot W_0/(100 w_t \cdot S)] \times 100\%. \tag{4}$$

式中，$C_{H(d=0.57)}^t$ 为腐蚀 $t$ 时间后样品中的氢含量（μg/g）。

## 1.2 试验方案

表 1 为本次试验所用锆合金的化学成分。根据对四种合金成分要求，在核级海绵锆中，Sn、Nb、Cr 以含锆中间合金的形式加入，Fe 以铁粒或铁屑形式加入，O 以 $ZrO_2$ 的形式加入，混合后压制成电极，采用真空自耗电弧熔炼炉经三次熔炼制备出 Φ720 mm 的合金铸锭。本次试验用 0.5 mm 锆合金薄带材的加工工艺为：铸锭→β 锻造→β 淬火→两次热轧及中间退火→两次冷轧及中间退火→再结晶退火。将四种成分锆合金带材使用剪床加工成 25 mm×15 mm 的长方形薄片试样，试样经混合酸（$HNO_3 + HF + H_2O$）酸洗，自来水和去离子水清洗、烘干后用于开展腐蚀试验。

表 1 锆合金化学成分的质量分数

| 合金 | Sn | Nb | Fe | Cr | O | Zr |
|---|---|---|---|---|---|---|
| 国产新型 Zr-Sn-Nb 合金 | 0.8% | 0.3% | 0.35% | 0.15% | 0.11% | 余量 |
| 国产新型 Zr-Nb 合金 | — | 1.0% | 0.18% | | 0.11% | 余量 |
| Zr-4 | 1.4% | — | 0.21% | 0.10% | 0.11% | 余量 |
| ZIRLO | 1.0% | 1.0% | 0.11% | — | 0.11% | 余量 |

## 2 结果与讨论

### 2.1 显微组织

图 1 是国产新型 Zr-Sn-Nb、Zr-Nb 合金和 Zr-4、ZIRLO 合金带材显微组织。可以看出，四种合金都发生完全再结晶，其中国产新型 Zr-Sn-Nb、Zr-Nb 合金的第二相粒子呈较均匀弥散分

布。国产新型 Zr-Sn-Nb 合金中的第二相主要是 C14 型 Zr（Fe，Cr）$_2$ 六方结构的 Laves 相，平均尺寸约 120 nm。国产新型 Zr-Nb 合金中第二相明显多于 Zr-Sn-Nb 合金，这和国产新型 Zr-Nb 合金含有较多 Nb 元素有关，Nb 在锆中固溶度有限，很多 Nb 形成了立方结构的 β-Nb 第二相，平均尺寸约 100 nm。ZILRO 合金是 Nb 含量较高的 Zr-Sn-Nb 合金，Nb 含量较国产新型 Zr-Sn-Nb 合金中的高，第二相明显多于国产新型 Zr-Sn-Nb 合金，密排六方结构的 Zr-Nb-Fe 和体心立方结构的 β-Nb。Zr-4 合金是 Zr-Sn 系锆合金，Sn 元素不参与第二相的形成，第二相为呈棒状密排六方结构的 Zr（Fe、Cr）$_2$。

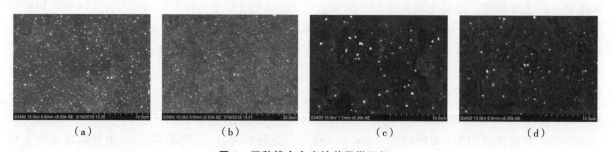

**图 1　四种锆合金腐蚀前显微组织**

(a) 国产新型 Zr-Sn-Nb 合金；(b) 国产新型 Zr-Nb 合金；(c) Zr-4 合金；(d) ZIRLO 合金

## 2.2　腐蚀性能

图 2 依次为国产新型 Zr-Sn-Nb、Zr-Nb 合金和 Zr-4、ZIRLO 合金带材试样在 360 ℃/18.6 MPa 纯水、360 ℃/18.6 MPa/70 ppm LiOH 水溶液及 400 ℃/10.3 MPa 过热蒸汽中的腐蚀增重曲线。可以看出，水化学条件对不同锆合金的腐蚀行为影响规律是不同的：在 360 ℃/18.6 MPa 纯水中腐蚀时，耐腐蚀性能按国产新型 Zr-Nb 合金＞国产新型 Zr-Sn-Nb 合金＞ZILRO＞Zr-4 的顺序依次变差；在 360 ℃/18.6 MPa/70 ppm LiOH 水溶液中腐蚀时，Zr-4 和国产新型 Zr-Nb 合金转析后的腐蚀速率急剧增加，LiOH 明显加速了 Zr-Sn 和 Zr-Nb 二元合金的腐蚀，而 Zr-Sn-Nb 系合金对 LiOH 不敏感，表现出非常优良的耐腐蚀性能；在 400 ℃ 过热蒸汽中腐蚀时，Zr-Nb 二元合金的耐腐蚀性能却略优于 Zr-4 合金，而 ZIRLO 合金的腐蚀速率明显高于其他三种合金，说明含 Nb 较高（～1%）的 Zr-Sn-Nb 合金抗 400 ℃/10.3 MPa 过热蒸汽腐蚀的能力较差，耐腐蚀性能按国产新型 Zr-Sn-Nb 合金≈Zr-4＞国产新型 Zr-Nb 合金＞ZIRLO 的顺序依次变差。

表 2 为根据国产新型 Zr-Sn-Nb、Zr-Nb 合金和 Zr-4、ZIRLO 合金带材试样腐蚀增重曲线拟合得到的式 2、式 3 中的 $k$（速度常数）和 $n$（关系指数）。可以看出，四种锆合金样品均在腐蚀增重 30～50 mg/dm$^2$ 时发生转析，转析后除 360 ℃/18.6 MPa/70 ppm LiOH 水溶液中 Zr-4、国产新型 Zr-Nb 合金外，其余均遵循线性关系。不同水化学条件下发生转析时的腐蚀增重差别不大，但从发生腐蚀转析的时间来看，360 ℃/18.6 MPa 纯水中锆合金样品腐蚀转析时间（160～220 天）最长，400 ℃/10.3 MPa 过热蒸汽中锆合金样品腐蚀转析时间（42 天）最短，360 ℃/18.6 MPa/70 ppm LiOH 水溶液中锆合金样品腐蚀转析时间（70～100 天）介于两者之间。可见，发生腐蚀转析的时间主要取决于氧化膜的厚度，转析时氧化膜的厚度是 2～3 μm。

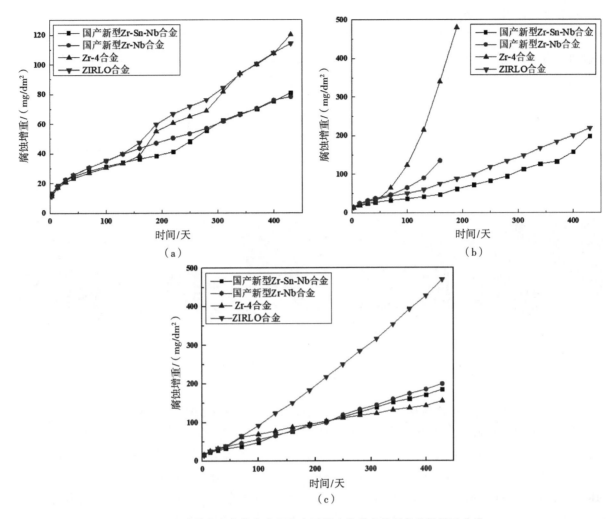

**图 2 四种锆合金在堆外高压釜中不同水化学条件下的腐蚀增重曲线**

(a) 360 ℃/18.6MPa 纯水；(b) 360 ℃/18.6MPa/70ppm LiOH 水溶液；(c) 400 ℃/10.3MPa 过热蒸汽

**表 2 四种锆合金在不同水化学条件下的腐蚀增重曲线拟合常数及关系指数**

| 水化学条件 | 合金 | 转析时间 $t_0$/天 | 转析时的增重/ $(mg/dm^2)$ | 转析前 $k_1$ | 转析前 $n_1$ | 转析后 $k_2$ | 转析后 $n_2$ |
|---|---|---|---|---|---|---|---|
| 360 ℃/18.6 MPa 纯水 | Zr-4 | 160 | 38.58 | 8.5 | 0.31 | 0.85 | 1.05 |
|  | ZIRLO | 160 | 47.51 | 7.4 | 0.33 | 0.78 | 0.94 |
|  | 国产新型 Zr-Sn-Nb 合金 | 220 | 41.23 | 7.3 | 0.28 | 0.37 | 1.04 |
|  | 国产新型 Zr-Nb 合金 | 220 | 49.61 | 6.6 | 0.32 | 0.32 | 0.95 |
| 360 ℃/18.6 MPa/ 70 ppm LiOH 水溶液 | Zr-4 | 70 | 48.83 | 17.3 | 0.22 | 5.47 | 1.4 |
|  | ZIRLO | 100 | 49.04 | 8.4 | 0.35 | 0.52 | 1.0 |
|  | 国产新型 Zr-Sn-Nb 合金 | 100 | 36.16 | 7.3 | 0.33 | 0.43 | 0.96 |
|  | 国产新型 Zr-Nb 合金 | 70 | 46.69 | 15.2 | 0.27 | 4.93 | 1.5 |
| 400 ℃/10.3 MPa 过热蒸汽 | Zr-4 | 42 | 36.28 | 10.7 | 0.28 | 0.43 | 1.05 |
|  | ZIRLO | 42 | 38.25 | 17.1 | 0.21 | 1.07 | 0.94 |
|  | 国产新型 Zr-Sn-Nb 合金 | 42 | 32.18 | 9.8 | 0.32 | 0.46 | 1.04 |
|  | 国产新型 Zr-Nb 合金 | 42 | 37.51 | 9.6 | 0.36 | 0.4 | 1.09 |

从表2可以看出,在360 ℃/18.6 MPa/70 ppm LiOH 水溶液中,Zr-4、国产新型 Zr-Nb 合金的腐蚀速率明显较大。关于 LiOH 溶液加速腐蚀机理,周邦新等[2]认为 $Li^+$ 进入氧化膜后降低了 $ZrO_2$ 的表面自由能,促进了氧化膜中孔洞和裂纹的形成,从而加速腐蚀;刘文庆[3]提出氧化锆的生长是 $OH^-$ 从膜的外表面向内扩散,与锆反应生成氧化锆的过程,$OH^-$ 的进入加快了 $t-ZrO_2$ 转变为 $m-ZrO_2$ 的速度,而在此转变过程中会导致氧化膜中出现孔洞和裂纹,从而破坏了氧化膜的完整性,使腐蚀加速。图3为四种锆合金在360 ℃/18.6 MPa/70 ppm LiOH 水溶液腐蚀氧化膜截面 SEM 形貌,由图可明显观察到,经过160天腐蚀后,国产新型 Zr-Sn-Nb 和 ZIRLO 合金试样表面氧化膜平整致密,无明显裂纹和孔隙,而 Zr-4、国产新型 Zr-Nb 合金试样表面氧化膜中有微裂纹和孔隙,在局部丧失了对金属基体的保护作用,加速了金属基体的腐蚀。

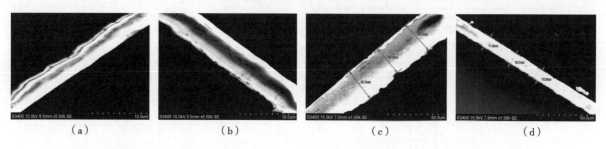

**图3 四种锆合金在 360 ℃/18.6 MPa/70 ppm LiOH 水溶液中腐蚀 160 天时氧化膜 SEM 照片**
(a) 国产新型 Zr-Sn-Nb 合金;(b) Zr-4 合金;(c) 国产新型 Zr-Nb 合金;(d) ZIRLO 合金

从表2还可以看出,国产新型 Zr-Sn-Nb 合金在 400 ℃/10.3 MPa 过热蒸汽中的腐蚀速率约是 ZIRLO 合金的 1/2,这与赵文金等[4]的实验结果一致。ISOBE 等[5]在研究合金元素 Nb 含量($x=0.1\%$,$0.2\%$ 和 $0.4\%$)对 $Zr-0.5Sn-0.2Fe-0.1Cr-xNb$ 合金在 360 ℃/18.6 MPa 纯水中的耐腐蚀性能影响时也发现随着 Nb 含量的增加,合金的耐腐蚀性能下降。国产新型 Zr-Sn-Nb 合金和 ZIRLO 合金同属 Zr-Sn-Nb 系合金,两者成分的主要差别是国产新型 Zr-Sn-Nb 合金中的 Nb 含量比较低(0.3%),并含 0.15Cr,而 ZILRO 合金中 Nb 含量比较高(1.0%),但不含 Cr,这说明降低 Nb 含量可以提高 Zr-Sn-Nb 系合金在 360 ℃/18.6 MPa 纯水中的耐腐蚀性能。

## 2.3 腐蚀时的吸氢行为

用吸氢分数将锆合金不同腐蚀增重下的吸氢量进行归一化处理,根据公式4计算得到的吸氢分数(HUF)列在表3中,图4为国产新型 Zr-Sn-Nb、Zr-Nb 合金和 Zr-4、ZIRLO 合金带材试样在不同水化学条件下腐蚀时吸氢分数的单值图。

**表3 四种锆合金在不同水化学条件下腐蚀时的吸氢分数**

| 腐蚀介质 | 合金 | HUF |
| --- | --- | --- |
| 360 ℃/18.6 MPa 纯水 | Zr-4 | 16.4% |
|  | ZIRLO | 11.2% |
|  | 国产新型 Zr-Sn-Nb 合金 | 14.2% |
|  | 国产新型 Zr-Nb 合金 | 9.4% |
| 360 ℃/18.6 MPa/70 ppm LiOH 水溶液 | Zr-4 | 18.9% |
|  | ZIRLO | 9.6% |
|  | 国产新型 Zr-Sn-Nb 合金 | 17.4% |
|  | 国产新型 Zr-Nb 合金 | 9.8% |

续表

| 腐蚀介质 | 合金 | HUF |
|---|---|---|
| 400 ℃/10.3 MPa 过热蒸汽 | Zr-4 | 27.3% |
| | ZIRLO | 14.9% |
| | 国产新型 Zr-Sn-Nb 合金 | 26.6% |
| | 国产新型 Zr-Nb 合金 | 15.6% |

比较不同水化学条件下四种锆合金吸氢分数和转析后的腐蚀速率，可以看出：锆合金腐蚀时的吸氢行为与耐腐蚀性能之间没有直接的对应关系。在 360 ℃/18.6 MPa 纯水中，ZIRLO 合金的腐蚀速率（0.78）和 Zr-4 合金腐蚀速率（0.85）相当，但 ZIRLO 合金的吸氢分数（11.2%）明显小于 Zr-4 合金的吸氢分数（16.4%）；在 360 ℃/18.6 MPa/70 ppm LiOH 水溶液中，国产新型 Zr-Nb 合金的腐蚀速率（4.93）显著大于国产新型 Zr-Sn-Nb 合金（0.43），但国产新型 Zr-Nb 合金的吸氢分数（9.8%）仅相当于国产新型 Zr-Sn-Nb 合金的吸氢分数（17.4%）的一半；在 400 ℃/10.3 MPa 过热蒸汽中，ZIRLO 合金的腐蚀速率（1.07）最大，但吸氢分数（14.9%）最小。从图 3 可以明显看出，在同一水化学条件下，Zr-4、国产新型 Zr-Sn-Nb 合金的吸氢分数大于 ZIRLO 和国产新型 Zr-Nb 合金。由表 1 可知，Zr-4、国产新型 Zr-Sn-Nb 合金中均含 Fe、Cr，它们与 Zr 形成的第二相有 $Zr(Fe,Cr)_2$，而其他两种合金中均不含 Cr，国产新型 Zr-Nb 合金中的第二相主要为 β-Nb，ZILRO 合金中的第二相主要为 Zr-Nb-Fe 和 β-Nb。众所周知，$Zr(Fe,Cr)_2$ 本身是一种强烈吸氢金属间化合物，这进一步证实锆合金腐蚀时的吸氢行为与第二相种类和成分密切相关，当添加的合金元素与 Zr 形成的第二相是一种比锆吸氢能力更强的物质时，这类合金元素会对锆合金腐蚀时的吸氢行为产生显著影响。

从图 4 还可以明显看出，锆合金在 360 ℃/18.6 MPa 纯水和 360 ℃/18.6 MPa/70 ppm LiOH 水溶液中腐蚀时的吸氢分数（9%~19%）明显低于 400 ℃ 过热蒸汽中腐蚀时的吸氢分数（14%~28%），这说明腐蚀温度对锆合金腐蚀时的吸氢行为有很大影响，这可能与较高温度下氢的扩散速率加快有关。

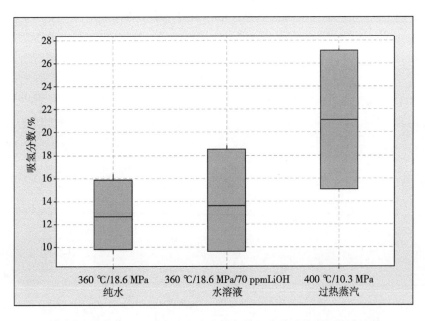

**图 4 四种锆合金样品在不同水化学条件下腐蚀时的吸氢行为比较**

## 3 结 论

本文通过国产新型 Zr-Sn-Nb、Zr-Sn 合金和 Zr-4、ZIRLO 合金在不同水化学条件下静态腐蚀试验，获得了四种合金在 360 ℃/18.6 MPa 纯水、360 ℃/18.6 MPa/70 ppm LiOH 水溶液及 400 ℃/10.3 MPa 水蒸气条件下 430 天的腐蚀增重曲线，并通过腐蚀性能和吸氢性能的对比，可以得到以下结论。

（1）水化学条件对不同锆合金的腐蚀行为影响规律不同：在 360 ℃/18.6 MPa 纯水中腐蚀时，国产新新型 Zr-Sn-Nb、Zr-Sn 合金在 360 ℃/18.6 MPa 纯水中的耐腐蚀性能明显优于传统合金；在 360 ℃/18.6 MPa/70 ppm LiOH 水溶液中腐蚀时，Zr-Sn-Nb 的耐腐蚀性能明显优于 Zr-Sn 和 Zr-Nb 二元合金；在 400 ℃ 过热蒸汽中腐蚀时，耐腐蚀性能按国产新型 Zr-Sn-Nb 合金≈Zr-4＞国产新型 Zr-Nb 合金＞ZIRLO 的顺序依次变差。

（2）锆合金在不同水化学条件下发生腐蚀转析的时间主要取决于氧化膜的厚度，转析时氧化膜的厚度是 2~3 μm。

（3）合金成分对锆合金腐蚀时的吸氢行为有很大影响，与其耐腐蚀性能之间也没有直接的对应关系，在相同腐蚀增重的情况下，Zr-4 合金腐蚀时的吸氢量最多，其次是国产新型 Zr-Sn-Nb 合金，最后是 ZIRLO 和国产新型 Zr-Nb 合金。当添加的合金元素与 Zr 形成的第二相是一种比锆吸氢能力更强的物质时，这类合金元素会对锆合金腐蚀时的吸氢行为产生显著影响。

**参考文献：**

[1] 刘建章．核结构材料［M］．北京：化学工业出版社，2007．
[2] 周邦新，李强，黄强，等．水化学对锆合金耐腐蚀性能影响的研究［J］．核动力工程，2000，21（5）：439-447，472．
[3] 刘文庆，周邦新．Zr-4 合金在 LiOH 水溶液中腐蚀机理的概述［J］．核动力工程，2001，22（1）：65-69．
[4] 赵文金，苗志，蒋宏曼，等．Zr-Sn-Nb 合金的腐蚀行为研究［J］．中国腐蚀与防护学报，2002，22（2）：124-128．
[5] ISOBE T, MATSUO Y. Development of highly corrosion resistant zirconium-based alloy [C] //Zirconium in the Nuclear Industry: Ninth International Symposium. ASTM STP 1132, 1991.

# Corrosion and hydrogen absorption behavior of domestic new zirconium alloy

ZHANG Peng-fei, YU Hai-ping, GAO bo,
TONG Long-gang, PANG Sen

(State Nuclear Bao Ti Zirconium Industry Co., LTD., Baoji, Shaanxi 721013, China)

**Abstract**: In this paper, the corrosion tests of domestic Zr-Sn-Nb system, Zr-Nb system and Zr-4, ZIRLO alloy were carried out in a static autoclave, the corrosion and hydrogen absorption behaviors of zirconium alloys in pure water at 360 ℃/18.6 MPa, aqueous solution at 360 ℃/18.6 MPa/70 ppm LiOH and superheated steam at 400 ℃/10.3 MPa were investigated. The corrosion resistance of domestic Zr-Sn-Nb, Zr-Nb alloys in pure water at 360 ℃/18.6 MPa was better than that of the traditional alloys. The corrosion of domestic new alloys was accelerated by LiOH aqueous solution, while the Zr-Sn-Nb alloy was insensitive to LiOH and showed excellent corrosion resistance. The corrosion resistance of Zr-Sn-Nb alloy with high Nb (~1%) was poor at 400 ℃/10.3 MPa superheated steam. The composition of the alloy has a great influence on the hydrogen absorption behavior of the zirconium alloy during corrosion. After the normalization treatment of the hydrogen content of the sample after corrosion by the corrosion weight gain, it was found that under the same corrosion weight gain condition, the hydrogen uptake of Zr-4 and domestic Zr-Sn-Nb alloy was higher than that of the other two alloys.

**Key words**: Zirconium alloy; Corrosion behavior; Hydrogen uptake

# Inconel 617 和 Incoloy 800H 合金在高温堆环境中的腐蚀行为研究

郑 伟，何学东，李昊翔，杜 斌，银华强*，张 璜，马 涛

(清华大学核能与新能源技术研究院，北京 100084)

**摘 要**：高温气冷堆一回路采用氦气作为冷却剂，其中的痕量杂质在高温下会对蒸汽发生器的合金材料造成腐蚀。Inconel 617 和 Incoloy 800H 合金是高温堆蒸汽发生器的重要候选材料，非纯氦气对这类高温合金的腐蚀主要包括氧化、脱碳和渗碳。为了探索高温合金在非纯氦气中的腐蚀机理，本研究搭建了一套配气式高温腐蚀实验台架，并对两种合金在 900～980 ℃ 的非纯氦气中开展了腐蚀实验。实验结果表明，Inconel 617 的氧化层在高温下易被破坏并伴随脱碳，而 Incoloy 800H 能够保持连续的氧化层生成。本研究对 Inconel 617 氧化层破坏机理进行了分析，并建立了理论模型进行腐蚀温度预测。同时，本研究对两种合金的腐蚀现象进行了对比分析，提出了导致腐蚀差异的原因。

**关键词**：高温堆；高温合金；腐蚀；氧化层

目前，高温气冷堆（HTGR）技术在国内得到大力研发，被认为是具有第四代特征的核电技术[1]。在高温堆运行过程中，一回路氦气中含有 $H_2$、$CO$、$CH_4$、$H_2O$、$CO_2$ 等微量杂质，主要来源于燃料元件更换、石墨材料脱气、质子泄漏等[2]，这种气氛被称为"非纯氦气"。痕量杂质在高温下可能与结构材料发生反应，从而导致氧化、脱碳、渗碳等腐蚀，会对合金材料的使用寿命造成影响。

过去的研究发现[2-4]，镍基或铁基高温合金往往具有较好的高温耐腐蚀性，例如 Inconel 617、Incoloy 800H、Hastelloy X 和 Haynes 230 等被认为是 HTGR 的重要候选材料。这些富铬合金往往能形成连续且致密的氧化层，从而抵御深度腐蚀。然而，有研究[4-5]认为当腐蚀温度升高到某个值后，合金的氧化层会因化学反应而被破坏，并伴随着合金脱碳。反应方程如下：

$$Cr_2O_3 + 3C \rightarrow 3CO + 2Cr \qquad (1)$$

Brenner 和 Graham 将这种反应称为"微气候反应"[4]。目前，对于 Incoloy 800H 的相关研究较少，且缺乏详细的气相数据和机理分析。同时，国内对于高温合金的腐蚀分析也缺乏系统研究[6]。

因此，本文主要对 Inconel 617 合金和 Incoloy 800H 合金在 900～980 ℃ 的非纯氦气中开展了腐蚀实验。基于气相数据和理论分析的结果，本研究探索了合金氧化层的形成以及破裂反应的机理，并提出了相应的腐蚀温度预测的计算方法。同时，本文还发现了两种合金在非纯氦气环境中的腐蚀差异，通过对比研究提出了初步的解释。

## 1 实验方法

### 1.1 实验材料

本研究中使用的 Inconel 617 和 Incoloy 800H 合金的化学成分如表 1 所示。合金被切割成尺寸为 20 mm×8 mm×1 mm 的矩形片，用砂纸进行打磨后，再采用 1 μm 的金刚石抛光剂进行抛光。此后，样品在乙醇中进行超声清洗，在空气中干燥，并使用电子天平称重。图 1 显示了 Inconel 617 合金和 Incoloy 800H 合金在接收状态下的金相显微组织，其晶粒度分别为 1.5 和 2.0。

---

**作者简介**：郑伟（1997—），男，博士生，现主要从事高温合金在非纯氦气中的腐蚀研究等科研工作。
**基金项目**：国家重点研发项目（2020YFB1901600），国家科技重大专项（ZX06901），模块化 HTGR 超临界发电技术合作项目（ZHJTJZYFGWD2020），清华大学实验室创新基金项目。

表 1　Inconel 617 和 Incoloy 800H 合金化学成分的质量分数

| 合金种类 | C | Cr | Fe | Ni | Mn | Al | Si | Ti |
|---|---|---|---|---|---|---|---|---|
| Inconel 617 | 0.05% | 21.7% | 1.25% | Base | 0.46% | 1.13% | 0.28% | 0.53% |
| Incoloy 800H | 0.08% | 20.3% | Base | 30.96% | 0.97% | 0.25% | 0.32% | 0.25% |

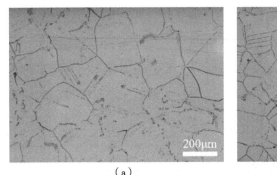 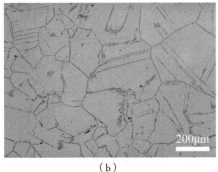

图 1　Inconel 617 （a） 和 Incoloy 800H （b） 合金在接收状态下的金相显微图

## 1.2　实验环境

为了研究合金在非纯氦气环境中的高温腐蚀行为，清华大学核研院开发了一套配气式高温腐蚀实验台架，其概念示意图如图 2 所示。该装置图左侧为气体配置模块，由气瓶、质量流量计、高压储气罐以及阀门组成；装置图右侧为高温腐蚀模块，由质量流量计、高温管式炉、水分析仪、气相色谱仪以及真空泵组成。在配气阶段，首先将高纯氦气、氢气、一氧化碳、甲烷等按照设定的体积比注入高压储气罐进行混合。静置一段时间后，采用气相色谱仪（GC-6600）对非纯氦气中的杂质含量进行连续监测，直到杂质含量稳定在设定值附近。本研究配置的实验气氛如表 2 所示。

表 2　各种实验环境下非纯氦气的杂质含量　　　　　　　　　　　　单位：$\mu$bar

| 实验环境 | $H_2$ | CO | $H_2O$ | $CH_4$ | $CO_2$ | $O_2$ |
|---|---|---|---|---|---|---|
| He-1 | 205 | 20 | 2.5 | 18 | <0.1 | <0.1 |
| He-2 | 205 | 55 | 2.5 | 18 | <0.1 | <0.1 |

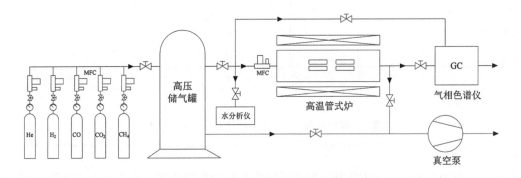

图 2　非纯氦气环境下高温腐蚀系统设计示意

每组实验选用两个相同的合金样品，实验合金被安放在样品托上，并放置于高温管式炉中。样品托和炉管均采用惰性材料石英制成，避免高温下设备对实验气氛的影响。首先利用真空泵将回路抽真空至 $10^{-3}$ Pa 以下，然后用非纯氦气进行吹扫，直到管式炉进出口杂质含量一致。

在气相稳定的非纯氦气环境中，采用高温管式炉对合金样品以 5 ℃/min 加热至 900 ℃并保温 20 h，此后以 0.5 ℃/min 继续加热至 980 ℃并保温 20 h，然后以 5 ℃/min 降温冷却。所有实验均在炉内微正压（0.15 MPa）环境中进行，以避免外界空气的干扰。

### 1.3 观测与分析

在腐蚀试验前后，用高精度电子天平（精度 0.1 mg，XPR205）称量样品。采用场发射扫描电子显微镜（FESEM）、X 射线能量色散谱（EDS）、X 射线衍射（XRD）对样品的微观结构进行观察和成分分析。气相色谱仪全程监测炉内杂质含量的变化情况。

## 2 实验结果

### 2.1 气相分析

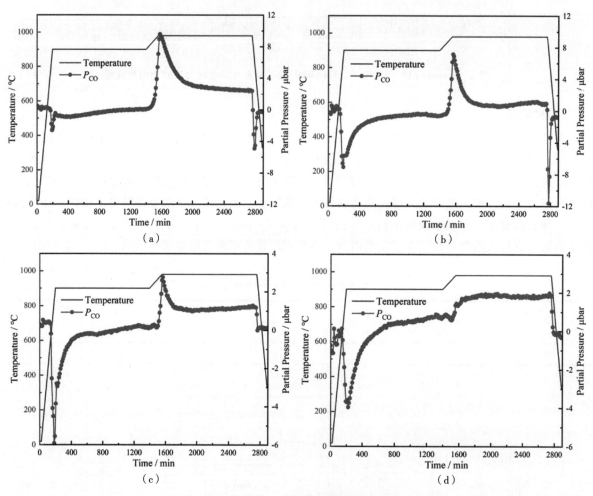

**图 3　腐蚀过程中 CO 含量和温度随时间的变化**

(a) Inconel 617 在 He-1；(b) Inconel 617 在 He-2；(c) Incoloy 800H 在 He-1；(d) Incoloy 800H 在 He-2

图 3 显示了腐蚀实验过程中 CO 分压值和温度随时间变化的曲线，其中温度程序分为两段：第一阶段为 900 ℃恒温 20 h；第二阶段为继续升温至 980 ℃再恒温 20 h。当温度从室温开始升高的过程中，CO 含量在 600～700 ℃时开始下降，这表明 CO 首先发生了消耗，其具体反应如下：

$$xCO + yM \rightarrow M_yO_x + xC \tag{2}$$

M 表示 Cr，Al，Si，Ti 等合金元素。其中，由于铬的活度和含量都较高，因此被认为是反应（2）的代表元素。此外，痕量 $H_2O$ 也是重要氧源[7]。当温度升高至 900 ℃并保持恒定时，CO 含量逐渐回升。

在900 ℃恒温20 h后，实验继续升温至980 ℃。此时四组实验的CO均呈现出上升趋势，这预示着一种新的化学反应在管式炉内发生，这与Graham[2]等的研究发现类似，可以归因于如下反应：

$$Cr_2O_3(s) + 3C(sol) \rightarrow 3CO(g) + 2Cr(s) \qquad (3)$$

该反应预示着在900 ℃恒温过程中形成的氧化物与合金内部的碳反应，并释放出大量CO。这将诱发合金脱碳以及氧化层的破坏。从CO的释放量来看，Inconel 617合金的反应剧烈程度显著高于Incoloy 800H，说明两种合金在此类腐蚀情况下存在差异。此外，合金在He-1中的CO释放量大于He-2，这说明环境中较高的CO分压可以抑制反应（3）的速率。

**2.2 合金质量增益**

腐蚀实验结束后对样品进行再次称重，可以得到单位表面积的质量增益，计算公式如下：

$$\rho_A = (m_2 - m_1)/A \qquad (4)$$

式中，$\rho_A$(mg/cm$^2$)为单位表面积的质量增益，$m_1$(mg)和$m_2$(mg)为试验前后样品的质量，$A$(cm$^2$)为表面积。合金在各个实验工况下腐蚀后的质量增益如图4所示，结果表明各组实验下合金质量均有所增加，这说明它们都与气体有着显著的物质转移。

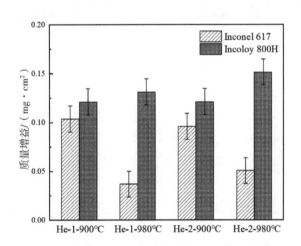

**图4 合金在各个实验工况下腐蚀后的质量增益**

对于Inconel 617合金而言，在温度从900 ℃升高至980 ℃后，合金质量增益显著下降。这在He-1和He-2气氛中都有所体现，表明存在物质在第二阶段由合金向环境中迁移。这与反应（3）相一致，损失的质量来自于氧化物的消耗以及合金脱碳，以CO的形式进入环境中。然而，这一显著的质量损失现象在Incoloy 800H合金上并未发生，其在980 ℃的质量增益大于900 ℃。根据图3的气相数据，对于Incoloy 800H合金同样存在少量的CO释放，说明反应（3）仍然有小规模发生的可能。但在Incoloy 800H合金中该反应的程度相比于Inconel 617合金而言是较小的，这说明两种合金存在显著的腐蚀差异。

**2.3 微观形貌分析**

对腐蚀后的样品断面抛光后进行SEM观测并采用EDS进行元素分析，两种合金的断面形貌以及氧元素分布如图5和图6所示。在He-1和He-2的气氛下，Inconel 617合金在900 ℃恒温20 h后形成了1～2 μm的连续氧化层。当温度升高至980 ℃并再次恒温20 h时，合金表面连续氧化层几乎无法观测到，这说明存在氧化层的消耗。这与气相结果以及合金质量增益测定结果一致，即反应（3）导致了连续氧化层的破坏，Rouillard在Haynes 230的实验中也观测到这一现象[5]。对于Incoloy 800H合金而言，当恒定温度为900 ℃和980 ℃时，均能够观测到连续的氧化层。这一结果表明反应（3）速率较低，未导致800H合金氧化层的显著消耗，这与气相数据中CO释放量较小的实验事实相一致。

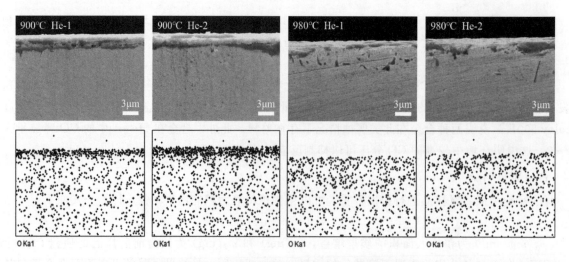

图 5 Inconel 617 合金腐蚀后断面 FESEM 及 EDS 元素分析

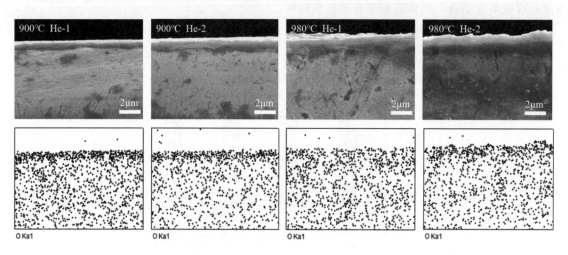

图 6 Incoloy 800H 合金腐蚀后断面 FESEM 及 EDS 元素分析

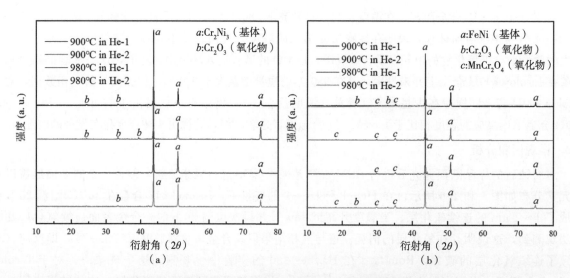

图 7 Inconel 617（a）和 Incoloy 800H（b）和表面的 XRD 分析

图 7（a）和（b）显示了两种合金表面的 X 射线衍射结果，其中两种合金在各个工况下的基体峰较高，说明本实验中合金形成的氧化层均较薄。除基体物相外，Inconel 617 合金的氧化物主要由 $Cr_2O_3$ 组成，Incoloy 800H 合金的氧化物主要由 $Cr_2O_3$ 和 $MnCr_2O_4$ 组成。XRD 的实验结果表明，在升温至更高温度后，Inconel 617 合金表面的氧化物峰强度降低，这与之前的结果一致。

因此，通过气相数据、质量增益、微观形貌以及物相分析等实验事实均可以证明，Inconel 617 合金在从第一阶段升温至第二阶段后，发生了氧化物与碳的反应并生成 CO，同时导致合金质量增益减小和氧化层减薄。然而，Incoloy 800H 合金中反应（3）的速率变得较小，对于合金的氧化层基本无影响。本研究将进一步分析 Inconel 617 合金中发生该反应的机理，并讨论两种合金腐蚀差异的原因。

## 3 机理分析

图 8 显示了两种合金从 900 ℃ 到 980 ℃ 升温过程中的 CO 气相数据，表明反应（3）的发生与 CO 的含量有关，即：CO 含量越低，反应发生的温度越低，且反应的速率越大。这一现象对于腐蚀防护而言有着重要的意义，因此有必要建立热力学模型来分析腐蚀机理，并预测反应发生的条件。

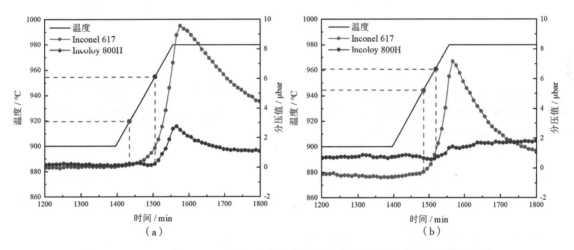

**图 8  Inconel 617 和 Incoloy 800H 合金在腐蚀过程中 CO 含量和温度随时间的变化**
（a）He-1 环境；（b）He-2 环境

当反应（3）达到平衡时，设定此时的温度为反应的临界温度 $T_A$，则有平衡常数为：
$$K = \exp(-\Delta G/RT_A)。 \tag{5}$$
式中，$K$ 为反应（3）的平衡常数，$\Delta G$ 为吉布斯自由能的变化量（J），$R$ 为理想气体常数（8.314 J·$K^{-1}$·$mol^{-1}$），$T_A$ 为反应平衡温度。根据反应（3）的方程以及热力学定义，平衡常数 $K$ 还可由下式给出：
$$K = \frac{P_{CO}^3 \cdot a_{Cr}^2}{a_{Cr_2O_3} \cdot a_C^3}。 \tag{6}$$
式中，$a_{Cr}$ 为合金的铬活度，$a_{Cr_2O_3}$ 为氧化铬的活度，$a_C$ 为合金的碳活度。综合式（5）和式（6）可得：
$$T_A = \frac{\Delta G}{R \cdot \ln \frac{a_{Cr_2O_3} \cdot a_C^3}{P_{CO}^3 \cdot a_{Cr}^2}}。 \tag{7}$$

根据该计算模型可知，当 CO 含量越低时，反应发生的临界温度越低，这与图 8 中的两种环境中的实验气相数据规律一致。基于公式（7）可以计算出 Inconel 617 合金与 Incoloy 800H 合金在 He-1 和 He-2 两种环境中的临界温度理论值，计算结果与实验结果如表 3 所示。

表3 两种合金在不同CO含量的非纯氦气环境中的反应温度

| CO含量 | Inconel 617计算值 | Inconel 617实验值 | Incoloy 800H计算值 | Incoloy 800H实验值 |
| --- | --- | --- | --- | --- |
| 20 $\mu$bar | 916 ℃ | 920 ℃ | 902 ℃ | 955 ℃ |
| 55 $\mu$bar | 942 ℃ | 944 ℃ | 931 ℃ | 961 ℃ |

表3显示了Inconel 617的实验结果与计算结果具有较好的一致性，说明该模型可以较好地解释Inconel 617的反应机理并预测反应发生的温度。然而，Incoloy 800H的实验值却显著高于计算值，并且其反应速率低于Inconel 617。过去的研究发现[8]，在高温环境中Incoloy 800H会在氧化层和基体之间形成氧化硅层。本研究认为氧化硅的形成可能占据了反应（3）发生的位置，从而阻碍了反应的进行。因此，需要更高的腐蚀温度才能驱动反应进行，且反应速率较低，这与图4和图6的结果一致，即无显著的质量损失和氧化层破坏。因此，氧化硅层可能是造成合金腐蚀差异的原因。

## 4 结论

本文对Inconel 617和Incoloy 800H合金在高温堆环境中进行了900～980 ℃的腐蚀研究，对其氧化层的形成与破坏机理进行了分析。在此基础上，本研究建立了腐蚀预测模型并讨论了两种合金的腐蚀差异，得到了以下结论：

（1）两种合金在900 ℃非纯氦气中均能形成连续的富铬氧化层。

（2）Inconel 617合金的氧化层在高温下易被破坏，并伴随着大量CO的生成。

（3）Incoloy 800H合金在高温下能够保持氧化层的连续性，这可能与硅夹层的形成有关。

（4）低含量CO环境更容易导致微气候反应的发生，因此在高温堆运行过程中应控制CO含量达到临界值以上，避免氧化层的化学破坏。

**参考文献：**

[1] ZHANG Z Y. Development strategy of high temperature gas cooled reactor in China [J]. Strategic Study of CAE, 2021, 21 (1): 12-19.

[2] GRAHAM. High temperature corrosion in impure helium environments [J]. High Temperature Technology, 1985, 3 (1): 3-14.

[3] SAKABA N. Hydrogen permeation through heat transfer pipes made of Hastelloy XR during the initial 950 ℃ operation of the HTTR [J]. Journal of Nuclear Materials, 2006, 353 (1-2): 42-51.

[4] BRENNER K G E, Graham L W. The development and application of a unified corrosion model for high-temperature gas-cooled reactor systems [J]. Nuclear Technology, 1984, 66 (2): 404-414.

[5] ROUILLARD F. High temperature corrosion of a nickel base alloy by helium impurities [J]. Journal of Nuclear Materials, 2007, 362 (2-3): 248-252.

[6] 郑伟. 高温气冷堆非纯氦气环境下高温合金碳迁移的化学动力学研究 [J]. 核动力工程, 2021, 42 (5): 226-231.

[7] ROUILLARD F. Oxide-Layer Formation and Stability on a Nickel-Base Alloy in Impure Helium at High Temperature [J]. Oxidation of Metals, 2007, 68 (3-4): 133-148.

[8] ZHENG W. Effect of impurity ratios on the high-temperature corrosion of Inconel 617 and Incoloy 800H in impure helium [J]. Annals of Nuclear Energy, 2023, 189: 109836.

# Corrosion behavior of Inconel 617 and Incoloy 800H alloys in a high temperature reactor environment

ZHENG Wei, HE Xue-dong, LI Hao-xiang, DU Bin,
YIN Hua-qiang*, ZHANG Huang, MA Tao

(Institute of Nuclear and New Energy Technology, Tsinghua University, Beijing 100084, China)

**Abstract**: Helium is used as the coolant in the primary circuit of high temperature gas cooled reactor (HTGR). The trace impurities in it will cause corrosion to the materials of the steam generator at high temperatures. Inconel 617 and Incoloy 800H are considered to be the candidates for the steam generators of HTGR. The corrosion behaviors in impure helium include oxidation, decarburization, and carburization. In order to explore the corrosion mechanism of superalloy in impure helium, a facility dedicated for investigating the high temperature corrosion has been developed in this study, and the corrosion experiments were carried out at 900~980 ℃. The experimental results show that the oxide layer of Inconel 617 would be destroyed easily and accompanied by decarburization at high temperatures, while the Incoloy 800H could maintain the continuous formation of the oxide layer. In this study, the failure mechanism of the oxide layer of Inconel 617 was analyzed and a theoretical model was established to predict corrosion temperature. Meanwhile, the corrosion phenomena of these two alloys were compared and analyzed, and the reasons for the corrosion differences were put forward.

**Key words**: High temperature reactor; Superalloy; Corrosion; Oxide layer

# 核用锆合金棒材不同类型超声人工缺陷检测探讨

卢 辉,李恒羽,马静卫

(国核宝钛锆业股份公司,陕西 宝鸡 721013)

**摘 要:**核电工程用的锆合金棒材质量要求较高,常采用超声检测的方法对其进行质量控制,目前,核用锆合金棒材超声检测的人工缺陷大致有四种模式。本文通过对四种模式的人工缺陷进行比对,得出锆合金棒材超声纵波检测所采用的 $\Phi 0.3 mm$ 的平底孔及轴向孔,15 MHz 点聚焦探头有较好的检测效果,平底孔的灵敏度要严于轴向孔;对于横波检测所采用的表面刻槽、轴向孔以及径向孔的人工缺陷,检测时,采用轴向孔和表面刻槽相结合的模式,有利于检测角度的控制,也能确保表面检测的灵敏度,更有利于棒材质量控制。

**关键词:**锆合金棒;超声检测;人工缺陷;灵敏度

锆合金在高温下具有良好的抗腐蚀性,热中子吸收截面小等特点,被广泛用作核燃料包壳及堆芯结构材料。其生产过程中,常采用超声检测方法对质量进行控制。而目前,在小直径锆合金棒材技术要求上,超声检测的人工缺陷大致有以下四种伤型。伤型 1:要求棒材的人工伤为轴向孔,其中一个在棒材端面 1/2 直径处,另一个在棒材端面 1/4 直径处;伤型 2:要求采用纵波和横波检测,纵波检测轴向孔,横波检测径向孔,棒材的轴向孔其中一个在棒材端面 1/2 直径处,另一个在棒材端面 1/4 直径处,径向孔的深度为棒材半径的一半;伤型 3:要求棒材的人工伤为一个轴向孔和表面纵向槽,孔位于端面中心处;伤型 4:要求棒材人工缺陷为平底孔和表面纵、横向槽,平底孔的深度为 3 mm 和棒材直径的一半。所有的平底孔和轴向孔,孔径均为 $\Phi 0.3$ mm。对以上四种不同要求的人工缺陷进行分析比对,提出更有利于检测的要求和建议,确保检测结果。

## 1 检测方法

### 1.1 检测探头

为了能有效地检出 $\Phi 0.3$ mm 或 $0.35$ mm 的平底孔,选取 15 MHz 点聚焦探头进行检测,由超声理论可知,超声波检测频率越高,波长越短,纵波检测时表面盲区就越小,分辨率好,灵敏度高,因此,频率选取 15 MHz,$-3$ dB 处声束直径可小到 $0.25$ mm,对检测以上极小而短的缺陷具有非常好的针对性。根据声轴线上声压表达式,

$$P = 2P_0 \sin\left[\frac{\pi}{2} B \frac{F}{\chi}\left(1-\frac{\chi}{F}\right)\right] / \left(1-\frac{\chi}{F}\right)。 \tag{1}$$

式中,$P_0$ 为波源起始声压;$F$ 为焦距;$x$ 为至波源的距离;$B$ 为参数:

$$B = R^2/\lambda F = N/F; \tag{2}$$

$R$ 为波源半径;$N$ 为近场长度。

在焦点处,$x=F$,则声压表达式为 $P=\pi B P_0$,焦点处的声压随 $B$ 增加而升高。$F$ 愈小,$B$ 值愈大,聚焦效果愈好,由图 1 可以看出,当 $F=N$ 时,失去聚焦意义。根据小直径锆合金棒材超声检测经验,为兼顾有较长的声束长度,即

$$L = \lambda F^2/R^2, \tag{3}$$

---

作者简介:卢辉(1981—),男,高级工程师,现主要从事核级锆材无损检测技术工作。

$B$ 选择在 4~8，通过长期检测经验，选取 5 有高的强度和较好的检测效果，因此探头的晶片选择 $\Phi$ 6 mm，焦距选择 20 mm。

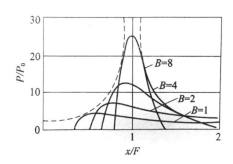

**图 1　聚焦声束轴线上的声压分布**

## 1.2　检测方法制订

### 1.2.1　伤型 1 检测

伤型 1 检测时，采用 3 个探头，其中 1 个探头为纵波，灵敏度以最大声程处（3/4 直径处）的轴向孔作为基准，此时，1/2 直径处的轴向孔信号不低于满屏 80%；另外 2 个探头为周向横波正反两个方向检测，灵敏度及角度以 3/4 直径处的轴向孔作为基准。检测示意图如图 2 所示。

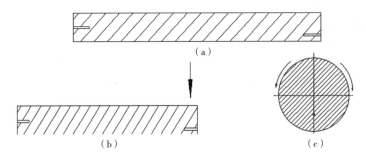

**图 2　伤型 1 检测示意**

（a）标准试样示意；（b）纵波检测轴向孔示意；（c）横波检测轴向孔示意

### 1.2.2　伤型 2 检测

伤型 2 检测时，采用 1 个探头进行纵波检测，灵敏度以最大声程处（3/4 直径处）的轴向孔作为基准，此时，1/2 直径处的轴向孔信号不低于满屏 80%；另外采用 4 个探头进行横波检测，其中 2 个探头轴向横波检测，2 个探头周向横波检测，灵敏度以径向孔作为基准，波幅均不低于满屏的 80%。检测示意图如图 3 所示。

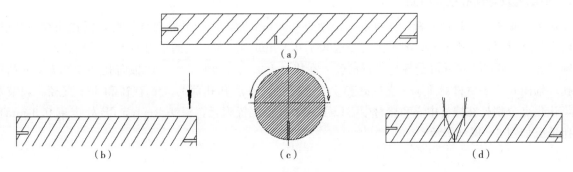

**图 3　伤型 2 检测示意**

（a）标准试样示意；（b）纵波检测轴向孔示意；（c）横波周向检测径向孔示意；（d）横波轴向检测径向孔示意

### 1.2.3 伤型 3 检测

伤型 3 检测时,采用 3 个探头,其中 1 个探头作为纵波检测,灵敏度以轴向孔为基准,另外 2 个探头作为周向横波检测,灵敏度以表面纵向槽作为基准。检测示意图如图 4 所示。

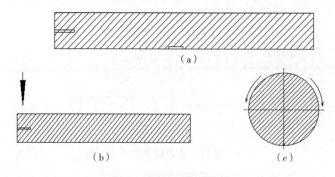

**图 4　伤型 3 检测示意**
(a) 标准试样示意;(b) 纵波检测轴向孔示意;(c) 横波周向检测纵向槽示意

### 1.2.4 伤型 4 检测

伤型 4 检测时,采用 1 个探头进行纵波检测,灵敏度以 3 mm 孔深的平底孔作为基准,此时,孔深为棒材直径的一半的孔信号不低于满屏 80%;另外采用 4 个探头进行横波检测,其中 2 个探头轴向横波检测,灵敏度以横向槽作为基准,2 个探头周向横波检测,灵敏度以纵向槽作为基准,波幅均不低于满屏的 80%。检测示意图如图 5 所示。

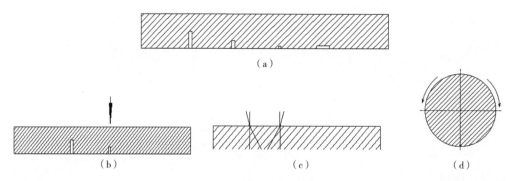

**图 5　伤型 4 检测示意**
(a) 标准试样示意;(b) 纵波检测示意;(c) 横向刻槽横波检测示意;(d) 纵向槽横波检测示意

## 2　各种伤型检测对比分析

### 2.1　平底孔及轴向孔纵波检测分析

对于点聚焦,从理论分析,当声束直径小于 0.3 mm 时,由于平底面全反射,圆柱面存在散射,轴向孔的反射要低于平底孔,当声束直径远大于 0.3 mm 时,轴向孔的反射面大,平底孔的反射要低于轴向孔。采用 $\Phi 9.8$ mm 的棒材进行试验,在棒材上加工了 $\Phi 0.3$ mm 的轴向孔和 $\Phi 0.3$ mm 的径向孔,轴向孔位于棒材端面 1/4 直径处和 1/2 直径处;平底孔孔深为 1/4 直径和 1/2 直径。调节水距,让焦点分别处在棒材中心和棒材中心以下 3/4 直径位置附近,探头($-1.5$ dB 处声束 0.3 mm),对比情况如图 6~图 9 所示。

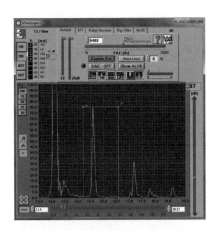 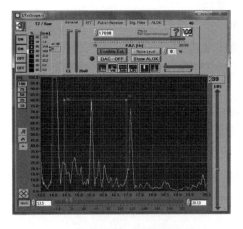

图 6 点聚焦检测埋深 1/2D 轴向孔    图 7 点聚焦检测 1/2D 埋深平底孔

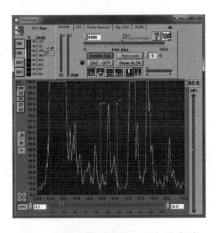 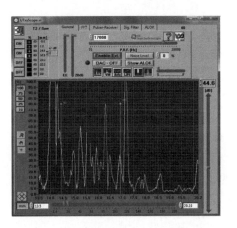

图 8 点聚焦检测埋深 3/4D 平底孔    图 9 点聚焦检测 3/4D 埋深轴向孔

由上图已看出，焦点在棒材的不同位置，平底孔的灵敏度均高于轴向孔，与理论分析不一致，导致原因是 0.3 mm 的孔很难加工到平底。在中心位置，平底孔和轴向孔相差较小，3/4 直径处相差较大，是由于焦点落在棒材中心以下时，声束在棒材截面上存在发散，造成反射面积有较大的差异。

### 2.2 表面槽、轴向孔、径向孔横波检测对比

横波检测，入射角应在第一临界角和第二临界角之间，第一临界角对应的探测厚度最大，根据折射定律：

$$\frac{\sin\alpha_1}{C_{L_1}} = \frac{\sin\beta_{L_2}}{C_{L_2}} = \frac{\sin\beta_s}{C_{S_2}}, \tag{4}$$

以及第一临界和检测最深条件为：

$$\frac{t}{D} \leqslant \frac{1}{2}\left(1 - \frac{C_{S_2}}{C_{L_2}}\right), \tag{5}$$

其中锆合金的 $C_{S_2}$ 为 2230 m/s，$C_{L_2}$ 为 4600 m/s 可得，检测的最大厚度为 $T/D=0.26$。

（1）1/4D 处的轴向孔横波检测

1/4D 处的轴向孔检测的最大深度为 0.25，因此，采用纯横波可以实现轴向孔周向检测，且能使声波对棒材在径向上有一定的检测范围，保证了表面、近表面轴向缺陷的检出。但轴向孔距棒材表面有一定的距离，未处在棒材的表面处，且伤型为柱面，与刻槽的面缺陷存在差异。如图 10 中声束 2 对应的检测范围。

(2) 表面刻槽

对于表面刻槽,能代表棒材表面裂纹类缺陷,但根据式(4)可知,棒材表横波检测入射角是一个范围,表面的槽在第一临界角和第二临界角之间均可有效地检出表面的刻槽,但所检测的深度不同,调整合适的入射角尤为重要,实际检测中不易控制。如图 10 中,角度 1 和角度 2 均在横波范围内。

(3) 径向孔横波检测

径向孔的深度为半径的一半,采用横波检测时,反射面为一个柱面,当入射角增大,声束入射到孔口时也会产生反射回波,因此同样存在角度的问题,另外,当声束垂直于柱孔面时,柱面孔距表面有一定的距离,依此作为检测灵敏度,同样不能较好地代表棒材表面缺陷(图 11)。

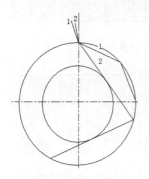 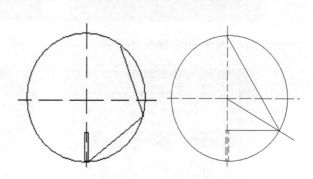

图 10 周向横波检测示意　　　　　　图 11 横波周向检测径向孔示意

### 2.3 各种伤型的检测方法对比总结

通过对比分析,对四种伤型的检测进行对比总结,结果见表 1。

表 1 各种伤型的对比

| 伤型 | 检测方法及检测灵敏度 | 特点 |
| --- | --- | --- |
| 伤型 1 | 纵波+周向横波<br>均以端部 1/4D 处的轴向孔为灵敏度 | 棒材内部缺陷及表面纵向缺陷均得以控制,横波角度容易控制,但表面灵敏度难以确定 |
| 伤型 2 | 纵波+周向横波+轴向横波<br>纵波以端部 1/4D 处的轴向孔为灵敏度,横波以孔深为 1/4D 的径向孔作为灵敏度 | 棒材内部缺陷及表面纵向、横向缺陷均得以控制,但横波角度不容易控制、表面灵敏度难以确定 |
| 伤型 3 | 纵波+周向横波<br>纵波以端部 1/4D 处的轴向孔为灵敏度,横波以表面纵向槽为灵敏度 | 棒材内部缺陷及表面纵向缺陷均得以控制、表面灵敏度易确定,但横波角度不容易控制 |
| 伤型 4 | 纵波+周向横波+轴向横波<br>纵波以 3 mm 深的径向孔作为灵敏度,横波以纵横槽为灵敏度 | 棒材内部缺陷及表面纵向缺陷均得以控制,但横波角度不容易控制 |

## 3 结论

(1) 目前锆合金棒材超声纵波检测所采用的 Φ0.3 mm 的平底孔及轴向孔,采用点聚焦探头有较好的检测效果,平底孔的灵敏度要严于轴向孔。

(2) 横波检测采用表面槽、轴向孔及径向孔模式,其中轴向孔和径向孔容易调节,能较好地控制检测角度,但与表面灵敏度有所差异,表面槽能较好地代表表面缺陷,但角度不易控制。

（3）对于横波检测，建议采用轴向孔和表面刻槽相结合的模式，利用轴向孔控制入射角度，利用表面刻槽控制检测灵敏度，既能保证横波检测的有效深度，又能保证检测灵敏度。

**参考文献：**

[1] 郑晖，林树青. 超声检测 [M]. 2版. 北京：中国劳动社会保障出版社，2008.

# Discussion on ultrasonic artificial defect detection of different types of nuclear zirconium alloy bars

## LU hui, LI Heng-yu, MA Jing-wei

(State Nuclear Bao Ti Zirconium Industry Co., LTD., Baoji, Shaanxi 721013, China)

**Abstract:** The quality requirements for zirconium alloy bars used in nuclear power engineering are extremely high, and ultrasonic testing methods are often used to control their quality. At present, there are roughly four ultrasonic testing modes for artificial defects of zirconium alloy bars used in nuclear engineering. By comparing the artificial defects of the four modes, it is found that the flat bottom hole and axial hole with $\Phi$ 0.3mm used in ultrasonic longitudinal wave testing of zirconium alloy bars will get better detection result by using the point focus probe, and the sensitivity of flat bottom holes is stricter than that of axial holes; Surface grooves, axial holes and radial holes used in shear wave detection are combined with the mode of axial holes and surface grooves which is benefit of the control of detection angle to ensure the sensitivity of surface testing and is more conducive to the quality control of bars.

**Key words:** Zirconium alloy Bar; Ultrasonic testing; Artificial defect; Sensitivity

# LOCA 事故工况下锆包壳的韧-脆行为研究进展

赵琬倩，吕俊男，张　伟，陈　寰，彭　倩，彭小明

(中国核动力研究设计院　反应堆燃料及材料国家重点实验室，四川　成都　61021)

**摘　要**：国产化 N36 锆合金包壳已被应用于"华龙一号"的 CF3 燃料组件，目前中国核动力研究设计院（NPIC）已将制定我国 LOCA 事故准则纳入中长期重点课题。本文回顾了近年来国外在 LOCA 事故准则制定方面开展的试验评价工作，旨在帮助建立锆包壳韧-脆特征试验评价思路，理解试验评价结果反映的机理特性。

**关键词**：锆合金；包壳；LOCA 事故工况；韧-脆行为；吸氢行为

LOCA 事故工况下，包壳会发生高温蒸汽氧化反应，氧化到一定程度便会产生脆化，脆化失效问题对于核安全至关重要[1-3]。氧化反应属于放热反应，放出的热量会进一步提高堆芯温度，其次过程中伴随生成的氢气，也是安全壳爆炸的隐患之一[4-5]。1979 年，美国三哩岛 2 号机组事故产生的原因正是由于脆化的包壳碎裂成小片和芯块碎块堵塞了冷却剂的水流通道，降低了堆芯的可冷却性。20 世纪 60 年代，美国阿贡国际实验室（Argonne National Laboratory，ANL）和美国橡树岭国家实验室（Oak Ridge National Laboratory，ORNL）开展了系列锆合金包壳管 LOCA 事故工况下的评价试验。1973 年，美国联邦法颁布了《轻水堆核电厂 ECCS 暂定验收准则》，其中对包壳的峰值温度（≤1204 ℃），包壳氧化最大值（ECR≤17%），产氢量的最大值（≤所有金属反应产氢量的 1%）等五项条目进行了规定。90 年代，日本原子力研究所（Japan Atomic Energy Research Institute，JAERI）也在试验论证总结的基础上，提出了符合本国锆合金的 LOCA 准则理念[5-7]。

本文综述了近年来国外针对 LOCA 事故工况条件下的锆合金韧-脆性行为特征开展的众多评价试验，围绕预氢化、冷却方式、ECR 和吸氢行为四个方面阐述。

## 1　预氢化管模拟 LOCA 事故性能评价试验

2005 年，日本 JAERI 在模拟 LOCA 事故条件的性能进行测试评价。拉伸试验在 1200~1500 K 的高温蒸汽环境下进行，渗氢浓度为 100~1450 ppm，较为真实地模拟了事故条件下的包壳管氧化进程（图 1）。结果发现，氢谱的最高值出现在 ECR=30%，氢含量为 3000 ppm，距离破损位置 30~50 mm 处（图 2）。这一结果，与 1980 年 ANL 实验室[8]对高氢含量的包壳试样进行充气加压、加热、爆破、氧化、慢冷等试验的研究结果一致，鼓胀区域端部样品的氢含量较高，达到 0.22 wt%。

上述研究表明，失水事故条件下的包壳受高温蒸汽氧化和骤冷的热冲击共同作用，一旦产生破损，蒸汽便从鼓胀区域进入堆芯内部，并与燃料棒发生进一步氧化反应。氧化反应产生大量的氢，因端部芯块和包壳间隙较小，包壳氧化产生的氢不会被冷却剂带走，从而导致周围氢分压迅速升高，因此爆破后的鼓胀区域两端的氢含量最高。试验还发现当氢含量超过 0.07 wt%，即使氧化程度（ECR）小于 17%，包壳也会发生严重脆化[9]。

---

**作者简介**：赵琬倩（1990—），女，博士研究生，现主要从事反应堆燃料及材料相关研究，E-mail：wanqianzhao@126.com。
**基金项目**：国家自然科学基金青年项目"锆合金的高温阳极极化行为及其与腐蚀动力学的相关研究"（52101104）、中国核动力研究设计院反应堆燃料及材料国家重点实验室基金项目。

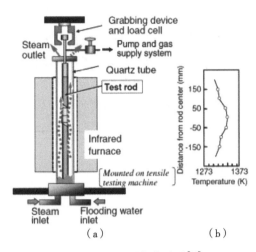 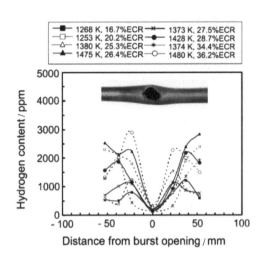

**图1　JAERI预氢化试验[10]**
（a）试验装置示意图；（b）试样的轴向温度分布

**图2　氧化破裂后的包壳中的轴向氢分布[10]**

NAGASE 等[11]在模拟失水事故条件下研究了预氢化对 Zr-4 包壳管氧化行为的影响。气态渗氢方式通入 H₂ 和 Ar 混合气体，渗氢浓度通过控制渗氢时间进行控制，渗氢浓度范围为 100~1450 ppm。由于氢是 β 相的稳定元素，渗氢浓度的增加降低了 α/β 和（α+β）/β 的相转变温度，因此不同渗氢浓度下的锆基体组织结构有所差异。显微组织研究发现 Prior-β 相呈现 Widmanstätten 结构（图3）。高氢浓度下，氢化物在 α′ 相和 β 相基体之间分布，细小针状结构 α′ 相会在冷却过程中沉淀在 β 相中，且 α′ 相生长在较低渗氢浓度下更加显著。TEM 试验结果进一步证实了大量的细小的 δ-ZrH1.6 相（<1μm）在 α′ 相边界处析出[12]，层片状的氢化物在经过 1220K 和 1550K 的高温氧化后并没有生长。此外，环压试验表明，氧化转析温度和环压强度限值随着渗氢浓度的升高而降低，这是由（α+β）/β 相变温度对氢在锆基体的固溶度升高而降低。包壳在淬火后的断裂主要取决于氧化的程度，包壳断裂的临界条件随渗氢浓度的增高而减少。上述研究的试验结果，证实了"氢促进氧致 β 相脆化"机理。

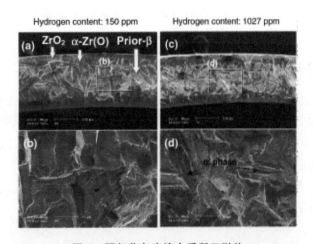

**图3　预氢化包壳淬火后断口形貌**
（a）和（b）低浓度渗氢；（c）和（d）高浓度渗氢

## 2 冷却方式对锆包壳管残余韧性研究试验

LOCA事故发生时，燃料元件会经历一个瞬态的温度变化，冷却过程中包壳经历的温度曲线见图4。冷却方式对锆包壳管残余韧性的影响也是近年来国内外学者研究的焦点。2006年，日本原子能机构JAEA（Japan Atomic Energy Agency, JAEA）[13]研究了冷却速率和冷却方式对锆合金包壳管残余韧性的影响。对Zr-4包壳管在1100 ℃和1200 ℃进行水蒸气氧化预处理，淬火冷却温度800～1100 ℃，冷却速率2％～7％。研究发现，冷却速率影响锆合金的显微组织形态：随着淬火温度的降低，α-Zr（O）相区的占比明显增大，淬火后的韧性降低，脆性α-Zr（O）区域会萌生裂纹，形成气氛扩散通道，加速氧化进程；元素分布的结果表明，α-Zr（O）相中氧含量越高，韧性越差，随着α-Zr中氧含量的增高，锆基体抵抗断裂的能力降低。

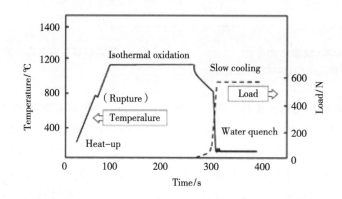

图4 模拟LOCA事故工况下包壳经历的温度变化曲线[13]

BRACHET等[14]研究了不同冷却方式对预氢化的锆合金包壳韧性的影响。试验设计了三种冷却方式：1200 ℃温度下直接淬火冷却，1200 ℃随炉冷却至设计温度点（800 ℃、700 ℃、600 ℃）再淬火和1200 ℃随炉冷却至室温。结果表明，高温下直接淬火与保温至800 ℃后再淬火条件下的残余韧性测试结果相近；随炉冷却较分步冷却（炉冷到700 ℃或600 ℃后再淬火），材料更易脆化。此外还发现，几种冷却方式下的氧元素在Prior-β层中分布均匀，分步冷却方式下第二相Fe、Cr氧化物在基体中出现，以此推断在1200 ℃炉冷到700 ℃/600 ℃的阶段，锆基体内就已经萌发了脆性"种子"。

## 3 ECR与脆化行为的关系研究

UETSUKA等[15]研究了Zr-4、ZIRLO、M5、MDA、NDA、HiFi、E110和E635等多种商用高燃料锆合金包壳管束在LOCA条件下的行为。以3～10 ℃/s的升温段速率至800～1300 ℃温度区间等温氧化，先冷却到700～800 ℃，随后注入大量水模拟淬火条件，最大限度地模拟假想事故下的可能性。研究表明，氧化后试样在淬火过程中发生环向开裂和破损，与ECR①的厚度（氧化份额）密切相关，ECR值越高，脆性行为越明显，材料承受的载荷值越低（图5）。另外，试验发现ECR在20％左右才出现断裂，高于LOCA事故准则中的ECR＝17％限值（图6）。

---

① ECR[158]（Equivalent Cladding Reated）：表示氧化的厚度占比。锆合金包壳管的ECR计算公式，单面氧化为ECR＝43.9 [$W_g/h$] / (1-$h/D_o$)，双面氧化为ECR＝87.8 $W_g/h$，式中ECR单位为％，$W_g$单位为g/cm²，$h$是包壳厚度，单位cm，$D_o$是外直径，单位cm。

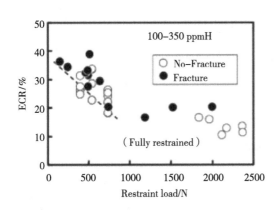
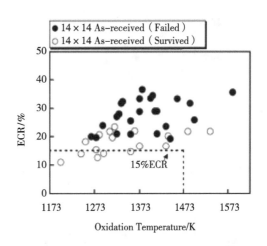

图 5 限制载荷与 ECR 的关系 (N)[10]　　　　　图 6 断裂条件下氧化温度与 ECR 关系[15]

BILLONE 等[16]研究发现高燃耗的 Zr-4 合金包壳在氧化程度显著低于 ECR=17% 的情况下就已经脆化了（图 7）。CHUNG 等[17]根据 BILLONE 等的试验结果，总结出高燃耗 Zr-4 包壳的 ECR 与 135 ℃ 的环形压缩试验结果的关系图（图 8）。结果表明，氢含量在 0.055%～0.08%（W/W）的 Zr-4 合金在较低的氧化程度时就已经完全脆化（ECR 低于 17%），高燃耗的包壳（高氢含量）的脆化比未辐照的包壳（低氢含量）对峰值温度更敏感。YAMANAKA 等[18]研究了氢化物对锆合金在氧化温度<450 ℃ 下的力学行为的影响，认为锆基体中氢固溶度的提高，会降低 α-Zr 层的弹性模量、屈服强度和抗拉强度。SENKOV 等[19]报道了与 Zr 同样属于 IVA 族的 Ti 基合金，在 500～100 ℃ 渗氢处理后，α 相和 (α+β) 相均变软的现象。

NAGASE 等[11]研究了四种限制负载条件下（390N、735N、535N 和无限制载荷）Zr-4 预氢化包壳管的断裂情况。结果表明，在较低浓度范围内，随着氢浓度的增加，断裂阈值降低。随着初始氢浓度的增加，断裂阈值和无裂纹阈值减小（图 9）。然而，在较高氢浓度范围内，断裂位置与氢浓度并无直接关联，这表明尽管氢浓度增加，但氧化包壳层已经脆化饱和，饱和的边界氢浓度值约在 500 ppm。UESTUKA 等[20]对预氢化 Zr-4 管材进行了环压试验，结果发现渗氢浓度<500 ppm 以下，随着氢浓度的增加，包壳的韧性明显降低；但是在渗氢浓度>500 ppm 以上，韧性均处于较低的水平。

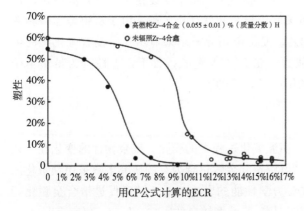
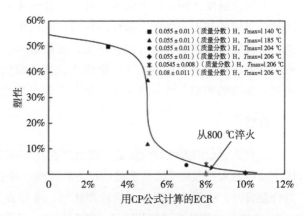

图 7 高燃耗 Zr-4 包壳和未使用过的 Zr-4 合金　　　图 8 高燃耗 Zr-4 合金包壳的 ECR 与 135 ℃ 的
包壳高温氧化淬火后的残余韧性测试结果[17]　　　　　　　环形压缩试验结果的关系[20]

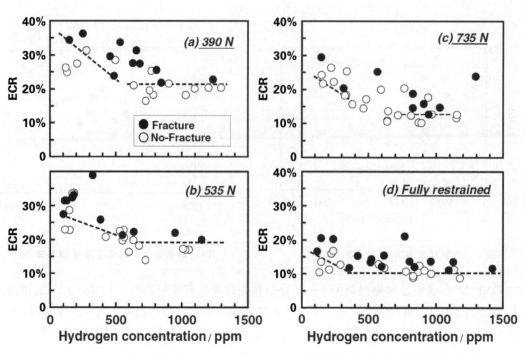

图 9  不同限制负载条件下的预氢化 Zr-4 包壳管断裂测试结果统计

## 4 吸氢行为对于脆性行为的影响

吸氢行为对于锆合金包壳管的脆性行为的影响长期以来都是学术界研究的热点。LOCA 工况下，包壳外表面破损，蒸汽流入内表面发生氧化反应。在这一反应过程，包壳内侧会吸收一定量的氢；对于包壳外侧，流动环境的氢分压较低，吸氢行为有限。H 在 α-Zr 中的固溶度较低，在 350 ℃时仅为 0.02%，室温下低于 0.001%；其在 α-Zr 中主要以稳定的 δ-ZrH$_{1.6}$ 沉淀相存在。含氢 β 相的共析分解温度约为 550 ℃，而对于堆芯再淹没（再润湿）的温度，根据 ANL 报道，该现象发生在 475~600 ℃。这一温度区间下，绝大多数氢原子固溶在针状初始 α 相周围残留的 β 相中。对锆合金氧化后抵抗断裂的能力影响很小。因此，可以认为氢对热冲击可以忽略。

ANL 相继开展了[21]包壳高温氧化和鼓胀爆破后慢冷（2 ℃/s 或 5 ℃/s）试验，将试样加热到 (α+β)相变温度区间并淬火处理。对于经过热冲击没有破裂的包壳，利用摆锤在室温下开展原位冲击试验；对摆锤冲击后仍没有破碎的样品，取鼓胀区域端制作样品开展环压试验。由于从膜态沸腾转变到核态沸腾导致快速淬火，包壳中氢含量高达 0.212%，但是金相分析结果显示几乎没有氢化物的生成，所有的氢元素都固溶在 β 相组织中。综上研究认为，在 LOCA 事故条件下，脆性行为虽然不受氢化物生成的影响，但是氢元素本身对于包壳塑性的影响是显著的。

## 5 总结

研究锆合金的脆性行为就是正确地理解残余韧性在高温氧化过程中的变化。残余韧性的变化在于认识 H、O 元素扩散对于锆合金脆性行为的影响。对于"氢致锆合金脆化行为"的研究多数采用预氢化的锆合金管材，主要通过评价不同冷却速率、冷却方式对力学性能的影响。对于"氧促进锆合金脆化行为"，主要通过评价不同氧化温度、氧化程度、显微组织对韧-脆性能转变的影响。目前，研究表明：

（1）氧元素的扩散是包壳脆化的根本原因，即包壳的完整性受到溶解在基体中的氧元素控制。

（2）对于氢化物在锆合金基体中的存在形式、吸氢行为对锆基体的脆性行为的影响，多数以材料计算为主，缺少相关试验证据的支持。但多数学者认为氢元素本身对于包壳塑性的影响是显著的。

**参考文献：**

[1] YAMANAKA S, KURODA M, SSETOYAMA D. Mechanical properties of zirconium hydride and hydrogen solid solution. Trans. Atom. Energ. Soc. Jpn. 2002. 1 (4): 323.

[2] KEARNS J J, MCCAULEY J E, NICHOLS F A. Effect of α/β phase constitution on superplasticity and strength of zircaloy-4. J. Nucl. Mater. 2006 (61): 169-184.

[3] CHUNG H, GARDE A, KASSNER T. Deformation and rupture behavior of zircaloy cladding under simulated loss-of-coolant conditions. In: Third International Symposium on Zirconium in the Nuclear Industry, ASTM STP, 1976 (633): 82-97.

[4] HUNT C E L, FOOTE D E. High temperature strain behavior of zicaloy-4 and Zr-2.5Nb fuel sheaths. In: Proceeding of the Third International Symposium on Zirconium in the Nuclear Industry, ASTM STP 633, 1976, 50-60.

[5] HARDY D G, High temperature expansion and rupture behavior of zircaloy tubing. In: Proceeding of the Topical Meeting on Water Reactor Safety. 1973, 254-273.

[6] CHUNG H M, KASSNER T F. Pseudobinary zircaloy-oxygen phase diagram. J. Nucl. Mater. 1979 (84): 327-339.

[7] ZUZEK E, ABRIATA J P, SAN-MARTIN A, et al. The H-Zr (hydrogen-zirconium) system. Bull. Alloy Phase Diager. 1990: 11 (4), 385-395.

[8] ERBACHER F J. Cladding tube deformation and core emergency cooling in a loss of coolant accident accident of a pressurized water reactor. Nucl. Eng. Des. 1987 (103): 55-64.

[9] HACHE G, CHUNG H M. The history of LOCA embrittlement criteria [R]. Argonne National Lab., IL (US), 2001.

[10] FUKETA F. Behavior of pre-hydrided zircaloy-4 cladding under simulated LOCA condition. Nucl. Sci. Technol. 2005: 42 (2), 209-218.

[11] NAGASE F, FUKETA T. Behavior of Pre-hydrided Zircaloy-4 Cladding under Simulated LOCA Conditions. Journal of Nuclear Science and Technology. 2005 (42): 212-215.

[12] UETSUKA H, FURUTA T, KAWASAKI S. Embrittlement of Zircaoy-4 due to oxidation in environment of stagnant steam, J. Nucl. Sci. Technol., 1982 (19), 158.

[13] UDAGAWA Y, NAGASE F, FUKETA T J. Effect of cooling history on cladding ductility under LOCA conditions. Nucl. Sci. Technol., 43 (8) 2006: 844-850.

[14] BRACHET J, VANDENBERGHE M, PORTIER V, et al. Hydrogen content, preoxidation and cooling scenario influences on post-quench mechanical properties of Zr-4 and M5 alloys in LOCA conditions - Relationship with the post-quench microstructure. J. ASTM Int, 2008.

[15] UETSUKA H, FURUTA T, KAWASAKI S J. Failure-bearing capability of oxidized zircaloy-4 cladding under simulated loss-of-coolant condition. Nuci. Sci. Technol. 1983. 20 (11), 941-950.

[16] BILLONE M, YAN Y, BURTSEVA T, et al. Cladding embrittlement during postulated loss-of-coolant accidents [R]. NUREG/CR-6967 Argonne National Lab, Argonne, 2008.

[17] CHUNG H M. Fuel behavior under loss-of-coolant accident situations. Nuclear engineering and technology, 2005, 37 (4): 327-362.

[18] YAMANAKA S, KURODA M, SETOYAMA D. Mechanical properties of zirconium hydride and hydrogen solid solution, Trans. At. Energy Soc. Jpn., 2002, (4): 323.

[19] SENKO O N, JONAS J J. Effect of phase composition and hydrogen level on the deformation behavior of titanium-hydrogen alloys. Metall. Mater. Trans. A, 1996.

[20] UETSUKA H, FURUTA T, KAWASAKI S. Embrittlement of Zircaoy-4 due to oxidation in environment of stagnant steam. J. Nucl. Sci. Technol., 1982.

[21] CHUNG H M, KASSNER T F. Embrittlement criteria for Zircaloy fuel cladding applicable to accident situations in light-water reactors. Summary report [R]. Argonne National Lab., IL NUREG/CR-1344 (USA), 1980.

# Research progress on ductile-brittle behavior of zirconium alloys cladding under LOCA condition

ZHAO Wan-qian, LV Jun-nan, ZHANG Wei, CHEN Huan, PENG Qian, PENG Xiao-ming

(Science and Technology on Reactor Fuel and Materials Laboratory, Nuclear Power Institute of China, Chengdu, Sichuan 610213, China)

**Abstract:** N36 zirconium alloy has been applied to CF3 fuel assembly in Hualong One reactor after decades of technical research. NPIC has incorporated the formulation of national LOCA accident guidelines into a medium and long term key project. This paper reviews the recent foreign experimental evaluation work on the formulation of LOCA accident criteria in order to help us to evaluate the design ideas of zirconium cladding ductile-brittle fracture and understand the mechanism reflected by the test results.

**Key words:** Zirconium alloy; Cladding; Loss of coolant accident; Ductile-brittle fracture; Hydrogen absorption behavior

# 梯度密度仪在包覆燃料颗粒致密热解炭层密度测量方面的研究与应用

高　原，张　芳，李自强，张凯红，赵宏生，刘　兵

(清华大学 核能与新能源技术研究院，先进核能技术协同创新中心，北京　100084)

**摘　要：**高温气冷堆球形燃料元件内的包覆燃料颗粒的合格率对于高温气冷堆的安全运行起着重要作用。致密热解炭层作为包覆燃料颗粒的重要组分之一，其密度是十分重要的性能指标。本文介绍了一种采用梯度密度仪测量包覆燃料颗粒致密热解炭层密度的新方法，简要阐述了梯度密度仪的工作原理，并对新测量方法的不确定度进行了详细分析。结果表明该方法具有较高的测试精度和测试效率，适用于工程应用。

**关键词：**高温气冷堆；包覆燃料颗粒；致密热解炭层密度；梯度密度仪

高温气冷堆作为一种可用于高效发电和高温工艺供热的先进核反应堆，其安全性和经济性均十分优秀，是目前世界上各种反应堆中最安全的一种堆型。目前国内高温气冷堆的燃料元件是全陶瓷型的，运用热解炭以及碳化硅涂层束缚核燃料和阻挡放射性裂变产物的释放。因此高温气冷堆包覆燃料颗粒的各层密度是影响颗粒质量的重要指标之一。

内致密热解炭层和外致密热解炭层分别作为包覆燃料颗粒的第二层和第四层，在整个球形燃料元件中发挥着重要作用。其中内致密热解炭层的主要功能为：①防止裂变产物与碳化硅层进行反应；②防止HCl与燃料核芯进行反应；③阻挡气态裂变产物；④作为碳化硅层的沉积基面。外致密热解炭层的主要功能为：①在球形燃料元件的制造过程中保护碳化硅层；②在碳化硅层破损时，阻挡气态裂变产物的释放；③对碳化硅层施加压应力[1]。因此在生产燃料元件过程中能快速且准确地测量内外致密热解炭层的密度是十分重要的。

## 1　致密热解炭层密度测量要求

由于内外致密热解炭层与碳化硅层结合得十分牢固，所以其密度是无法直接测量的，且需要进行样品制备。样品制备流程如下：①用螺旋测微器将包覆燃料颗粒夹碎，在低倍显微镜下，从中挑出致密热解炭层碎片；②置于小瓶中，贴好标签[2]。在实际球形燃料元件生产过程中，内外致密热解炭层的密度要求为（1.9±0.1）g/cm³。

## 2　现有的测量方法

由于致密热解炭层碎片形状极小且不规则，因此目前采用的测量方法为滴定法。具体操作为把待测样品放入一个小烧杯中，再往烧杯中注入少量的轻液，然后滴入重液，同时对混合液进行搅拌。随着混合液密度不断增大到某一数值，固体样品即可浮起，当样品稳定地浮在液体中时，该混合液的密度 $\rho$ 即为固体样品的密度。

$$\rho = \frac{\rho_1 V_1 + \rho_2 V_2}{V_1 + V_2} \tag{1}$$

---

作者简介：高原（1998—），男，湖北天门人，助理工程师，学士，现主要从事核材料研究。
基金项目：国家科技重大专项（ZX06901）。

式中，$\rho$ 为混合液密度；$\rho_1$ 为轻液密度；$\rho_2$ 为重液密度；$V_1$ 为轻液体积；$V_2$ 为重液体积。

## 3 新的测量方法

密度梯度仪法是利用特定配液装置，将两种密度不同且又能互溶的液体进行混合后注入恒温且垂直玻璃管柱中，混合液基于浓度差引起扩散。又因相对密度不同而引起沉降，二者共同作用最终达到平衡，呈现自上而下密度连续递增的趋势，当投入浸润完全的试样后，试样下沉至与其密度相同的位置悬浮，最终达到平衡，其中心所在高度混合液的密度即为测试样品密度。

相较于滴定法，梯度密度仪法测定致密热解炭层密度可同时测定多批样品且梯度密度液可循环使用，因此梯度密度仪法节省了时间成本、经济成本和人工成本。

## 4 不确定度分析[3]

### 4.1 不确定度来源

不确定度可以用来表明基准、检定、校准和比对等的水平。其中不确定度的来源主要有非代表性抽样、测量人员、测量环境、测量仪器、同一条件下重复测量出现的随机变化等。

由致密热解炭层密度测量的步骤可知，采用梯度密度柱法测定密度的不确定度，来源于以下几个方面：①梯度密度柱的校准曲线；②样品的测试次数；③恒温水浴的温度；④标准玻璃浮子；⑤样品密度的均匀性。

### 4.2 校准曲线引入的不确定度

使用梯度密度仪自带的自动配液装置，对梯度密度柱进行配置，并使用标准玻璃浮子进行标定。静置24 h后，标准玻璃浮子的密度值及其对应的高度见表1。

表1 标准玻璃浮子的密度值及高度

| 序号 | 标准浮子密度/(g/cm³) | 标准浮子高度/mm |
| --- | --- | --- |
| 1 | 1.8100 | 471.0 |
| 2 | 1.8400 | 400.0 |
| 3 | 1.8700 | 333.0 |
| 4 | 1.9000 | 260.0 |
| 5 | 1.9300 | 189.0 |
| 6 | 1.9600 | 120.0 |
| 7 | 1.9900 | 51.0 |

校准曲线拟合方程为：

$$Y_i = a x_i + b \tag{2}$$

式中，$Y_i$ 为第 $i$ 个标准玻璃浮子在梯度密度柱中的高度值；$a$ 为校准曲线斜率；$b$ 为校准曲线截距；$x_i$ 为第 $i$ 个标准玻璃浮子的密度值。

根据线性最小二乘法，利用表1中的数据，拟合校准曲线方程为：

$$Y = -2338x + 4703, R^2 = 0.9999$$

曲线的残余标准偏差按式3计算：

$$S_R = \sqrt{\frac{\sum_{i=1}^{n}[Y_i - (bx_i + a)]^2}{n-2}} \tag{3}$$

对致密热解炭层碎片进行 3 次测定,得到致密热解炭层碎片的高度平均值为 353 mm,用标准曲线方程计算得到致密热解炭层碎片的密度值为 1.8605 g/cm³,则密度测定校准曲线引入的不确定度为

$$u(\rho_s) = \frac{S_R}{|b|} \sqrt{\frac{1}{p} + \frac{1}{n} + \frac{(x_s - \overline{x}_i)^2}{\sum_{i=1}^{n}(x_i - \overline{x}_i)^2}} \text{。} \tag{4}$$

式中,$u(\rho_s)$ 为密度测定的校准曲线引入的不确定度;$S_R$ 为残余标准偏差;$|b|$ 为拟合曲线斜率;$p$ 为样品被测量的次数;$n$ 为测试标准玻璃浮子高度的次数;$x_s$ 为样品的密度;$x_i$ 为第 $i$ 个标准玻璃浮子的密度值;$\overline{x}_i$ 为标准玻璃浮子密度的平均值。

根据表 1 数据,计算出密度测定校准曲线标准偏差的参数,具体数据见表 2。

表 2 密度测定校准曲线标准偏差的参数计算

| 参数 | 1 | 2 | 3 | 4 | 5 | 6 | 7 |
| --- | --- | --- | --- | --- | --- | --- | --- |
| $(x_i - \overline{x}_i)^2$ | 0.0081 | 0.0036 | 0.0009 | 0 | 0.0009 | 0.0036 | 0.0081 |
| $\sum_{i=1}^{n}(x_i - \overline{x}_i)^2$ | 0.0252 | | | | | | |
| $bx_i$ | −4231.95238 | −4302.09524 | −4372.23810 | −4442.38095 | −4512.52381 | −4582.66667 | −4652.80952 |
| $bx_i + a$ | 471.0000 | 400.8571 | 330.7143 | 260.5714 | 190.4286 | 120.2857 | 50.14286 |
| $(Y_i - (bx_i + a))^2$ | 0.00000 | 0.73469 | 5.22449 | 0.32653 | 2.04082 | 0.08163 | 0.73469 |
| $\sum_{i=1}^{n}(Y_i - (bx_i + a))^2$ | 9.14286 | | | | | | |

通过计算可得密度测定校准曲线引入的不确定度为

$$S_R = \sqrt{\frac{\sum_{i=1}^{n}(Y_i - (bx_i + a))^2}{n - 2}} = \sqrt{\frac{9.142\ 86}{7 - 2}} = 1.3522,$$

$$u(\rho_s) = \frac{S_R}{|b|} \sqrt{\frac{1}{p} + \frac{1}{n} + \frac{(x_s - \overline{x}_i)^2}{\sum_{i=1}^{n}(x_i - \overline{x}_i)^2}} = \frac{1.3522}{2338} \times \sqrt{\frac{1}{3} + \frac{1}{7} + \frac{(1.8605 - 1.9)^2}{0.0252}}$$

$$= 4.242\ 94 \times 10^{-4} \text{g/cm}^3 \text{。}$$

### 4.3 重复测试引入的不确定度

在测试条件完全相同的条件下,对同一致密热解炭层碎片试样进行 6 次独立的密度测量,试验结果见表 3。

表 3 密度测定结果和标准偏差

| 序号 | 高度/mm | 密度/(g/cm³) | 密度均值/(g/cm³) | $S_1$/(g/cm³) |
| --- | --- | --- | --- | --- |
| 1 | 348 | 1.8626 | | |
| 2 | 349 | 1.8622 | | |
| 3 | 346 | 1.8635 | 1.862 68 | 5.000E−04 |
| 4 | 347 | 1.8630 | | |
| 5 | 349 | 1.8622 | | |
| 6 | 348 | 1.8626 | | |

测量重复性引入的不确定度为 A 类不确定度,其引入的不确定度为:

$$u(\text{rep}) = \frac{S_1}{\sqrt{n}} = \frac{5 \times 10^{-4}}{\sqrt{6}} = 2.04124 \times 10^{-4} \text{ g/cm}^3 。$$

### 4.4 恒温水浴温度变化引入的不确定度

根据测试要求，在密度测量过程中恒温水浴温度应稳定在 23 ℃，温度波动为±0.1 ℃，按均匀分布处理，故：

$$u(T) = \frac{0.1}{\sqrt{3}} = 0.05774 \text{ ℃} ，$$

对温度求偏导可得

$$u(\rho_T) = \frac{\partial \rho}{\partial T} \times u(T)。 \tag{5}$$

表 4 恒温水浴温度变化测量结果

| 温度 | 高度/mm | 密度/(g/cm³) | 均值 | 变化值 |
|---|---|---|---|---|
| 22.9 | 320 | 1.8746 | 1.87444 | 0.000427699 |
|  | 321 | 1.8742 |  |  |
|  | 319 | 1.8750 |  |  |
|  | 320 | 1.8746 |  |  |
|  | 322 | 1.8737 |  |  |
|  | 320 | 1.8746 |  |  |
| 23.1 | 319 | 1.8750 | 1.87487 |  |
|  | 318 | 1.8754 |  |  |
|  | 319 | 1.8750 |  |  |
|  | 320 | 1.8746 |  |  |
|  | 319 | 1.8750 |  |  |
|  | 321 | 1.8742 |  |  |

因此在其他条件不变情况下，将测试温度分别调整为 22.9 ℃和 23.1 ℃对同一样品进行密度测量。根据密度的变化值与温度的变化值两者之比作为 $\frac{\partial \rho}{\partial T}$ 的近似值。测量结果见表 4。

$$\frac{\partial \rho}{\partial T} = \frac{0.0004}{0.2} = 0.002 \text{ g} \cdot \text{cm}^{-3} \cdot \text{℃}^{-1}。$$

因此，将数据代入式（5）计算，恒温水浴温度引入的不确定度为

$$u(\rho_T) = \frac{\partial \rho}{\partial T} \times u(T) = 1.23466 \times 10^{-4} \text{ g/cm}^3$$

### 4.5 标准玻璃浮子引入的不确定度

根据国家计量科学研究院提供的测试证书，标准玻璃浮子引入的不确定度为

$$u(\rho_f) = 2.0000 \times 10^{-5} \text{ g/cm}^3$$

### 4.6 致密热解炭层的均匀性引入的不确定度

取同一批样品的 6 份致密热解炭层碎片进行密度测量，计算试样的密度值与试样测量结果平均值的比值 $\delta \rho_s$，可以反映试样的均匀性。$\delta \rho_s$ 为试样均匀性修正因子，值为 1。通过不确定度评定的计算，结果见表 5。

表 5 密度测量结果和标准偏差

| 序号 | 高度/mm | 密度/(g/cm³) | 密度/密度均值 |
|---|---|---|---|
| 1 | 348 | 1.8626 | 0.965 081 |
| 2 | 349 | 1.8622 | 0.964 860 |
| 3 | 346 | 1.8635 | 0.965 525 |
| 4 | 347 | 1.8630 | 0.965 303 |
| 5 | 349 | 1.8622 | 0.964 860 |
| 6 | 348 | 1.8626 | 0.965 081 |
| 均值 | 347.833 33 | 1.862 68 | 0.965 12 |
| 标准偏差 | 1.169 045 194 | 0.000 499 999 | 0.000 259 067 |

$$u(\delta\rho_s) = \frac{1.862\,68 \times 0.000\,259\,067}{\sqrt{6}} = 1.970\,04 \times 10^{-4}\,\text{g/cm}^3.$$

### 4.7 合成标准不确定度以及扩展不确定度

因各分量相互独立，可按方和根法计算合成标准不确定度：

$$u_c = \sqrt{u^2(\rho_s) + u^2(\text{rep}) + u^2(\rho_T) + u^2(\rho_f) + u^2(\delta\rho_s)} = 5.255 \times 10^{-4}\,\text{g/cm}^3,$$

取包含因子 $k=2$，置信概率 $p=95\%$，得扩展不确定度为

$$U = 2 \times 5.255 \times 10^{-4} = 1.051 \times 10^{-3}\,\text{g/cm}^3.$$

## 5 结论

本文介绍了一种采用梯度密度仪测量包覆燃料颗粒内外致密热解炭层密度的新方法，阐述了该方法的测量原理并分析了该方法的不确定度以及扩展不确定度。

结果表明，该方法的合成标准不确定度为 0.000 525 5 g/cm³，扩展不确定度为 0.001 g/cm³。由于包覆燃料颗粒内外致密热解炭层密度的设计标准为 (1.9±0.1) g/cm³，因此梯度密度仪法测定热解炭层密度的不确定度以及扩展不确定度足够小，满足设计精度要求；且与现有方法显著提高了测试的精度和自动化程度，降低了劳动强度，适用于工程应用。

**参考文献：**
[1] 唐春和. 高温气冷堆燃料元件 [M]. 北京：化学工业出版社，2007：1-50.
[2] 李恩德，唐春和，张纯，等. 高温气冷堆包覆燃料颗粒包覆层性能测试方法 [J]. 核动力工程，1996(5)：53-59.
[3] 钱政，王中宇. 误差理论与数据处理 [M]. 北京：科学出版社，2022：73-114.

# Research and application of gradient density meter in density measurement of dense pyrolytic carbon layer coated with fuel particles

GAO Yuan, ZHANG Fang, LI Zi-qiang, ZHANG Kai-hong, ZHAO Hong-sheng, LIU Bing

(Institute of Nuclear and New Energy Technology, Collaborative Innovation Center of Advanced Nuclear Energy Technology, Tsinghua University, Beijing 100084, China)

**Abstract:** The qualification rate of coated fuel particles in spherical fuel elements of high temperature gas cooled reactor plays an important role in the safe operation of high temperature gas cooled reactor. Dense pyrolytic carbon layer is one of the important components for coating fuel particles, and its density is a very important performance index. This paper introduces a new method for measuring the density of dense pyrolytic carbon layers coated with fuel particles using a gradient densitometer, briefly describes the working principle of the gradient densitometer, and analyzes the uncertainty of the new measurement method in detail. The results show that this method has high testing accuracy and efficiency, and is suitable for engineering applications.

**Key words:** High temperature gas cooled reactor; Coated fuel particles; Density of dense pyrolytic carbon layer; Gradient densitometer

# 超高温气冷堆燃料元件制备和性能评价研究

刘马林，程心雨，刘泽兵，王桃葳，严泽凡，田　宇，蒋　琳，
杨　旭，刘荣正，邵友林，赵宏生，唐亚平，刘　兵*

(清华大学核能与新能源技术研究院，北京　100084)

**摘　要**：针对未来超高温气冷堆的研发要求，开展了相关燃料元件的设计、新型包覆层制备、TRISO 颗粒辐照前高温考验以及辐照后高温考验等多个方面的工作。具体包括对 SiC 包覆层、ZrC 包覆层、NbC 包覆层、碳化物复合包覆层的流化床-化学气相沉积制备方法进行了研究，并对 SiC 包覆层进行了辐照前超高温考验（最高达 2500 ℃）以及辐照后高温考验（最高达 1770 ℃）。研究结果表明，采用流化床-化学气相沉积方法，分别以液体甲基三氯硅烷、固体 $ZrCl_4$、$NbCl_5$ 为前驱体，采用气载带输运、气体粉末输运等方法可以制备出单一物相的 SiC 包覆层、ZrC 包覆层、NbC 包覆层以及碳化物复合涂层，其中 SiC 包覆层的规模化制备已经成功实现。辐照前的高温考验发现 TRISO 颗粒的 SiC 包覆层可以承受 2500 ℃ 的高温。在 2100 ℃ 以上，发生了部分相变、晶粒长大和微量分解现象，整体包覆层仍然保持较为完整的结构。辐照后的 1770 ℃ 高温考验表明，高温会加速 Cs 等部分裂变元素在 TRISO 颗粒内致密热解炭层中的扩散，SiC 包覆层的晶型结构（长轴晶）以及晶粒大小基本不变，没有发现 SiC 包覆层破损，即阻挡裂变产物的能力继续维持，同时采用分子模拟等手段对高温考验和辐照后的各种微观结构以及混合晶型的 SiC 包覆材料进行了数值模拟。以上研究结果为我国超高温气冷堆燃料元件的研发和性能评价提供了参考，对未来超高温气冷堆的发展具有重要意义。

**关键词**：超高温气冷堆；燃料元件；高温考验；新型包覆层；辐照考验

　　高温气冷堆以氦气作为冷却剂、石墨作为慢化剂，使用全陶瓷燃料。高温气冷堆具有固有安全性，且堆芯出口温度通常可达 750～950 ℃，在核能制氢，工艺热应用等领域有广泛的用途。经合组织核能机构（OECD/NEA）2022 年 6 月 16 日发布报告《高温气冷堆与工艺热应用》，分析了高温气冷堆的特点及其能够在帮助能源密集型工业部门降低碳排放方面发挥的作用。

　　我国从 20 世纪 70 年代即开始了高温气冷堆研发工作，2001 年在清华大学核能与新能源技术研究院建成了 HTR-10 高温气冷实验反应堆，并于 2003 年实现了满功率运行。2006 年，国家设立了"大型先进压水堆与高温气冷堆核电站"国家科技重大专项。在清华大学、中国核工业集团有限公司、中国华能集团有限公司等单位的通力合作下，重大专项工作取得了重要进展与成果。目前示范工程燃料生产线已经建成投产，已经顺利生产 86 万多个合格燃料元件，供料石岛湾示范工程。2021 年 9 月高温气冷堆示范电站 HTR-PM 首次达到核临界，2022 年 12 月达到了双堆初始满功率，实现了"两堆带一机"模式下的稳定运行，2023 年 12 月完成 168 小时连续运行考验，正式投入商业运行。清华大学核研院已经发布 HTR-PM600 商用高温气冷堆核电站设计方案，目前对应的商业生产线建设正在进行之中。如果将高温气冷堆出口温度提高，热发电效率会更高，同时热利用的范围将更加广泛。在超高温运行状态下，相关反应堆物理热工设计、安全分析、工程材料研发，以及中间换热器等关键设备研制等多个方面，都有很多挑战性的工作，同时超高温运行对燃料元件性能也提出更高的要求。清华大学核研院针对未来超高温气冷堆的研发要求，已经开展了相关燃料元件的设计、新型包覆层制

---

作者简介：刘马林（1982—），男，副教授，现主要从事先进核燃料研究，Email：liumalin@tsinghua.edu.cn。
基金项目：国家科技重大专项"燃料元件超高温运行条件下的结构性能研究"（2017ZX06901027-005），国家万人计划青年拔尖人才项目"新型核燃料元件及包覆颗粒设计、制备与性能评价研究"（20224723061）。

备、TRISO颗粒辐照前、辐照后高温考验以及辐照过程数值模拟分析等多个方面的工作，散见于各类学术文章中。本文主要基于在传统TRISO包覆颗粒的工作基础上，拟对相关包覆颗粒方面的工作进行简要总结，为我国超高温气冷堆燃料元件的研发和性能评价提供借鉴和参考。

## 1 新型包覆颗粒设计及制备工艺研究

TRISO型包覆颗粒的设计基本结构为：核芯为$UO_2$颗粒，从内到外的包覆层依次为疏松热解炭层，内致密热解炭层，碳化硅层以及外致密热解炭层。上述包覆层中最关键的是碳化硅包覆层，但碳化硅包覆层在高温时有分解现象，所以针对超高温燃料元件的需求，需要寻求新的包覆层设计。目前清华大学核研院已设计ZrC、NbC或者高温碳化物复合涂层替代SiC包覆层，以满足反应堆高温运行的目的。

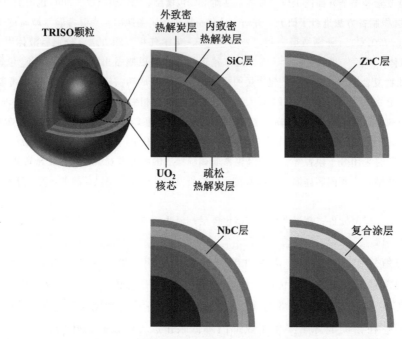

**图1 各种TRISO型包覆燃料颗粒的设计**

针对超高温气冷堆新型包覆颗粒制备的研究，采用流化床-化学气相沉积方法，分别以液体甲基三氯硅烷，固体$ZrCl_4$，$NbCl_5$、丙烯为前驱体，采用气相蒸汽载带输运、气体定量输运粉末等方法，已成功制备出单一物相的SiC包覆层、ZrC包覆层、NbC包覆层以及多种碳化物复合涂层，为包覆颗粒适应于超高温运行提供材料基础。

### 1.1 SiC包覆层规模化制备工艺研究

采用流化床-化学气相沉积方法，以甲基三氯硅烷为前驱体，在氢气气氛下进行颗粒流化和颗粒表面气相沉积，如图2所示，化学反应方程式为：$CH_3SiCl_3 \rightarrow SiC + 3HCl$。我们解决了大批量高密度颗粒均匀流化[1]和气相沉积耦合的多物理场协同问题[2]，引入自动化设计控制系统，以适应工业级生产线建设的要求[3]，建成单炉次装料量3 kg级$UO_2$核芯颗粒、基于SiC包覆工艺的TRISO包覆颗粒生产技术，中核北方已经建设和运行示范工程燃料生产线，为我国首个模块化球床式高温气冷堆示范电站提供合格的燃料元件。

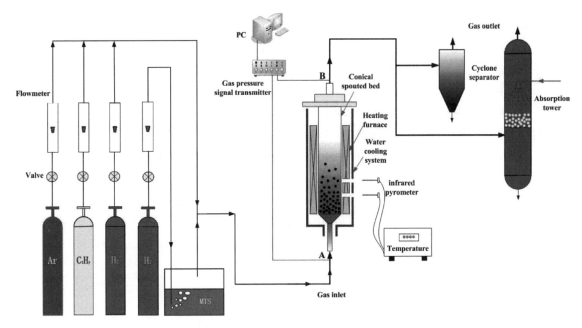

图 2 流化床-化学气相沉积法制备 TRISO 包覆燃料颗粒

在 SiC 包覆层更大规模化研究方面，基于多环斜孔式流化床的流化特征以及流化床-化学气相沉积的本质特点（如有效包覆区和气固接触均匀性等），提出多个放大准则[4-5]，目前已经完成更大规模的包覆颗粒生产线放大设计，正在进行单炉次 6 kg 级和 9 kg 级 $UO_2$ 核芯颗粒包覆颗粒生产线的建设，未来将形成系列化生产能力，大幅提高球形燃料元件制造的经济性，为下一步的 HTR-PM600 商用高温气冷堆核电站提供核燃料。

### 1.2 ZrC 包覆层制备工艺研究

采用流化床-化学气相沉积方法，以 $ZrCl_4$ 和丙烯为前驱体，通过气相沉积原材料精细调控，制备了 ZrC 包覆层，同时对 ZrC 包覆层的形成机理进行了探讨。化学反应方程式为：$3ZrCl_4 + 3H_2 + C_3H_6 \rightarrow 3ZrC + 12HCl$。通过不同工艺参数下的实验研究，发现 ZrC 包覆层的原子计量比调节非常关键，取决于温度、气体速度、气体配比等各种工艺参数条件。根据原材料特征，提出了气体定量输运粉末提供锆源的方法。同时研究发现，ZrC 包覆层的高温性能和原子计量比密切相关，因为高温条件下 ZrC 包覆层会发生重结晶现象，影响 ZrC 包覆层的力学性能，并基于材料表征结果提出了 ZrC 包覆层制备的机理[6]，如图 3 所示。

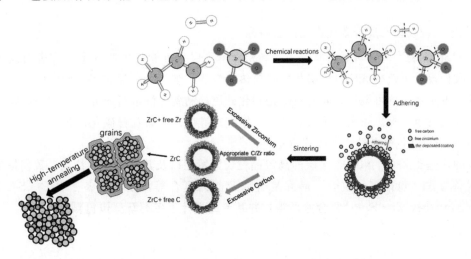

图 3 流化床-化学气相沉积法制备 ZrC 包覆层的机理解释[6]

## 1.3 NbC 包覆层制备工艺研究

采用流化床-化学气相沉积方法，以 $NbCl_5$ 和丙烯为前驱体，通过粉末夹带输送的方式，成功制备了 NbC 包覆层。化学反应方程式为：$3NbCl_5 + 9/2H_2 + C_3H_6 \rightarrow 3NbC + 15HCl$。在 NbC 包覆层制备过程中，Nb 源和 C 源的配比非常重要，因为一般会生成 Nb 和 C 非 1∶1 的混合相，为此我们提出两种 NbC 包覆层的制备路径，一种是经过精细调节前驱体源比，从而调节 Nb 和 C 的原子比，这在小规模制备中较易实现；另一种是让铌源稍微过量，首先制备出富 Nb 相的包覆层，然后通过与碳源进一步进行高温处理，即发生碳扩散热处理，从而获得高纯的 NbC 相包覆层，两种制备 NbC 包覆层的路线如图 4 所示[7]。

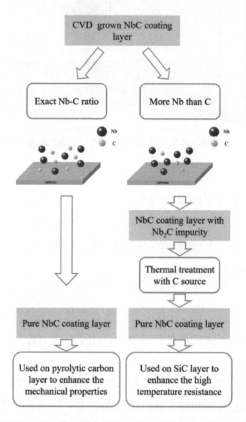

**图 4　流化床-化学气相沉积方法制备 NbC 包覆层的两种途径**[7]

## 1.4 新型包覆颗粒设计及复合碳化物包覆层研究

针对 TRISO 颗粒在超高温运行状态下，疏松热解碳层有可能与核芯发生反应进而发生阿米巴效应等现象，我们设计了疏松 SiC 包覆层替代疏松热解炭层，维持疏松层储存裂变气体的功能，但减少疏松层与核芯发生反应的可能性。同时对疏松碳化硅层的制备方法进行研究，针对一般卤素气体容易腐蚀核芯颗粒的特点，提出采用非卤素硅源（六甲基二硅烷）制备疏松碳化硅包覆层的方法。成功制备了新型 A‑TRISO 包覆颗粒，如图 5 所示[8]。

进一步的，基于 ZrC、NbC 等涂层的高温晶粒长大特性以及其易氧化的特点，我们提出复合碳化物涂层的制备方法，包括多层复合、晶间复合以及晶内复合等，成功制备了 ZrC‑SiC 复合涂层、NbC‑SiC 复合涂层、Zr‑Si‑C 复合涂层等，并基于此设计了多类新型包覆颗粒。

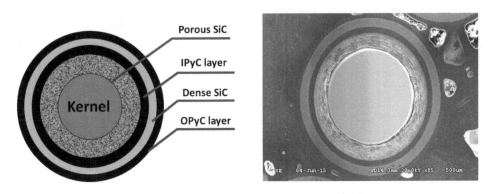

图 5　新型 A-TRISO 包覆颗粒设计与制备[8]

## 2　TRISO 包覆颗粒超高温考验

对 TRISO 颗粒高温下的演化行为进行研究，特别是对关键 SiC 包覆层进行高温考验。首先搭建了最高温度可达 3000 ℃ 的超高温炉系统，然后对基于 SiC 包覆层的 TRISO 颗粒进行各种加热制度下的高温考验，从而研究其抗高温的能力。通过高温考验结果，可以发现 TRISO 颗粒的 SiC 包覆层可以承受短时 2500 ℃ 的高温，通过对比实验可以发现外致密热解炭层起到重要的作用。实验结果表明，在 2100 ℃ 以上，SiC 包覆层发生了部分相变、晶粒长大和微量分解现象，但整体包覆层仍然保持较为完整的结构，如图 6 所示[9]。

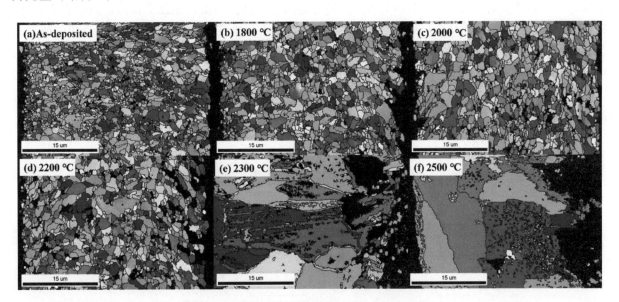

图 6　TRISO 颗粒 SiC 包覆层高温下的演化行为[9]

## 3　辐照后 TRISO 包覆颗粒高温考验

对多种辐照后的包覆颗粒［燃耗 (11.64～12.53)%FIMA］在热室内进行了多轮高温考验（最高温度 1770 ℃），获得第一手实验结果，为 TRISO 颗粒用于超高温气冷堆提供数据支持。例如对其中一批辐照后颗粒经历了三段 150 h，温度分别为 1620 ℃、1700 ℃、1770 ℃ 共 600 h 的高温热处理过程，结果发现，辐照后核芯发生肿胀，其直径相比辐照前增长了约 13%。内致密热解炭层厚度收缩约为 15%，但碳化硅层厚度未出现明显变化，疏松热解炭层发生了明显收缩，并形成了约 12 $\mu$m 的反冲层。进而进行 EDS 面分布扫描及 EPMA 定量扫描元素分析。结果表明，辐照后的高温考验会加速 Cs 等部分裂变元素在 TRISO 颗粒内致密热解炭层中的扩散，SiC 包覆层的晶型结构（长轴晶）

以及晶粒大小基本不变，没有发现 SiC 包覆层破损，即阻挡裂变产物的能力继续维持，部分典型的实验结果如图 7 所示。

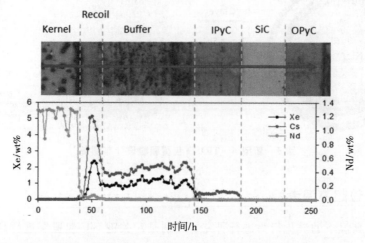

图 7 辐照后 TRISO 包覆燃料颗粒的典型 SEM 照片及裂变产物分布[10]

## 4 包覆层辐照行为分子模拟研究

实验研究发现不同的包覆条件下可以制备出等轴状多晶和长轴状多晶两类 SiC 层。采用分子动力学理论对等轴状多晶和长轴状多晶两类 SiC 层进行辐照行为数值模拟，如图 7 所示。通过肿胀程度、密度、原子结构类型、点缺陷演化等参量详细考察了 SiC 层的辐照行为。结果表明辐照过程中的非晶化过程，存在晶体结构转化为中间态结构，再转化为非晶结构的过程。在辐照早期点缺陷以 C 空位、Si 间隙原子和 C 反位原子为主，但在辐照剂量趋于饱和后差异逐渐消失。非晶化和点缺陷演化倾向于从晶界附近开始发展。辐照会导致 SiC 层力学性能的降低，如图 8 所示，但在辐照剂量趋于饱和后

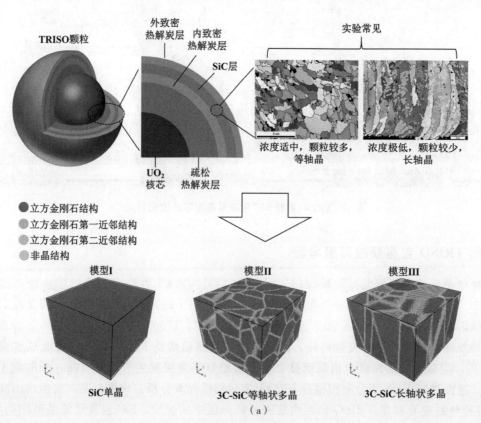

(a)

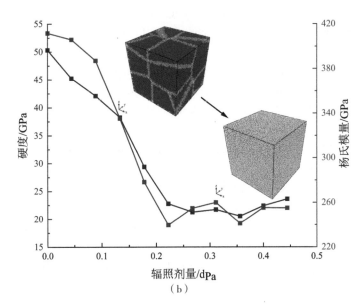

图 8 （a）SiC 包覆层典型晶型；（b）辐照过程引起 SiC 非晶化以及力学行为变化[11]

不再有显著影响。微观分析表明，SiC 层力学性能的降低与其在外力作用下的承受能力和塑性变形程度减小、应力应变分布紊乱密切相关。

## 5 结论与展望

针对超高温运行对燃料元件提出的新要求，对 SiC、ZrC、NbC 及复合包覆层的制备方法进行了较为详细的研究，尤其是 SiC 包覆层规模化制备的策略研究，同时对辐照前后的 SiC 包覆层进行了高温考验，研究了高温演化行为，并对包覆层的高温辐照行为进行分子模拟研究。通过以上研究，可以得到如下结论。

（1）通过反应器设计和工艺参数研究，解决了大批量高密度颗粒均匀流化和气相沉积耦合的多物理场协同问题，建成基于 SiC 包覆的 TRISO 包覆颗粒规模化生产线。

（2）采用粉末输运和共同反应沉积的方式，成功制备了 ZrC、NbC 包覆层，并对新型包覆层的制备机理和路径进行了分析，为未来规模化制备 ZrC 和 NbC 包覆层提供了技术基础。

（3）通过辐照前后的 SiC 包覆层高温考验，研究了 SiC 耐受高温的程度，以及在高温中的微观演化过程和力学性质变化现象。辐照后的高温考验会加速 Cs 等部分裂变元素在 TRISO 颗粒内致密热解炭层中的扩散，SiC 包覆层的晶型结构（长轴晶）以及晶粒大小基本不变。分子模拟表明，辐照过程中会产生过渡态和非晶化，并且主要产生在晶界处。

**参考文献：**

[1] LIU M L, WEN Y Y, Liu R Z, et al. Investigation of fluidization behavior of high density particle in spouted bed using CFD-DEM coupling method [J]. Powder Technology, 2015, 280: 72 - 82.

[2] LIU M L, LIU R Z, LIU B, et al. Preparation of the coated nuclear fuel particle using the fluidized bed-chemical vapor deposition (FB-CVD) method [J]. Procedia Engineering, 2015, 102: 1890 - 1895.

[3] 刘马林，邵友林，刘兵. 包覆燃料颗粒制备的自动化控制系统设计与研制. 原子能科学技术，2013，47（6）：1013 - 1018.

[4] LIU M L, CHEN Z, CHEN M, et al. Scale-up strategy study of coating furnace for TRISO particle fabrication based on numerical simulations [J]. Nuclear Engineering and Design, 2020, 357: 110413.

[5] CHEN Z, JIANG L, YANG X, et al. Experimental study on the scale-up of a multi-ring inclined nozzle spout-fluid bed by electrical capacitance tomography [J]. International Journal of Chemical Reactor Engineering, 2022, 20(9): 1003-1015.

[6] CHENG X Y, YANG X, LIU M L, et al. Preparation of ZrC coating in TRISO fuel particles by precise transportation of solid precursor and its microstructure evolution [J]. Journal of Nuclear Materials, 2023, 574: 154222.

[7] YANG X, CHENG X Y, LIU R Z, et al. Preparation and high temperature performance of NbC layer in TRISO particles [J]. Journal of the European Ceramic Society, 2022, 42: 6889-6897.

[8] LIU R Z, LIU M L, CHANG J X, et al. An improved design of TRISO particle with porous SiC inner layer by fluidized bed-chemical vapor deposition [J]. Journal of Nuclear Materials, 2015, 467: 917-926.

[9] LIU Z B, CHENG X Y, YANG X, et al. Study on ultra-high temperature performances of SiC layer in TRISO particles. Ceramics International, 2024, 50: 2331-2339.

[10] 王桃葳，刘马林，刘兵. 包覆燃料颗粒超高温运行条件下的结构完整性研究报告 [R]. 国家科技重大专项结题科技报告，编号：2017ZX06901027-005-04.

[11] 严泽凡，刘泽兵，田宇，等，TRISO 颗粒 SiC 层辐照行为与力学性能的分子动力学模拟 [J]. 原子能科学技术，2024，出版中。

# Preparation and performance evaluation of fuel elements for ultra-high temperature gas cooled reactors

LIU Ma-lin, CHENG Xin-yu, LIU Ze-bing, WANG Tao-wei, YAN Ze-fan, TIAN Yu, JIANG Lin, YANG Xu, LIU Rong-zheng, SHAO You-lin, ZHAO Hong-sheng, TANG Ya-ping, LIU Bing*

(Institute of Nuclear Energy and New Energy Technology, Tsinghua University, Beijing 100084, China)

**Abstract:** For the research and development requirements of future ultra-high temperature gas cooled reactors, many works have been done in INET, including the design of relevant fuel elements, preparation of new coating layers, high-temperature testing and evaluation before and after irradiation of TRISO particles. The preparation methods of fluidized bed chemical vapor deposition for SiC coating layers, ZrC coating layers, NbC coating layers, and carbide composite coating layers are studied. And the SiC coating layer was used in the ultra-high temperature testing, including pre irradiation (up to 2500 ℃) and post irradiation (up to 1770 ℃). The research results indicate that SiC coating, ZrC coating, NbC coating, and carbide composite coating can be prepared using fluidized bed chemical vapor deposition method with liquid methyltrichlorosilane, solid $ZrCl_4$, and $NbCl_5$ as precursors. The gas phase carrier transport and gas powder transport methods are developed. The large-scale preparation of SiC coating has been successfully obtained. It was found that the SiC coating layer of TRISO particles can withstand high temperatures of 2500 ℃ based on the high-temperature test before irradiation. At temperatures above 2100 ℃, partial phase transformation, grain growth, and micro decomposition can be found, but the overall coating layer remained relatively intact. The high temperature test at 1770 ℃ after irradiation showed that high temperatures would accelerate the diffusion of some fission elements such as Cs in the dense pyrolysis carbon layer in TRISO particles. The crystal structure (long axis crystal) and grain size of the SiC coating remained unchanged basically. And no damage was found in the SiC coating layer, indicating that the ability to block cracking products continued to be maintained. Besides, molecular simulations were used to simulate the mechanical behavior of various microstructures and mixed crystal SiC coating materials originated from high-temperature testing and irradiation. The above research results provide a good reference for the development and performance evaluation of fuel elements for ultra-high temperature gas cooled reactors, and are of great significance for the future study of ultra-high temperature gas cooled reactors.

**Key words:** Ultra-high temperature gas cooled reactor; Fuel element; High temperature test; New coating layer; Irradiation test

# 高温铅铋环境铁马钢表面氧化膜微动磨损行为研究

米 雪[1]，孙 奇[2]，郑学超[2]，朱旻昊[2]

(1. 中国核动力研究设计院，核反应堆系统设计技术重点实验室，四川 成都 610213；
2. 西南交通大学，材料科学与工程学院，四川 成都 610031)

**摘 要**：液态铅铋共晶合金具有优异的热工水力学和中子学性能，是第四代液态金属冷却快堆最重要的冷却工质之一。但铅冷快堆燃料包壳管主要候选材料铁素体/马氏体钢（铁马钢，如 T91）在高温铅铋环境中存在严重液态金属腐蚀和脆化问题，一定程度上阻碍了该堆型的工程化应用进程。研究表明，铁马钢表面氧化层可阻碍液态铅铋合金与钢材料表面的直接接触，从而缓解腐蚀和脆化效应。然而，在实际堆内环境中，铁马钢表面的氧化膜会遭受由流致振动诱发的微动磨损作用，其完整性受到了极大的考验。本文针对液态铅铋合金环境下 T91 钢表面氧化膜在发生微动磨损时的完整性问题，开展切向微动磨损实验研究。结果表明，微动磨损会导致 T91 钢表面氧化层以脆性剥落的方式失效。诱发剥落的微裂纹倾向于优先在位于磁铁矿/Fe-Cr 尖晶石界面上的孔洞处形核，继而沿着该界面以及 Fe-Cr 尖晶石/基体界面扩展。当微裂纹尺寸超过一定的临界值，氧化膜便发生逐层脱落。

**关键词**：铅铋合金；氧化膜；微动磨损；铁素体/马氏体钢

液态铅铋快中子反应堆（Liquid LBE-cooled fast reactor，LFR）是第四代先进核能系统的主要堆型之一。相较于当前正在服役的第二代和第三代核反应堆，LFR 无论是在安全性、经济性还是小型化等方面都有着极大的提高。由于具有优异的高温力学性能和抗中子辐照肿胀能力，作为铁素体/马氏体钢典型代表之一的 9Cr-1Mo 钢（T91）被认为是该类堆型的主要燃料包壳候选材料之一。然而，T91 材料在高温液态铅铋合金（LBE）中极易发生腐蚀和脆化效应，对快堆系统的安全稳定运行造成影响，严重制约了该种堆型的工程化应用进度[1-3]。因此，在过去的 20 年中，学术界针对铁马钢材料在高温 LBE 中的腐蚀和脆化问题开展了大量的研究。结果表明无论是液态金属腐蚀还是脆化，均与 T91 材料表面原子与液态铅铋合金的相互作用有关。例如，针对 T91 钢在 LBE 中发生的腐蚀氧化现象，Martinelli 等学者[4-5]提出了经典的"可用空间模型"来阐释双层氧化膜的形成：当 T91 钢与 LBE 直接接触后，其表层的 Fe 原子会率先发生溶解进入到 LBE 中，继而会与溶解在 LBE 中的 O 原子发生反应，从而在其表层产生磁铁矿（$Fe_3O_4$）；与此同时，LBE 中的 O 原子会沿着 Fe 原子的扩散路径进入到 T91 基体内部，与 Fe、Cr 等原子反应形成 Fe-Cr 尖晶石层。类似的，针对 T91 钢在 LBE 环境下发生的脆化现象，"吸附诱导原子结合力降低"理论指出其原因在于材料表面吸附 Pb 和 Bi 原子后会导致 Fe 原子之间的结合力降低，一旦结合强度低于使材料位错运动所需的应力值，材料便极容易在低于屈服强度的应力条件下发生断裂[6]。

鉴于此，目前学术界和工程界均认为合理避免 LBE 原子与 T91 材料表面直接接触是抑制腐蚀和脆化现象发生的主要手段。俄罗斯学者率先提出通过调控液态铅铋合金的含氧量，可使 T91 钢表面形成厚度适中的氧化层，在不影响传热效率的前提下，便可避免 T91 钢表面与液态铅铋合金原子的直接接触[7]。该种主动控氧的方式随后也得到了国内外许多课题组的跟进和研究。结果表明，当控静态铅铋合金中的氧含量介于 $10^{-6} \sim 10^{-5}$ wt.% 时，氧化膜的厚度可满足防护要求[8-9]。然而，在实际

---

作者简介：米雪（1990—），女，四川简阳人，高级工程师，博士，研究方向为反应堆结构力学和微动摩擦学。
基金项目：四川省科技厅自然科学基金面上项目"铋堆包壳材料表面高熵合金涂层设计构筑及微动磨蚀损伤机理研究"（2023NSFSC0411）。

服役工况下，燃料包壳管始终处于流动的液态铅铋合金环境中，流致振动会导致包壳管与其支撑绕丝之间不可避免地发生微动磨损[10]。如果氧化膜在微动作用下无法保持结构完整，无疑会削弱其对T91燃料包壳管抗腐蚀和脆化的防护作用。

本研究正是针对高温液态铅铋环境下T91钢表面氧化膜在发生微动磨损后的损伤特点而展开，澄清氧化膜在受力状态下的损伤机制。

## 1 材料准备及实验方法

### 1.1 原始材料

本研究所用的T91材料购置于太原钢铁集团有限公司，其原始的成分如表1所示。原始T91钢材料首先经过正火和回火处理，具体热处理制度为730 ℃条件下保温1所示，水冷到室温；随后在730 ℃下保温2 h，空冷到室温。所得到的原始组织的微结构如图1 h。在光学显微照片中可见明显的原始奥氏体晶界（如箭头所示），原奥氏体晶粒内部分布着大量的马氏体板条。同时，可以看到大量的碳化物析出相分布在马氏体板条内部以及界面处。

表1 研究区岩（矿）石铀、钍、钾元素质量分数原始T91材料的成分

| Elements | C | Cr | Ni | Mo | Mn | V | Si | Nb | Al | P | N | Fe |
|---|---|---|---|---|---|---|---|---|---|---|---|---|
| wt. % | 0.1 | 8.71 | 0.05 | 0.91 | 0.42 | 0.22 | 0.34 | 0.08 | 0.01 | 0.011 | 0.043 | Bal. |

图1 T91钢原始组织的显微照片

### 1.2 微动磨损实验

本研究中涉及的液态铅铋环境腐蚀和微动磨损实验均在西南交通大学完成，所用的微动磨损设备以及相应的磨损样品尺寸如图2所示。为了模拟实际包壳管材料与其支撑绕丝的接触方式，本研究中采用上/下试样为T91管材/T91板材的线接触方式。实验开始前，样品表面均用500#、1000#、1500#和2000#的SiC砂纸打磨，保证表面无明显划痕。随后把打磨好的T91样品浸泡在500 ℃、饱和氧环境下的液态铅铋合金中进行预氧化腐蚀1000 h，保证样品表面形成明显的氧化膜。微动磨损实验频率设置为5 Hz，法向载荷为100 N，位移幅值设置为100 μm，循环10 000周次。为了确保实验结果的准确性和可重复性，磨损和腐蚀实验各设置3组平行试样。

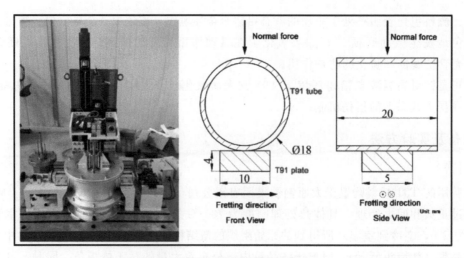

图 2  微动实验设备及样品尺寸

### 1.3 氧化膜及其损伤特征的微观表征

实验结束后，用于表面分析的样品首先用液态铅铋合金清洗液（$CH_3COOH : H_2O_2 : C_2H_5OH = 1:1:1$，体积比）去除样品表面附着的铅铋合金；用于截面分析的样品则直接冷镶，随后进行抛光处理。这两种样品的微观组织及成分均用扫描电子显微镜（SEM）以及能谱分析仪（EDS）测定；磨痕的深度和三维形貌通过白光干涉仪测定。

## 2 氧化膜微动磨损结果与讨论

### 2.1 表面形貌特征

图 3 为 T91 材料经 1000 h 预氧化后的表面氧化膜形貌特征和相应的线扫描元素分析结果。由图可知，氧化膜呈典型的双层结构：外层为 $Fe_3O_4$ 层，内层为 Fe-Cr 尖晶石层。结合线扫描结果可知，氧化膜的平均厚度约为 17 μm，与之前的研究结果基本相同。此外，在氧化层内部还可以看到大量充满铅铋的孔洞（如黑色箭头所示），进一步的分析表明此类孔洞几乎均位于内外层氧化膜的界面上。这些空洞的形成可能与 $Fe_3O_4$ 磁铁矿层的不均匀形核和长大有关。一般认为，晶界和晶体缺陷可以作为 Fe 原子向外扩散的快速通道，因此 $Fe_3O_4$ 往往在这些位置优先形核，随后横向生长并彼此合并，最终覆盖满全部 T91 钢表面。但在其横向生长过程中，如果某些位置的液态铅铋合金无法及时排除，便会被包裹在 $Fe_3O_4$ 层之中，最终形成位于 $Fe_3O_4$ 层和 Fe-Cr 尖晶石层界面附近的孔洞。

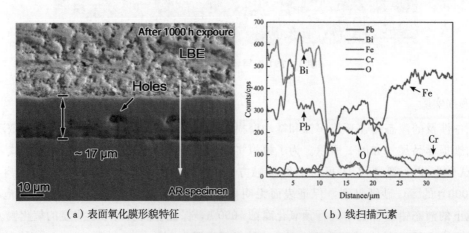

（a）表面氧化膜形貌特征　　　　　　　　　　（b）线扫描元素

图 3  T91 材料预氧化 1000 h 的氧化膜特征

为了考察氧化膜的微动损伤特征，设置以未经过预氧化的样品作为对照组。图 4a 为对比未预氧化的样品（AR）以及经过预氧化后样品（AR-LBE）的摩擦系数曲线。由图可知，在微动磨损前期，经过预氧化后样品的摩擦系数较原始样品更低。该现象可能源于氧化膜的存在导致了第三体磨损；随着磨损时间的延长（循环 3000 周次之后），AR 和 AR-LBE 样品的摩擦系数几乎相同。该种现象出现的原因可能是：①在经过 3000 周次的磨损之后，AR 样品在磨损过程中产生的磨屑也起到了"第三体润滑"的作用，故相较于跑合阶段的摩擦系数降低；②循环 3000 周次以后，AR-LBE 样品的氧化膜可能已经被磨穿，导致对磨副直接和基体材料接触。图 4b~c 为 AR 样品和 AR-LBE 样品的摩擦力-位移曲线。二者均呈现平行四边形状，说明磨损处于完全滑移区状态。

图 5a 中的 SEM 照片展示了 AR 样品发生微动磨损后表面形貌特征，微动方向如图 5a 中的白色箭头所示。图中磨痕的形貌清晰可见，其宽度约为 885 μm，在其周围存在大量的磨屑。图 5a1~a2 为图 5a 中磨痕区域的局部放大图，其中可见大量的犁沟和松散的磨屑颗粒（如白色箭头所示），说明发生了强烈的磨粒磨损。图 5b 为 AR-LBE 样品发生微动磨损后表面形貌特征的 SEM 图。与图 5a 相比，磨痕周围的磨屑更多，同时磨痕的宽度更宽，说明氧化膜本身的耐微动磨损性能更差。图 5b1~b2 为图 5b 中磨痕区域的局部放大图，其中亦可见明显的犁沟，说明也发生了磨粒磨损。同时，需要指出的是，氧化膜受微动损伤形貌呈片状脆性断裂（见图 5b2 中的白色箭头），该特征与基体材料发生微动损伤后的形貌特征明显不同。图 5c 为对 AR-LBE 样品磨痕边缘氧化膜形貌的进一步表征分析。图中所示存在明显 3 层结构，由左至右分别为 $Fe_3O_4$ 层、Fe-Cr 尖晶石层和裸露的基体，三者呈阶梯状（如白色箭头所示）。这说明当氧化层发生微动磨损时，双层氧化层并非同时发生脆性剥落，而是呈现出逐层剥落的特征。这也与图 5 中所示的氧化膜的脆性剥落损伤特征相吻合。

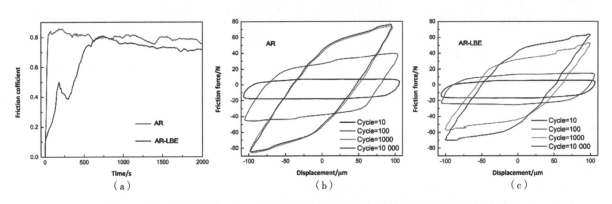

图 4　(a) 原始样品与 (b, c) 经过氧化样品微动摩擦系数及摩擦力-位移曲线

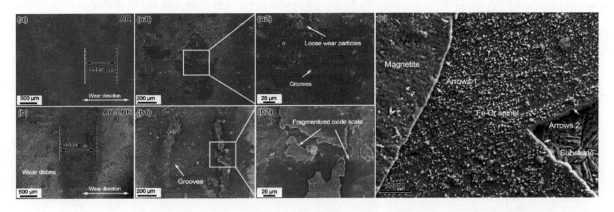

图 5　(a, b) 原始样品与经过氧化样品的微动磨损表面形貌；(c) 磨痕附近氧化膜的微动损伤特征

## 2.2 微动磨损诱发氧化膜剥落模型

由图 3 可知,在氧化层内部存在大量的充满铅铋合金的孔洞。毫无疑问,这些孔洞的边缘可能在氧化膜受摩擦力时成为高应力集中区域,从而诱发微裂纹的形核。随着摩擦力的持续加载,形成的微裂纹便可能沿着 $Fe_3O_4$ 层和 Fe-Cr 尖晶石层界面向前扩展,并彼此合并。一旦裂纹的尺寸达到某一临界值,最外层的 $Fe_3O_4$ 层便发生剥落。类似的裂纹也会出现在 Fe-Cr 尖晶石与基体的界面处,导致该界面处由于应变不匹配而存在大量缺陷。图 6 为在微动过程中氧化膜损伤剥落示意图,微动磨损会导致 T91 钢表面氧化层以脆性剥落的方式失效。

## 3 结论

高温铅铋环境下 T91 钢表面氧化膜的抗微动磨损性能差。在微动作用下,氧化膜极容易发生逐层脆性剥落损伤。出现该种现象可能与如下因素有关:①氧化层表面为疏松结构,导致其硬度低;②$Fe_3O_4$ 和 Fe-Cr 尖晶石界面处存在大量的孔洞,这些孔洞降低了双层氧化膜之间的结合强度。发生微动过程中,氧化膜在法向和切向载荷的作用下,微裂纹率先在孔洞处形核、扩展,导致 $Fe_3O_4$ 层和 Fe-Cr 尖晶石层的逐层剥落。

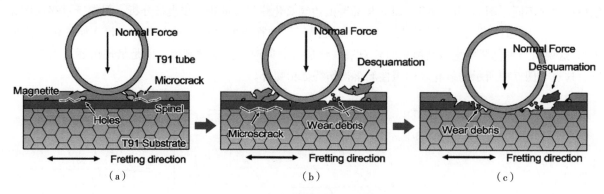

图 6 氧化膜微动损伤示意

**参考文献:**

[1] MURTY K L, CHARIT I. Structural materials for Gen-IV nuclear reactors: Challenges and opportunities [J]. Journal of nuclear materials, 2008, 383 (1-2): 189-195.

[2] GONG X, CHEN H, ZHANG F, et al. Degradation of tensile mechanical properties of two AlxCoCrFeNi (x= 0.3 and 0.4) high-entropy alloys exposed to liquid lead-bismuth eutectic at 350 and 500 ℃ [J]. Journal of Nuclear Materials, 2022, 558: 153364.

[3] 龚星,肖军,王浩,等. 铁素体/马氏体钢和奥氏体不锈钢的液态铅铋腐蚀行为与机理 [J]. 核科学与工程, 2020, 40 (5): 864-871.

[4] MARTINELLI L, BALBAUD-CÉLÉRIER F, TERLAIN A, et al. Oxidation mechanism of a Fe-9Cr-1Mo steel by liquid Pb-Bi eutectic alloy (Part I) [J]. Corrosion Science, 2008, 50 (9): 2523-2536.

[5] MARTINELLI L, BALBAUD-CÉLÉRIER F, Terlain A, et al. Oxidation mechanism of an Fe-9Cr-1Mo steel by liquid Pb-Bi eutectic alloy at 470 ℃ (Part II) [J]. Corrosion Science, 2008, 50 (9): 2537-2548.

[6] STOLOFF N S, JOHNSTON T L. Crack propagation in a liquid metal environment [J]. Acta Metallurgica, 1963, 11 (4): 251-256.

[7] GONG X, SHORT M P, AUGER T, et al. Environmental degradation of structural materials in liquid lead-and lead-bismuth eutectic-cooled reactors [J]. Progress in Materials Science, 2022, 126: 100920.

[8] LUO L, XIAO Z, ZHANG M, et al. Honeycomb structure with oxygen-poor pores at the top of magnetite layer on a martensitic steel CLAM exposed to lead-bismuth eutectic at 500 oC [J]. Corrosion Science, 2022, 204: 110410.

[9] LUO L, LIU J, TIAN S, et al. Microstructure evolution of magnetite layer on CLAM steel exposed to lead-bismuth eutectic containing 10? 6 wt‰ oxygen at 500 ℃ [J]. Journal of Nuclear Materials, 2022, 562: 153579.

[10] 冯铄, 陈旭东, 汤瑞, 等. 核用TP316H钢在不同介质环境下的微动磨损性能 [J]. 中国机械工程, 2022, 33 (13): 1551-1559.

# Fretting behavior of oxide scales formed on ferritic/martensitic steel after pre-exposure to lead-bismuth eutectic at high temperature

MI Xue[1], SUN Qi[2], ZHENG Xue-chao[2], ZHU Min-hao[2]

(1. Nuclear Power Institute of China, Chengdu, Sichuan 610213, China; 2. Southwest Jiaotong University, Chengdu, Sichuan 610031, China)

**Abstract**: Liquid lead-bismuth eutectic alloy is one of the most important cooling medium of the fourth generation liquid metal cooling fast reactor with excellent thermal hydraulics and neutron properties. While, ferritic/martensitic steel (such as T91), one of the main candidate materials for the fuel cladding tube of lead cold fast reactor, has serious problems of liquid metal corrosion and embrittlement in high temperature lead-bismuth environment, which to some extent hindering the engineering application process of this type. The results show that the oxide layer can prevent the direct contact between liquid lead-bismuth alloy and steel surface, thus alleviating the corrosion and embrittlement effect. However, in the actual reactor environment, the oxide scale on the surface of Ti91 steel is subjected to fretting wear induced by fluid-induced vibration, and its integrity is greatly tested. In the present work, the integrity of the oxide film on T91 steel surface during fretting wear in liquid lead-bismuth alloy was investigated experimentally. The results show that fretting wear will lead to the failure of the oxide layer on the surface of T91 steel in the form of brittle spalling. The microcracks induced spallation tend to preferentially nucleate at the holes at the magnetite/Fe-Cr spinel interface, and then propagate along the interface and Fe-Cr spinel/matrix interface. When the microcrack size exceeds a certain critical value, the oxide scale will fall off layer by layer.

**Key words**: LBE; Oxide scale; Fretting; Ferritic/martensitic steel

# SiC/MoSi₂-SiC-Si 涂层在水气条件下氧化行为研究

杨　辉，韦晓钰，赵宏生，张凯红，程　星，李自强，
王福宇，张　维，张　芳，谢兰燕，刘　兵

（清华大学核能与新能源技术研究院，北京　100084）

**摘　要**：作为高温气冷堆的第二道安全屏障，提高燃料元件基体石墨的抗氧化性能对高温气冷堆的安全性和未来发展有重要的意义。涂层法是目前提高炭材料抗氧化性能的主要方法之一，被广泛应用于改善基体石墨抗氧化性能的研究。本文采用两步包埋法在石墨球表面制备了厚度约为 1 mm、Si/Mo 分别为 3∶1、5∶1 和 7∶1 的 SiC/MoSi₂-SiC-Si 涂层。1000 ℃、含有 1% 体积分数水气的氦气气氛下 10 h 的氧化实验表明，SiC/MoSi₂-SiC-Si 涂层的抗氧化性能优异，在涂层表面生成了稳定的 SiO₂ 玻璃相。研究发现，MoSi₂ 被水蒸气氧化时产生较多气体，更加容易破坏涂层和 SiO₂ 玻璃层的结构，因此，涂层的腐蚀率随着 Si/Mo 的增大逐渐减小。

**关键词**：石墨；MoSi₂-SiC-Si 涂层；抗氧化；水气

在反应堆的设计、许可和运行中必须要考虑极端事故工况。对于高温气冷堆（high temperature gas cooled reactor，HTR），主要考虑的事故工况是反应堆一回路发生破口事故甚至断管等情况。在进气事故中的极端条件下，安全阀打开，堆仓内 2600 m³ 的体积全部被空气填充，所有的空气全部进入一回路，一回路的空气全部与燃料元件发生反应，与每个燃料元件发生反应的空气也仅有 0.24 g。进气导致的 HTR 发生事故的概率仅为 $10^{-6}$ 堆年。因此，在本研究中重点研究 HTR 极端进水事故工况，暂不考虑燃料元件在进气情况下的安全性。

在 HTR 进水事故工况下，水气的入侵并不会导致堆芯温度升高，因此，堆芯温度仍然处于 1000 ℃ 的环境中。本文采用水气氧化实验研究 SiC/MoSi₂-SiC-Si 涂层试样的抗氧化行为。针对 Si/Mo 为 3∶1、5∶1 和 7∶1 的 3 种涂层在 1000 ℃、含有 1% 体积分数水气的氦气（Helium，He）气氛下进行 SiC/MoSi₂-SiC-Si 涂层抗氧化行为的研究。经过 10 h 的水气氧化实验后，测算出涂层试样的腐蚀率，并结合涂层的形貌、物相与微观结构表征，解释涂层的氧化机理。

## 1 水气氧化行为测试方法

### 1.1 测试装置与原理

本研究中所用的水气氧化测试装置如图 1 所示。装置可以分为水蒸气发生装置（装置 1）、水气含量控制装置（装置 2）和氧化反应装置（装置 3）三个部分，图中的 T-1、T-2、T-3 代表温度控制装置，加热带的作用是保证水蒸气在输运过程中不发生液化，虹吸管的作用是控制气压为标准大气压。

在水气氧化测试中，采用恒温水浴将装置 1 中的烧瓶温度控制在 $T_1$，He 气自最左侧通入烧瓶，携带水蒸气进入装置 2。装置 2 的温度由恒温水浴控制在 $T_2$，令 $T_2 < T_1$，保证装置 2 的水蒸气过饱和。此时，进入装置 3 的水蒸气的体积分数即可由 $T_2$ 的大小来控制。

---

作者简介：杨辉（1990—），女，助理研究员，主要从事核材料研究。
基金项目：国家自然科学基金青年项目"球形燃料元件基体石墨表面 SiC/ZrC-Si/ZrSiO4 梯度涂层的可控制备及抗氧化机理研究"（52203380），中国博士后科学基金面上项目"球形燃料元件表面 SiC 基复合抗氧化涂层的调控设计及其抗氧化机理研究"（2021M701860）。

水蒸气在不同温度下的饱和蒸汽压由 Clausius–Clapeyron 方程进行推算。已知 Clausius–Clapeyron 方程为

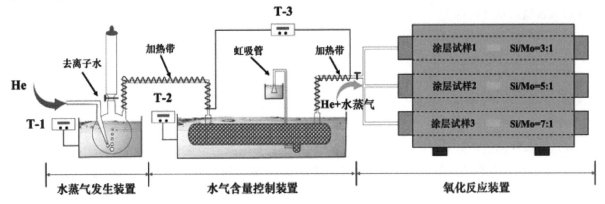

图1　水气氧化测试装置

$$\frac{\mathrm{d}\ln p}{\mathrm{d}T} = \frac{\Delta_{\mathrm{vap}} H_{\mathrm{m}}}{RT^2} \text{。} \tag{1}$$

式中，$p$ 为气体压强，$T$ 为温度，$\Delta_{\mathrm{vap}} H_{\mathrm{m}}$ 为气体的相变焓，$R$ 为摩尔气体常数。设 $\Delta_{\mathrm{vap}} H_{\mathrm{m}}$ 不随温度的变化而变化，则积分可得

$$\ln \frac{p_2}{p_1} = \frac{\Delta_{\mathrm{vap}} H_{\mathrm{m}}}{R} \left( \frac{1}{T_2} - \frac{1}{T_1} \right), \tag{2}$$

令

$$\eta = -\frac{\Delta_{\mathrm{vap}} H_{\mathrm{m}}}{R} \left( \frac{1}{T_2} - \frac{1}{T_1} \right), \tag{3}$$

则有

$$p_2 = p_1 e^{\eta} \text{。} \tag{4}$$

因为水在一个大气压下的沸点为 100 ℃，故设定 $p_1 = 101.325$ kPa，$T_1 = 373$ K，又已知水的相变焓 $\Delta_{\mathrm{vap}} H_{\mathrm{m}} = 40.67$ kJ/mol，摩尔气体常数 $R = 8.314$ J/(mol·K)，将上述数值带入式（3）和（4）即可求出水在不同温度下的饱和蒸气压。本测试控制总气压为标准大气压，因此可以计算出水蒸气在不同温度下的分压。水在 0～5 ℃ 下的饱和蒸气压与水蒸气分压如表1所示。

表1　水在 0～5 ℃ 下的饱和蒸气压与水蒸气分压

| 温度/℃ | 水的饱和蒸气压/Pa | 总压/Pa | 水蒸气分压/% |
| --- | --- | --- | --- |
| 0 | 830.65 | 101 325 | 0.820 |
| 0.5 | 858.31 | 101 325 | 0.847 |
| 1 | 886.78 | 101 325 | 0.875 |
| 1.5 | 916.09 | 101 325 | 0.904 |
| 2 | 946.26 | 101 325 | 0.934 |
| 2.5 | 977.31 | 101 325 | 0.965 |
| 3 | 1009.26 | 101 325 | 0.996 |
| 3.5 | 1042.13 | 101 325 | 1.028 |
| 4 | 1075.94 | 101 325 | 1.062 |
| 4.5 | 1110.73 | 101 325 | 1.096 |
| 5 | 1146.51 | 101 325 | 1.132 |

本实验要控制 He 气中水蒸气的体积分数为 1%，因此调整 He 气流量为 80 L/h，设定 $T_1$ 为 40 ℃。在此基础上，设定 $T_2$ 为 2.5～4.5 ℃，经过多次尝试，依据烧瓶中水的质量减少量来计算水蒸气的载带量，最终确定 $T_2$。

采用 $ZrO_2$ 坩埚盛装 $SiC/MoSi_2$-SiC-Si 涂层包覆的石墨球，之后将石墨球放入装置 3 中进行氧化实验。在 Ar 气气氛下以 10 ℃/min 的速率升温至 1000 ℃，稳定 15 min 后，将 Ar 气转换为 He 气和水蒸气的混合气体，保温 10 h。稳定 15 min 后再将气体转换为 Ar 气，随后以 10 ℃/min 的速率降至室温。不同 Si/Mo 的涂层包覆石墨球各准备 3 个，分别放置于 3 个炉管中。

**1.2 涂层腐蚀率的计算方法**

在水气氧化测试前测定涂层试样的直径 $D$，并依此计算试样的表面积 $S$，称重并记录试样的初始质量 $m_0$。在水气氧化测试后称重并记录试样的质量 $m_1$，则试样的氧化增重/失重量为

$$\Delta m = m_1 - m_0 \text{。} \tag{5}$$

当 $m_1 > m_0$ 时，试样表现为增重；当 $m_1 < m_0$ 时，试样表现为失重。涂层的腐蚀率 $\gamma$ 为单位面积涂层每小时的失重量，计算方法为

$$\gamma = \frac{\Delta m}{S \cdot t} \text{。} \tag{6}$$

式中，$t$ 为腐蚀时间，$t = 10$ h。

## 2 氧化后涂层的形貌、物相与微观结构表征

在测试中试样均表现为失重，因此 $\Delta m$ 为失重量。水气氧化后 $SiC/MoSi_2$-SiC-Si 涂层试样的宏观照片如图 2 所示。由图可知，当 Si/Mo 为 3∶1 时，涂层被水气严重腐蚀，表面非常粗糙，呈黄绿色；当 Si/Mo 为 5∶1 和 7∶1 时，涂层呈深蓝色。3 种 Si/Mo 的涂层均未在氧化后发生脱落或破裂，宏观结构完整。

**图 2　水气氧化后涂层试样的宏观形貌**

氧化后涂层表面的微观形貌如图 3 所示。由图 3a～c 可以看出，涂层的表面随着 Si/Mo 的增大而逐渐变得平整。当 Si/Mo 为 3∶1 时，涂层表面孔洞很深，分布较为密集，孔洞之外的表面有少量裂纹产生，且出现氧化层脱落现象。当 Si/Mo 为 5∶1 时，涂层表面的孔洞较浅，且数量相较 Si/Mo 为 3∶1 的涂层有所减少，涂层表面基本密封，可以看出原始涂层表面大颗粒的轮廓。当 Si/Mo 为 7∶1 时，涂层表面平整致密，大颗粒之间被熔融物质填满，没有孔洞、裂纹等缺陷。由 EDS 能谱分析可以看出，当 Si/Mo 为 3∶1 时，涂层表面含有 Mo 元素，而当 Si/Mo 为 7∶1 时，涂层表面已经无法检测出 Mo 元素。这是因为在水气环境中涂层表面的 $MoSi_2$ 与水蒸气直接接触，被其氧化消耗，当 Mo 含量过少时，$MoSi_2$ 几乎完全被氧化，无法检测出来。

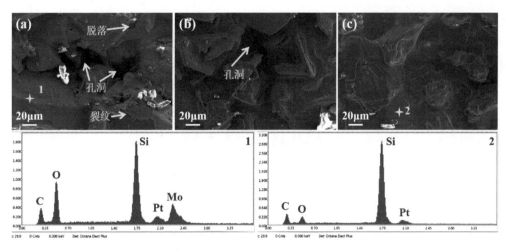

**图 3** 涂层氧化后表面的微观形貌：(a) 3∶1，(b) 5∶1，(c) 7∶1 和图 (a) 中点 1 和图 (c) 中点 2 处的微区成分分析

氧化后涂层截面的微观形貌如图 4 所示。对不同 Si/Mo 制备的涂层，选取 5 个样品的横截面图片，每张图片均匀选取 5 个位置测量厚度，将 25 个数据的平均值作为每种 Si/Mo 涂层的厚度。当 Si/Mo 为 3∶1 和 5∶1 时，涂层厚度减薄至约 160 μm；当 Si/Mo 为 7∶1 时，涂层厚度减薄全约 220 μm，这是涂层被水蒸气腐蚀的结果。由图 4b、d 和 f 可知：当 Si/Mo 为 3∶1 时，涂层截面出现较多孔洞，为水蒸气的进入提供通道；当 Si/Mo 为 5∶1 时，涂层结构基本保持完整，只有极少量的孔洞出现；当 Si/Mo 为 7∶1 时涂层结构完整，没有裂纹或孔洞出现。

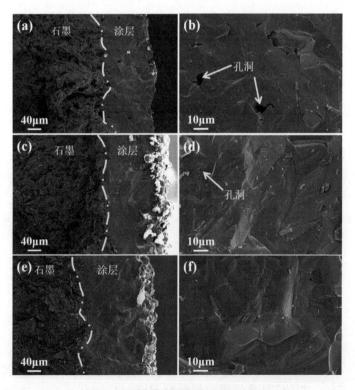

**图 4** 涂层氧化后截面的微观形貌

(a, b) 3∶1；(c, d) 5∶1；(e, f) 7∶1

氧化后涂层的 XRD 图谱如图 5 所示。由图可知，当 Si/Mo 为 3∶1 时，氧化后的涂层由 SiC（主要是 β-SiC）和 MoSi₂ 组成，当 Si/Mo 为 5∶1 和 7∶1 时，氧化后的涂层物相除了 SiC 和 MoSi₂ 外，还有残余的游离 Si。

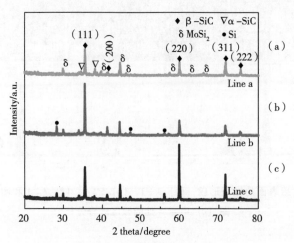

图 5 不同 Si/Mo 涂层氧化后的 XRD 图谱

(a) 3∶1; (b) 5∶1; (c) 7∶1

## 3 涂层的氧化失重行为研究

本研究制备出的不同 Si/Mo 涂层试样在 1000 ℃、含 1% 体积分数水气的 He 气环境中 10 h 后的腐蚀率，如图 6 所示。腐蚀率随着 Si/Mo 的增大逐渐减小，即 Si/Mo 为 7∶1 的涂层在水气环境氧化后结构最完整。

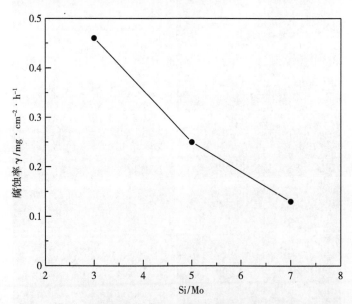

图 6 不同 Si/Mo 涂层在 1000 ℃ 水气环境中氧化 10 h 后的腐蚀率

原始涂层由 SiC、MoSi₂ 和游离 Si 组成。在 1000 ℃ 的水气环境下，这 3 种物质可能发生的反应及吉布斯自由能如表 2 所示，热力学计算使用的软件为 HSC-Chemistry[1]。由表 2 可知，这 3 个反应的吉布斯自由能均小于 0，因此在 1000 ℃ 下都可以自发进行。

表 2　SiC/MoSi$_2$-SiC-Si 涂层在 1000 ℃水气氧化过程中的反应及其吉布斯自由能

| 反应方程 | $\Delta G^\ominus$ / (kJ·mol$^{-1}$) | 反应编号 |
| --- | --- | --- |
| SiC+3H$_2$O (g) →SiO$_2$+3H$_2$ (g) +CO (g) | -313.299 | (7) |
| MoSi$_2$+7H$_2$O (g) →MoO$_3$ (g) +7H$_2$ (g) +2SiO$_2$ | -272.345 | (8) |
| SiC+2H$_2$O (g) →SiO$_2$+2H$_2$ (g) | -328.189 | (9) |

相关研究表明，在 1000 ℃下，水蒸气也可以和 SiO$_2$反应生成 Si (OH)$_4$，反应方程为[2]：

$$SiO_2+2H_2O \text{ (g)} \rightarrow Si(OH)_4 \text{ (g)} \tag{10}$$

即反应（7）～（9）唯一的非气态生成物亦会与水蒸气反应生成气体。

HTR 球形燃料元件基体石墨球的抗氧化性能设计指标为，在 1000 ℃、含 1%体积分数水气的 He 气环境中氧化 10 h 后失重不大于 1.3%。在 HTR-10 和 HTR-PM 燃料元件的生产实践中，检验合格的基体石墨球的失重率一般为 0.4%～1.3%。本研究的结果为 0.13%～0.46%，说明 SiC/MoSi$_2$-SiC-Si 涂层能够改善基体石墨球在高温含有水气的 He 气气氛下的抗氧化性能。

杨辉等[3]研究结果表明，纯 SiC 涂层在 1000 ℃、含 1%体积分数水气的 He 气环境中氧化 10 h 后质量改变几乎为 0，优于本研究的结果。纯 SiC 涂层的水气氧化机理为：表面的 SiC 首先与水蒸气发生反应（7）生成一层较薄的 SiO$_2$玻璃相封闭表面，由于水气环境下生成的 SiO$_2$玻璃相的密度和黏度相对干燥空气生成的玻璃相更低，且水蒸气在其中的渗透率很高，是 O$_2$的 10 倍，因此随着 SiO$_2$的增多，水蒸气一边与 SiO$_2$发生反应（10），一边通过 SiO$_2$玻璃层与内部 SiC 发生反应（7），SiO$_2$玻璃层不断发生脱落和生长，最终达到平衡[4]。

据此可以推测，SiC/MoSi$_2$-SiC-Si 涂层在相同条件下氧化 10 h 后发生质量减小的主要原因是 MoSi$_2$的存在，Si/Mo 比为 7∶1 的涂层在水气环境氧化后结构最完整，失重最少，抗氧化性能最好。由反应（8），每摩尔 MoSi$_2$可以消耗 7 mol 水蒸气，产生 8 mol 气体，相较 SiC 和 Si 的反应，产生的气体更多，更易破坏 SiO$_2$玻璃层的完整结构，且使涂层内部出现较多孔洞，如图 5 (b) 所示。此时，SiC、Si 和 SiO$_2$与水蒸气的接触面积更大，涂层中各反应发生更加激烈，难以达到 SiO$_2$玻璃层脱落和生长的平衡。故 MoSi$_2$的含量越多（即 Si/Mo 比越小），涂层被水气氧化破坏的程度更深，涂层的腐蚀率更高。

## 4　结论

通过 1000 ℃、1%体积分数水气环境的氧化实验对两步包埋法制备的 SiC/MoSi$_2$-SiC-Si 涂层的抗氧化性能进行测试，并对氧化后涂层的形貌、物相与微观结构进行了表征，主要结论归纳如下：

(1) 涂层在水气条件下的抗氧化性能随着 Si/Mo 比的增大而增强。当 Si/Mo 比为 3∶1、5∶1 和 7∶1 时，涂层的腐蚀率分别为 0.46 mg/ (cm$^2$·h)、0.25 mg/ (cm$^2$·h) 和 0.13 mg/ (cm$^2$·h)。

(2) SiC/MoSi$_2$-SiC-Si 涂层在水气条件下抗氧化性能的差异产生原因主要是 MoSi$_2$含量的不同。MoSi$_2$被水蒸气氧化时产生较多气体，更容易破坏涂层和 SiO$_2$玻璃层的结构。

**参考文献：**

[1] LIN W Y. Stability of Molybdenum Disilicide in Combustion Gak Environments [J]. Journal of the american ceramic society, 2010, 77 (5): 1162-1168.

[2] 相宇博. 在高温水蒸气气氛中碳化硅质耐火材料抗氧化性能研究 [J]. 耐火材料, 2020, 54 (3): 5.

[3] 杨辉. 球形燃料元件表面 SiC 基涂层的制备及氧化机理研究 [D]. 北京：清华大学核能与新能源技术研究院，2021.

[4] IRENE E A. Silicon Oxidation Studies: The Role of H$_2$O [J]. Journal of the electrochemical society, 1977, 124 (11): 1757-1761.

# Study on the oxidation behavior of SiC/MoSi$_2$-SiC-Si coating under water vapor conditions

YANG Hui, WEI Xiao-yu, ZHAO Hong-sheng, ZHANG Kai-hong, CHENG Xin, LI Zi-qiang, WANG FU-yu, ZHANG Wei, ZHANG Fang, XIE Lan-yan, LIU Bing

(Institute of Nuclear and New Energy Technology of Tsinghua University, Beijing 100084, China)

**Abstract:** The fuel element matrix graphite serves as the second safety barrier for high-temperature gas-cooled reactors (HTGR), and improving the high-temperature oxidation resistance of the matrix graphite is of great significance for the safety and future development of HTGR. The coating method is currently one of the main methods to improve the oxidation resistance of carbon materials, and is widely used in research to improve the oxidation resistance of matrix graphite. A two-step pack cementation method was used to prepare SiC/MoSi$_2$-SiC-Si coatings with a thickness of approximately 1 mm on the surface of graphite spheres. And the Si/Mo ratios of the SiC/MoSi$_2$-SiC-Si coatings is 3∶1, 5∶1, and 7∶1, respectively. The oxidation experiment under a helium atmosphere containing 1% volume fraction of water gas at 1000 ℃ for 10 hours showed that the SiC/MoSi$_2$-SiC-Si coating had excellent oxidation resistance, and stable SiO$_2$ glass phase was formed on the surface of the coating. Research has found that MoSi$_2$ produces more gas when oxidized by water vapor, which is more likely to damage the structure of the coating and SiO$_2$ glass layer. Therefore, the corrosion rate of the coating gradually decreases with the increase of Si/Mo ratio.

**Key words:** Graphite; MoSi$_2$-SiC-Si coating; Antioxidant; Water vapor

# TRISO 颗粒 SiC 层纳米力学行为的分子动力学模拟

严泽凡，刘泽兵，田　宇，刘荣正，刘　兵，邵友林，唐亚平，刘马林*

(清华大学核能与新能源技术研究院，北京　100084)

**摘　要**：目前高温气冷堆用 TRISO 颗粒采用 SiC 作为屏蔽核裂变产物的重要材料，SiC 对 TRISO 颗粒的力学性能有重要影响。TRISO 颗粒 SiC 层在辐照和高温考验后会发生晶粒的相变、断裂和异常长大等现象，这些 SiC 层的力学行为对 TRISO 颗粒的安全性研究非常重要。纳米压痕是一种有效的纳米尺度材料力学性能测试方法。采用分子动力学模拟可以精确描述纳米压痕过程，有助于分析材料的力学行为和性能。本文首先采用分子动力学模拟计算出 SiC 力学性能理论值，与实验值较吻合，证明了所用势函数和模型参数对 SiC 层纳米力学行为研究的适用性强。然后根据实验现象构建了 4 种典型 SiC 层结构：服役前 3C-SiC（长轴状多晶）、辐照考验后 3C-SiC（碎晶状多晶）、高温考验后 6H-SiC（块状多晶）、高温+辐照考验后 6H/3C-SiC（混合多相碎晶状多晶）；并对这些 SiC 层的纳米压痕过程进行了定量描述，通过载荷-深度曲线、位错演化、应力应变、原子扩散等参量分析了纳米力学行为和性能。结果表明，服役后的 SiC 层在纳米压痕加载过程中的位错间相互作用更少，使塑性变形减少，所以杨氏模量降低。辐照考验和高温+辐照考验后的 SiC 层的应力应变在压头正下方的集中程度降低，且应力应变和原子扩散的横向分布程度提高，所以硬度降低；高温考验后的 SiC 层的应力应变在压头正下方集中程度提高，且应力应变和原子扩散的纵向分布程度提高，所以硬度提高。研究结果对各种类型的 SiC 层力学性能给出了定量解释，有助于理解 SiC 层微观结构与力学性能之间的关系；同时证明了分子动力学模拟的准确性，未来可以此为基础开展 SiC 层的辐照行为模拟。

**关键词**：碳化硅；纳米压痕；力学行为；分子动力学

碳化硅（SiC）材料具有优异的力学性能、热学性能和抗辐照性能，是一类非常重要的核材料，其在先进核能系统中有广泛的应用。目前 SiC 已被作为高温气冷堆（HTGR）所使用的三元结构各向同性（TRISO）包覆核燃料颗粒的包覆层材料[1]。在 TRISO 颗粒中，SiC 作为主要的裂变产物阻挡层和承压层，可以保证燃料颗粒的结构稳定性[2]。因此，SiC 对 TRISO 颗粒的安全性能有重要影响。TRISO 颗粒 SiC 层在服役中会形成各种微观结构，有必要对这些微观结构的力学性能进行研究，从而获得其微观结构与力学行为和性能之间的关系。这对 SiC 层的材料结构设计与制备具有指导和借鉴意义。

纳米压痕是一种有效的材料力学性能测试方法，它可以在纳米尺度获取力学性能（如硬度、杨氏模量）和力学行为的信息[3]。但纳米压痕实验难以从微观角度细致观察样品结构在纳米压痕中的变化过程。采用分子动力学（MD）模拟可以精确描述纳米压痕过程中的缺陷和微观结构演变，有助于分析材料的力学行为和性能。目前已经有大量学者对 SiC 材料的纳米压痕进行了 MD 模拟研究[4-6]。但相关研究大多针对单一类型的 SiC 单晶或多晶[7-8]，缺乏对 TRISO 颗粒 SiC 层这样复杂的 SiC 微观结构进行 MD 纳米压痕研究。因此，本文拟采用 MD 模拟详细研究 TRISO 颗粒 SiC 层在纳米压痕下的力学行为和性能。

本文将首先通过 MD 模拟计算 SiC 在纳米压痕下的力学性能理论值，并与实验值相比较，从而证明使用 Vashishta 势和 Tersoff 势进行 SiC 的纳米压痕 MD 模拟的适用性强。然后详细考察服役前 3C-SiC（长轴状多晶）、辐照考验后 3C-SiC（碎晶状多晶）、高温考验后 6H-SiC（块状多晶）以及高温+辐照考验后 6H/3C-SiC（混合相碎晶状多晶）这 4 种 SiC 层的力学行为和性能，通过载荷-

---

**作者简介**：严泽凡（1998—），男，江西上饶人，硕士研究生，现主要从事碳化硅材料的分子动力学模拟研究。
**基金项目**：国家科技重大专项"高温堆燃料元件生产关键工艺和技术优化研究"（ZX06901），国家万人计划青年拔尖人才项目"新型核燃料元件及包覆颗粒设计、制备与性能评价"（20224723061）。

深度曲线、位错演化、应力应变、原子位移等参量对力学行为和规律进行定量化分析,从而解释微观结构对 SiC 层力学性能的影响。这有助于理解服役前后 TRISO 颗粒 SiC 层的微观结构与力学行为和性能之间的关系。

# 1 计算方法

## 1.1 模拟体系的提出和构建

本文研究团队通过对 TRISO 颗粒的前期实验发现,SiC 层在辐照和高温考验后会发生晶粒的相变、断裂和异常长大等现象。实验中获得的服役前后的 SiC 层电子背散射衍射(EBSD)图像如图 1 所示。本文采用 LAMMPS 软件[9]研究 TRISO 颗粒 SiC 层的纳米力学行为,后处理主要采用 OVITO 软件[10]。MD 模拟所使用的 SiC 模型如图 1 所示,其中模型Ⅱ代表服役前的 SiC 层,模型Ⅲ代表辐照考验后的 SiC 层,模型Ⅳ代表高温考验后的 SiC 层,模型Ⅴ代表高温+辐照考验后的 SiC 层。

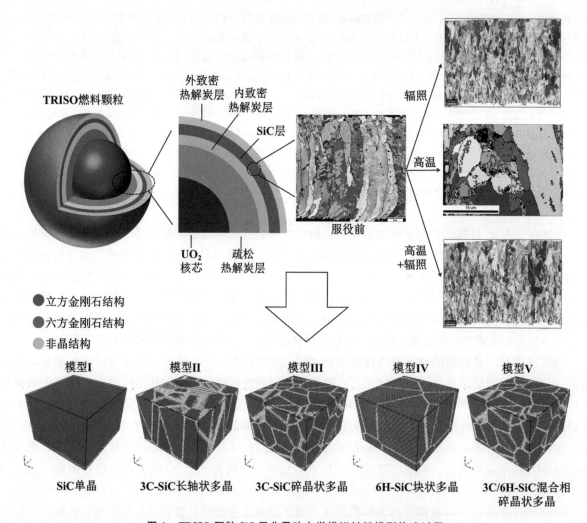

图 1 TRISO 颗粒 SiC 层分子动力学模拟材料模型构建过程

纳米压痕过程中的分子模拟体系设置总结如图 2 所示。模拟体系包括尺寸为 25 nm×26 nm×18 nm 的 SiC 层,以及半径为 6 nm 的刚体球形金刚石压头。压头的初始位置在 SiC 层上方 1 nm 处。在压痕开始前,先将模拟体系能量最小化,然后在 300 K、0 Pa 的条件下用 NPT 系综进行 100 ps 的热平衡。在压痕过程中,SiC 层分为固定区、恒温区和牛顿区。固定区厚度为 1.5 nm,用于固定边界原子。恒温区厚度为 1.5 nm,在 NVE 系综下采用速度标定法将 SiC 层的平衡温度维持在 300 K。剩余部分为牛顿区,采用 NVE 系综,使其遵循牛顿第二定律。金刚石压头先以恒定速度沿 $z$ 轴向下移动,并在压入 SiC 层 6 nm 深度后以大小相等、方向相反的速度回到初始位置。模拟体系在 $x$、$y$ 轴方向上为周期性边界条件,在 $z$ 轴方向上为固定边界条件。模拟过程的时间步长为 0.001 ps。

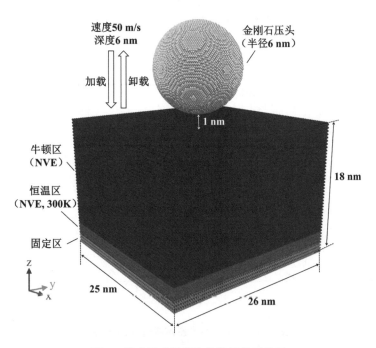

图 2 纳米压痕过程中的模拟体系设置

## 1.2 MD 方法和势函数

在 MD 模拟研究中,势函数被用于描述原子间的相互作用,是模拟的基础。Vashishta 势被广泛用于 SiC 材料纳米压痕的 MD 模拟研究[7, 8, 11],因此本研究采用该势函数来描述 SiC 层中的原子间相互作用。Vashishta 势的基本形式如下所示[12]:

$$E = \sum_i \sum_{j>i} V_2^{\text{Vash}}(r_{ij}) + \sum_i \sum_{j\neq i} \sum_{k>j, k\neq i} V_3^{\text{Vash}}(r_{ij}, r_{ik}), \tag{1}$$

$$V_2^{\text{Vash}}(r_{ij}) = \frac{H}{r_{ij}^\eta} + \frac{Z_i Z_j}{r_{ij}} \exp(-r_{ij}/\tau_1) - \frac{D}{r_{ij}^4} \exp(-r_{ij}/\tau_4) - \frac{W}{r_{ij}^6}, \tag{2}$$

$$V_3^{\text{Vash}}(r_{ij}, r_{ik}) = R_3^{\text{Vash}}(r_{ij}, r_{ik}) \cdot P_3^{\text{Vash}}(\theta_{jik})。\tag{3}$$

式中,$E$ 为系统总能量,$V_2^{\text{Vash}}$ 为 Vashishta 势的二体势部分,$V_3^{\text{Vash}}$ 为 Vashishta 势的三体势部分。在二体势中,第一项为空间斥力项,第二项为库伦项,第三项为电荷偶极子项,第四项为范德华项。其中,$H$、$\eta$、$D$、$\tau_1$、$\tau_4$、$W$ 均为相关常数。三体势由代表空间依赖性的径向函数 $R_3^{\text{Vash}}$ 和代表角度依赖性的角度函数 $P_3^{\text{Vash}}$ 组成。$r_{ij}$ 为原子 $i$ 和 $j$ 之间的距离,$r_{ik}$ 为原子 $i$ 和 $k$ 之间的距离,$\theta_{jik}$ 是 $ij$ 键和 $ik$ 键形成的夹角。

SiC 层与金刚石压头之间的原子间相互作用由 ERHART 和 ALBE[13] 改良的 Tersoff 势描述。Tersoff 势的经典形式如下所示[14]:

$$E = \frac{1}{2} \sum_i \sum_{j\neq i} V^{\text{Tersoff}}(r_{ij}) = \frac{1}{2} \sum_i \sum_{j\neq i} \{f_C(r_{ij}) \cdot [f_R(r_{ij}) + b_{ij} f_A(r_{ij})]\}。\tag{4}$$

式中,$V^{\text{Tersoff}}$ 为 Tersoff 势。$f_R$ 是二体势,代表排斥作用。$f_A$ 是与键合相关的吸引作用;$b_{ij}$ 是连接原子 $i$ 和 $j$ 的键级,代表了局部键合并确定势对键角的依赖性。$f_A$ 与 $b_{ij}$ 的乘积为三体势。$f_C$ 为截止函数。

## 1.3 模拟方法的验证

为了初步验证 Vashishta 势和 Tersoff 势描述 SiC 层纳米压痕过程的可靠性,采用 1.1 节中的模拟体系对图 1 中的模型 I 进行纳米压痕测试。获得的载荷-深度曲线如图 3 所示,其中模型 I-1 为单晶 6H-SiC,模型 I-2 为单晶 4H-SiC,模型 I-3 为单晶 3C-SiC。本文中的载荷统计的是压头在其运动方向上的受力。

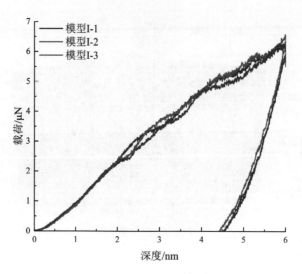

图 3 模型 I 的纳米压痕载荷-深度曲线

借鉴文献中的 Oliver&Pharr 方法,分析载荷-深度曲线,计算出杨氏模量和硬度等力学性能[15-16]。根据此方法,对于刚性压头作用下的纳米压痕,弹性模量 $E_s$ 可以表示为

$$E_s = (1-\nu_s^2) \cdot \frac{\sqrt{\pi}}{2} \cdot \frac{S}{A_c}。 \quad (5)$$

式中,$S$ 为接触刚度,$A_c$ 为接触面积。$\nu_s$ 为 SiC 层的泊松比,本文取 0.25。

载荷-深度曲线的初始卸载部分可以通过如下函数形式拟合:

$$P = b(h-h_f)^m。 \quad (6)$$

式中,$P$ 和 $h$ 分别表示压痕过程中的载荷和相应的压入深度。然后通过拟合确定常数 $b$、$m$ 和 $h_f$ 从而获得具体方程。

接触刚度 $S$ 为方程(6)求导后在最大压入深度 $h_{max}$ 处的值:

$$S = mb(h_{max}-h_f)^{m-1}。 \quad (7)$$

硬度 $H$ 可以由如下公式计算:

$$H = \frac{P_{max}}{A_c}。 \quad (8)$$

式中,$P_{max}$ 为最大压痕深度处的载荷,$A_c$ 为接触面积。接触面积可以由如下公式计算:

$$A_c = \pi(2R-h_c)h_c。 \quad (9)$$

式中,$R$ 为压头半径,$h_c$ 为接触深度。接触深度可以由如下公式计算:

$$h_c = h_{max} - 0.75\frac{P_{max}}{S}。 \quad (10)$$

根据 Oliver&Pharr 方法,计算出 SiC 单晶的弹性模量,并与实验值进行对比,汇总如表 1 所示。由表 1 可知,通过 MD 模拟获得的力学性能理论值与实验值误差较小,造成误差的主要原因是模拟中的 SiC 晶体为完美晶体,而这在实验中难以制备。表 1 的结果说明 Vashishta 势和 Tersoff 势可以较精确地描述 SiC 的力学性能,因此可将其用于下一步 SiC 纳米力学行为的分析中。

表1　SiC力学性能的理论值和实验值对比

| 力学性能 | α-SiC | | β-SiC |
|---|---|---|---|
| | 6H-SiC（模型Ⅰ-1） | 4H-SiC（模型Ⅰ-2） | 3C-SiC（模型Ⅰ-3） |
| 杨氏模量（实验）/GPa | 374.52～476.43[17] | | 314.20～556.59[18] |
| 杨氏模量（MD）/GPa | 524.42 | 498.63 | 497.64 |

## 2 结果与讨论

### 2.1 载荷-深度曲线分析

模型Ⅱ～Ⅴ在纳米压痕过程中的载荷-深度曲线以及通过Oliver&Pharr方法计算出的杨氏模量和硬度理论值如图4a～d所示。将模型Ⅰ～Ⅴ硬度的理论值与文献中不同晶粒尺寸SiC硬度的实验值汇总如图4e所示。

由图4a～d可知，从整体上看，服役后的SiC层的力学性能比服役前有所降低。具体而言，对于模型Ⅲ，碎晶状多晶结构的杨氏模量和硬度降低最明显；对于模型Ⅳ，晶粒的长大和相变虽然使其杨氏模量降低，但降低的幅度最小，且其硬度得到了一定提高；对于模型Ⅴ，其结构仍为碎晶状多晶，但发生了一定程度相变，使其杨氏模量和硬度值高于模型Ⅲ。

模型Ⅱ～Ⅴ在加载过程中的载荷-深度曲线也存在较大差异。对于模型Ⅱ，在深度0～2.5 nm区域发生了多次明显的弹进（pop-in）现象，在加载曲线上表现为载荷的突然下降，这种现象代表从弹性变形到塑性变形的转变；在深度2.5～6 nm区域，也发生了若干弹进现象，其中在深度5 nm和5.5 nm处的弹进现象较为明显。对于模型Ⅲ，分别在深度1.8 nm和4.5 nm处发现了较明显的弹进现象，总体上曲线较光滑，说明碎晶状多晶结构在加载过程中的塑性变形较少。对于模型Ⅳ，分别在深度2.5 nm和5 nm处发现了较明显和明显的弹进现象，总体而言依然较光滑，说明晶粒的长大和相变也有利于减少加载过程中的塑性变形。对于模型Ⅴ，在2.7 nm和5 nm处有较明显弹进现象，其加载曲线也较为光滑，说明碎晶状多晶在发生了一定程度相变后的塑性变形依然较少。

由图4e可知，模型Ⅱ～Ⅴ与相近晶粒尺寸的多晶SiC硬度的实验测量值相近，这进一步说明了本文所用势函数和模型参数的可靠性。同时也可以看出各种服役情景会引起SiC层晶粒尺寸和晶相的变化，从而引起力学行为和性能的变化。在实际情况中，这些变化也会引起热学性能的变化。

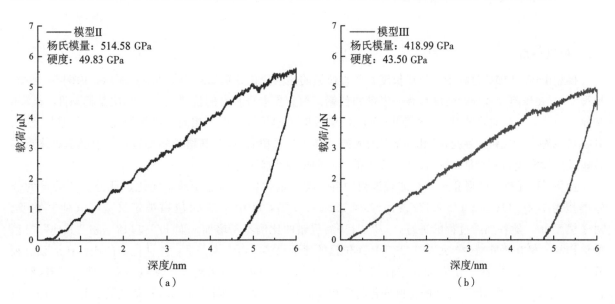

（a）　　　　　　　　　　　　　　　　（b）

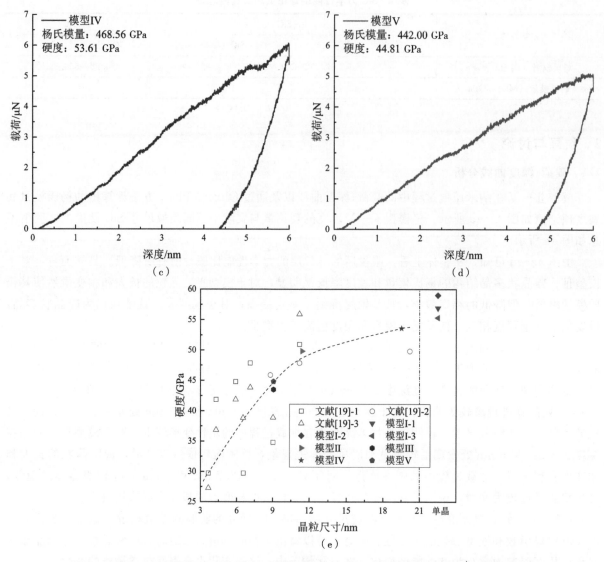

**图4** 模型Ⅱ～Ⅴ的载荷-深度曲线与力学性能理论值和本文模型的硬度理论/实验值对比[19]

(a) 模型Ⅱ；(b) 模型Ⅲ；(c) 模型Ⅳ；(d) 模型Ⅴ；(e) 模型Ⅰ～Ⅳ的硬度理论值与SiC多晶硬度实验值的对比

## 2.2 位错分析

模型Ⅱ～Ⅴ在加载过程中的位错长度和各种位错的比例变化分别如图5a和图5b所示。由图5a可知，模型Ⅱ～Ⅴ在压痕过程开始前就具有一定量的位错。模型Ⅳ本身具有的位错最多，其次是模型Ⅲ，模型Ⅱ和模型Ⅴ最少。在加载过程中，模型Ⅱ～Ⅴ的位错长度的增长幅度也不相同。增长幅度最大的是模型Ⅳ，其在加载终点的位错长度是模型Ⅱ～Ⅴ中最大的；其次是模型Ⅱ，虽然其增长幅度较大，但在加载终点的位错长度没有超过模型Ⅲ；模型Ⅲ和模型Ⅴ的增长幅度较小且十分接近。

由图5b可知，模型Ⅱ～Ⅴ在加载过程中各种类型的位错比例也在动态变化，此处主要统计的位错类型为1/2<110>、1/6<112>、1/3<111>、1/6<110>，其余位错被定义为"其他"类型。对于模型Ⅱ，随着加载过程的进行，1/2<110>位错的比例不断增加，而1/6<112>和"其他"类型的位错的比例在不断减少，最后1/2<110>位错的比例最多。对于模型Ⅲ，各种位错的比例在加载过程几乎不变。对于模型Ⅳ，随着加载过程的进行，1/6<112>位错的比例先是保持不变，然后稍有减少，而1/6<112>和"其他"位错的比例变化与此相反。对于模型Ⅴ，随着加载过程的进行，1/2<110>位错的比例几乎不变，而1/6<112>位错的比例略有增加，"其他"类型的位错比例有所减少。

文献[7]指出，纳米压痕诱导的位错相互作用会导致载荷-深度曲线中的弹进现象。这将导致在加载过程中产生更多塑性变形，使测量出的杨氏模量更高。模型Ⅱ在加载过程中产生了较多位错，且位错间相互转化的现象最明显，因此其加载曲线最粗糙，杨氏模量最大；模型Ⅲ在加载过程中产生的位错较少，且几乎没有发生位错间的相互转化，导致了其光滑的加载曲线和最小的杨氏模量；模型Ⅳ虽然在加载过程中产生了较多位错，但位错间的相互转化较少，因此其加载曲线较光滑，且杨氏模量相较于模型Ⅱ降低幅度最小；模型Ⅴ本身的位错长度较低，在加载过程中产生位错较少，位错间的相互转换较少，因此其加载曲线也较为光滑，且杨氏模量介于模型Ⅲ和Ⅳ之间。

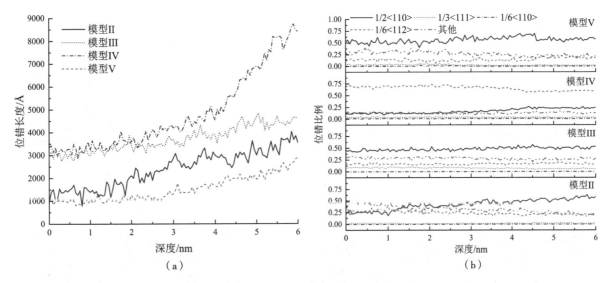

图5 模型Ⅱ～Ⅴ在加载过程中的位错演化
(a) 位错长度的变化；(b) 各种位错比例的变化

## 2.3 应力应变分析

为了了解模型Ⅱ～Ⅴ在压痕过程中的应力应变演化过程，此处计算并给出加载终点处沿 $x$ 轴半剖面的原子 Von Mises 应力[20]和剪切应变，同时显示了晶粒的分布，便于相互对照，如图6所示。可以发现对于模型Ⅱ～Ⅴ，随着加载过程的进行，压头下方的晶粒非晶化并消失，晶界发生变形，变得不连续或加粗。应力主要分布在压头下方和晶界处，并从这些位置扩散到了晶粒内部。剪切应变也从压头下方扩散到了附近的晶粒内部，形成交错的"V"字形网络。但它们的应力应变分布存在一定程度差异。

对于模型Ⅱ，长轴状晶粒之间的纵向晶界将应力和应变的分布主要限制在压头正下方的纵向区域。对于模型Ⅲ，碎晶状晶粒之间不规则分布的晶界有利于应力应变沿着横向传播。对于模型Ⅳ，块状晶粒之间形成的晶界较规则，且与模型Ⅱ的长轴状晶粒类似，这使应力应变的分布也主要集中在压头正下方，但其集中程度高于模型Ⅱ。对于模型Ⅴ，其应力应变分布与模型Ⅲ类似，但应力应变的分布更集中于压头正下方。

以上结果与图4a～d中模型Ⅱ～Ⅴ的加载曲线吻合较好。模型Ⅱ和Ⅳ的应力应变分布在压头正下方的集中程度高于模型Ⅲ和Ⅴ，且应力应变的纵向分布程度提高，使压头的纵向受力更多，反映在加载曲线中的结果是加载终点处的载荷更大，所以它们的硬度更高。其中模型Ⅳ的应力应变分布在压头正下方集中程度和纵向分布程度最高，使其加载终点处的载荷最大，所以硬度最大。

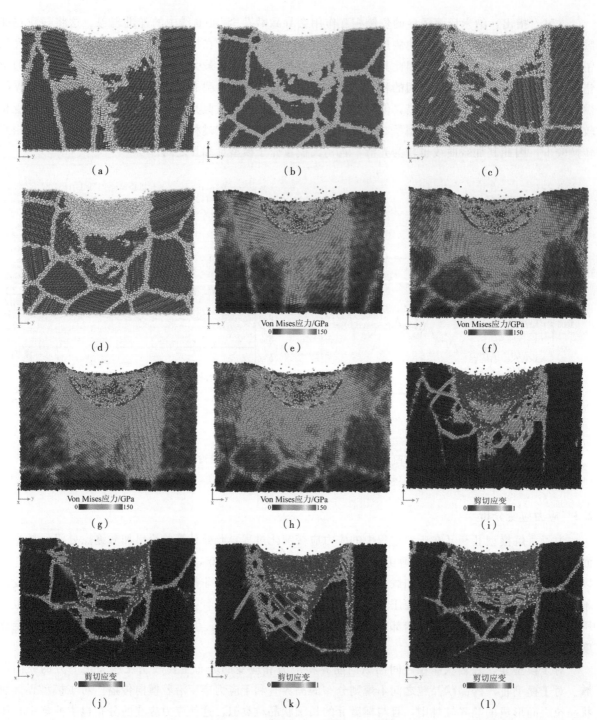

**图 6 模型Ⅱ～Ⅴ的晶粒分布与应力、应变分布**

（a）模型Ⅱ，晶粒分布；（b）模型Ⅲ，晶粒分布；（c）模型Ⅳ，晶粒分布；（d）模型Ⅴ，晶粒分布；（e）模型Ⅱ，应力分布；
（f）模型Ⅲ，应力分布；（g）模型Ⅳ，应力分布；（h）模型Ⅴ，应力分布；（i）模型Ⅱ，应变分布；
（j）模型Ⅲ，应变分布；（k）模型Ⅳ，应变分布；（l）模型Ⅴ，应变分布

## 2.4 原子扩散分析

通过分析原子扩散可以进一步了解模型Ⅱ～Ⅴ在加载过程中的纳米力学行为。对模型Ⅱ～Ⅴ的均方位移进行了统计，如图 7 所示。同时对沿 $x$ 轴半剖面的原子位移矢量进行了可视化，如图 8 所示。

由图 7 可知，总体来看，模型Ⅴ在加载过程中的均方位移最大，这说明它在加载过程中的原子扩散行为最活跃，其次是模型Ⅳ和模型Ⅲ，模型Ⅱ的均方位移最小。由图 8 可以更好地了解原子位移的

分布。对于模型Ⅱ，高原子位移主要分布在压头正下方，形成"V"字形区域，原子位移的分布集中在沿长轴晶晶界的纵向条状区域。对于模型Ⅲ，压头正下方的高原子位移原子形成了"U"字形区域，原子位移倾向于沿横向分布，且分布范围更大。对于模型Ⅳ，压头正下方的高原子位移原子形成了与模型Ⅱ相似的"V"字形区域，且原子位移的分布集中在压头下方沿块状晶晶界的纵向条状区域。对于模型Ⅴ，压头正下方的高原子位移原子形成了与模型Ⅲ相似的"U"字形区域，但其原子位移的横向分布范围更大。

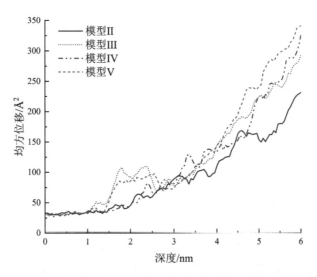

图7 模型Ⅱ～Ⅴ在加载过程中的均方位移

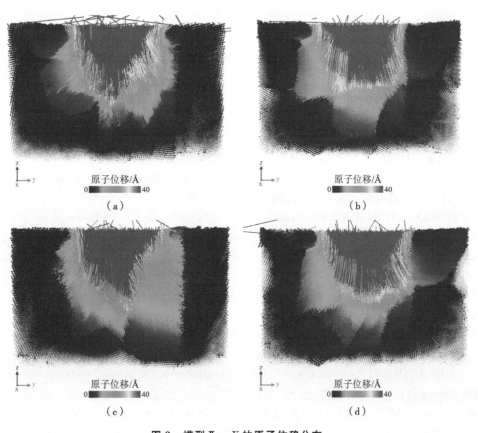

图8 模型Ⅱ～Ⅴ的原子位移分布
(a) 模型Ⅱ；(b) 模型Ⅲ；(c) 模型Ⅳ；(d) 模型Ⅴ

以上结果表明原子扩散的分布与应力应变是基本一致的，这从原子扩散的角度进一步印证了服役前后各模型的硬度变化原因。

## 3　结论

本文通过分子动力学模拟获得了 TRISO 颗粒 SiC 层的详细纳米压痕过程，对不同类型 SiC 层的纳米力学行为和性能进行了分析，得出如下结论。

（1）通过 Oliver&Pharr 方法计算的 SiC 单晶的杨氏模量和各种 SiC 多晶的硬度理论值与实验值吻合较好，证明了 Vashishta 势和 Tersoff 势和其他模型参数对 SiC 层纳米力学行为研究适用。

（2）分子动力学模拟研究中，纳米力学行为可以通过载荷-深度曲线、位错演化、应力应变、原子扩散等参量定量化描述，更有助于分析纳米力学行为和性能。从整体来看 SiC 层在服役后力学性能有所降低：其中辐照考验后的杨氏模量和硬度下降程度最大，高温+辐照考验后的杨氏模量和硬度下降程度居中，高温考验后的杨氏模量下降程度最小，但硬度有所提高。各种服役情景会引起 SiC 层的晶粒尺寸和晶相的变化，从而引起力学行为和性能的变化。

（3）服役前后的 SiC 层的力学性能差异与力学行为密切相关。服役后的 SiC 层在纳米压痕加载过程中的位错间相互转化更少，使加载过程中发生的弹进现象明显减少，塑性变形减少，所以杨氏模量降低。辐照考验和高温+辐照考验后的 SiC 层的应力应变在压头正下方的集中程度降低，且应力应变和原子扩散的横向分布程度提高，所以硬度降低；高温考验后的 SiC 层的应力应变在压头正下方集中程度提高，且应力应变和原子扩散的纵向分布程度提高，所以硬度提高。

本文研究说明分子动力学模拟可以用于研究 TRISO 颗粒 SiC 层服役前后力学行为与性能，未来可以此为基础开展 SiC 层的辐照行为模拟。

## 致谢

感谢清华大学核能与新能源技术研究院新材料研究室提供的先进核燃料与材料数值模拟平台。

## 参考文献：

[1] LIU R Z, LIU B, ZHANG K H, et al. High temperature oxidation behavior of SiC coating in TRISO coated particles [J]. Journal of Nuclear Materials, 2014, 453 (1-3): 107-14.

[2] 刘荣正，刘马林，马景陶. 先进核燃料与材料 [M]. 北京：清华大学出版社，2022：170-172.

[3] WU Z H, LIU W D, ZHANG L C, et al. Amorphization and dislocation evolution mechanisms of single crystalline 6H-SiC [J]. Acta Materialia, 2020, 182: 60-7.

[4] ZHU B, ZHAO D, ZHAO H W. A study of deformation behavior and phase transformation in 4H-SiC during nanoindentation process via molecular dynamics simulation [J]. Ceramics International, 2019, 45 (4): 5150-7.

[5] TIAN Z G, XU X P, JIANG F, et al. Study on nanomechanical properties of 4H-SiC and 6H-SiC by molecular dynamics simulations [J]. Ceramics International, 2019, 45 (17): 21998-2006.

[6] SUN S, PENG X H, XIANG H G, et al. Molecular dynamics simulation in single crystal 3C-SiC under nanoindentation: Formation of prismatic loops [J]. Ceramics International, 2017, 43 (18): 16313-8.

[7] PAN C L, ZHANG L M, JIANG W L, et al. Grain size dependence of hardness in nanocrystalline silicon carbide [J]. Journal of the European Ceramic Society, 2020, 40 (13): 4396-402.

[8] CHAVOSHI S Z, XU S Z. Twinning effects in the single/nanocrystalline cubic silicon carbide subjected to nanoindentation loading [J]. Materialia, 2018, 3: 304-25.

[9] THOMPSON A P, AKTULGA H M, BERGER R, et al. LAMMPS - a flexible simulation tool for particle-based materials modeling at the atomic, meso, and continuum scales [J]. Computer Physics Communications, 2022, 271: 108171.

[10] STUKOWSKI A. Visualization and analysis of atomistic simulation data with OVITO - the Open Visualization Tool [J]. Modelling and Simulation in Materials Science and Engineering, 2010, 18 (1): 015012.

[11] WU Z H, LIU W D, ZHANG L C. Effect of structural anisotropy on the dislocation nucleation and evolution in 6H-SiC under nanoindentation [J]. Ceramics International, 2019, 45 (11): 14229-37.

[12] VASHISHTA P, KALIA R K, NAKANO A, et al. Interaction potential for silicon carbide: A molecular dynamics study of elastic constants and vibrational density of states for crystalline and amorphous silicon carbide [J]. Journal of Applied Physics, 2007, 101 (10): 103515.

[13] ERHART P, ALBE K. Analytical potential for atomistic simulations of silicon, carbon, and silicon carbide [J]. Physical Review B, 2005, 71 (3): 035211.

[14] TERSOFF J. New Empirical Approach for the Structure and Energy of Covalent Systems [J]. Physical Review B, 1988, 37 (12): 6991-7000.

[15] WU Z, ZHANG L. Mechanical properties and deformation mechanisms of surface-modified 6H-silicon carbide [J]. Journal of Materials Science & Technology, 2021, 90: 58-65.

[16] XUE L H, FENG G, LIU S. Molecular dynamics study of temperature effect on deformation behavior of m-plane 4H-SiC film by nanoindentation [J]. Vacuum, 2022, 202: 111192.

[17] SHIH C J, MEYERS M A, NESTERENKO V F, et al. Damage evolution in dynamic deformation of silicon carbide [J]. Acta Materialia, 2000, 48 (9): 2399-420.

[18] GOEL S, STUKOWSKI A, LUO X C, et al. Anisotropy of single-crystal 3C-SiC during nanometric cutting [J]. Modelling and Simulation in Materials Science and Engineering, 2013, 21 (6): 065004.

[19] LIAO F, GIRSHICK S L, MOOK W M, et al. Superhard nanocrystalline silicon carbide films [J]. Applied Physics Letters, 2005, 86 (17): 171913.

[20] XUE L H, FENG G, WU G, et al. Study of deformation mechanism of structural anisotropy in 4H-SiC film by nanoindentation [J]. Materials Science in Semiconductor Processing, 2022, 146: 106671.

# Molecular dynamics simulation of nanomechanics behavior of the SiC layer of TRISO particle

YAN Ze-fan, LIU Ze-bing, TIAN-Yu, LIU Rong-zheng,
LIU Bing, SHAO You-lin, TANG Ya-ping, LIU Ma-lin*

(Institute of Nuclear Energy and New Energy Technology of Tsinghua University, Beijing 100084, China)

**Abstract:** At present, Silicon carbide (SiC) is used as an important material for shielding nuclear fission products in TRISO particles for high temperature gas-cooled reactors. It has an important influence on the mechanical properties of TRISO particles. Nanoindentation is a simple and effective method for testing the mechanical properties of materials at the nanoscale. The nanoindentation process can be described accurately by molecular dynamics simulation. It is helpful to analyze the mechanical behavior and mechanical properties of the SiC layer of TRISO particle. In this paper, molecular dynamics simulation is used. The theoretical values of SiC mechanical properties calculated by the Oliver & Pharr method are in good agreement with the experimental values. It shows that Vashishta potential, Tersoff potential, and model parameters have strong applicability to the study of the nanomechanical behavior of the SiC layer. Four typical SiC layer structures are constructed according to the experimental phenomena: 3C-SiC (long-axis polycrystalline) before service, 3C-SiC (broken crystal polycrystalline) after irradiation test, 6H-SiC (bulk polycrystalline) after high temperature test, and 6H/3C-SiC (mixed phase broken crystal polycrystalline) after high temperature & irradiation test. The nanoindentation process of these SiC layers is quantitatively described. The nanomechanical behavior and mechanical properties are analyzed by load-depth curve, dislocation evolution, stress & strain, and atomic diffusion. The results show that the SiC layer after service has less interaction between dislocations during the nanoindentation loading process. The plastic deformation is reduced. It results in a decrease in Young's modulus. After the irradiation test and high temperature & irradiation test, the concentration of stress and strain in the SiC layer directly below the indenter decreases. The transverse distribution of stress, strain, and atomic diffusion increases. It results in a decrease in hardness. After the high temperature test, the concentration of stress and strain in the SiC layer directly below the indenter increases. The vertical distribution of stress, strain, and atomic diffusion increases. It results in an increase in hardness. The results provide a quantitative explanation for the mechanical behavior and performance of the SiC layer of TRISO particles after various tests. It is helpful to understand the relationship between the microstructure, mechanical behavior, and mechanical properties of the SiC layer.

**Key words:** Silicon carbide; Nanoindentation; Mechanical behavior; Molecular dynamics

# SiC材料沉积制备过程的分子动力学模拟

田 宇，严泽凡，刘荣正，刘 兵，邵友林，唐亚平，刘马林*

(清华大学核能与新能源技术研究院，北京 100084)

**摘 要**：高温气冷堆（HTGR）采用三元结构各向同性（TRISO）的包覆核燃料，因其固有安全性和高温制氢等应用而著称。TRISO燃料颗粒采用碳化硅（SiC）作为裂变产物的屏蔽层，其对整个颗粒有着重要影响。因此制备高品质的SiC包覆层对提升TRISO颗粒整体性能有着重要意义。目前以MTS为前驱体，采用流化床-化学气相沉积（FB-CVD）方法已经成功制备出SiC包覆层，但还存在包覆时间长（约2~3 h包覆35 μm），包覆效率（MTS利用效率约87%）有待提高等一系列问题。随着更大规模高温气冷堆燃料元件生产线的研发和燃料元件制备经济性要求的提高，需对流化床-化学气相沉积制备SiC包覆层过程从晶体生长角度进行分析，从而获得各种参数对SiC晶体生长影响的规律。采用分子动力学（MD）方法可以模拟和描述沉积过程，有助于分析材料的微观生长机理。本文基于对FB-CVD过程的深入分析，拟将此多物理场耦合过程进行阶段性分析研究。选择SiC材料气相沉积过程作为研究对象，利用MD方法构建沉积模型，模拟了C、Si原子在基底上的沉积和SiC材料生长演化过程，从表面粗糙度、径向分布函数、配位数等方面定量分析了基底温度对沉积层质量的影响。本研究表明MD方法可以用于SiC材料的气相沉积过程模拟，并定量分析了温度对SiC层包覆的影响，未来可用于模拟TRISO颗粒包覆SiC层的过程，为核燃料包覆层制备工艺的优化提供理论依据和指导。

**关键词**：碳化硅；气相沉积；分子动力学；材料制备模拟

高温气冷堆（High Temperature Gas-cooled Reactor，HTGR）因其固有安全性以及在发电、制氢等方面的应用前景而著称，被业界称为是有前景的第四代反应堆型[1]。高温气冷堆采用三元结构各向同性（Tri-structural Isotropic，TRISO）包覆核燃料颗粒，二氧化铀（$UO_2$）燃料核芯外依次包覆了疏松热解碳层、内致密热解炭层、致密碳化硅（SiC）层、外致密热解炭层。这些包覆层中，SiC层作为主要的裂变产物阻挡层和承压层，可以保证燃料颗粒的结构稳定性[2]。因此，SiC层对TRISO燃料颗粒的性能有着重要的影响。

目前以甲基三氯硅烷（$CH_3SiCl_3$，Methyltrichlorosilane，MTS）为前驱体，氢气作为运载气体，流化床-化学气相沉积（Fluidized Bed Chemical Vapor Deposition，FB-CVD）方法，在1600 ℃的温度下制备致密SiC包覆层[3]。然而在反应器内，颗粒数量多且温度场、速度场分布复杂，导致MTS的利用率只有约87%，为达到包覆厚度35 μm的目标，通常需消耗2~3 h。随着高温气冷堆燃料生产规模的提升，亟须提高燃料生产的经济性，其中重要的一点便是提高SiC层制备的经济性。

随着理论研究的不断深入，分子动力学（Molecular Dynamics，MD）方法成为研究微观过程和微观机理的重要手段[4]。采用MD模拟可以精确描述CVD过程中的原子沉积和扩散长大，有助于分析温度、浓度等参数对沉积结果的影响。目前有很多学者采用MD方法对石墨烯、半导体薄膜等材料的CVD制备过程进行模拟[5-6]，已经有了较为成熟的模拟方法和体系。

本文基于对FB-CVD过程的深入分析，拟将此多物理场耦合过程进行阶段性分析研究。选择SiC材料气相沉积过程作为研究对象，利用MD方法构建沉积模型，并探讨温度影响规律。采用金刚石(001)基底，并假定MTS裂解完全，即只考虑沉积过程，模拟了500 K、800 K、1000 K、1200 K、1300 K、1400 K、1500 K、1600 K 8个基底温度下的气相沉积过程。通过表面粗糙度、径向分布函数、

---

作者简介：田宇（1999—），男，江苏扬州人，清华大学核研院博士研究生，从事先进核燃料模拟和实验研究。

配位数等方法定量分析了沉积得到的 SiC 薄膜质量,解释了温度对 SiC 层沉积的影响。本研究表明 MD 方法可以用于 SiC 材料的气相沉积过程模拟,是对 FB-CVD 复杂过程分阶段研究的一个初步工作,未来可用于模拟 TRISO 颗粒包覆 SiC 层的过程,为核燃料包覆层制备工艺的优化提供理论依据和指导。

# 1 流化床-化学气相沉积过程分析

## 1.1 流化床-化学气相沉积技术简介

流化床-化学气相沉积技术属于化学、化工、材料等多学科交叉耦合的研究范畴,广泛应用在化工生产中[7-8]。流化床作为典型的化工反应器,有着易操作、产率高、温度分布均匀等特点,其采用的流化技术可使颗粒充分分散,实现颗粒的循环流动,增大气固接触面积[9];化学气相沉积则更关注微观化学反应过程,从生长机理的角度优化材料制备工艺,可获得超细粉体颗粒[10-11]。将两种技术相结合,便得到了可以在流态化下,经由化学反应形成原位粒子,沉积在颗粒表面的流化床-化学气相沉积技术[12]。技术特点如图 1 所示。

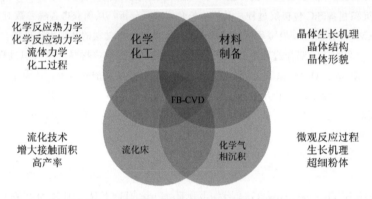

图 1 流化床-化学气相沉积技术特点[13]

## 1.2 流化床-化学气相沉积制备 TRISO 颗粒

高温气冷堆包覆核燃料颗粒主要采用 FB-CVD 制备而成,其中碳化硅层是包覆颗粒中最重要的一层,其基本制备流程如图 2 所示。

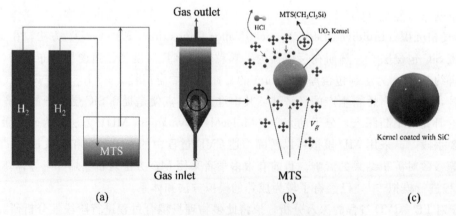

图 2 FB-CVD 制备 SiC 层基本流程

图 2a 中,MTS 气体由 $H_2$ 载带进入包覆炉;在流化气体的作用下,炉内颗粒处于流化状态,如图 2b 所示,并在高温下发生化学反应:$CH_3SiCl_3 \xrightarrow{\triangle} SiC + 3HCl\uparrow$,生成致密 SiC 层,如图 2c 所示。

## 1.3 沉积过程简化近似

在制备 SiC 包覆层的过程中,涉及多种化学反应,且炉内气体流动、温度分布十分复杂,定量研究炉内的包覆过程十分困难。在实际的生产中,SiC 层包覆在热解炭层之上,后者无法用单一晶型来描述,更增加了建模和计算的难度。

为了使用 MD 方法模拟 SiC 层的包覆过程,我们将复杂的 FB-CVD 过程分阶段进行研究,首先模拟研究 SiC 材料的气相沉积过程,模型如图 3 所示。

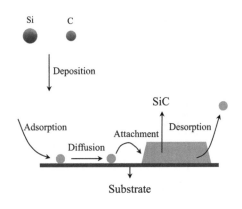

图 3 简化气相沉积模型

在该模型中,我们使用金刚石(001)基底代替热解炭基底,暂不考虑复杂的化学反应过程,认为 MTS 完全裂解,C、Si 原子直接沉积至基底,被基底吸附,在基底表面扩散、成键,形成 SiC 晶体,最终生长为 SiC 层。

## 2 计算方法

### 2.1 物理模型与模拟方法

本文采用 LAMMPS 模拟 SiC 层包覆的分子动力学过程。沉积体系的基底为长方体金刚石,尺寸为 $20a \times 20a \times 9a$(a 为金刚石晶格常数),共有 29 600 个碳原子。基底在 $z$ 轴方向划分为三个区域:固定层、保温层、牛顿层,如图 4 所示。固定层厚度为 $2a$,用于固定基底,并模拟厚衬底;保温层厚度为 $4.5a$,采用速度标定法控制温度。顶部牛顿层厚度为 $2.5a$,其中的原子设置为自由运动。

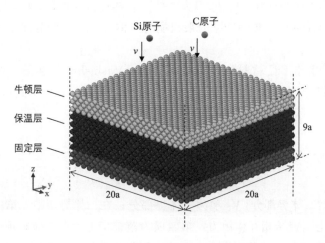

图 4 模拟体系基底的设置

模拟体系的时间步长为 0.001 ps，体系在 $x$、$y$ 轴方向采用周期性边界条件，$z$ 轴方向采用固定边界条件。体系运动方程用 Verlet 算法求解[14]。在沉积开始前，采用共轭梯度法进行体系能量最小化，并在 NVT 系综、相应的温度条件下弛豫 20 ps。沉积过程中，Si 和 C 原子以 1∶1 的比例，从距基底一定高度处，沿 $z$ 轴负方向垂直入射到基底表面，入射频率均为 1 ps/原子，沉积数量各为 2000 个原子。

## 2.2 势函数选择

在 MD 方法中，势函数被用来描述原子间的相互作用，势函数的选择决定了 MD 方法的模拟效果。本文研究的模拟体系中，存在 C、Si 两种原子，采用 Tersoff 势和 Vashishta 势描述原子间的相互作用。如图 5 所示，金刚石基底碳原子间的相互作用采用 Tersoff 势描述，沉积的 C、Si 原子间的相互作用采用 Vashishta 势描述，沉积的 C、Si 原子与基底间的相互作用采用 Tersoff 势描述。

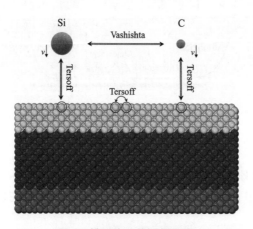

**图 5　模拟体系势函数设置**

Tersoff 势被广泛用于模拟金刚石中碳原子的相互作用[15]，适合用来模拟金刚石的物理、化学行为。Tersoff 势基于量子化学中的键级（Bond Order），基本形式可表示为[16]

$$E = \frac{1}{2}\sum_i \sum_{j \neq i} V^{\text{Tersoff}}(r_{ij}) = \frac{1}{2}\sum_i \sum_{j \neq i}\{f_C(r_{ij})[f_R(r_{ij}) + b_{ij}f_A(r_{ij})]\}, \tag{1}$$

$$f_R(r_{ij}) = A\exp(-\lambda_1 r_{ij}), \tag{2}$$

$$f_A(r_{ij}) = -B\exp(-\lambda_2 r_{ij})。 \tag{3}$$

式中，$E$ 为总能，$V^{\text{Tersoff}}$ 项为 Tersoff 势；$f_R$ 项为二体势，描述排斥作用；$f_A$ 项描述键合相关的吸引作用；$b_{ij}$ 项描述 $i$-$j$ 原子间的键级；$b_{ij}$ 和 $f_A$ 的乘积项为三体势；$f_C$ 项为截断函数；$A$、$B$、$\lambda_1$、$\lambda_2$ 为相关参数。

Vashishta 势被广泛用于 SiC 材料的 MD 模拟[17-18]，Vashishta 势在 S-W（Stillinger-Weber）势基础上，结合了共价键作用、静电相互作用、范德华力作用[19]，基本形式可表示为[20]

$$E = \sum_i \sum_{j>i} V_2(r_{ij}) + \sum_i \sum_{j \neq i} \sum_{k>j, k \neq i} V_3(r_{ij}, r_{ik}), \tag{4}$$

$$V_2(r_{ij}) = \frac{H}{r_{ij}^\eta} + \frac{Z_i Z_j}{r_{ij}}\exp(-r_{ij}/\tau_1) - \frac{D}{r_{ij}^4}\exp(-r_{ij}/\tau_4) - \frac{W}{r_{ij}^6}, \tag{5}$$

$$V_3(r_{ij}, r_{ik}) = R_3(r_{ij}, r_{ik})P_3(\theta_{jik})。 \tag{6}$$

式中，$E$ 为总能，$V_2$ 项为二体势部分，$V_3$ 项为三体势部分；在二体势项中，第一项为空间斥力，第二项为库伦项，第三项为电偶极子相互作用力，第四项为范德华力；在三体势项中，$R_3$ 项为空间依赖性的径向函数，$P_3$ 项为角度依赖性的角度函数，$\theta_{jik}$ 为 $ij$ 键和 $ik$ 键形成的键角；$H$、$\eta$、$D$、$\tau_1$、$\tau_4$、$W$ 均为相关常数。

## 3 结果与讨论

### 3.1 模拟验证

为了验证 Tersoff 势和 Vashishta 势对于金刚石和 SiC 结构描述的可行性,本文使用两种势函数分别构建了金刚石和 SiC 晶体,通过能量最小化后计算得到的晶格常数与实际晶格常数对比来验证势函数可靠性。采用共轭梯度法进行能量最小化,输出能量最小化后的晶格常数,用此方法计算了金刚石、3C‑SiC、4H‑SiC、6H‑SiC 的晶格常数,并与理论值进行对照[21],如图 6 所示。由表 1 可知,通过 MD 计算得到的各种晶体的晶格常数与理论值都非常接近,且相对误差都维持在相当小的数量级。由此说明,Tersoff 势和 Vashishta 势可以非常精确地描述金刚石和 SiC 晶体,可以将其用于接下来的沉积模拟中。

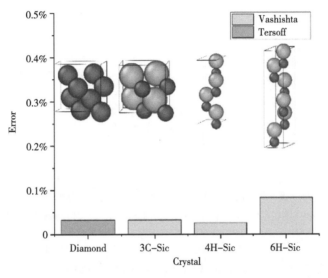

图 6 金刚石、SiC 晶格常数的验证

表 1 金刚石、SiC 晶格常数的 MD 计算和理论值对照

| 晶体 | 晶格常数 | | 相对误差 |
|---|---|---|---|
| | MD 输出/ Å | 理论值/ Å | |
| 金刚石 | a=b=c= 3.565 83 | a=b=c=3.567 | 0.032 8% |
| 3C‑SiC | a=b=c=4.358 17 | a=b=c=4.359 6 | 0.032 8% |
| 4H‑SiC | a= 3.073 8<br>c=10.064 6 | a=3.073 0<br>c=10.053 | a:0.026%<br>c:0.11% |
| 6H‑SiC | a= 3.076 4<br>c= 15.097 4 | a=3.073 0<br>c=15.11 | a:0.11%<br>c:0.083% |

### 3.2 沉积过程模拟

在流化床化学气相沉积生产中,MTS 的沉积温度为 1600 ℃,流化床腔室内的温度为 1200～1600 ℃。本文假定 MTS 全部裂解,只考虑沉积过程,为了在更广的范围内研究温度的影响,控制基底温度分别为 500 K、800 K、1000 K、1200 K、1300 K、1400 K、1500 K、1600 K,原子入射速度为 0.5 Å/ps。以基底温度 1200 K 为例,我们截取了 50 ps、500 ps、1000 ps、1500 ps、2100 ps、2250 ps 这 5 个时间点的沉积情况,如图 7 所示。

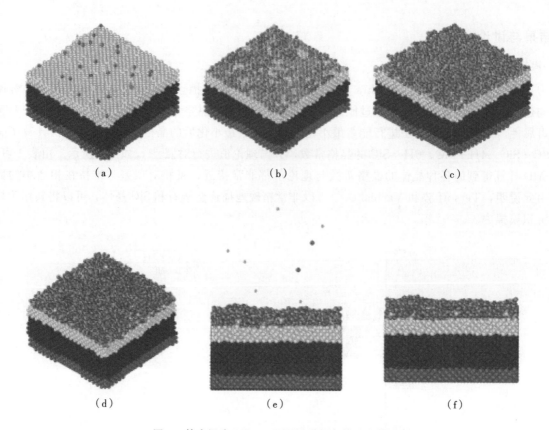

**图 7　基底温度 1200 K 下不同时间点的沉积情况**

(a) 50 ps；(b) 500 ps；(c) 1000 ps；(d) 1500 ps；(e) 2100 ps；(f) 2250 ps

图中由下至上的原子层分别对应为固定层、保温层、牛顿层，直径较小的绿色原子代表 C 原子，直径较大的紫色原子代表 Si 原子。从 50 ps 到 1500 ps 的过程可以看出，C、Si 原子与基底碰撞减速，最终被基底吸附，并进行层状生长。2100 ps 时，C、Si 原子均已全部入射，但部分原子速度过快，能量过高，仍在进行布朗运动，未被吸附。至 2250 ps，入射的 C、Si 原子能量均已耗散，全部被吸附，SiC 薄膜生长完成。

经过上述过程的沉积生长，不同温度下的基底上都生长出一定厚度的 SiC 薄膜，模拟结果如图 8 所示。

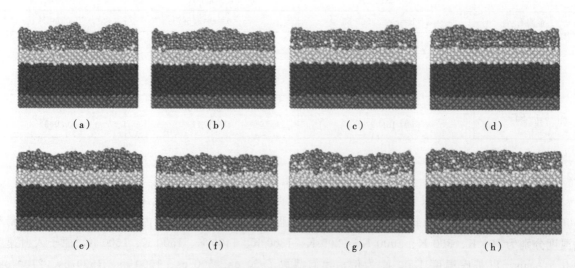

**图 8　不同基底温度下沉积生长的 SiC 薄膜结构**

(a) 500 K；(b) 800 K；(c) 1000 K；(d) 1200 K；(e) 1300 K；(f) 1400 K；(g) 1500 K；(h) 1600 K

图 8 可以看出，各个温度下，金刚石（001）基底上都生长出 SiC 薄膜，且薄膜厚度几乎一致。基底温度为 500 K 时，SiC 薄膜的表面十分粗糙。随着基底温度的升高，薄膜表面逐渐变得平整光滑。为定量分析不同基底温度下 SiC 薄膜的生长质量，以下从表面粗糙度等几个方面进行分析。

### 3.3 SiC 沉积层表面粗糙度分析

表面粗糙度是分析沉积所得薄膜平整情况的重要指标，可以判断沉积薄膜的质量。本文引入均方根（Root Mean Square，RMS）粗糙度来定量研究薄膜表面的粗糙度，计算式为[22]

$$R_{\text{surface}} = \sqrt{\frac{1}{n} \sum_{i=1}^{n} (z_i - \bar{z})^2}。 \tag{7}$$

式中，$n$ 表示沉积在基底上的 Si、C 原子数量，$i$ 表示原子序数。$R_{\text{surface}}$ 数值越大，表明沉积薄膜的表面粗糙度越高，质量越低。根据上述公式，计算得出了在各个基底温度下沉积的薄膜表面粗糙度，如图 9 所示。

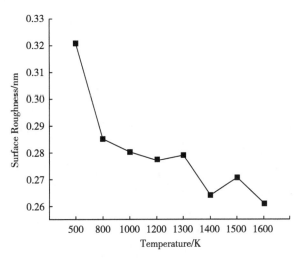

**图 9　不同基底温度下 SiC 薄膜的表面粗糙度**

从图 9 可以看出，基底温度从 500 K 升高到 800 K 的过程中，表面粗糙度迅速减小；从 800 K 升高到 1300 K 的过程中，表面粗糙度略微下降；从 1300 K 升高到 1600 K 的过程中，表面粗糙度略有起伏。因此可以看出，在相同的原子入射速下，基底温度对薄膜表面粗糙度有很大的影响。基底温度的增加有助于沉积原子的热扩散，实现较好的外延生长[23]。基底温度越高，SiC 薄膜表面粗糙度越低，薄膜质量越高。而基底温度低于 800K 时，所得薄膜质量低[24]。

### 3.4 径向分布函数分析

径向分布函数（Radial Distribution Function，RDF）$g(r)$ 主要用于分析物质的有序性，其给出了密度和选定粒子距离的关系，计算方法为[25]

$$g(r) = \frac{\langle \rho(r) \rangle}{\rho}。 \tag{8}$$

对于三维的体系，$g(r)$ 的计算方法为：

$$g(r) = \frac{1}{\rho 4\pi r^2} \cdot \frac{\sum_{t=1}^{T} \sum_{j=1}^{N} \Delta N(r, r+\delta r)}{Nt}。 \tag{9}$$

式中，$\rho$ 为体系的平均密度，$\Delta N(r, r+\delta r)$ 为介于 $(r, r+\delta r)$ 间的分子数目，$t$ 为模拟时间。对于紧密排列的系统，$g(r)$ 的物理意义为：与中心原子相距 $r$ 处单位体积的原子密度数。如图 10 所示，$r_1$ 称为最近邻距离（Nearest Neighbor Distance），$r_2$称为次近邻距离（Next Nearest Neighbor Distance）[26]。根据上述公式，计算得到各个基底温度下沉积的SiC薄膜中Si-C原子的径向分布函数，如图10所示。

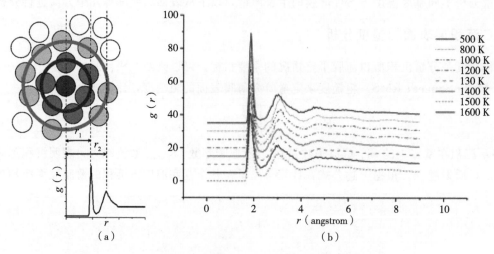

图10 径向分布函数：物理意义（a）和不同基体温度下的结果（b）

从图10中可以看出，不同基底温度下的RDF曲线都有明显的两个波峰：第一波峰和第二波峰，以及略有凸起但不明显的第三波峰。随着基底温度的升高，第一波峰值略有下降，但峰值差异不大，第二和第三波峰值几乎没有变化。不同基底温度下，第一个波峰的横坐标值都为1.875Å，第二个波峰的横坐标值都为3.025Å。

如图11所示，在SiC晶胞中，C-Si键长1.86 Å，邻近的两个碳原子间距为3.03 Å，与图11中的第一、第二波峰的横坐标值较好吻合，说明所得薄膜短程有序。

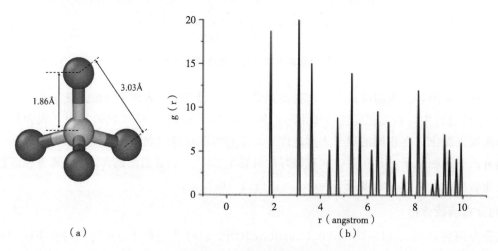

图11 SiC晶体（a）和其径向分布函数（b）

对比纯SiC晶体的RDF曲线，如图11所示，图10中的曲线仅有三个波峰，且$r>5$ Å后呈一条直线，长程分布无序，没有晶相特征。因此，目前的模拟条件下，不同基底温度下生长的SiC薄膜都为短程有序、长程无序的非晶结构。

### 3.5 配位数分析

配位数（Coordination Number，CN）的定义为晶格中与某一原子相距最近的原子个数，可以反映晶体的点阵结构[27]，例如体心立方（BCC）结构的晶胞中，原子的配位数为8。对于非晶结构，也可以用配位数这一概念来描述其性质，可以通过下述表达式求解：

$$N = \int_0^{r_{\min}} 4\pi r^2 \rho g(r) \mathrm{d}r。 \tag{10}$$

式中，$r_{\min}$ 为径向分布函数 $g(r)$ 波谷值，$\rho$ 为系统密度，$N$ 为原子配位数。根据上节得到的不同基底温度下的 RDF 曲线，分别对其第一和第二波峰进行积分，便可得到其最近邻和次近邻配位数，它们的和称之为近邻原子配位数[28]。不同基底温度下得到的 SiC 薄膜的最近邻、次近邻、近邻配位数如表 2 所示。

表 2　不同基底温度下 SiC 薄膜中近邻原子配位数

| 温度 | 最近邻配位数 | 次近邻配位数 | 近邻配位数 |
| --- | --- | --- | --- |
| 500 K | 3.21 | 18.08 | 21.29 |
| 800 K | 3.28 | 20.77 | 24.05 |
| 1000 K | 3.31 | 20.26 | 23.57 |
| 1200 K | 3.26 | 20.87 | 24.13 |
| 1300 K | 3.25 | 20.92 | 24.17 |
| 1400 K | 3.39 | 20.50 | 23.89 |
| 1500 K | 3.40 | 19.33 | 22.73 |
| 1600 K | 3.25 | 19.97 | 23.22 |
| 纯 SiC | 4 | 16 | 20 |

从表 2 可以看出，不同基底温度下，薄膜的配位数都不为整数，且最近邻配位数都小于 4。说明薄膜中最近邻原子有共价键结合特征，且具有高度方向性[28]。在基底温度低的情况下（500 K），配位数最小，薄膜的结构不够紧密。随着基底温度的升高，原子近邻配位数逐渐增加，薄膜的内部越致密。

## 4　结论

本文通过分子动力学方法模拟了不同基底温度下，表面沉积 SiC 薄膜的过程，分析了 SiC 薄膜的表面粗糙度、径向分布函数和配位数，得到了如下结论：

（1）采用 MD 方法构造的金刚石、3C‑SiC、4H‑SiC 和 6H‑SiC 晶体的晶格常数与理论值吻合较好，验证了 Tersoff 势和 Vashishta 势描述金刚石和 SiC 晶体的可行性。

（2）采用 MD 方法模拟沉积过程时，控制 C、Si 原子沿 z 轴负方向以一定初始速度入射。入射原子与基底、入射原子间碰撞减速，在能量耗散后被基底吸附，进行层状生长，形成 SiC 薄膜。

（3）温度与 SiC 薄膜质量密切相关：高温下（≥800 K），薄膜表面粗糙度低，并随温度升高呈下降趋势；低温下（500 K），薄膜表面粗糙，质量低。不同基底温度下沉积得到的 SiC 薄膜中，Si‑C 原子径向分布函数都有明显的第一、第二波峰，以及略有凸起的第三波峰，且不同基底温度下的波峰值几乎相等，说明此处沉积得到的 SiC 薄膜都为短程有序、长程无序的非晶结构。接着通过配位数分析，发现基底温度越高，近邻配位数越大，薄膜越致密。

本研究表明 MD 方法可用于 SiC 材料的气相沉积过程模拟，是对 FB‑CVD 复杂过程分阶段研究的一个初步工作，在晶型形成、沉积效率等多方面还有优化的空间。未来可以此为基础，纳入化学反应、流体动力学等新的角度，开展更加深入的研究，建立分子尺度的 FB‑CVD 模型，用于优化 SiC 包覆过程。

**参考文献：**

[1]　张作义，原鲲．我国高温气冷堆技术及产业化发展[J]．现代物理知识，2018，30（4）：4‑10.

[2] LIU R, LIU M, CHANG J. Large-scale synthesis of monodisperse SiC nanoparticles with adjustable size, stoichiometric ratio and properties by fluidized bed chemical vapor deposition [J]. Journal of Nanoparticle Research, 2017, 19 (2): 26.

[3] 刘马林. 流化床-化学气相沉积技术在先进核燃料制备中的应用进展 [J]. 化工进展, 2019, 38 (4): 1646-53.

[4] HANSSON T, OOSTENBRINK C, VAN GUNSTEREN W. Molecular dynamics simulations [J]. Current Opinion in Structural Biology, 2002, 12 (2): 190-6.

[5] MENG L, SUN Q, WANG J, et al. Molecular Dynamics Simulation of Chemical Vapor Deposition Graphene Growth on Ni (111) Surface [J]. The Journal of Physical Chemistry C, 2012, 116 (10): 6097-102.

[6] LU Y, YANG X. Molecular simulation of graphene growth by chemical deposition on nickel using polycyclic aromatic hydrocarbons [J]. Carbon, 2015, 81: 564-73.

[7] GUPTA C K S D. Fluid bed technology in materials processing [M]. CRC press, 1998.

[8] SEE C H, HARRIS A T. A Review of Carbon Nanotube Synthesis via Fluidized-Bed Chemical Vapor Deposition [J]. Industrial & Engineering Chemistry Research, 2007, 46 (4): 997-1012.

[9] WERTHER J. Fluidized-Bed Reactors [M]. Ullmann's Encyclopedia of Industrial Chemistry. 2007.

[10] PIERSON H O. Handbook of chemical vapor deposition: principles, technology and applications [M]. William Andrew, 1999.

[11] 杨毅, 刘宏英, 李凤生, 等. 纳米/微米复合材料气相制备技术述评 [J]. 化工进展, 2005, (2): 137-41.

[12] VAHLAS C, CAUSSAT B, SERP P, et al. Principles and applications of CVD powder technology [J]. Materials Science and Engineering: R: Reports, 2006, 53 (1): 1-72.

[13] 刘荣正, 刘马林, 邵友林等. 流化床-化学气相沉积技术的应用及研究进展 [J]. 化工进展, 2016, 35 (5): 1263-72.

[14] GRUBMüLLER H, HELLER H, WINDEMUTH A, et al. Generalized Verlet Algorithm for Efficient Molecular Dynamics Simulations with Long-range Interactions [J]. Molecular Simulation, 1991, 6 (1-3): 121-42.

[15] TERSOFF J. Empirical Interatomic Potential for Carbon, with Applications to Amorphous Carbon [J]. Physical Review Letters, 1988, 61 (25): 2879-82.

[16] TERSOFF J. New empirical approach for the structure and energy of covalent systems [J]. Physical Review B, 1988, 37 (12): 6991-7000.

[17] CHEN W, LI L S. The study of the optical phonon frequency of 3C-SiC by molecular dynamics simulations with deep neural network potential [J]. Journal of Applied Physics, 2021, 129 (24): 244104.

[18] WU Z, LIU W, ZHANG L. Effect of structural anisotropy on the dislocation nucleation and evolution in 6HSiC under nanoindentation [J]. Ceramics International, 2019, 45 (11): 14229-37.

[19] VASHISHTA P, KALIA R K, RINO J P, et al. Interaction potential for $SiO_2$: A molecular-dynamics study of structural correlations [J]. Physical Review B, 1990, 41 (17): 12197-209.

[20] VASHISHTA P, KALIA R K, NAKANO A, et al. Interaction potential for silicon carbide: A molecular dynamics study of elastic constants and vibrational density of states for crystalline and amorphous silicon carbide [J]. Journal of Applied Physics, 2007, 101 (10): 103515.

[21] HOM T, KISZENIK W, POST B. Accurate lattice constants from multiple reflection measurements. II. Lattice constants of germanium silicon, and diamond [J]. Journal of Applied Crystallography, 1975, 8 (4): 457-8.

[22] HUANG D, PU J, LU Z, et al. Microstructure and surface roughness of graphite-like carbon films deposited on silicon substrate by molecular dynamic simulation [J]. Surface and Interface Analysis, 2012, 44 (7): 837-43.

[23] 刘惠伟. Cu13团簇在Fe (001) 表面沉积成膜的分子动力学模拟研究 [D]. 兰州: 兰州大学, 2019.

[24] 白清顺, 窦昱昊, 何欣, 等. 基于分子动力学模拟的铜晶面石墨烯沉积生长机理 [J]. 物理学报, 2020, 69 (22): 348-56.

[25] ZIMM B H. The Scattering of Light and the Radial Distribution Function of High Polymer Solutions [J]. The Journal of Chemical Physics, 2004, 16 (12): 1093-9.

[26] 赵素, 李金富, 周尧和. 分子动力学模拟及其在材料科学中的应用 [J]. 材料导报, 2007, (4): 5-8+25.

[27] HOPPE R. The Coordination Number – an "Inorganic Chameleon" [J]. Angewandte Chemie International Edition in English, 1970, 9 (1): 25-34.
[28] 胡秋发. a-Si：H/c-Si 薄膜生长的分子动力学模拟研究 [D]. 南昌：南昌大学, 2014.

# Molecular dynamics simulation of the deposition preparation process of SiC materials

## TIAN Yu, YAN Ze-fan, LIU Rong-zheng, LIU Bing, SHAO You-lin, TANG Ya-ping, LIU Ma-lin*

(Institute of Nuclear Energy and New Energy Technology of Tsinghua University, Beijing 100084, China)

**Abstract:** High temperature gas-cooled reactor (HTGR) uses tri-structural isotropic (TRISO) coated nuclear fuel, and is characterized by its inherent safety and application in hydrogen production. TRISO fuel particles use silicon carbide (SiC) as the shielding layer of fission products, which has important effects on the whole particle. Therefore, the preparation of high quality SiC coating is of great significance to improve the overall performance of TRISO particles. At present, SiC coating has been successfully prepared by fluidized bed chemical vapor deposition (FB-CVD) using MTS as precursor, but there are still a series of problems such as long coating time (about 2~3 hours for 35 $\mu$m coating) and coating efficiency (about 80%~87% of MTS utilization efficiency) remaining to be improved. With the development of a larger-scale HTGR fuel element production line and the need to improve the economy of fuel element preparation, the process of SiC coating layer preparation by FB-CVD needs to be analyzed from the perspective of crystal growth to obtain the influence of various parameters on SiC crystal growth. The use of molecular dynamics (MD) methods allows to simulate and describe the chemical vapor deposition process and helps to analyze the microscopic growth mechanism of materials. Based on the in-depth analysis of the FB-CVD process, this multi-physics coupling process will be analyzed and studied in stages. The vapor phase deposition process of SiC material is selected as the research object, and the deposition model is constructed by using MD method to simulate the deposition of C and Si atoms on the substrate and the growth evolution of SiC material, and the influence of substrate temperature on the quality of deposited layer is quantitatively analyzed in terms of surface roughness, radial distribution function and coordination number. This study shows that the MD method can be used to simulate the vapor deposition process of SiC materials, and the influence of temperature on the SiC coating is quantitatively analyzed. In the future, it can be used to simulate the TRISO particle coating process of SiC layer, and provide theoretical basis and guidance for the optimization of the preparation process of nuclear fuel coating.

**Key words:** Silicon Carbide, Vapor Phase Deposition, Molecular Dynamics, Materials Preparation Simulation

# 锆铪分离碱洗余水回用及锆回收试验研究

王育学，孔冬成，龚道坤

(中核集团二七二铀业有限责任公司，湖南　衡阳　421000)

**摘　要：** 基于某公司核级海绵锆（铪）制备技术中试验证项目，以锆铪萃取分离技术 TBP-$HNO_3$＋X 法为基础，进行碳酸钠降耗分析，开展了碱洗余水回收锆及返回使用台架试验及中试验证试验，并确定了锆铪分离碱洗余水回用及锆回收工艺技术路线。结果表明：以锆铪分离反有碱洗后的碱洗余水为原料，经过加入液碱沉淀，过滤得到氢氧化锆沉淀产物，沉淀母液经过预处理作为碱洗剂进行回用，与反有进行碱洗再生，通过控制不断回用的碱洗余水中的硝酸根浓度，当碱洗余水硝酸根浓度接近 450 g/L 时，沉淀后的母液则进入硝钠工序进行回收。该工艺技术充分利用碱洗余水中未参与反应的碳酸钠、碳酸氢钠，提高锆回收率，可大幅降低原材料消耗。工艺改进后，中试线碳酸钠单耗较项目验收前减少 63.76%，锆铪分离工序锆回收率提高 1.74%，工业水单耗降低 7.4%。

**关键词：** 锆铪分离；碱洗余水；碱沉

TBP-$HNO_3$＋X 萃取分离工艺技术是某公司自主研发的锆铪湿法分离新技术，是核级海绵锆（铪）生产的关键技术[1]。该技术以氯氧化锆为原料制备萃取原液，以 $HNO_3$＋X 作为介质，采用磷酸三丁酯作萃取剂，磺化煤油作稀释剂，用碳酸钠作有机相再生剂，稀硝酸作为再生有机相水洗剂。通过萃取分离锆铪，可以同时制得核级二氧化锆和核级二氧化铪产品[2]。

中试期间，锆铪湿法分离有机相进行碱洗再生后，碱洗余水进入废水处理工序处理。碱洗余水中有含锆、碳酸钠、碳酸氢钠及其他杂质，其中碱洗余水中的锆，可以利用液碱沉淀回收，过滤后的沉淀母液，可以作为碱洗剂回用，起到节约工业用水、原辅材料消耗、提高锆回收率及生态环保作用[3]。

为了达到降低试剂消耗，提高锆回收率等目的，本研究重点从对碱洗余水进行处理回用，对其中的锆进行回收的角度进行研究：对碱洗余水余碱控制量、碱洗余水回用比例、碱洗余水加碱沉淀试验、沉淀碱余过滤及滤饼（主要为氢氧化锆）溶解试验，过滤后沉淀母液作为碱洗剂回用，碱洗再生试验，反有碱洗再生，逆流碱洗再生试验，碱洗余水中直接加碳酸钠回用试验，以及碱洗剂对比试验。工艺改进试验取得了较理想的结果，在现有运行参数下的改进，通过理论计算实验在不增加原有碱洗余水锆含量的情况下，可减少碳酸钠 63.76% 用量，提升锆铪分离回收率 1.74%，通过洗涤水水洗，得到的贫有符合生产要求[4-9]。

## 1　试验部分

### 1.1　试验方法

#### 1.1.1　锆铪分离碱洗再生工艺优化研究

（1）碱洗剂对比条件试验

根据现场反有酸度、DBP 及锆浓度，选择不同种类的碱洗剂进行对比试验。

（2）碱洗余水直接加碳酸钠回用试验

用过滤后的碱洗余水配制碳酸钠，浓度接近生产的碱洗剂，进行碱洗再生试验。

---

作者简介：王育学（1993—），男，湖南省常德人，工学学士，工程师，主要从事铀纯化、锆铪分离、锆铪冶金工艺领域研究。

(3) 碱洗余水加碱沉淀，沉淀母液回用条件试验

用液碱将碱洗余水中锆沉淀回收，并将剩余碳酸氢钠转化为碳酸钠，将沉淀母液作为碱洗剂进行回用。

(4) 碱洗再生工艺优化后的逆流碱洗稳定性试验

将逆流试验产生的碱洗余水，进行加碱沉淀、沉淀母液回用等试验，若返回碱洗效果良好且无硝酸钠或其他杂质析出则继续进行，摸清碱洗回用次数。

### 1.1.2 锆铪分离碱洗余水回收锆工艺研究

(1) 碱洗余水加碱沉淀试验

通过在碱洗余水中加液碱，控制不同沉淀pH，进行锆沉淀效果试验。

(2) 碱洗余水加酸中和再加碱试验

通过在碱洗余水中加硝酸，除去碳酸根、碳酸氢根，再进行加液碱沉淀回收锆试验。

(3) 沉淀过滤及滤饼酸溶试验

对碱洗余水在不同沉淀条件下的沉淀母液进行过滤试验，并将过滤后的滤饼进行酸溶，判断酸溶效果。

## 1.2 仪器与试剂

### 1.2.1 主要仪器与设备

混合澄清器、水环真空泵、抽滤瓶、分液漏斗、烧杯、六联加热搅拌器、广泛pH试纸、量筒、烧杯、电子秤（2 kg、100 kg）、滤纸、取样瓶等。

### 1.2.2 原料与试剂

锆反萃有机相、液碱、碳酸氢钠、碳酸钠、工业水等。

## 1.3 分析方法

有机相酸度测量，碳酸根和碳酸氢根的联合滴定法，晶体粒度分析，锆、铪浓度采用icp-aes等。

## 1.4 试验原理

锆铪湿法分离有机相进行碱洗再生后，碱洗余水中含有过剩$Na_2CO_3$和$NaHCO_3$，在这种碱性溶液中，四价锆是以三碳酸锆酰钠（$Na_4[ZrO(CO_3)_3]$）的形式存在。反萃取液通过碱分解法沉淀锆[10]。当把氢氧化钠加入含锆碳酸盐溶液时，氢氧化钠首先与$NaHCO_3$发生如下反应而使溶液中pH值上升：

$$NaHCO_3 + NaOH = Na_2CO_3 + H_2O \tag{1}$$

当加入过量的氢氧化钠溶液，使溶液pH值大于11时，溶液中的三碳酸锆酰钠便分解生成氢氧化锆酰沉淀，其反应式为：

$$Na_4[ZrO(CO_3)_3] + 2NaOH + nH_2O = ZrO(OH)_2 \cdot nH_2O \downarrow + 3Na_2CO_3 \tag{2}$$

# 2 试验结果与讨论

## 2.1 碱洗剂优化条件及效果探索

(1) 不同碱洗剂对比试验

根据中试现场反有酸度、DBP及锆浓度，选择1.2 mol/L $Na_2CO_3$、2.4 mol/L $NaHCO_3$、2.4 mol/L NaOH溶液，进行两级错流碱洗再生，相比：O/A=3/1，搅拌5 min，常温。试验结果见表1。

表 1 不同碱洗剂反有再生对比试验数据

| 碱洗剂 | | 碳酸钠 | | 碳酸氢钠 | | 液碱 | |
|---|---|---|---|---|---|---|---|
| 相比（O/A） | | 3/1 | | 3/1 | | 3/1 | |
| 级数 | | 1级 | 2级 | 1级 | 2级 | 1级 | 2级 |
| 有机相 | Zr/ (g/L) | 0.041 | 0.015 | 0.049 | 0.016 | 0.038 | 0.022 |
| | Hf/ (g/L) | 0.0001 | 0.0001 | 0.0001 | 0.0001 | 0.001 | 0.001 |
| | $Na_2CO_3$/ (g/L) | — | — | — | — | — | — |
| | $NaHCO_3$/ (g/L) | — | — | — | — | — | — |
| 水相 | Zr/ (g/L) | 1.691 | 0.048 | 1.546 | 0.055 | 0.005 | 0.001 |
| | Hf/ (g/L) | 0.002 | 0.001 | 0.002 | 0.001 | 0.001 | 0.001 |
| | $Na_2CO_3$/ (g/L) | 6.64 | 114.2 | — | — | — | — |
| | $NaHCO_3$/ (g/L) | 55.2 | 2.36 | 67.4 | 167.2 | — | — |
| | NaOH/ (g/L) | — | — | — | — | 15.85 | 93.15 |

注：反有：[Zr] = 0.563 g/L，[Hf] = 0.001 g/L，[$HNO_3$] = 0.7 mol/L。

碱洗剂分别为：[$Na_2CO_3$] = 125.66 g/L；[$NaHCO_3$] = 198.5 g/L；[NaOH] = 95.5 g/L。

通过碱洗结果可以看出，碳酸钠，碳酸氢钠都可以满足碱洗再生需求；液碱碱洗 pH 控制困难，碱洗再生后有机相易产生中间相及水相有沉淀产生，不利于中试及扩大生产应用；根据中试现场经验，再生有机相中锆含量小于 20 mg/L 时，DBP 去除效果大于 98%，满足生产需求。

（2）碱洗余水直接加碳酸钠回用试验

直接用过滤后的碱洗余水配制的碳酸钠浓度接近生产的碱洗剂，进行两级错流碱洗再生，相比：O/A = 3/1，搅拌 5 min，常温。试验结果见表 2。

表 2 碱洗余水直接加碳酸钠回用试验 2 级错流试验数据

| 序号 | 样品号 | [Zr] / (g/L) | [Hf] / (g/L) | [$Na_2CO_3$] / (g/L) | [$NaHCO_3$] / (g/L) | [$H^+$] / (mol/L) |
|---|---|---|---|---|---|---|
| 1 | 碱洗余水 | 1.755 | 0.0018 | 18.60 | 56.32 | |
| 2 | 碱洗剂 | 1.727 | 0.0001 | 93.52 | 45.15 | |
| 3 | 反有 | 0.5932 | 0.0078 | | | 0.71 |
| 4 | 碱洗错流一次水相 | 2.712 | 0.0365 | 5.29 | 25.26 | |
| 5 | 碱洗错流一次有机相 | 0.2887 | 0.0118 | | | |
| 6 | 碱洗错流二次水相 | 0.0569 | 0.0267 | 90.60 | 43.64 | |
| 7 | 碱洗错流二次有机相 | 0.0997 | 0.0025 | | | |

通过试验（1）不同碱洗剂对比试验及（2）碱洗余水直接加碳酸钠回用试验对比，可得：

① 适量的碳酸钠、碳酸氢钠进行碱洗再生，再生有机相锆含量可降低至 20 mg/L，DBP 去除率满足工艺要求。

② 碱洗剂为液碱时，有机相碱洗再生条件接近 20 mg/L，但产生大量沉淀，导致有机相产生中间相，不利于生产控制。

③ 碱洗余水直接加碳酸钠进行碱洗再生，碱洗效果效果不佳，不满足现有生产工艺需求。

## 2.2 碱洗余水回用工艺路线探索

计划采用两种工艺路线，即碱洗余水直接加碳酸钠配制成碱洗剂，进行碱洗余水回用，或碱洗余水加液碱先将锆沉淀，将过滤后的沉淀母液作为碱洗剂回用，减少碳酸钠消耗。工艺流程见图 1 和图 2。

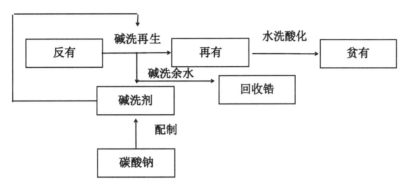

图 1　工艺流程路线 1

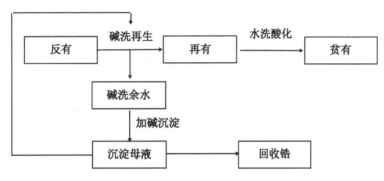

图 2　工艺流程路线 2

根据第一种方案，进行了两级错流碱洗再生试验，试验发现当碱洗余水直接添加碳酸钠时，碳酸钠溶解缓慢，其中锆和其他杂质含量高，影响有机相碱洗再生效果，两次错流后，再生有机相锆含量为 99.7 mg/L。选择第二种方案的工艺技术路线开展研究。

(1) 碱洗余水加碱沉淀，沉淀母液回用条件试验

① 准备碱洗余水。取生产现场中碱洗余水 200 mL，除油过滤，取样分析。

② 加碱沉淀。取 100 mL 碱洗余水，搅拌加热至 50 ℃；逐渐滴加 32% 的液碱，至 pH=12。继续加温搅拌，老化 30 min。

③ 过滤。准备滤纸、漏斗、抽滤瓶。将沉淀物料进行过滤，滤饼取样分析粒径，滤液取样分析。

④ 反有碱洗再生。将生产现场中反有，与取样分析后的滤液进行 2 级错流碱洗再生，相比：O/A=3/1，搅拌 5 min，分相后取样分析。分析数据如表 3 所示。

表 3　试验分析数据

| 序号 | 样品号 | Zr/(g/L) | Hf/(g/L) | $Na_2CO_3$/(g/L) | $NaHCO_3$/(g/L) | $H^+$/(mol/L) |
| --- | --- | --- | --- | --- | --- | --- |
| 1 | 碱洗余水 | 1.755 | 0.001 8 | 18.60 | 56.32 | |
| 2 | 沉淀滤液 | 0.000 7 | 0.000 1 | 93.52 | | |
| 3 | 反有 | 0.593 2 | 0.007 8 | | | 0.71 |
| 4 | 碱洗错流一次水相 | 0.212 | 0.036 5 | 5.29 | 25.26 | |

续表

| 序号 | 样品号 | 项目 |||||
|---|---|---|---|---|---|---|
| | | Zr/(g/L) | Hf/(g/L) | Na₂CO₃/(g/L) | NaHCO₃/(g/L) | H⁺/(mol/L) |
| 5 | 碱洗错流一次有机相 | 0.288 7 | 0.011 8 | | | |
| 6 | 碱洗错流二次水相 | 0.054 9 | 0.026 7 | 90.60 | | |
| 7 | 碱洗错流二次有机相 | 0.019 7 | 0.002 5 | | | |

注：沉淀滤液中 NaOH 为 5.82 g/L。

通过实验，加碱沉淀时，消耗 32% 液碱 10.0 mL，溶液逐渐混浊，呈淡黄色，老化静置后，分层现象明显。过滤时，滤饼呈淡黄色，沉淀滤液呈黄色透明溶液。沉淀滤液锆含量为 0.7 mg/L，沉淀过滤效果较好。错流时无乳化现象产生，分层良好，二次错流有机相中锆含量符合生产需求。

（2）碱洗再生工艺优化后的逆流碱洗稳定性试验

通过进行 2 级逆流碱洗，将试验（1）中 2 级错流改为 2 级逆流，重复试验（1），平衡后收集每次碱洗余水，取样分析（返回碱洗效果良好情况下且无硝酸钠或其他杂质析出，则可继续逆流试验）。试验结果见表 4。

表 4 试验分析数据

| 序号 | 样品号 | 项目 |||||
|---|---|---|---|---|---|---|
| | | Zr/(g/L) | Hf/(g/L) | Na₂CO₃/(g/L) | NaHCO₃/(g/L) | NO₃⁻/(g/L) |
| 1 | 碱洗余水 1# | 1.655 | 0.001 8 | 18.60 | 56.32 | 120.65 |
| 2 | 沉淀滤液 1# | 0.000 7 | 0.000 1 | 93.52 | | 126.15 |
| 3 | 碱洗余水 2# | 1.557 | 0.007 8 | 15.28 | 68.44 | 258.45 |
| 4 | 沉淀滤液 2# | 0.000 4 | 0.000 1 | 90.51 | | 264.47 |
| 5 | 碱洗余水 3# | 1.687 | 0.011 8 | 13.88 | 76.84 | 388.13 |
| 6 | 沉淀滤液 3# | 0.000 5 | 0.000 1 | 88.39 | | 367.64 |
| 7 | 碱洗余水 4# | 1.519 | 0.002 5 | 16.76 | 69.21 | 421.87 |
| 8 | 沉淀滤液 4# | 0.000 6 | 0.000 1 | 87.54 | | 425.69 |
| 9 | 碱洗余水 5# | 1.686 | 0.000 4 | 11.21 | 56.98 | 465.23 |

注：反有：[Zr]=0.548 g/L，[Hf]=0.001 g/L，[HNO₃]=0.7 mol/L。

由于滤饼水分夹带及蒸发水分流失沉淀滤液体积误差在 3 mL。每次消耗液碱分别为 10.0 mL、10.3 mL、9.8 mL、11.1 mL。4 次回用后，硝酸根含量为 465.23 g/L。有晶体析出。

第 4 次沉淀滤液硝酸根浓度为 425.69 g/L，无结晶沉淀析出，当反有保持为一定区间值时，流比不变的情况下，硝酸根浓度接近 450 g/L 时，则进入硝酸钠回收。

## 2.3 锆铪分离碱洗余水回收锆工艺路线探索

（1）碱洗余水加碱沉淀条件试验

通过加入过量液碱，探索在过碱条件下，对过滤及锆回收的影响。

① 准备碱洗余水。取生产现场中碱洗余水 500 mL，除油过滤，取样分析。

② 加碱沉淀。分别取 100 mL 碱洗余水至 3 个，搅拌加热至 50 ℃。逐渐滴加 32% 的液碱，至 pH=12；pH=13；pH=14。继续加温搅拌，老化 30 min。

③ 过滤。准备滤纸、漏斗、抽滤瓶。将沉淀物料进行过滤，滤饼取样分析粒径，滤液取样分析。试验结果见表 5。

表 5 试验分析数据

| 序号 | 样品号 | [Zr]/(g/L) | [Hf]/(g/L) | [Na₂CO₃]/(g/L) | [NaOH]/(g/L) | [NO₃⁻]/(g/L) |
|---|---|---|---|---|---|---|
| 1 | 沉淀滤液（pH12） | 0.000 2 | 0.000 1 | 92.33 | 5.64 | 120.65 |
| 2 | 沉淀滤液（pH13） | 0.000 4 | 0.000 1 | 93.52 | 6.58 | 122.15 |
| 3 | 沉淀滤液（pH14） | 0.000 3 | 0.000 1 | 93.45 | 8.44 | 123.45 |

注：反有：[Zr] = 0.543 g/L，[Hf] = 0.001 g/L，[HNO₃] = 0.7 mol/L。

通过试验可得，pH≥12不影响锆收率，沉淀终点控制越低液碱消耗越少，夹带水分越少。

（2）滤饼酸溶条件试验

通过将过滤后的滤饼酸溶，返回制备萃原液，实现锆金属的回收利用。

① 取滤饼 10 g，干燥煅烧后，得含水率，进行杂项分析。

② 取滤饼 100 g，加 50 mL 68% HNO₃ 酸溶液，过滤取样分析。试验分析结果如表 6 所示。

表 6 滤饼集合样组分质量分数

| 项目 | ZrO₂ | HfO₂ | Ti | Al | Fe |
|---|---|---|---|---|---|
| 滤饼 | 68.35% | 0.003% | 0.022 9% | 0.117 8% | 0.210% |

| 项目 | Ni | Mn | Na | Si | Co |
|---|---|---|---|---|---|
| 滤饼 | 0.516 0% | 0.067 7% | 23.044% | 0.276 8% | 0.013 9% |

注：酸溶液集合样：[Zr] = 54.2 g/L，[Hf] = 0.003 g/L。

二氧化铪实验样：$\omega_{HfO_2/(ZrO_2+HfO_2)} = 0.005\%$

杂质含量低，能用于萃原液制备。

## 2.4 碱洗余水回用及锆回收工艺路线确定

经过多次的小型试验，确定的 TBP-HNO₃+X 萃取分离锆铪工艺改进过程，如图 3 所示。通碱洗剂进行两级碱洗再生（第一次碱洗剂为 1.2 mol/L 碳酸钠，流比为 3/1）；碱洗余水再进行加碱沉淀，pH 控制在12，循环 4 次后（或）沉淀母液去硝酸钠回收，用洗涤酸水对再生有机相进行两级水洗，流比为 2/1。

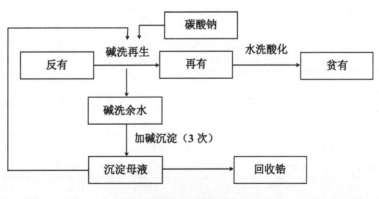

图 3 确定工艺流程线路 3

## 2.5 碱洗余水回用及锆回收中试验证

以中试生产的锆铪分离混合澄清器为基础，碱洗余水回用及锆回收工艺改进已成功在工业试验中连续运行48 h，中试试验生产的贫有及回收锆产品符合生产参数要求，具体取样分析结果见表7。

表7 改进工艺后的中试试验生产数据

| 日期（2021年5月10日） | | 4:00 | 8:00 | 12:00 | 16:00 | 20:00 | 24:00 |
|---|---|---|---|---|---|---|---|
| 反有 | Zr/(g/L) | 0.515 | 0.587 | 0.534 | 0.497 | 0.488 | 0.547 |
| | Hf/(g/L) | 0.001 | 0.001 | 0.001 | 0.001 | 0.001 | 0.001 |
| | $HNO_3$/(mol/L) | 0.63 | 0.68 | 0.65 | 0.67 | 0.66 | 0.68 |
| 再有 | Zr/(g/L) | 0.031 | 0.024 | 0.021 | 0.021 | 0.021 | 0.020 |
| | Hf/(g/L) | 0.001 | 0.001 | 0.001 | 0.001 | 0.001 | 0.001 |
| | DBP | 0.012% | 0.012% | 0.012% | 0.012% | 0.012% | 0.012% |
| 贫有 | Zr/(g/L) | 0.018 | 0.024 | 0.021 | 0.014 | 0.017 | 0.011 |
| | Hf/(g/L) | 0.001 | 0.001 | 0.001 | 0.001 | 0.001 | 0.001 |
| | $HNO_3$/(mol/L) | 0.21 | 0.22 | 0.24 | 0.23 | 0.21 | 0.22 |
| 碱洗剂 | Zr/(g/L) | 0 | 0.0004 | 0.0004 | 0.0004 | 0.001 | 0.001 |
| | $Na_2CO_3$/(g/L) | 126.7 | 111.4 | 114.8 | 110.4 | 127.0 | 119.1 |
| | NaOH/(g/L) | 0 | 5.36 | 5.47 | 6.24 | 0.01 | 0.22 |
| 碱洗余水 | Zr/(g/L) | 1.531 | 1.487 | 1.567 | 1.511 | 1.527 | 1.587 |
| | $Na_2CO_3$/(g/L) | 15.2 | 12.3 | 14.9 | 13.6 | 10.8 | 11.4 |
| | $NaHCO_3$/(g/L) | 68.7 | 87.2 | 69.5 | 81.2 | 66.3 | 69.4 |
| 沉淀母液 | Zr/(g/L) | 0.0004 | 0.001 | 0.0003 | 0.001 | 0.001 | 0.001 |
| | Hf/(g/L) | 0.0001 | 0.0001 | 0.0001 | 0.0001 | 0.001 | 0.001 |
| | $Na_2CO_3$/(g/L) | 111.8 | 121.1 | 110.6 | 117.1 | 102.3 | 117.7 |
| | NaOH/(g/L) | 5.24 | 5.13 | 6.12 | 2.19 | 3.78 | 5.48 |
| | $NO_3^-$/(g/L) | 123.1 | 246.3 | 367.1 | 422.4 | 134.5 | 225.7 |
| 日期（2021年5月11日） | | 4:00 | 8:00 | 12:00 | 16:00 | 20:00 | 24:00 |
| 反有 | Zr/(g/L) | 0.561 | 0.574 | 0.563 | 0.587 | 0.538 | 0.559 |
| | Hf/(g/L) | 0.001 | 0.001 | 0.001 | 0.001 | 0.001 | 0.001 |
| | $HNO_3$/(mol/L) | 0.69 | 0.67 | 0.67 | 0.69 | 0.71 | 0.68 |
| 再有 | Zr/(g/L) | 0.024 | 0.022 | 0.019 | 0.023 | 0.020 | 0.021 |
| | Hf/(g/L) | 0.001 | 0.001 | 0.001 | 0.001 | 0.001 | 0.001 |
| | DBP | 0.012% | 0.011% | 0.012% | 0.011% | 0.012% | 0.011% |
| 贫有 | Zr/(g/L) | 0.016 | 0.017 | 0.013 | 0.017 | 0.016 | 0.015 |
| | Hf/(g/L) | 0.001 | 0.001 | 0.001 | 0.001 | 0.001 | 0.001 |
| | $HNO_3$/(mol/L) | 0.20 | 0.21 | 0.22 | 0.21 | 0.21 | 0.22 |
| 碱洗剂 | Zr/(g/L) | 0.0004 | 0.0006 | 0.0001 | 0.0004 | 0.001 | 0.001 |
| | $Na_2CO_3$/(g/L) | 120.1 | 112.4 | 126.8 | 111.4 | 110.0 | 107.1 |
| | NaOH/(g/L) | 4.54 | 5.39 | 0.01 | 6.14 | 5.32 | 5.88 |

续表

| 日期（2021年5月11日） | | 4：00 | 8：00 | 12：00 | 16：00 | 20：00 | 24：00 |
|---|---|---|---|---|---|---|---|
| 碱洗余水 | Zr/（g/L） | 1.531 | 1.671 | 1.467 | 1.547 | 1.518 | 1.697 |
| | $Na_2CO_3$/（g/L） | 18.1 | 11.7 | 16.2 | 17.2 | 12.1 | 13.4 |
| | $NaHCO_3$/（g/L） | 68.2 | 78.4 | 75.1 | 67.9 | 67.2 | 69.4 |
| 沉淀母液 | Zr/（g/L） | 0.0003 | 0.0010 | 0.0003 | 0.0011 | 0.001 | 0.001 |
| | Hf/（g/L） | 0.0001 | 0.0001 | 0.0001 | 0.0001 | 0.001 | 0.001 |
| | $Na_2CO_3$/（g/L） | 111.8 | 111.1 | 112.6 | 117.1 | 104.3 | 111.7 |
| | NaOH/（g/L） | 5.24 | 5.13 | 6.12 | 2.19 | 3.78 | 5.48 |
| | $NO_3^-$/（g/L） | 369.1 | 455.1 | 124.1 | 254.3 | 266.7 | 442.8 |

具体中试工艺改进生产试验现场参数如表8～表9所示。

**表8　中试工艺改进生产试验现场流量数据**

| 日期（2021年5月10日） | 4：00 | 8：00 | 12：00 | 16：00 | 20：00 | 24：00 |
|---|---|---|---|---|---|---|
| 有机相/（$m^3$/h） | 0.504 | 0.501 | 0.503 | 0.502 | 0.504 | 0.502 |
| 碱洗剂/（$m^3$/h） | 0.168 | 0.166 | 0.167 | 0.168 | 0.167 | 0.169 |
| 碱洗余水/（$m^3$/h） | 0.166 | 0.167 | 0.166 | 0.169 | 0.168 | 0.170 |
| 水洗剂/（$m^3$/h） | 0.251 | 0.250 | 0.252 | 0.254 | 0.251 | 0.253 |
| 水洗余水/（$m^3$/h） | 0.253 | 0.250 | 0.252 | 0.253 | 0.252 | 0.254 |
| 日期（2021年5月11日） | 4：00 | 8：00 | 12：00 | 16：00 | 20：00 | 24：00 |
| 有机相/（$m^3$/h） | 0.503 | 0.502 | 0.502 | 0.501 | 0.505 | 0.504 |
| 碱洗剂/（$m^3$/h） | 0.168 | 0.168 | 0.167 | 0.167 | 0.167 | 0.168 |
| 碱洗余水/（$m^3$/h） | 0.167 | 0.168 | 0.166 | 0.167 | 0.167 | 0.168 |
| 水洗剂/（$m^3$/h） | 0.250 | 0.251 | 0.251 | 0.253 | 0.252 | 0.253 |
| 水洗余水/（$m^3$/h） | 0.252 | 0.251 | 0.253 | 0.254 | 0.250 | 0.254 |

注：沉淀滤饼中锆总含量为15.48 kg；
碳酸钠消耗371.7 kg；
32%液碱消耗3.43 t。

**表9　中试工艺改进生产试验现场数据**

| 日期 | 5月10日 | 5月11日 | 总计 |
|---|---|---|---|
| 反有锆含量/kg | 8.27 | 7.25 | 15.52 |
| 沉淀滤饼锆含量/kg | 8.44 | 7.04 | 15.48 |
| 碳酸钠消耗/kg | 246.6 | 125.1 | 371.7 |
| 32%液碱消耗/t | 1.52 | 1.91 | 3.43 |
| 工业水消耗/$m^3$ | 1.4 | 0.7 | 2.1 |
| 原工艺碳酸钠消耗/kg | 512.8 | 512.8 | 1025.6 |
| 原工艺工业水消耗/$m^3$ | 3.6 | 3.6 | 7.2 |

如表7所示，工业试验中的贫有酸度稳定在0.20 mol/L左右，锆浓度偏低（小于20 mg/L），符合生产需求。如表8所示，碱洗余水沉淀后的沉淀母液用于碱洗再生效果稳定，可回收碱洗余水中99.7%的锆，由于液碱和碱洗余水回用，碱洗配制工业水用量降低71%。

## 2.6 工艺改进前后原材料的消耗对比

锆铪工业中试生产连续运行中，5月12日的工业试验初步结果表明：在现有运行参数下改进，通过增加液碱消耗，可减少碳酸钠63.76%用量，提升锆铪分离锆回收率1.74%；通过洗涤水水洗，得到的贫有符合生产要求，并且碱洗余水经过回用后，工业水消耗减少，消耗降低7.4%。表10为中试验证项目生产1 t金属锆的部分原材料单耗对比。

表10 生产1t金属锆的部分原材料单耗对比

| 项目 | 锆铪分离工序（单耗） | 工艺改进后的（单耗） | 同比增幅 |
| --- | --- | --- | --- |
| 碳酸钠/t | 5.59 | 2.026 | -63.76% |
| 工业水/t | 387 | 358 | -7.4% |
| 液碱/t | 0 | 1.48 | — |

## 3 结论

经过多次实验及分析，可以得出如下结论：

（1）通过工业生产中改进后的碱洗余水回用工艺，可减少碳酸钠63.76%用量。

（2）通过中试实验，生产每吨金属锆需增加液碱单耗1.48 t，可回收碱洗余水中99.7%锆，锆铪分离收率提升1.74%，回用后的再生有机相锆符合生产需求。

（3）通过将沉淀滤饼酸溶为萃原液进行回收，酸溶效果良好，沉淀滤饼可100%酸溶回收。

（4）通过工业实验，控制碱洗余水回用，可提高锆收率，可大幅降低碱洗工业水消耗。

**参考文献：**

[1] 黄代富，周密，李春湘，等．制备原子能级二氧化锆（铪）工艺技术现状与新工艺的研究 [J]．中国核科学技术进展报告．2009（1）：188-196．

[2] 熊炳昆，温旺光，杨新民，等．锆铪冶金 [M]．北京：冶金工业出版社，2002．

[3] 王育学，祝和彪，孔冬成，等．一种锆铪分离碱洗余水回用及锆回收的方法 [P]．中国专利：CN114349212B．

[4] 柴延全，郑仕鸿，赵卓．锆铪分离技术的研究现状及发展趋势 [J]．有色金属工程，2017，7（2）：30-40．

[5] 侯嵩寿，尤曙彤，冯松，等．改进的 N235-$H_2SO_4$ 流程萃取分离锆铪制取原子能级氧化锆 [J]．稀有金属．1991（6）：409-410．

[6] 李攀红，徐志高，池汝安．湿法分离锆铪的研究进展 [J]．稀有金属．2016，40（5）：499-508．

[7] 林振汉．用 TBP 萃取锆和铪的工艺研究．[J]．稀有金属快报．2004，23（11）：21-25．

[8] 张平伟．溶剂萃取分离锆铪 [J]．稀有金属．1992.4（21）：286-292．

[9] 李大炳，赵凤岐，支梅峰，等．用磷酸三丁酯从硝酸体系中萃取分离锆铪试验研究 [J]．湿法冶金．2016，35（6）：507-512．

[10] 熊炳昆，杨新民，罗方承，等．锆铪及其化合物应用 [M]．北京：冶金工业出版社，2002．

# Experimental study on the reuse and recovery of residual water of zirconium hafnium separation alkali washing

WANG Yu-xue, KONG Dong-cheng, GONG Dao-kun

(CNNC 272 Uranium Co., Ltd., Hengyang, Hunan 421000, China)

**Abstract:** Based on the pilot test verification project of nuclear grade sponge zirconium (hafnium) preparation technology of a company, and based on the zirconium hafnium extraction separation technology TBP-$HNO_3$+X method, the sodium carbonate consumption reduction analysis was carried out, and the bench test and pilot test of the recovery of zirconium and return to use of alkali washing waste water were carried out, and the technical route of the recovery of zirconium and hafnium separation alkaline washing waste was determined. The results show that: with zirconium hafnium separation after alkali washing alkaline residual water as raw material, after adding liquid alkali precipitation, filter zirconium hydroxide precipitation products, precipitated mother liquor after pretreatment as alkali lotion for reuse, and reverse alkali washing regeneration, through the control of continuous reuse of alkali washing residual water concentration, when alkali washing residual water concentration of nitrate close to 450g/L, the mother liquor after precipitation enters the sodium nitrate process for recovery. This technology makes full use of sodium carbonate and sodium bicarbonate which are not involved in the reaction in the alkaline washing water to improve the yield of zirconium and reduce the consumption of raw materials significantly. After the process improvement, the per-unit consumption of sodium carbonate in the pilot line is reduced by 63.76% compared with that before the project acceptance, the recovery rate of zirconium and hafnium separation process is increased by 1.74%, and the per-unit consumption of industrial water is reduced by 7.4%.

**Key words:** Zirconium hafnium separation; Alkaline washing water; Alkali sedimentation

# 核电厂主汽门取压管断裂原因分析

张 震，赵 亮，张 维

(中核核电运行管理有限公司，浙江 海盐 314300)

**摘 要**：某核电厂启机过程中主汽门取压管发生断裂泄漏，漏点位于取压管与适配器承插焊缝处。结合运行工况、断口宏微观分析、水化学检验以及理化检验，对断裂部位的管线进行断裂原因分析。确认管线断裂原因是该处焊缝由于成形不良造成应力集中，从而导致管线在机组投运15年后产生了疲劳开裂。

**关键字**：断裂分析；取压管；疲劳断裂

## 1 前言

某核电机组在小修结束后启机时发现压力变送器的取压管线在靠近隔离阀一侧承插焊口处发生断裂泄漏，有蒸汽喷出。该管线功能为主汽门蒸汽压力连续在线监测，其运行工况见表1。

表 1 管线运行工况

| 运行温度 | 运行压力 | 管内介质 | 湿度 | 介质流量 | 材质 | 尺寸 | 投运寿命 | 振动状况 |
|---|---|---|---|---|---|---|---|---|
| 257.6 ℃ | 4.6 MPa | 水蒸气 | <2% | 0 | ss316L | 1 in | 15 年 | 振幅正常 |

现场观察发现取压管运行过程中存在振动，其振幅满足设计要求。具体连接形式为隔离阀（碳钢 A105）-承插焊缝-碳钢管道-异种钢对接焊缝-ASTM A276 适配器-承插焊缝-ASTM A213 取压管-压力变送器，其中适配器和取压管均为 316 不锈钢材质。

为明确断裂原因，本文的技术路线如下所示。

（1）整理收集取压管设计图纸、材质信息、运行工况等；
（2）对断口进行宏微观分析；
（3）通过化学元素分析对管线进行复验，并通过金相检验判断材料组织是否正常。

## 2 宏观分析

焊接接头由适配器、承插焊缝和取压管三部分组成，断裂的取压管及其示意图见图1，从图中可以看出其断裂位置位于适配器与 3/8in 取压管的焊接接头处，适配器与取压管材质均为 316L 不锈钢，焊接填充材料为 ER316L。

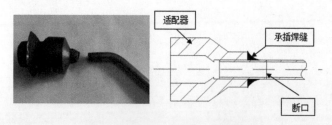

图 1 断裂的取压管及其示意图

---

作者简介：张震（1989—），男，硕士生，工程师，在秦山核电站从事役检材料工作。

图 2 为适配器断口的宏观形貌,从图 2a 中可以看出断裂发生在热影响区。从图 2b 中发现焊缝处残有焊接熔覆金属,该部分熔覆金属导致焊缝局部厚度不均,造成应力集中[1]。

图 2 适配器断口的宏观形貌

将图 2b 适配器一侧断面放大得到其断口拼接照片(图 3)。从图中可以看出,在断口的下部有疲劳源,其表面光滑,存在向四周扩散的贝纹线,贝纹线是典型的疲劳断口的宏观形貌特征[2]。

在断口的中上部观察到具有拉伸断裂形貌的韧窝,韧窝的形成与拉应力有关[3]。

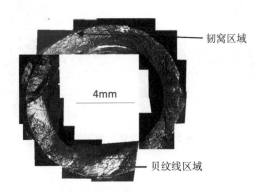

图 3 适配器一侧断面拼接照片

为进一步了解焊缝处的熔覆金属,对适配器接头进行分析。将适配器沿轴向剖开,纵剖面研磨抛光并用浸蚀液制取金相试样,得到适配器一侧的金相宏观照片(图 4)。从图中可以看出断口附近的材料均为焊缝组织,在焊缝的末端能看到一截取压管,表明焊接过程中热输入过大将取压管熔穿,导致焊肉浸入管内。结合图 2 的断口形貌可以确定断口位于焊趾上。

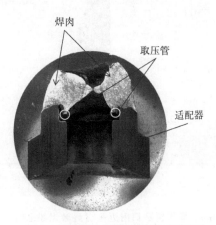

图 4 适配器一侧金相试样宏观照片

结合以上分析，初步判断在机组投运 15 年的时间里，该处焊缝由于成形不良在其热影响区产生疲劳裂纹，裂纹的起源位于贝纹区。

## 3 微观分析

为找到更多取压管断裂的线索，采用显微镜观察接头的显微组织形貌，采用扫描电镜观察断口贝纹线区域。

(1) 位于适配器侧的组织

图 5 为适配器侧的金相照片，金相图中包含不同特征的组织，取压管母材组织、焊缝组织以及显示出比较明显的拉拔织构的适配器母材组织。从图中可以看出，取压管端部的基材组织是正常的管材奥氏体，而其他部位则均为焊缝组织。这表明焊接过程中，承插端的取压管发生了熔化，这是焊接过程中热输入过大造成的。

**图 5 适配器侧金相照片**

(2) 位于取压管侧的组织

将断裂的管线对剖，得到两个剖面。剖面断口附近的显微组织形貌见图 6，图中金相组织大部分为取压管的母材组织，未发现适配器组织。在断口侧的边缘位置发现细小晶粒，属于焊肉组织形貌，这表明断裂发生在焊趾处。

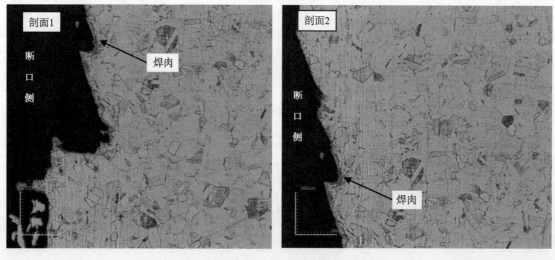

**图 6 取压管断口附近基材显微组织形貌**

（3）断口的贝纹区

采用扫描电镜观察图 3 中的贝纹区，得到 50 倍和 250 倍断口形貌（图 7～8）。从图中可以看到典型的"贝壳"状或"海滩"状贝纹线。

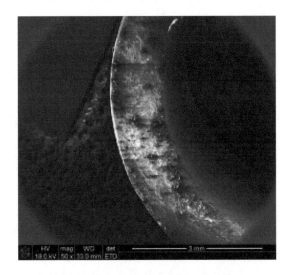 

图 7　断口低倍 SEM 形貌（50×）　　　　　　　　图 8　断口 SEM 形貌（250×）

从图 9 还可以看到断口上存在多处疲劳条带，呈现出疲劳断裂的特征。

 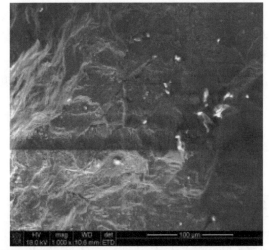

图 9　清洗后断口 SEM 形貌

通过对接头的微观分析，找到了更多的线索：

（1）通过观察焊缝熔覆金属的金相发现焊接过程中热输入过大，导致取压管被熔穿，焊肉浸入管内形成焊瘤。

（2）通过观察取压管侧断口金相发现断裂发生在焊趾处。

（3）通过观察贝纹区的 SEM 照片发现断口上存在多处疲劳条带，断口呈现出疲劳断裂的特征。

## 4　水化学分析

为验证管线是否处于应力腐蚀开裂的环境中，对同类管线中的残留水进行水化学分析，结果见表 2。结果显示氯的含量极低，不满足应力腐蚀开裂的条件[4]。因此取压管断裂与应力腐蚀开裂没有关系。

表 2　取压管同类管线水化学分析

| 序号 | 取压管对应的隔离阀编码 | Cl⁻含量（200 mL 水样） |
| --- | --- | --- |
| 1 | 1-4113-V5631 | 10.40ppb |
| 2 | 1-4113-V5634 | 20.36ppb |
| 3 | 1-41113-V5638 | 23.53ppb |

## 5　理化检验

为判断取压管材质是否符合设计要求，对取压管进行化学成分分析，对焊缝、适配器和取压管进行金相分析。

通过化学成分分析并对比 ASTM A276M，取压管材质满足设计要求。

## 6　断裂原因分析

采用故障树分析方法对取压管断裂的根本原因进行分析总结。失效故障树见图 10。图中选择"取压管开裂泄漏"作为故障树的顶事件，引起取压管断裂的因素有结构因素、运行的环境因素、材质因素三方面，这三方面都能造成取压管断裂，因而将其作为故障树的次顶事件，再按同样的方法继续进行分析，直到找到断裂的根本原因。

（1）结构因素主要是接头在焊接过程中存在热输入过大，焊肉浸入管内，导致焊缝成形不良造成局部强度不足和应力集中。

（2）管线受到装配阶段产生的静载以及管线振动产生的动载，静载包括装配应力和压力瞬态，动载包括激振和管线振动，由于启机升压是正常的运行条件，不存在压力瞬态和激振，故将压力瞬态和激振排除。

（3）经过化学元素复验及金相组织观察未发现母材、焊材存在异常，故排除材料因素。

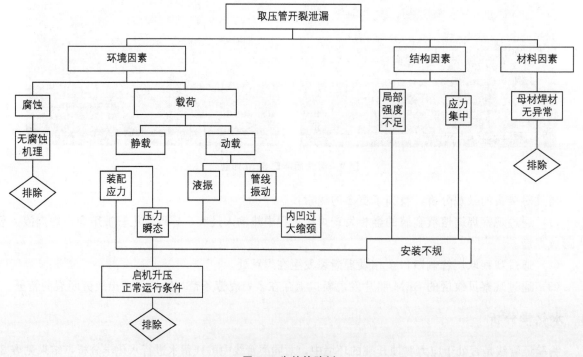

**图 10　失效故障树**

最终根据取压管的运行条件和断裂管线的实验结果分析，认为管线断裂的主要原因是建造期间安装不规范，存在装配应力；焊接过程中热输入过大，导致管线母材被熔穿，熔覆金属进入管道内部导致焊缝局部厚度不均，造成应力集中；管线在系统运行过程中长期受到振动，产生疲劳裂纹。最终导致取压管开裂泄漏。

## 7　结论

本文通过收集管线运行工况等信息、分析焊接接头的宏微观形貌、水化学分析以及管线材质复验，得出以下主要结论。

（1）断裂管线的适配器、引压管等材质符合规范要求。

（2）管线断裂的主要原因是建造期间安装不规范，焊接过程中热输入过大，将取压管熔穿，焊肉浸入管内，导致焊缝成形不良造成应力集中，在振动作用下取压管沿焊趾疲劳开裂。

**参考文献：**

[1] 孔祥明, 吉伯海, 傅中秋, 等. 正交异性钢桥面板焊缝疲劳应力影响因素分析[J]. 交通科学与工程, 2017, 33（3）: 10-17.

[2] 李玉民, 马玉文. 疲劳断口分析及其应用[C]. 沈阳: 沈阳飞机研究所, 1991: 1027-1030.

[3] 阚盈. 塑性变形中孔隙产生、修复模型及数值模拟[D]. 大连: 大连理工大学, 2014.

[4] 高富国, 薛河, 王耀宇, 等. 多层氧化膜应力腐蚀开裂裂尖的微观力学特性[J]. 腐蚀与防护, 2017, 38（8）: 578-582, 588.

# Reason analysis for break of mainsteam valve pressure pipe in nuclear power plant

## ZHANG Zhen, ZHAO Liang, ZHANG Wei

(CNNC Nuclear Power Operation Management Co., Ltd., Haiyan, Zhejiang 314300, China)

**Abstract**: During startup of a nuclear power plant, the main steam valve pressure pipe breaks and leaks. The leak point is located at the socket weld between pressure pipe and adapter. Based on the operating conditions, macro-micro analysis of fracture, water chemical inspection and physical and chemical inspection, the fracture causes of pipelines in the fracture area are analyzed. It is confirmed that the cause of pipeline breakage is the stress concentration caused by poor forming of the weld at this location, which results in fatigue cracking of the pipeline 15 years after the unit was put into operation.

**Key words**: Fracture analysis; Pressure pipe; Fatigue fracture

# 热处理状态对 FeCrAl 合金激光焊接头组织与性能影响研究

梁雨茵，牛屹天，胡琰莹*

(中山大学 中法核工程与技术学院，广东 珠海 519082)

**摘 要**：FeCrAl 合金在室温和高温下均具有出色的抗氧化性能、良好的力学性能和抗腐蚀性能，因此成为四代堆用事故容错材料（accident-tolerantfuels，ATF）的关键候选材料。在实际应用中，燃料包壳的加工制造离不开焊接工艺，探索优质高强 FeCrAl 合金接头制备技术，是推动其在燃料包壳上应用的关键。激光焊接具有焊接速度快、熔深大、热影响区小等优点，用于 FeCrAl 合金的焊接可以提高接头质量。目前，关于 FeCrAl 合金焊接工艺研究较多，而就其焊前热处理状态对焊缝成形的影响鲜有报道。本文以揭示 FeCrAl 合金焊接前热处理状态对激光焊接头组织性能的影响为研究目标，对 FeCrAl 合金在 600～1000 ℃下进行了 0.5～2h 的热处理。研究发现在 800 ℃下热处理 0.5h 的接头具有更高抗拉强度（545MPa）与硬度，同时兼具较好塑性；而在 1000 ℃热处理 1h 的接头拉伸断后伸长率达 24.3%，对比其他接头具有最高的韧性。本文研究结果为推动 FeCrAl 合金在核燃料包壳方面的应用提供了理论依据。

**关键词**：FeCrAl 合金；激光焊接技术；事故容错材料；热处理工艺

反应堆燃料包壳是堆芯结构的关键部件，其内壁直接接触核燃料，处于高温、高压和强辐照环境中，其外壁需承受来自冷却剂的压力、流致振动、冲刷腐蚀等。因此，提高包壳材料的耐事故性能，在核能安全发展中处于关键战略地位。常见的包壳材料有锆合金、奥氏体不锈钢、陶瓷材料以及铁素体不锈钢等。福岛核事故暴露出锆合金燃料包壳在高温工况下耐事故性较差，具体表现为易与水蒸气反应产生氢气引发爆炸[1]。近年来的研究发现 FeCrAl 合金具有较好的高温力学性能、优异的抗辐照损伤能力和良好的耐高温水蒸气腐蚀性能，被列为核反应堆首选的包壳候选材料之一[2]。

典型的燃料包壳元件在最终装配时需要对包壳管和端塞进行可靠连接[3-4]，燃料包壳特殊的服役工况决定了包壳管与端塞的连接质量是保证核反应堆安全运行的关键。研究发现，采用传统焊接手段，如焊条电弧焊、埋弧焊等，Regina 等研究发现 FeCrAl 合金可焊性较差[5-6]。激光焊接技术具有能量集中、热影响区小、焊接速度快等优点。Xi 等的研究表明激光焊缝的平整度、直线度和光滑度远优于氩弧焊[7]，陈勇等研究发现激光焊缝塑韧性高于 TIG 焊[8]。谢盼等研究发现激光焊可有效防止 FeCrAl 合金在焊接时产生裂纹，提高焊接强度[9]。

尽管已发表文献的研究结果表明改变铁铬铝合金中的铬和铝含量能有效改善焊缝质量[6]，然而关于其焊前热处理状态对焊缝成形的影响鲜有报道。张骥俊等针对焊前和焊后热处理对 2195 铝锂合金双面搅拌摩擦焊接头组织与性能的影响开展研究，发现焊前热处理接头的抗拉强度比焊后热处理条件下的接头高约 4.7%，断后伸长率也得到明显提高，具有良好的塑性变形能力[10]。在此启发下，本文将通过对不同的焊前热处理温度、时间下的 FeCrAl 合金激光焊接头的观察与性能测试，总结不同的焊接前热处理温度、时间对接头组织、力学性能的影响，进一步探究其最佳热处理状态。

## 1 试验材料与方法

试验所用合金成分为 Fe-13Cr-4Al-2Mo-1Nb-0.1Si-0.1Ti-0.03Mo（wt%）。试验样品为热轧态，焊接前在箱式马弗炉中进行热处理，具体热处理工艺如表 1 所示。热处理后的试样经线切割、抛

---

作者简介：胡琰莹，32 岁，博士研究生，副教授，主要从事核材料先进焊接与服役失效评估。E-mail：huyanying@mail.sysu.edu.cn。

光后获得尺寸为 750 mm×400 mm×2.45 mm 待焊接样品，焊接前样品经砂纸打磨、丙酮清洗，然后采用平板对接方式焊接。焊后试样尺寸为 750 mm×800 mm×2.45 mm。焊接设备为 IPG6000 激光焊接器，焊接参数：焊接功率=2000 W，焊接速度=20 mm/s，离焦量=8mm，倾斜角=10°。

表 1 不同组别的热处理工艺参数

| 序号 | 1（对照组） | 2 | 3 | 4 | 5 | 6 |
|---|---|---|---|---|---|---|
| 温度/℃ | 未进行热处理 | 600 | 600 | 800 | 800 | 1000 |
| 时间/h | — | 1 | 2 | 0.5 | 1 | 1 |

使用光学显微镜和扫描电镜对母材和激光焊接头进行显微组织分析，样品的制备过程为：线切割、砂纸研磨、机械抛光，用 15 mL 盐酸、10 mL 蒸馏水、5 mL 硝酸的比例配制的腐蚀液进行化学腐蚀，腐蚀时间为 3 min。采用 MTS 力学试验机，以 GB/T 228.1—2010《金属材料拉伸试验 第 1 部分：室温试验方法》为标准测试室温下的拉伸性能；采用维氏硬度计测量接头的硬度分布特征，参数为 HV2（19.61N），试验力保持时间为 10 s，测试间隔为：母材区 0.5 mm，热影响区、熔合区 0.25 mm。

## 2 试验结果及分析

### 2.1 不同热处理工艺下的 FeCrAl 母材与激光焊接头微观组织特征

图 1 为不同热处理状态下 FeCrAl 母材平行于轧制表面的纵截面的微观组织。可以看出随着热处理温度从 600 ℃上升至 1000 ℃以及热处理时间的延长，母材晶粒呈现缩短、变粗的趋势。详细地，未经热处理时，晶粒沿轧制方向呈流线型分布；而经过在 600 ℃热处理 1 h 后，母材组织与未经热处理时基本保持一致，但局部位置开始出现锯齿状晶界（图 2b）；继续延长时间或提高热处理温度，例如在 600 ℃热处理 2h 和在 800 ℃热处理 0.5 h 后，晶界锯齿化程度进一步提升（图 2c～d）；当母材在 800 ℃热处理 1 h 后，虽然整体仍保留了热轧时的流线型，但部分组织发生了明显再结晶；进一步提高热处理温度到 1000 ℃，热处理时间仍为 1h，母材组织发生了完全再结晶，由细小的等轴晶组成。这是由于在热处理温度为 600～800 ℃时，合金处于回复阶段，回复程度随着热处理温度的提升而提升；在热处理温度为 1000 ℃时，出现新的无畸变等轴晶粒，合金处于再结晶阶段。由此可见，不同热处理状态使 FeCrAl 母材的微观组织发生了明显的变化。

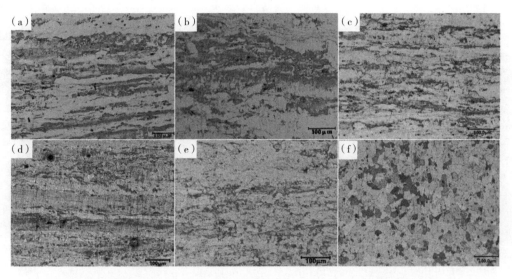

**图 1 各热处理状态的母材观测面 TD（tnansverse direction）的显微组织**

(a) 未经热处理；(b) 600 ℃1 h；(c) 600 ℃2 h；(d) 800 ℃0.5 h；(e) 800 ℃1 h；(f) 1000 ℃1 h

图 2 为不同热处理状态下 FeCrAl 激光焊接接头显微组织。从接头横截面整体微观形貌上看，大部分接头熔合区顶部和根部尺寸较中部宽，但也有个别接头（600 ℃ 1 h，如图 2b 所示）根部宽度比中部窄；从接头晶粒形态看，所有焊接接头试样的焊缝金属均出现粗大柱状晶粒，从熔合线向焊缝中心线生长。晶粒尺寸从焊缝金属向热影响区逐渐减小，母材区晶粒尺寸最小。不同的是，未经热处理的接头（图 2a）与在 600 ℃ 下热处理 1h 的接头（图 2b）焊缝金属与热影响区的晶粒尺寸更大，而焊接前经过 1000 ℃ 热处理 1 h 的接头（图 2f）焊缝金属晶粒尺寸较其他接头小，没有明显的热影响区。这是由于焊缝金属的晶体与熔合线附近热影响区的晶粒相连接，二者在同一晶轴，因此热影响区熔合线附近晶粒尺寸较大的接头，焊缝金属的晶粒尺寸也更大。

未经热处理试样的焊接接头中出现的缺陷较多：在上部焊缝金属中出现直径约为 47 μm 的气孔（图 3a），热影响区熔合线附近的母材出现明显裂缝（图 3b），而经过焊接前热处理的接头未发现类似的冶金缺陷。

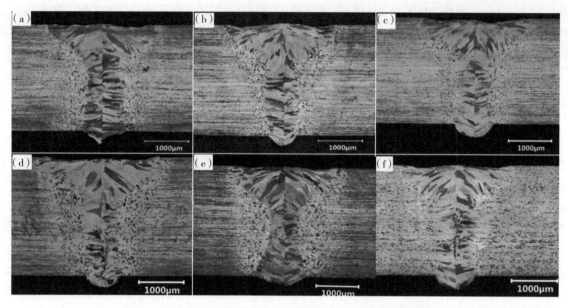

**图 2 不同热处理状态下 FeCrAl 激光焊接接头显微组织图像**
(a) 未经热处理；(b) 600 ℃ 1 h；(c) 600 ℃ 2 h；(d) 800 ℃ 0.5 h；(e) 800 ℃ 1 h；(f) 1000 ℃ 1 h

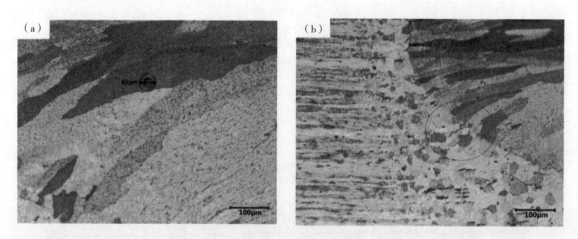

**图 3** (a) 未经热处理试样的接头中出现的气孔；(b) 未经热处理试样的接头热影响区的裂缝

## 2.2 力学性能

焊前热处理状态对 FeCrAl 合金母材力学性能的影响如图 4 所示。可以看出，600 ℃热处理后的母材硬度、抗拉强度最大，高于未经热处理的对照组，在 600 ℃下处理 2h 的母材抗拉强度达到峰值。随着热处理温度按 600 ℃—800 ℃—1000 ℃依次提升，母材硬度、抗拉强度急剧下降，延伸率显著上升；而热处理时间的变化对母材的硬度与强度影响并不明显，具体地，保持热处理温度为 600 ℃，热处理时间从 1 h 提升至 2 h，或保持热处理温度为 800 ℃，热处理时间从 0.5h 提升至 1h，FeCrAl 母材的硬度变化范围均仅为 10 HV，抗拉强度变幅度小于 50 MPa，延伸率变化范围也均不多于 3%。这是由于，温度升高导致基体回复程度提高以及基体再结晶。其中随着温度升高，位错密度降低导致位错强化降低；晶粒尺寸长大导致晶界强化降低，从而使得力学强度表现为在 600 ℃热处理后保持稳定，在 800 ℃热处理后明显降低，在 1000 ℃热处理后进一步降低。每一温度的回复程度有一极限值，热处理温度越高，达到此极限值所需时间则越短[11]。

焊前热处理状态对 FeCrAl 合金激光焊接头力学性能的影响如图 5 所示。研究发现除 1000 ℃下处理 1 h 的母材所得接头外，其余接头硬度变化规律均为从母材到热影响区逐渐降低，在焊缝中心熔合区处硬度达到最低。在 1000 ℃下处理 1 h 的接头硬度变化趋势则相反，从母材到热影响区逐渐升高，在焊缝金属处硬度达到最高。但不同组别在焊缝金属处的硬度无明显差异；焊前热处理状态对激光焊接头的拉伸特性的影响表现为：焊接后的接头抗拉强度和延伸率均较母材大幅下降，随热处理状态变化的整体趋势与母材相似：随着焊前热处理温度按 600 ℃  800 ℃—1000 ℃依次提升，抗拉强度急剧下降，延伸率显著上升；热处理时间的变化对接头的抗拉强度与延伸率影响并不明显。接头抗拉强度在 600 ℃处理 2 h 时达到峰值，经过 1000 ℃ 1 h 热处理后，焊接接头延伸率较其余接头大幅度上升，接头塑性大幅度提高。这是由于在不同焊前热处理状态下，母材区力学性能发生显著变化，从而导致不同接头总体力学性能的差异。

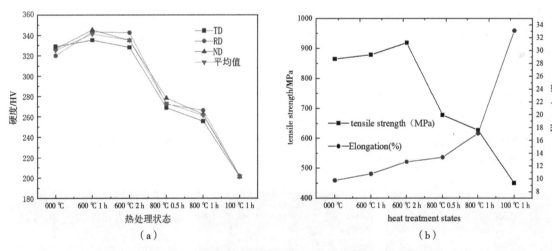

**图 4  焊前热处理状态对 FeCrAl 母材力学性能的影响**

（a）焊前热处理状态对 FeCrAl 母材硬度的影响；（b）焊前热处理状态对 FeCrAl 母材拉伸特性的影响

**表 2  焊前热处理状态对 FeCrAl 母材力学性能的影响**

| Heat treatment states | no heat treatment | 600 ℃、1 h | 600 ℃、2 h | 800 ℃、0.5 h | 800 ℃、1 h | 1000 ℃、1 h |
|---|---|---|---|---|---|---|
| Tensile strength/MPa | 865 | 879 | 919 | 678 | 628 | 451 |
| Elongation | 9.8% | 10.8% | 12.7% | 13.4% | 17.1% | 33.1% |

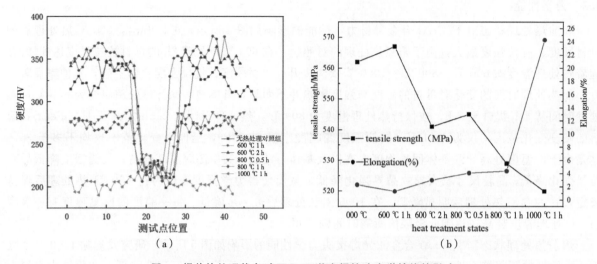

**图 5　焊前热处理状态对 FeCrAl 激光焊接头力学性能的影响**
（a）焊前热处理状态对 FeCrAl 接头中部硬度的影响；（b）焊前热处理状态对 FeCrAl 接头拉伸特性的影响

**表 3　焊前热处理状态对 FeCrAl 激光焊接头力学性能的影响**

| Heat treatment states | no heat treatment | 600 ℃、1 h | 600 ℃、2 h | 800 ℃、0.5 h | 800 ℃、1 h | 1000 ℃、1 h |
|---|---|---|---|---|---|---|
| Tensile strength/MPa | 562 | 567 | 541 | 545 | 529 | 520 |
| Elongation | 2.3% | 1.3% | 3% | 4.1% | 4.4% | 24.3% |

为了揭示不同焊前热处理状态对接头力学性能的影响，对在 800 ℃下热处理 0.5 h、在 1000 ℃下处理 1 h 的接头与在 800 ℃下处理 1 h 母材的断裂表面进行了分析，结果如图 6 所示。可以看出，800 ℃ 0.5 h 热处理的母材其微观断口形貌以尺寸较小的韧窝为主，偶有发现尺寸较大韧窝，断裂机理为微孔聚集型剪切，在力学特性上的表现为在 800 ℃下处理 0.5 h 的母材断后延伸率较焊接后接头的高；经过 800 ℃ 0.5 h 与 1000 ℃ 1 h 焊前热处理所得的接头断口以河流状花样为主，伴随少量小尺寸韧窝，出现明显的以准解理断裂为主的断口特征，断裂机理为微孔聚集与解理断裂机理的混合，表现为断后延伸率较母材大大降低，达到脆性断裂转析点；但断口韧窝数量与韧窝尺寸都较 800 ℃ 0.5 h 热处理的接头更大，表现为 1000 ℃下处理 1 h 的接头断后延伸率大大提升。因此，在 1000 ℃ 下热处理 1 h 接头的塑性与韧性较好。

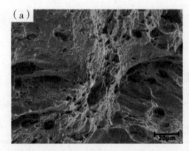 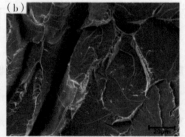 

**图 6　焊接接头断口微观组织形貌**
（a）800 ℃ 0.5 h 处理的母材；（b）800 ℃ 0.5 h 焊前处理的接头；（c）1000 ℃ 1 h 焊前处理的接头

## 3 结论

(1) 未经焊前热处理的 FeCrAl 合金,其激光焊接头易存在微观冶金缺陷,如气孔、裂纹等,而经过焊接前热处理后,该问题得以有效改善。

(2) 焊接前在 800 ℃下热处理 0.5 h 的 FeCrAl 合金,其接头具有更高抗拉强度与硬度,同时兼具较好的塑性。

**参考文献:**

[1] 闫萌,王朋飞,洪晓峰,等. 锆合金包壳 I-SCC 性能评价 [J]. 核动力工程,2017,38 (5):138-140.

[2] TERRANI K A, ZINKLE S J, SNEAD L L. Advanced oxidation-resistant iron-based alloys for LWR fuel cladding [J]. Journal of Nuclear Materials, 2014, 448 (1-3): 420-435.

[3] KUTTY T R G, GANGULY C. Identation creep of Zircaloy-2 welds of nuclear fuel pins [J]. Journal of nuclear materials, 1993, 207: 345-349.

[4] AHMAD M, AKHTER J I, SHAIKH M A, et al. Hardness and microstructural studies of electron beam welded joints of Zircaloy-4 and stainless steel [J]. Journal of Nuclear Materials, 2002, 301 (2-3): 118-121.

[5] BANOVIC S W, DUPONT J N, TORTORELLI P F, et al. The role of aluminum on the weldability and sulfidation behavior of iron-aluminum cladding [J]. Energy, 1999, 1 (1600): 1600.

[6] REGINA J R, DUPONT J N, MARDER A R. The effect of chromium on the weldability and microstructure of Fe-Cr-Al weld cladding [J]. WELDING JOURNAL-NEW YORK-, 2007, 86 (6): 170.

[7] XI B, LIU B, LI S, et al. Influence of TIG and Laser Welding Processes of Fe-10Cr-4Al-RE Alloy Cracks Overlayed on 316L Steel Plate [J]. Materials, 2022, 15 (10): 3541.

[8] 陈勇,徐育烺,李勤涛,等. 304 不锈钢 TIG 焊与激光焊工艺对比研究 [J]. 焊接技术,2021,50 (2):41-44.

[9] 谢盼,伍翠兰,艾倍倍,等. Fe-Mn-Al-Si 系 TRIP/TWIP 钢激光焊接接头的微观组织研究 [J]. 电子显微学报,2013,32 (3):211-218.

[10] 张骥俊,曹菊勇,邢彦锋,等. 焊前和焊后热处理对 2195 铝锂合金双面搅拌摩擦焊接头组织与性能的影响 [J]. 机械工程材料,2022,46 (2):75-80.

[11] 胡赓祥,蔡珣,戎咏华. 材料科学基础 [M]. 上海:上海交通大学出版社,2006.

# Study on the influence of pre-weld heat treatment status on the microstructure and mechanical properties of FeCrAl-based alloy laser welding joints

## LIANG Yu-yin, NIU Yi-tian, HU Yan-ying

(Sino-French Institute of Nuclear Engineering and Technology, Sun Yat-sen University, Zhuhai, Guangdong 519082, China)

**Abstract:** FeCrAl-based alloy has excellent oxidation resistance, good mechanical properties and corrosion resistance at room temperature and high temperature. So it is a main candidate of accident fault-tolerant material (ATF). In practical industrial applications, the processing and manufacturing of fuel cladding is inseparable from the welding process, and exploring the production technology of high quality and high strength FeCrAl-based alloy joint is the key to promote its application in fuel cladding. Laser welding has the advantages of fast welding speed, high power and small heat affect zone, which can improve the welding quality. At present, there are many studies on the welding process of FeCrAl-based alloy, and the influence of its pre-weld heat treatment states is rarely reported. To reveal the effect of FeCrAl-based alloy on the microstructures and mechanical properties of laser welding joints, FeCrAl-based alloy was treated for 0.5~2 h at 600~1000 ℃. The study found that the joint of 800 ℃ at 0.5 h has higher tensile strength (545 MPa) and hardness, both good flexibility and ductility, and the elongation of 1000 ℃ at 1h reaches 24.3%, which has the highest toughness compared with other joints. The results provide a reference for the processing process of FeCrAl alloy as nuclear fuel cladding.

**Key words:** FeCrAl-based alloy; Laser welding; Accident fault-tolerant material; Heat treatment

# 15-15Ti 不锈钢锁底结构激光-TIG复合焊接焊缝性能分析

关　怀[1,2]，徐晓东[1,2]，张雪伟[1,2]，邹本慧[1,2]

(1. 中核北方核燃料元件有限公司，内蒙古　包头　014035；2. 内蒙古自治区核燃料元件企业重点实验室，内蒙古　包头　014035)

**摘　要**：15-15Ti 不锈钢是一种钛稳定化、冷加工奥氏体不锈钢材料，是快堆包壳材料和结构材料的首选材料。激光氩弧复合焊接能够实现热源的高效复合，具有较好的焊接效率、熔透能力，工艺适应性大幅度提升。本文采用激光氩弧焊接 15-15Ti 锁底结构，对其焊缝组织、显微硬度、晶间腐蚀和力学性能进行分析，对多次焊接后性能进行对比。研究发现，激光氩弧复合焊接能够实现锁底型结构的焊接，并获得较好的焊缝组织和力学性能，经过多次焊接后，焊缝凝固模式、焊缝组织、力学性能未发生变化，具有较好的焊缝组织一致性和力学性能一致性，具有较好的工程应用范围和应用前景。

**关键词**：15-15Ti；激光-TIG 复合焊接；显微组织；焊接性能

15-15Ti 是一种钛稳定化和冷加工的奥氏体不锈钢材料。大量应用于快中子原型堆、实验堆包壳材料，如美国的 D9，法国的 AIMI，俄罗斯的 ChS-68 等[1]。

激光氩弧复合焊接可以利用电弧增强激光作用，在保证焊缝熔透的情况下改善焊缝成形，获得优质焊接接头，缓和母材端面接口精度要求。激光氩弧复合焊接能量密度集中，焊接热输入小，熔透能力强（熔深分别为单独激光和电弧熔深的 1.44 和 2.86 倍）[2-3]。

本文对一种典型的 15-15Ti 锁底结构的激光氩弧复合焊接接头性能进行分析，验证激光氩弧复合焊接 15-15Ti 不锈钢的工艺可靠性；对比分析多次焊接后微观组织和力学性能的变化，验证激光氩弧复合焊接进行多次焊接可行性。用于指导 15-15Ti 不锈钢的激光-TIG 复合焊接工艺的工程应用与缺陷控制。

## 1　研究方法

采用国产 15-15Ti 不锈钢材料，化学成分组成如表 1 所示。母材 A 由 15-15Ti 冷轧异形管材制取；母材 B 由 15-15Ti 固溶态棒材经机械加工制取。采用半 V 形坡口。焊接工艺参数见表 2。焊后利用线切割工艺进行取样。

表 1　母材化学成分质量分数

| 材料 | C | Si | P | S | Mn | Ni | Cr | Mo | Ti |
|---|---|---|---|---|---|---|---|---|---|
| 15-15Ti（冷轧） | 0.05% | 0.46% | <0.01% | <0.01% | 1.71% | 14.96% | 16.21% | 2.07% | 0.34% |
| 15-15Ti（固溶） | 0.06% | 0.53% | <0.01% | <0.01% | 1.64% | 15.06% | 16.97% | 2.07% | 0.37% |

---

作者简介：关怀（1990—），男，硕士研究生，高级工程师，现主要从事先进核燃料制造技术研究工作。
基金项目：中核北方核燃料元件有限公司自主投入项目。

表2 焊接工艺参数

| 参数名称 | 激光功率/kW | 线能量密度/(J/mm) | 保护气体流量/(L·min$^{-1}$) | 光钨距离/mm |
|---|---|---|---|---|
| 工艺参数 | 1.5 | 140 | 15 | 4 |

## 2 研究结果及分析

### 2.1 激光氩弧复合焊接接头外观组织

激光氩弧复合焊接样品外观如图1所示，焊缝成形良好，无咬边、弧坑等缺欠。较氩弧焊接焊缝宽度、形貌均有明显改善。二次、三次焊缝形貌无焊接缺欠。

氩弧焊　　　　　复合焊接　　　　　二次焊接　　　　　三次焊接

图1　15-15Ti氩弧焊接接头与激光氩弧复合焊接接头外观形貌

### 2.2 激光氩弧复合焊接接头微观组织

不锈钢焊缝组织及凝固方式与化学成分和冷却速度有关[4]。15-15Ti不锈钢具有较高的镍含量，较低的铬镍比和较低的杂质元素含量。采用美国焊接研究协会（WRC）提出的相组分图（图2）的当量计算公式来计算铬、镍当量（式1、式2）。计算得到15-15Ti不锈钢Cr当量为18.6、Ni当量为17.16，预测15-15Ti不锈钢焊缝凝固属于A凝固模式。

$$Cr_{eq} = Cr + Mo + 0.72Nb \tag{1}$$

$$Ni_{eq} = Ni + 35C + 20N + 0.25Cu \tag{2}$$

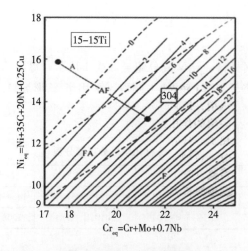

图2　WRC-1992相图

图3a为激光氩弧复合焊接后显微组织，熔合线清晰，焊缝成形良好，在2个方向上的锁底装配结构形成连接，熔合线呈现抛物线形状。焊缝有效熔深3.34 mm。母材A一侧热影响区宽度明显宽于母材B一侧，母材A侧可以看到明显的晶粒长大和晶界变宽。这是由于母材A为冷轧状态，冷作

强化后母材金属焊后发生再结晶和晶粒长大导致的。焊缝区域为胞晶和树枝晶，可以清晰地看到凝固亚结构，包括凝固亚晶界（SSGB）和凝固晶粒边界（SGB），属于典型的 A 凝固模式。凝固以奥氏体为初始析出相，凝固时合金元素和杂志元素出现偏析，高温时这些元素在奥氏体中的扩散能力又较弱，保留了凝固时产生的偏析轮廓[4]。

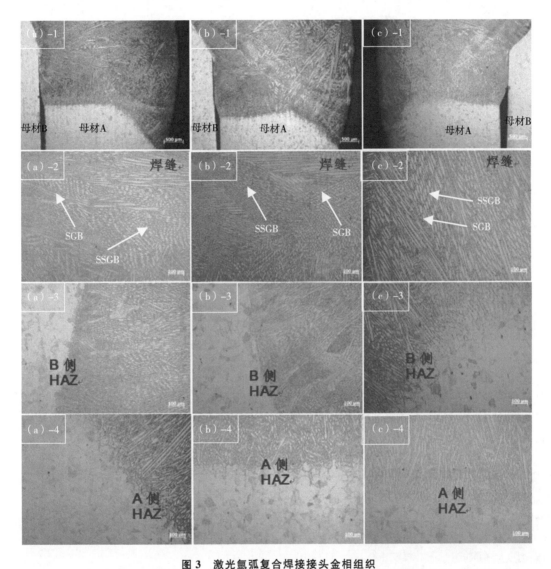

**图 3　激光氩弧复合焊接接头金相组织**
(a) 一次焊接焊缝组织；(b) 二次焊接焊缝组织；(c) 三次焊接焊缝组织

图 3b 为激光氩弧复合二次焊接的显微组织，焊缝有效熔深 3.22 mm。焊缝整体形貌相交于一次焊接处，未发生改变；图 3c 为激光氩弧复合三次焊接的显微组织，焊缝有效熔深 3.20 mm。焊缝组织特征未发生变化，组织由奥氏体胞晶和树枝晶组成。凝固模式仍然在 A 凝固。组织保持了较好的一致性。

### 2.3　激光氩弧复合焊接接头形貌

对激光氩弧复合焊接接头形貌进行 SEM 分析，如图 4 所示。多次激光氩弧复合焊接后组织均为奥氏体形，具有清晰的胞晶和树枝晶边界轮廓。焊缝表面发现了白色的点状析出物，尺寸为 1~3 μm。主要沿晶界分布，二次焊接后析出物多于一次焊接，三次焊接与二次焊接基本一致。

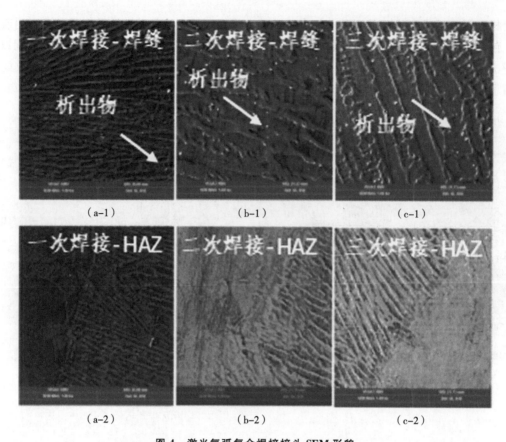

**图 4 激光氩弧复合焊接接头 SEM 形貌**
(a) 一次焊接焊缝形貌；(b) 二次焊接焊缝形貌；(c) 三次焊接焊缝形貌

对白色点状析出物进行 EDS 分析，结果如图 5 所示，Ti、N 含量为 31.34 at%、45.84 at%，可以确定为 TiN。15-15Ti 不锈钢凝固模式为 A 凝固，凝固时合金元素和杂质元素在奥氏体内扩散能力较弱，Ti、N 等元素易在晶界偏析形成 TiN。

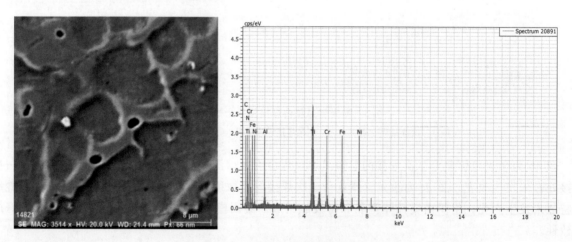

**图 5 激光氩弧复合焊接弥散物 EDS 分析**

## 2.4 焊接接头性能

### 2.4.1 显微硬度

沿图 6 所示的标记位置进行显微硬度分析，中心为正焊缝区域，向母材方向进行测量。一次、二次、三次焊接焊缝平均硬度分别为 158.2 HV、157.4 HV、154.2 HV。多次焊接后焊缝硬度保持稳定。并未因为多次焊接热作用导致焊缝的软化。焊缝与 HAZ 硬度基本保持一致，未出现 HAZ 软化现象。母材 A 硬度高于母材 B 硬度，焊缝硬度介于母材 A 与母材 B 硬度之间。这与母材加工状态有关。母材 A 为冷作强化态，显微硬度略高于母材 B。经过激光氩弧复合焊接后，母材进行一次、二次、三次重熔，重新凝固结晶后，经轧制产生的内应力和畸变能消失，从而出现软化现象，焊缝区域硬度较低。

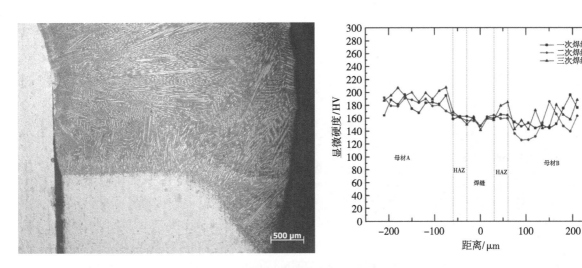

图 6　激光氩弧复合焊接接头硬度分布

### 2.4.2 拉伸性能

表 3 为试样的拉伸试验结果，三种焊接次数的拉伸性能基本一致，均断裂于母材，说明焊缝强度高于母材，焊接结构属于强度匹配，在多次焊接状态下，焊缝的拉伸性能未受影响，均保持较高水平。

表 3　焊缝拉伸性能

| 焊接次数 | 试样编号 | 拉断力/kN | 抗拉强度/MPa | 母材 A/强度/MPa | 母材 B 强度/MPa |
| --- | --- | --- | --- | --- | --- |
| 1 | 1 - B | 666.6 | 588.4 | 677 | 582 |
| 2 | 2 - B | 690.6 | 609.6 | 677 | 582 |
| 3 | 3 - B | 689.1 | 608.3 | 677 | 582 |

图 7 为试样焊缝宏观形貌，拉伸断裂位置为母材 B 侧的热影响区，一次焊接及二次焊接断口较平齐，三次焊接试样端口出现局部突变断口。

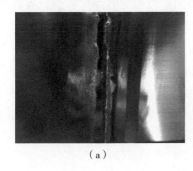 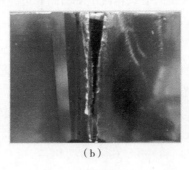 

　　　　(a)　　　　　　　　　　　　　(b)　　　　　　　　　　　　　(c)

图 7　焊缝拉伸试验断口宏观形貌

(a) 一次焊接断口形貌；(b) 二次焊接断口形貌；(c) 三次焊接断口形貌

图 8 为试样断口扫描电镜形貌,其中图 8a-1 为一次焊接试样断口由一些大小不等的圆形或椭圆形的韧窝组成,韧窝形状均匀,沿着空间各个方向均匀生长分布,呈等轴韧窝状,属于典型的穿晶韧性断裂,焊缝塑性较好。图 8a-2 为热影响区表面形貌,断口呈河流花样,属于典型的解理脆性断裂。图 8b-1、图 8c-1 为二次焊接、三次焊接后断口形貌,呈等轴韧窝状,经过多次焊接后,焊缝塑性得到较好的保持,但由于三次焊接后热影响区更加粗大,导致局部河流花样更加明显,断裂位置出现突变,但并未妨碍焊缝整体拉伸性能表现。

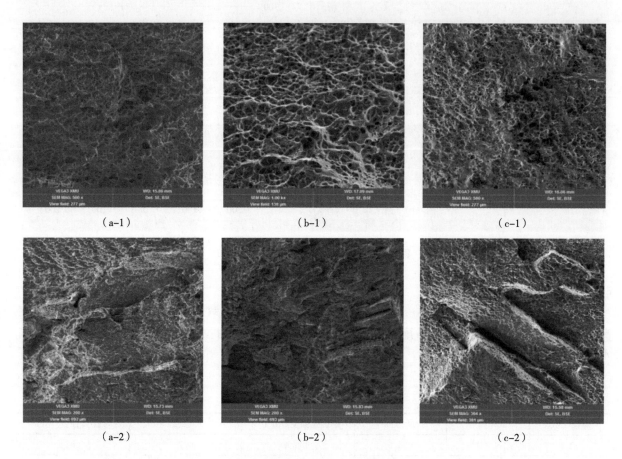

**图 8　焊缝拉伸试验断口表面形貌**
(a) 一次焊接焊缝断口形貌;(b) 二次焊接断口形貌;(c) 三次焊接断口形貌

## 3　锁底结构激光-TIG 复合焊接缺陷分析

15-15Ti 激光氩弧复合焊缝为 A 凝固模式,由于凝固晶粒边界很平,气泡沿着晶粒边界容易逸出,导致焊缝气孔倾向较小[5]。在实际焊接过程中要注意焊件清洁度的保持。

奥氏体不锈钢焊缝裂纹主要为凝固裂纹,凝固裂纹往往与 $Cr_{eq}/Ni_{eq}$ 有关。当凝固模式为 A/AF 凝固,液态薄膜容易浸润奥氏体平直的边界,裂纹倾向较大,研究表明:在 $Cr_{eq}/Ni_{eq}>1.48$ 时,裂纹倾向达到最大[4-5]。15-15Ti 激光氩弧复合焊缝为 A 凝固模式,在工程应用中,需要控制 P、S 含量,注意装配的拘束度和焊道形状,防止凝固裂纹的产生。

## 4　结论

(1) 激光氩弧复合焊接 15-15Ti 不锈钢锁底结构获得了外观形貌和微观组织较好的焊缝,焊缝组织为胞状晶和树枝晶,为 A 凝固模式。

（2）15-15Ti 不锈钢激光-TIG 复合焊接多次焊接重熔之后，焊缝组织及凝固模式未发生变化，焊缝组织特征和力学性能保持稳定。

（3）15-15Ti 不锈钢激光氩弧复合焊接组织和化学成分表现出较低气孔倾向和裂纹敏感度。在工程应用中需要做好工件清洁度、焊接速度、焊接姿态等气孔控制措施问题以及组装装配的拘束度、焊道过大等裂纹控制措施。

**参考文献：**

[1] 刘健. 国产快堆包壳材料 15-15Ti 不锈钢的拉伸行为研究 [C]. 产业与科技论坛，2018，17（10）：45-46.
[2] MAHRLE A, BEYER E. Hybrid laser beam welding - classification, characteristics, and applications [J]. Journal of Laser Applications, 2006, 18 (3): 169-180.
[3] 肖荣诗. 激光-电弧复合焊接的研究进展 [J]. 中国激光，2008，35（11）：1680-1685.
[4] LIPPOLD J C, KOTECKI D J. Welding Metallurgy and Weldability of Stainless Steels [J]. CHINA MACHINE PRESS, 2008 (8): 140-143.
[5] 孙咸. 不锈钢焊缝金属的组织演变及其影响 [J]. 机械制造文摘-焊接分册，2012（6）：6-10.

# Analysis of laser-TIG hybrid welding performance on 15-15Ti stainless steel lock bottom structure

GUAN Huai[1,2], XU Xiao-dong[1,2], ZHANG Xue-wei[1,2], ZOU Ben-hui[1,2]

(1. China North Nuclear Fuel Co., Ltd., Baotou, Inner Mongolia 014035, China; 2. Inner Mongolia Key Laboratory of Nuclear Fuel Element, Baotou, Inner Mongolia 014035, China)

**Abstract**: 15-15Ti stainless steel is a kind of Titanium stabilized and cold worked Austenitic stainless steel. It is preferred for the cladding and structure material of fast reactor. Laser-TIG Hybrid welding can realize the efficient combination of heat sources, has better welding efficiency、penetration ability and greatly improvement of process adoptability. In this paper, using laser - TIG hybrid welding 15-15Ti bottom lock structure, the welding microstructure, microhardness, intergranular corrosion resistance and mechanical properties are analyzed. The comparative of the properties after laser-TIG hybrid multiple welding are studied. The study shows that laser - TIG hybrid welding can realize the bottom lock structure welding and obtain fine microstructure and mechanical properties. The welding shows the fine consistency of microstructure and mechanical properties after multiple welding. It has preferably application scope and prospect in engineering.

**Key words**: 15-15Ti; Laser - TIG hybrid welding; Multiple welding; Welding performance

# 干法粉末制备免磨削中心开孔芯块技术研究

高志欢，叶力华，张　涛

（中核北方核燃料元件有限公司，内蒙古　包头　014035）

**摘　要**：中高富集度物料在干法 IDR 转化过程中存在较大的核临界风险，设备尺寸必须满足临界几何良好控制要求，需进行相应缩小。设备尺寸在大幅缩小后，物料间的化学反应过程及流动状态与低富集度物料干法生产过程有较大的不同，且未经过生产验证。本文描述了使用中高富集度 $UO_2$ 粉末制备免磨削中心开孔芯块的试验过程和结果，证明国内首条干法中高富集度 $UO_2$ 粉末生产线生产的 $UO_2$ 粉末，在使用免磨削工艺的情况下，能够制备出满足技术要求的中心开孔芯块。

**关键词**：干法 $UO_2$ 粉末；免磨削；中心开孔芯块

中高富集度物料转化过程中存在较大的核临界风险，干法转化设备尺寸必须满足临界几何良好控制要求，设备尺寸在大幅缩小后，物料间的化学反应过程及流动状态与低富集度物料干法生产过程有较大的不同，中高富集度 $UF_6$ 干法转化制备 $UO_2$ 粉末在核燃料元件生产制造过程中处于空白阶段，属于首次工程化应用，产出粉末性能未经过批量化生产验证。

中心开孔 $UO_2$ 芯块的内径为 $(1.7\pm0.1)$ mm，外径为 5.35～5.5 mm，壁厚约为 1.7 mm，填料空间小，填满难度大，对制粒后粉末的流动性有较高要求；且计划采用免磨削工艺批量制备 $UO_2$ 芯块，属国内首次；芯块烧结前后收缩率的一致性要求高，对芯块制备过程的稳定性提出了更高的要求，研制难度大。

## 1　粉末的基本性能

从表 1 可以看出，$UO_2$ 粉末的氧铀比和松装密度满足 GB/T 10265 的技术指标限值要求。

**表 1　$UO_2$ 粉末分析数据**

| 杂质元素 | 基体密度/(%T.D) | 氧铀比 | 比表面积/(m²/g) | 松装密度/(g/cm³) |
| --- | --- | --- | --- | --- |
| 限值 | ≥96.5%T.D | 2.02～2.18[1] | 1.75～3.25 | ≥0.625[1] |
| 01 | 97.47 | 2.04 | 2.36 | 0.97 |
| 02 | 97.29 | 2.03 | 2.26 | 1.26 |
| 03 | 96.68 | 2.04 | 2.14 | 1.16 |
| 04 | 97.11 | 2.03 | 2.15 | 1.00 |
| 05 | 96.97 | 2.03 | 2.24 | 1.09 |

表 2 为核电燃料元件芯块用 $UO_2$ 粉末的检测结果。

**表 2　$UO_2$ 粉末检验结果**

| 批号 | 项目 | 技术要求 | 结果 |
| --- | --- | --- | --- |
| GFP-4.45-20-020 | 比表面积 | 2.0～6.0 m²/g | 2.58 |
|  | 氧铀比 | 2.02～2.18 | 2.06 |
|  | 松装密度 | 0.65～2.00 g/cm³ | 0.98 |
|  | 基体密度 | ≥96.5%T.D | 98.75 |

---

**作者简介**：高志欢（1992—），男，本科，工程师/高级技师，现主要从事核燃料元件制造等工作。

对比表 1 和表 2 可见，$UO_2$ 粉末与核电燃料元件芯块生产用 $UO_2$ 粉末差距较大，其比表面积偏小，松装密度偏大，烧结活性（基体密度）偏低，对芯块的制备过程提出了更高的要求。

## 2 芯块制备工艺试验过程与结果

由于粉末性能未经过批量化生产验证，芯块制备过程中的各项工艺参数无法沿用前期生产数据，需重新开展工艺试验，探索与粉末相匹配的工艺参数，确保建立免磨削工艺制备中心开孔芯块。

### 2.1 氧化试验

氧化工序主要涉及的工艺参数为氧化时间、氧化温度。按照表 3 开展氧化试验。

表 3 氧化试验主要参数

| 序号 | 氧化温度/℃ | 氧化时间/h | 气流量/（m³/h） | 每舟装料量/kg |
|---|---|---|---|---|
| 试验 1 | 450 | 4 | 10 | 0.6 |
| 试验 2 | 550 | 5 | 10 | 0.6 |
| 试验 3 | 550 | 5 | 10 | 0.8 |
| 试验 4 | 550 | 5 | 10 | 1.0 |
| 试验 5 | 550 | 5 | 10 | 1.2 |

在氧化温度为 550 ℃、氧化时间 5 h 时基本不产生筛上物（粒度不满足要求的 $U_3O_8$ 粉末），按照产量优先原则，确定氧化的工艺参数为氧化温度 550 ℃、氧化时间 5 h、气流量 10 m³/h，装料量 ≤1.2 kg。

### 2.2 制粒成型试验

制粒成型工序主要涉及的工艺参数为 $U_3O_8$ 粉末的添加比例、阿克蜡的添加比例、制粒压力、压制压力等，按照表 4 开展制粒成型试验。

表 4 制粒成型试验主要参数

| 序号 | $U_3O_8$ 添加比例 | 阿克蜡添加比例 | 制粒压力/bar | 压制压力（6.0）/kN |
|---|---|---|---|---|
| 试验 1 | 29.22% | 0.05%＋0.30% | 30 | 9 |
| 试验 2 | 20.4% | 0.05%＋0.25% | 60 | 9 |

试验 1 得到的制粒后粉末松装密度约 2.4 g/cm³，制粒率约为 88%，生坯芯块密度为 6.0 g/cm³。在成型工序的酒精浸泡试验中，无气泡产生。但经过烧结后的水浸密度平均值为 10.2 g/cm³，不满足技术条件（10.5±0.2）g/cm³ 的要求。

试验 2 的试验目的为探索制粒压力上限，并通过减小 $U_3O_8$ 和阿克蜡添加量来提高成品芯块的密度，然而由于选择的制粒压力过大，导致制粒后粉末松装密度达到 3.4 g/cm³，使生坯芯块在酒精浸泡时出现气泡，并且放置一段时间后出现"鞍裂"的缺陷，因此未进行烧结。

综合试验 1 和试验 2 的结果，开展试验 3，其参数见表 5。

表 5 制粒试验参数

| $UO_2$ 质量/kg | $U_3O_8$ 质量/kg | $U_3O_8$ 添加比例 | 阿克蜡添加比例 | 制粒压力/bar |
|---|---|---|---|---|
| 28.11 | 7.03 | 20% | 0.3% | 44 |

使用试验 3 产出的制粒后粉末，按照不同的生坯密度进行压制试验，其成型试验参数表以及酒精浸泡结果见表 6。

表 6  成型试验参数

| 生坯密度/（g/cm³） | 填料深度/mm | 压制压力/kN | 浸泡表现 |
| --- | --- | --- | --- |
| 6.4 | 21.2 | 15.5 | 无冒泡 |
| 6.3 | 21.0 | 15.0 | 无冒泡 |
| 6.1 | 20.4 | 13.5 | 无冒泡 |

生坯密度 6.1~6.4 g/cm³ 的生坯芯块在酒精浸泡试验时均未出现冒泡现象，说明其制粒压力满足要求，且在成型过程中内部无裂纹缺陷，表明制粒压力设定为 44 bar 是合适的工艺参数。

将生坯芯块进行烧结，并磨削，得到的成品芯块表面完整无裂纹，从侧面说明成型过程中芯块内部无裂纹、无缺陷，表明其生坯密度的范围选择是合适的。

## 2.3 烧结试验

将生坯密度为 6.1~6.4 g/cm³ 的生坯芯块进行烧结试验，设定高温区温度为 1750 ℃、推速为 4800 S（即每 1 小时 20 分钟向高温烧结炉入一个钼舟）。

生坯密度为 6.4 g/cm³ 的生坯芯块经过烧结后，约 90% 出现"鼓包"现象，见图 1。

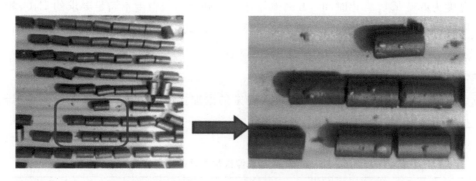

图 1  6.4 g/cm³ 的生坯芯块经烧结后出现"鼓包"现象

生坯密度为 6.3 g/cm³ 的生坯芯块经过烧结后，约 70% 出现"鼓包"现象。

作为对比，使用高温复烧炉烧结生坯密度为 6.3 g/cm³ 的生坯芯块，共烧结 20 块，未出现"鼓包"现象，见图 2。

图 2  6.3 g/cm³ 的生坯芯块经高温复烧炉烧结

生坯密度为 6.1 g/cm³ 的生坯芯块经过烧结后，未出现"鼓包"现象。

在上述试验中，随着密度的降低，芯块鼓包现象逐渐减轻，当生坯密度为 6.1 g/cm³ 时，鼓包现象已消失；而同样为生坯密度 6.3 g/cm³ 的生坯芯块，经过高温复烧炉和高温烧结炉烧结后结果不同，可见生坯密度不是导致芯块出现"鼓包"的真正原因。

分析认为，生坯密度为 6.1 g/cm³ 时，生坯表面密实度较低、孔隙多，阿克蜡、过量氧等气体可及时排出，不会出现"鼓包"现象；密度为 6.3 g/cm³ 和 6.4 g/cm³ 的生坯芯块表面较密实，使用高温烧结炉烧结时，在预热区未及时将阿克蜡、过量氧等气体排出，未排出气体在 1750 ℃ 烧结时高温膨胀，将芯块表面拱起，形成"鼓包"；而由于高温复烧炉与高温烧结炉的升温曲线存在不同，高温复烧炉预热段停留时间长排气充分，也不会形成"鼓包"。可见排气不充分才是芯块表面出现"鼓包"现象的真正原因。

鉴于以上情况，延长生坯芯块在预热区的时间，使芯块内部的阿克蜡、过量氧等气体被充分排出，将推速调整为 6000 S（即 1 小时 40 分钟进入高温烧结炉一个钼舟），重新将压制密度为 6.3 g/cm³ 的生坯芯块送入高温烧结炉，烧结后芯块"鼓包"现象消失。

可见，降低生坯密度（减小排气难度）、增加预热区停留时间（延长排气时间）可以有效地消除芯块"鼓包"现象，因此将烧结工序的工艺参数确定为高温区温度为 1750 ℃、推速为 6000 S。

### 2.4 磨削试验

中心开孔芯块计划采用免磨削的工艺进行生产，有可能出现烧结芯块外表面良好、内部却存在缺陷的情况，所以首先使用 6.70 模具压制需要磨削的芯块，显示出更真实的芯块内部质量。

试验时，选取约 500 块酒精浸泡试验无气泡，烧结后外观良好的烧结芯块进行磨削，磨削后的芯块见图 3。在 500 块芯块中，满足技术条件的成品芯块为 492 块，不合格芯块为 8 块，其中 7 块芯块为磨削时振动上料过程中出现了掉块、1 块在磨削时破碎在磨床中。

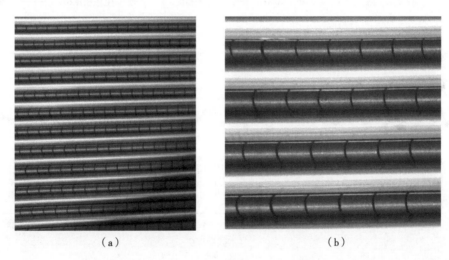

图 3 （a）磨削后芯块以及（b）左上局部放大（图中料盘 V 槽间距为 14.2 mm）

由此可见，烧结芯块磨削后依然有良好的表面质量，可采用免磨削工艺进行下一步试验。

### 2.5 免磨削工艺试验

成品芯块的直径应为 5.35～5.5 mm，内径应介于 1.6～1.8 mm。为实现芯块的免磨削工艺，需要计算生坯芯块烧结前后的收缩率。表 7 列出了 6.70 模具（需要磨削的模具）压制芯块烧结后的直径情况。

表 7 生坯 6.1 g/cm³ 芯块烧结后直径检验结果

| 项目 | 最小值/mm | 最大值/mm | 平均值/mm | 标准偏差 |
|---|---|---|---|---|
| 外径 | 5.6425 | 5.7535 | 5.6933 | 0.0253 |
| 内径 | 1.4960 | 1.8000 | 1.7081 | 0.0756 |

6.70 模具压制生坯脱模时生坯直径为 6.76 mm，由表 7 可见，烧结后芯块的平均直径为 5.6933 mm，收缩前后直径比率为 0.842，按相同的烧结收缩前后直径比率计算，免磨削模具的基础尺寸（阴模内径）为 6.44 mm。

重新设计 6.44 模具，按照前期的试验参数，选择较优的参数进行轧片制粒、压制成型和高温烧结，见表 8。

表 8 免磨削试验参数

| $U_3O_8$ 添加比例 | 阿克蜡添加比例 | 制粒压力/bar | 生坯密度/(g/cm³) | 压制压力/kN | 烧结温度/℃ | 烧结推速/S |
|---|---|---|---|---|---|---|
| 20% | 0.05%+0.25% | 44 | 6.4 | 15.5 | 1750 | 6000 |
| | | | 6.3 | 15.0 | | |
| | | | 6.1 | 13.5 | | |

检测烧结后芯块的直径，每种密度的免磨削芯块抽样约 60 块，其检测结果如图 4 所示。可见除密度 6.4 g/cm³ 因填料问题导致一个检测结果超出下限外，其余检测结果均满足外径的技术要求。

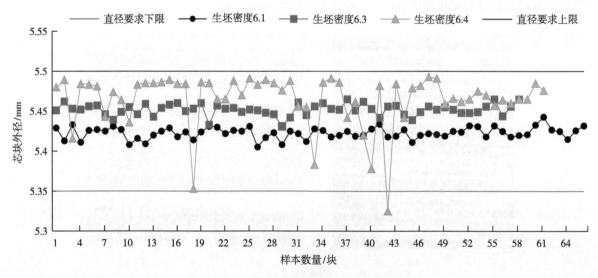

图 4 6.44 模具生坯芯块烧结后直径测量图

对产出的 $UO_2$ 芯块，取样送检内孔直径，99% 的内孔直径满足 (1.7±0.1) mm 的要求，且平均值为 1.69 mm，贴近图纸要求的中值，结果见图 5。

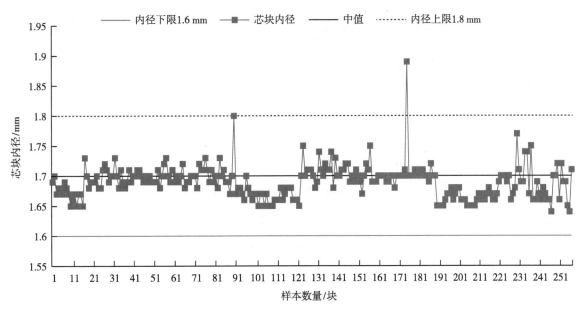

图 5　6.44 模具生坯芯块烧结后内径测量图

由表 4 和表 5 可得出：使用新设计的 6.44 模具可以在免磨削工艺下得到外径、内径均满足要求的成品芯块。

## 2.6　主要指标满足情况

### 2.6.1　密度指标

芯块密度指标为：芯块批平均密度 $(94\pm0.75)\%$ T.D（$UO_2$ 芯块理论密度），其检测结果见表 9，平均密度指标满足要求。

表 9　$UO_2$ 芯块密度检测结果

| 样品编号 | 最大值/（%T.D） | 最小值/（%T.D） | 平均值/（%T.D） |
|---|---|---|---|
| SYHEXK-0723-003 | 95.26 | 94.16 | 94.59 |

### 2.6.2　粗糙度指标

粗糙度指标为：表面粗糙度 $R_a \leqslant 3.2~\mu m$，其检测结果见表 10，每批次约 315 块，粗糙度指标满足要求。

表 10　表面粗糙度检验结果

| 批次 | 最大值/$\mu m$ | 最小值/$\mu m$ | 平均值/$\mu m$ | 不合格块数 | 结论 |
|---|---|---|---|---|---|
| 1 | 2.240 | 1.130 | 1.726 | 0 | 合格 |
| 2 | 2.240 | 1.090 | 1.668 | 0 | 合格 |
| 3 | 2.240 | 1.090 | 1.625 | 0 | 合格 |

### 2.6.3　其他指标

对产出的芯块送检其他检测项目，均满足产品技术条件。

## 3 芯块产品合格性鉴定和生产线生产验证

完成工艺试验后，确立了芯块制备的工艺参数，进行了3次不同富集度的产品合格性鉴定，鉴定时全部使用6.44 mm的免磨削模具，均一次性通过了产品合格性鉴定，且在后续生产过程中产出的芯块一次放行率为100%，其外观见图6。

图6 免磨削芯块外观

## 4 结论

本文描述了用中高富集度干法$UO_2$粉末生产线生产的$UO_2$粉末来制备免磨削开孔芯块的试验过程和结果，并在芯块制备的过程中开发设计了免磨削模具，在国内首次实现了芯块制备的免磨削工艺。

本研究证明国内首条中高富集度干法$UO_2$粉末生产线生产的$UO_2$粉末，在使用免磨削工艺的情况下，能够制备出满足技术要求的中心开孔芯块，且产出的芯块满足产品合格性鉴定和生产要求。

**参考文献：**

[1] GB/T 10265—2008 核级可烧结二氧化铀粉末技术条件 [S].

# Technology research of using IDR powder to prepare the pellet which is grinding-free and center-opening

GAO Zhi-huan, YE Li-hua, ZHANG Tao

(China North Nuclear Fuel Co., Ltd., Baotou, Inner Mongolia 014035, China)

**Abstract:** There is a great risk of nuclear criticality in the dry IDR conversion process of medium and high enrichment materials, and the equipment size must meet the requirements of good control of critical geometry and need to be reduced accordingly. After the equipment size is greatly reduced, the chemical reaction process and flow state between the materials are greatly different from the dry production process of low-enrichment materials, and have not been verified by production. This paper describes the test process and results of using medium and high concentration $UO_2$ powder to prepare the pellet which is center-opening. It is proved that the $UO_2$ powder produced by the first dry method production line of medium and high concentration $UO_2$ powder in China. The pellet which is center-opening can be prepared to meet the technical requirements, by using the grinding-free process.

**Key words:** IDR; Grinding-free; Pellet which is center-opening

# 高温气冷堆燃料元件基体石墨热膨胀各向异性测量影响因素的研究

张凯红，赵宏生，程　星，杨　辉，李自强，张　芳，
王福宇，张　维，谢兰燕，刘　兵

(清华大学核能与新能源技术研究院，北京　100084)

**摘　要：** 高温气冷堆球形燃料元件的热膨胀各向异性是一项非常重要的设计指标，必须准确测量和严格控制。本文阐述了顶杆式热膨胀仪的测量原理及方法；系统研究了热膨胀系数标样校正、预热时间、尺寸测量、起始温度以及升温速率等因素对测量结果的影响，并计算测量相对误差和重复性精度，得出一种提高球形燃料元件基体石墨样品热膨胀系数测量精度和效率的方法。研究表明，在恒定的环境温度下，采用热性能特征与石墨相近的氧化铝标样进行热膨胀系数测量，热膨胀仪预热 2 h 以上，起始温度高于环境温度 15 ℃左右，升温速率为 10 ℃/min 时，材料的热膨胀系数测量精度和效率较高。同一个基体石墨球中，分别在平行于压制方向和垂直于压制方向取样，在上述优化条件下进行热膨胀系数测定。结果表明，平行于压制方向的平均热膨胀系数（$α_{//}$）大于垂直于压制方向（$α_⊥$）的数值，这与多晶石墨的层面结构在压力下择优取向有关；所用基体石墨材料在 RT~500 ℃范围内的平均热膨胀系数约为 $(3\sim4)×E-06/K$，热膨胀各向异性值（$α_{//}/α_⊥$）均小于 1.3，满足高温气冷堆燃料元件基体石墨球热膨胀性能的设计指标。

**关键词：** 热膨胀仪；热膨胀系数；热膨胀各向异性；测量精度；标样校准

目前，我国高温气冷堆所使用的球形燃料元件直径为 60 mm，其结构为球形包覆颗粒（TRISO）弥散在燃料区的石墨基体中，该石墨材料为多晶石墨，在模压球形燃料元件时，多晶石墨的层面倾向垂直于压制方向，这种择优取向不仅导致基体石墨宏观性能的各向异性，而且造成辐照引起的尺寸变化的各向异性，进而在基体石墨内产生应力，因此基体石墨的各向异性度是高温气冷堆球形燃料元件重要设计指标之一，必须准确测量和严格控制，一般用热膨胀各向异性度来表征，即在每个基体石墨球上沿平行和垂直方向上分别取样，通过热膨胀仪测量材料的热膨胀系数，从而计算出石墨球的各向异性度[1]。

以德国耐驰公司 DIL402CD 热膨胀仪为例，研究测量过程中的多个影响因素，并对试样的热膨胀系数进行误差分析，在此基础上，提出一种提高热膨胀系数测量精度和效率的方法，对球形燃料元件的工程化研究具有重要的意义。

## 1 试样制作

选取石墨球样品，使用钻床沿平行和垂直方向分别取出直径为 6 mm 柱体，两个钻孔尽量接近样品中心，在两个柱体接近中心位置再切割加工出两个长度为 25 mm 的样品柱，确保两个端面平齐，用于热膨胀系数测量[2]。

## 2 实验方法

### 2.1 DIL402CD 热膨胀仪技术参数

本实验采用德国耐驰公司生产 DIL402CD 热膨胀仪，技术参数如表 1 所示。

---

作者简介：张凯红（1984—），女，工程师，从事核材料研究。
基金项目：国家科技重大专项资金资助项目"高温堆燃料元件生产关键工艺和技术优化研究"（2017ZX06901025）。

表 1　DIL402CD 热膨胀仪技术参数

| 参数类别 | 温度范围 | 升降温速率 | 测量范围 | $\Delta L$ 解析度 | 样品尺寸 | 样品数 |
|---|---|---|---|---|---|---|
| 热膨胀系数 | RT～1600 ℃ | 0～50 K/min | 500/5000 $\mu m$ | 0.125 nm/1.25 $\mu m$ | 直径 6 mm<br>长度 25 mm | 双样品 |

## 2.2　DIL402CD 热膨胀仪结构及测量原理

DIL402CD 热膨胀仪（图 1）主要由位移传感器、炉体、恒温系统和数据采集系统组成，其测量系统使用两个高解析度的差动传感器，采用恒温水浴进行传感器的环境温度控制，在 RT～1600 ℃保证测量的高精度、高重复性及长时间稳定性。对于双样品设计，水平式结构能保证样品加热的均匀性，易于放置，在样品分解或熔融的情况下仪器不易受到污染，并可通过水平式气体流向有效保护测量系统。炉体可自由开合，通过管式样品架的支撑环进行样品准确定位，两根推杆可分别进行独立运动和零位设置。此外，热电偶位丁双样品的中部，保证了样品温度测量的重现性[3]。

图 2 为 DIL 型热膨胀仪测量原理图，在温度程序控制下将炉体中的样品加热到一定温度，柱状热膨胀样品（图 3）会随温度变化而发生膨胀或收缩，从而使推杆产生位移，数字位移传感器实时测量样品的长度变化。

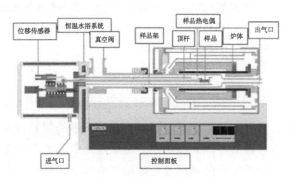
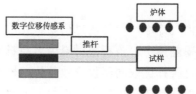

图 1　DIL402CD 热膨胀仪结构　　图 2　DIL 型热膨胀仪测量原理　　图 3　热膨胀样品

## 3　DIL 型热膨胀仪的测量方法

DIL 型热膨胀仪采用顶杆法测量样品在特定方向上的长度随温度或时间的变化过程，以一定温度下的样品长度相对室温长度的变化量与室温下初始长度的比值（$\Delta L_T/L_0$）为纵坐标，以温度（$T$）为横坐标，绘制 $dL/L_0$ 曲线。

基于原始 $dL/L_0$ 曲线，通过式（1）计算获得单位长度样品在一定温度区间（$T_1$，$T_2$）内的平均长度变化率，即平均热膨胀系数（工程 $\alpha$ 值）：

$$\alpha_{(T_1,T_2)} = [(\Delta L/L_0)_{T_2} - (\Delta L/L_0)_{T_1}]/(T_2 - T_1)。 \qquad (1)$$

式中，$\alpha_{(T_1,T_2)}$ 为 $T_1$～$T_2$ 的平均热膨胀系数；$L_0$ 为初始温度时样品长度；$\Delta L$ 为温度变化引起的样品长度变化；$T_1$ 为参考温度，一般为常温；$T_2$ 为测试温度。

若 $T_1$ 固定，连续计算不同 $T_2$ 温度下的平均热膨胀系数，由此以温度为横坐标画出一条曲线，即为平均热膨胀系数曲线。一般情况下通过材料的平均热膨胀系数来反映该材料在使用环境下的热性能[3]。

在材料科学和工程中，一些材料具有各向异性的热膨胀特性，即在互相垂直的两个方向上具有不同的热膨胀系数，因此需要对材料的热膨胀各向异性进行系统的研究和测量，并在设计过程中加以考虑。通常情况下，根据式（2）计算材料的热膨胀各向异性值：

$$A = \alpha_{/\!/}/\alpha_{\perp} 。 \tag{2}$$

式中，$A$ 为热膨胀各向异性值；$\alpha_{/\!/}$ 为平行压制方向取样的平均热膨胀系数，单位 1/K；$\alpha_{\perp}$ 为垂直压制方向取样的平均热膨胀系数，单位 1/K。

## 4 实验方案与讨论

### 4.1 热膨胀系数标样校正

DIL 型热膨胀仪采用示差测试法，所测得的膨胀位移参数是"试样＋推杆"与样品架之间的差值，热膨胀仪的原始数据不能作为样品热膨胀的真实值，因此，需要采用标样校正以消除推杆和样品架的热膨胀影响，保证测量的准确性、可靠性和有效性。

此外，DIL 型热膨胀仪所采用的差动变压位移传感器随着温度和时间的变化存在"零点漂移"，这也是需要校正的另一个原因。要降低热膨胀仪系统偏差，标样的选择非常重要，必须遵守"彼此接近"的原则，即要求测量过程中样品的长度、热性能、温控程序、样品架与推杆的尺寸及材质等尽可能与标样的测试条件一致，从而保证在理想情况下标样与样品的热膨胀与温度关系表现相近的行为。常用的热膨胀标样有石英、蓝宝石、氧化铝、石墨、铂金等，综合考虑热性能特征、性价比及使用温度范围，测试基体石墨样品时选择氧化铝为标样[4]。

表 2 为使用氧化铝标样进行热膨胀校正前后数据对比。

**表 2 热膨胀标样校正前后数据对比**

| 温度范围 | 35/150 ℃ | 35/200 ℃ | 35/250 ℃ | 35/300 ℃ | 35/350 ℃ | 35/400 ℃ | 35/450 ℃ | 35/500 ℃ |
|---|---|---|---|---|---|---|---|---|
| 平均热膨胀系数文献值 | 6.14E−06 | 6.39E−06 | 6.59E−06 | 6.78E−06 | 6.94E−06 | 7.09E−06 | 7.22E−06 | 7.33E−06 |
| 校正前平均热膨胀系数 | −1.23E−06 | −6.41E−07 | −2.65E−07 | −1.14E−08 | 1.55E−07 | 2.72E−07 | 3.56E−07 | 4.19E−07 |
| 校正后平均热膨胀系数 | 6.18E−06 | 6.41E−06 | 6.61E−06 | 6.79E−06 | 6.95E−06 | 7.09E−06 | 7.22E−06 | 7.34E−06 |

结果表明，校正前原始数据与校正后热膨胀的真实值相差很大。因此，标样校正非常重要。

### 4.2 预热时间对测试精度的影响

通常情况下，使用热膨胀仪前要对设备进行预热，分别预热 0.5 h、1 h 和 2 h，测试氧化铝标样在 RT～1000 ℃ 的相对热膨胀系数和平均热膨胀系数，并与文献值对比，结果见表 3、表 4。

**表 3 不同预热时间下相对热膨胀系数测量数据**

| 温度 | 50 ℃ | 100 ℃ | 200 ℃ | 500 ℃ | 800 ℃ | 1000 ℃ |
|---|---|---|---|---|---|---|
| 预热 0.5h 相对误差 | −8.45% | −4.52% | −2.24% | −1.15% | −0.70% | −0.37% |
| 预热 1 h 相对误差 | −7.50% | −3.97% | −1.96% | −1.24% | −1.05% | −0.87% |
| 预热 2h 相对误差 | 1.30% | −0.09% | −0.78% | −0.43% | −0.56% | −0.45% |

**表 4 不同预热时间下平均热膨胀系数测量数据**

| 温度范围 | 35/150 ℃ | 35/200 ℃ | 35/300 ℃ | 35/400 ℃ | 35/500 ℃ | 35/800 ℃ | 35/1000 ℃ |
|---|---|---|---|---|---|---|---|
| 预热 0.5 h 测量误差 | −1.17E−07 | −1.02E−07 | −4.89E−08 | −2.74E−08 | −9.20E−09 | −3.40E−09 | 1.01E−08 |
| 预热 1 h 测量误差 | −1.14E−07 | −9.70E−08 | −6.39E−08 | −5.94E−08 | −5.18E−08 | −3.01E−08 | −1.24E−08 |
| 预热 2 h 测量误差 | −2.93E−08 | −4.89E−08 | −4.27E−08 | −4.00E−08 | −3.22E−08 | −2.46E−08 | −1.11E−08 |

结果表明，预热时间越长，仪器在200 ℃以下的测试精度越高，预热2 h以上，在RT～1000 ℃范围内相对热膨胀系数精度≤3‰，平均热膨胀系数误差在E-08级别，满足仪器测试要求。

### 4.3 尺寸测量的影响

测量热膨胀系数之前，要使用数显游标卡尺测量样品的长度。氧化铝标样长度为25 mm，3次测量值分别为25.01 mm、25.00 mm、25.01 mm，平均值$x$为25.007 mm，标准偏差$s(x)=0.0058$ mm。

根据贝塞尔公式[5]得到人工测量引入的标准不确定度为：$U_1(l)=s(x)/\sqrt{3}=0.0033$ mm；相对不确定度为：$U_1(B)=U_1(l)/x=0.0033/25.007=0.013\%$。

数显游标卡尺量程为150 mm，分辨率为0.01 mm，根据国家标准，游标卡尺最大允许误差为±0.03 mm[6]，样品测量服从均匀分布。

两次测量的最大允许误差引入的不确定度为：$U_2(l)=0.03/(2\times\sqrt{3})=0.03/3.464=0.008\ 66$ mm；测量重复性引入的相对不确定度[7]为：$U_2(B)=U_2(l)/x=0.008\ 66/150=0.005\ 77\%$。

由此可见，人工测量和游标卡尺示值对热膨胀系数测量的影响很小，可以忽略不计。

### 4.4 起始温度的选择

以氧化铝为标样，当环境温度恒定在25 ℃时，分别选择起始温度为35 ℃和40 ℃，测量不同起始温度下的平均热膨胀系数，并计算测量误差（表5）。

表5 不同起始温度下的平均热膨胀系数测量误差

| 温度范围 | 35/150 ℃ | 35/200 ℃ | 35/500 ℃ | 35/800 ℃ | 35/1000 ℃ |
| --- | --- | --- | --- | --- | --- |
| 测量误差 | 4.11E-08 | 2.31E-08 | 1.12E-08 | 6.00E-09 | 4.10E-09 |
| 温度范围 | 40/150 ℃ | 40/200 ℃ | 40/500 ℃ | 40/800 ℃ | 40/1000 ℃ |
| 测量误差 | 2.86E-08 | 1.40E-08 | 5.40E-09 | 1.70E-09 | 8.00E-10 |

结果表明，起始温度设置为40 ℃时，样品的平均热膨胀系数测量误差均小于起始温度为35 ℃时的测量误差。因此在测试热膨胀系数时，起始温度选择高于环境温度15 ℃左右，测量更准确。

### 4.5 升温速率的选择

热膨胀仪从室温加热到1500 ℃，分别对氧化铝标样以3 ℃/min、5 ℃/min、8 ℃/min、10 ℃/min、12 ℃/min升温速率进行测试，相对及平均热膨胀系数测试结果如图4、图5所示。

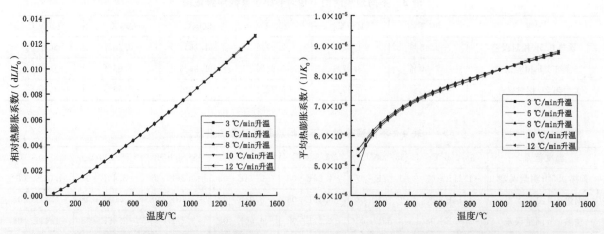

图4 不同升温速率对相对热膨胀系数的影响　　图5 不同升温速率对平均热膨胀系数的影响

结果表明，样品在不同的升温速率下的相对及平均热膨胀系数数据基本一致，考虑到测试效率及仪器特性，建议选用 10 ℃/min 升温速率进行测试。

### 4.6 热膨胀系数测试精度及重复性的研究

在上述优化条件下，使用 DIL402CD 热膨胀仪对氧化铝标样连续进行 3 次测量，并与文献值对比，计算仪器测量精度及重复性误差见表 6。

表 6 热膨胀系数测量误差及重复性

| 温度 | 50 ℃ | 100 ℃ | 200 ℃ | 500 ℃ | 800 ℃ | 1000 ℃ |
|---|---|---|---|---|---|---|
| 第一次测量相对误差 | 1.30% | -0.09% | -0.58% | -0.43% | -0.56% | -0.45% |
| 第二次测量相对误差 | 1.54% | 0.19% | 0.28% | 0.13% | 0.09% | 0.05% |
| 第三次测量相对误差 | 1.45% | 0.71% | 0.27% | 0.12% | 0.06% | 0.04% |
| 重复性精度 | 0.24% | 0.80% | 0.86% | 0.56% | 0.65% | 0.50% |

结果表明，DIL402CD 热膨胀仪测量精度≤2%，重复性精度≤1%，满足测试要求。

### 4.7 基体石墨球热膨胀各向异性测量

从同一批球形燃料元件中随机抽取 6 个基体石墨球，分别沿平行和垂直压制方向取样，测量这两个方向的样品在 RT~500 ℃ 的平均热膨胀系数，并计算热膨胀各向异性值，数据见表 7。

表 7 基体石墨球平均热膨胀系数及各向异性值

| 石墨球编号 | 平行方向取样平均热膨胀系数 $\alpha_{//}$ (1/K) | 垂直方向取样平均热膨胀系数 $\alpha_{\perp}$ (1/K) | 热膨胀各向异性值 ($\alpha_{//}/\alpha_{\perp}$) |
|---|---|---|---|
| 1 | 3.6928E-06 | 3.4440E-06 | 1.07 |
| 2 | 3.6879E-06 | 3.3992E-06 | 1.08 |
| 3 | 3.7574E-06 | 3.4383E-06 | 1.09 |
| 4 | 3.6642E-06 | 3.4945E-06 | 1.05 |
| 5 | 3.7996E-06 | 3.4521E-06 | 1.10 |
| 6 | 3.7052E-06 | 3.4162E-06 | 1.08 |

结果表明，沿石墨层状方向的平均热膨胀系数大于片状方向（$\alpha_{//} > \alpha_{\perp}$），这与多晶石墨的层面结构在压力下的择优取向有关，两个方向取样的石墨样品实验前后热膨胀变化量很小，均在 E-06 量级；基体石墨球热膨胀各向异性值远小于 1.3，且一致性较高，表明清华大学研制的高温气冷堆燃料元件热膨胀各向异性指标符合设计要求。

## 5 结论

本文研究了高温气冷堆燃料元件基体石墨热膨胀各向异性测量影响因素，结果表明：

（1）标样校正可以消除推杆、样品架以及零点漂移的影响，保证测量的准确性、可靠性和有效性；标样选择采用相近原则；综合考虑不同标样的热性能特征、性价比及使用温度范围，测试基体石墨样品时选择氧化铝为标样。

（2）尺寸测量对热膨胀系数测量影响很小，可以忽略不计。

（3）测量球形燃料元件基体石墨样品时，在恒定的环境温度下，应选用氧化铝标样，热膨胀仪预热 2 h 以上，起始温度高于环境温度 15 ℃ 左右，升温速率设置为 10 ℃/min，可提高热膨胀系数测量精度和效率。

（4）同一个基体石墨球沿层状方向的平均热膨胀系数大于片状方向（$α_{//} > α_⊥$），且热膨胀各向异性值远小于1.3，满足高温气冷堆燃料元件基体石墨球热膨胀性能设计指标。

**参考文献：**

[1] 唐春和．高温气冷堆燃料元件［M］．北京：化学工业出版社，2007．
[2] EJ/T 20236.8—2021，基体石墨球热膨胀各向异性的测量方法［S］．
[3] 德国耐驰仪器制造有限公司．热膨胀仪（DIL）基本原理［R］．上海：耐驰仪器（上海）有限公司，2016．
[4] 张秀华，李丹，田志宏，等．热膨胀仪DIL402PC的测控技术［J］．江西化工，2008（3）：46-48．
[5] GB/T 16535—2008，精细陶瓷线热膨胀系数试验方法顶杆法［S］．
[6] JJG 30—2018，通用卡尺检定规程［S］．
[7] 胡利红，况学成，龚明．陶瓷线性热膨胀测定结果的不确定度评定探究［J］．江西化工，2014（1）：180-182．

# Study on the influencing factors of thermal expansion anisotropy of HTR spherical fuel element matrix graphite

ZHANG Kai-hong, ZHAO Hong-sheng, CHENG Xing,
YANG Hui, LI Zi-qiang, ZHANG Fang, WANG Fu-yu,
ZHANG Wei, XIE Lan-yan, LIU Bing

(Institute of Nuclear and New Energy Technology of Tsinghua University, Beijing 100084, China)

**Abstract**: The thermal expansion anisotropy of spherical fuel elements in high-temperature gas cooled reactor is a very important design index that must be accurately measured and strictly controlled. This paper introduces the measuring principle and method of push-rod thermal dilatometer; systematically studies the influences of standard sample calibration of thermal expansion coefficient, preheating time, dimensional measurement, starting temperature, heating rate on the measurement results, calculates the measurement relative error and repeatability accuracy, a method to improve the measurement accuracy and efficiency of thermal expansion coefficient of spherical fuel element matrix graphite samples was obtained. The research shows that under constant ambient temperature, when using alumina standard samples with similar thermal performance characteristics to graphite for thermal expansion coefficient measurement, the equipment is preheated for more than two hours, the starting temperature is about 15 ℃ higher than the ambient temperature, when the heating rate is 10 ℃/min, the measurement accuracy and efficiency of the material's thermal expansion coefficient are relatively higher. In the same matrix graphite ball, samples are taken parallel to the pressing direction and perpendicular to the pressing direction, and the thermal expansion coefficient is measured under the above optimization conditions. The test results show that for the same matrix graphite ball, the average thermal expansion coefficients parallel to the pressing direction ($α_{//}$) were higher than that perpendicular to the pressing direction ($α_⊥$), which is related to polycrystalline graphite preferred orientation under pressure. The average thermal expansion coefficients of all the graphite material samples are about $(3\sim4)\times$E-06/K in the range of RT～500 ℃, and the thermal expansion anisotropy values ($α_{//}/α_⊥$) are less than 1.3, achieving the thermal expansion performance index of the HTR spherical fuel element matrix graphite.

**Key words**: Thermal expansion coefficient; Thermal expansion anisotropy; Measurement accuracy; Standard calibration

# 单棒绕丝点焊工艺优化研究

张蒙蒙，郭天阳，孔云德

(中核北方核燃料元件有限公司，内蒙古 包头 014035)

**摘　要：**现有生产线已建立的单棒绕丝点焊工艺和方法，工艺可靠性和生产效率不能满足后续生产的需求，需要对绕丝点焊技术进行研究及优化。本文分析了绕丝点焊设备的结构和程序，总结生产工艺中存在的主要不稳定因素，逐个分析根本原因，并制定了优化措施。通过设计制作非标的气动卡盘副爪解决端塞异形槽变形、端塞与卡盘干涉等问题；通过优化不锈钢丝矫直效果、调整拉丝角度，提高了不锈钢丝末端位置的一致性，消除人工干预实现自动生产，同时提高了起始焊点的稳定性和第一段螺距的一致性。通过改良单棒轴向定位结构，消除了焊点位置缓慢漂移的问题。通过单棒绕丝点焊工艺优化研究，实现了设备自动、稳定的绕丝焊接工艺，提高生产效率和成品单棒的质量。

**关键词：**绕丝点焊；非标副爪；矫直

中核北方核燃料元件有限公司建成 FBR 相关组件生产线，通过生产线调试阶段、生产线鉴定阶段、工艺和产品鉴定阶段，逐步进入生产阶段。

在相关组件中，吸收体棒、不锈钢棒、燃料棒和导向管等多种产品表面都需要进行绕丝点焊。绕丝的作用是在反应堆内维持单棒之间规定的间隙，保持良好的冷却效果[1]。绕丝点焊性能的好坏，尤其是焊点强度，会直接影响堆内运行的稳定性。自动绕丝焊接设备是作者单位与东莞纵横机电公司联合研发的，具有原型机的特点，存在较大的优化改进空间。

此次选取单棒绕丝点焊工艺优化研究课题，希望在前期研究的基础上，进行优化提升，提高绕丝焊接的技术水平，为自动化、工程化生产奠定基础。

## 1　现状分析

### 1.1　绕丝工艺及设备介绍

绕丝过程需要先把不锈钢丝焊接到单棒一端的表面上，然后按规定的节距（螺距）将钢丝缠绕在单棒上，一直缠绕到单棒的另一端，并焊接在表面。在缠绕过程中，金属丝始终受到一个不变的拉力，拉力大小的选择，既要保证金属丝与单棒表面贴紧，又不要对包壳管施加过大的应力[1]。

绕丝点焊的要求主要包括焊点的尺寸、焊点位置、单棒表面状态、绕丝预紧力及焊点强度等。单棒的表面状态包括：焊点外观光滑过渡，不得有漏焊、弧坑、裂纹、咬边等；焊缝和不锈钢丝表面不允许存在深度大于 0.02 mm 的机械损伤。

单棒绕丝点焊设备包括上下料机构、送丝机构、焊接系统、夹持旋转系统、控制系统等。设备控制系统为以单片机为核心的运动控制器，通过程序控制各个伺服机构或气动元件动作，实现绕丝及焊接功能。上下料机构由 3 个方向的伺服轴和夹持气缸组成。送丝机构包括丝盘、矫直轮、预紧力检测机构、夹丝钳和导针等。焊接系统包括焊接电源、焊枪、气路等。夹持系统包括气动旋转卡盘、上端塞处夹爪（包含电极）、下端塞处夹爪等。控制系统包括单片机、传感器、电机等。

### 1.2　存在的主要问题

通过对前期调试生产的情况进行总结，得到设备的 6 个主要问题，分别是：

---

**作者简介：**张蒙蒙（1987—），女，山东临朐人，本科，高级工程师，现主要研究方向为快堆相关组件生产中的单棒制造工艺。

（1）焊接绕丝起点后将单棒送入卡盘的过程中，经常出现单棒顶在卡盘上的情况，造成单棒损伤；

（2）燃料棒绕丝焊接后，原有的下端塞异形槽变形，槽宽变小影响下一道工序的集束操作；

（3）约 6% 的成品单棒上，起始焊点存在压痕；

（4）绕丝起点与下端塞焊接时，丝末端位置不稳定，有时偏上，有时偏下，变动范围特别大，需人工调整钨极的位置，设备无法连续自动运行；

（5）下端塞处第一段螺距存在波动，有时会超出合格范围；

（6）绕丝焊点的轴向位置缓慢漂移，导致下端塞处的焊点距离逐渐变大，甚至出现距离超差情况。为保证焊点位置在合格范围内，生产 3 周就需对程序进行调整。

单棒绕丝点焊工艺优化研究主要针对上述生产中存在的无法实现自动化及稳定性差等问题来开展。

## 2 绕丝工艺优化研究

### 2.1 夹持问题研究

绕丝点焊设备的前 3 个问题都与卡盘的夹持有关。夹持单棒的卡盘为 JAS-25 旋转气动卡盘，采用 C-25 型三瓣式标准副爪。

自由状态的单棒放置在绕丝位置，单棒与气动卡盘的同轴度在 0.1 mm 以内。卡盘松开时，与端塞有 0.25 mm 的间隙。经反复试验，端塞均可顺利进入卡盘副爪中心。绕丝起点焊接后，不锈钢丝连接单棒和设备的行走机构，受绕丝拉力的影响，单棒从中心位置偏移。而标准的 C-25 副爪内孔口 C 1 mm 倒角无法满足此处的导向要求，从而导致部分单棒与卡盘干涉。

因起始焊点不可进入卡盘的副爪内部，导致副爪夹持面大部分作用在端塞开槽处，气动卡盘夹紧后，导致开槽变形。而减小卡盘的作用力导致绕丝时单棒与卡盘产生相对滑动，影响绕丝螺距的稳定性。

因不锈钢丝的位置存在波动，因此起始焊点的轴向位置存在较大的波动范围。当焊点距离较大时，焊点接近卡盘的倒角部位，气缸夹持过程导致焊点压痕。

通过分析，确定解决措施为设计非标副爪。设计思路是夹持段尽量夹持端塞实心部分，避免开槽处变形；副爪前部增加较大的圆锥导向段；三瓣副爪中间的缝隙处加工凹槽，用于隐藏焊点。设计后的非标副爪夹持示意图如图 1a 所示，实物如图 1b 所示。

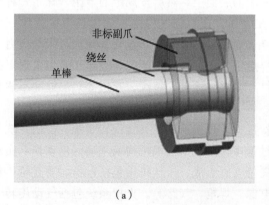 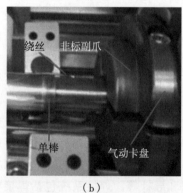

(a)　　　　　　　　　(b)

**图 1　非标副爪及夹持示意**

(a) 非标副爪模型；(b) 非标副爪实物图

为提高效率和安全性，对端塞进入卡盘的程序进行优化，由原来的一步到位改为分三步进行：首先单棒快速定位至卡盘的副爪外 2 mm 处，然后以 5 mm/s 的速度慢速移动 7 mm，通过非标副爪的导向段，最后快速运动 15 mm 到达目标位置。

措施实施后，已焊接绕丝起点的单棒100%可以顺利进入卡盘；绕丝前后端塞异形槽无变化；绕丝焊点形状完好，无压痕。通过设计制作非标副爪和优化程序彻底解决了前3个问题。

## 2.2 绕丝起点一致性研究

### 2.2.1 问题分析

不锈钢丝起点与单棒焊接时，丝末端的位置Z向波动范围很大。钨极位置的一致性较高，因此导致钨极与不锈钢丝的相对位置变化较大。偏差很大时，不锈钢丝端部部分熔化但无法焊接至单棒表面；偏差较大时，焊点扭转（图2），与绕丝连接处非光滑过渡，不满足技术要求。为保证焊点质量，生产中在焊接之前会人工暂停程序，确认钨极与丝末端的相对位置，必要时调整钨极位置再继续运行程序。统计发现绕丝过程中需调整钨极位置的单棒占总数的38%左右。

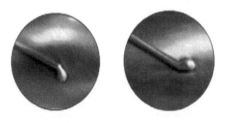

**图2 钨极偏差较大时的焊点照片**

调整钨极位置后，焊点偏离目标位置，测量成品单棒的第一段螺距，起点发生变化，如图2所示，导致第一段螺距波动。因此第一段螺距波动的解决措施也是提高绕丝起点的一致性。

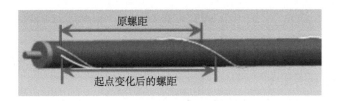

**图3 第一段螺距示意**

不锈钢丝来料状态为盘料，使用前存在较大的曲率半径。绕丝前设备先对不锈钢丝进行矫直。设备内部已矫直的不锈钢丝状态如图4所示，并不平直。测量3种直径不锈钢丝的直线度，均大于5 mm/200 mm，矫直效果不理想。

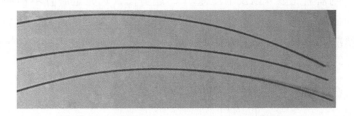

**图4 绕丝焊接设备矫直后的不锈钢丝状态**

### 2.2.2 不锈钢丝一致性研究

不锈钢丝起点在与下端塞焊接之前，经历矫直、加长悬伸段、夹爪夹持3步。每一步都可能对丝的一致性造成影响。夹爪夹紧不锈钢丝与单棒，固定相对位置时，不锈钢丝逐渐贴合到单棒表面，平直状态的丝受力弯曲，会将不锈钢丝的偏差放大。但此过程为设备连续操作，无法实施人工干预。因此主要从不锈钢丝矫直和加长悬伸段进行分析研究，寻求优化措施。

(1) 不锈钢丝矫直

设备上采用弯曲矫直法对不锈钢丝进行矫直,矫直轮组照片如图 5 所示。矫直轮的尺寸见表 1,首先验证矫直轮组设计尺寸是否合适。

**图 5　矫直轮组照片**

**表 1　矫直轮组尺寸**

| 绕丝规格 | 直径 $D/\mathrm{mm}$ | 轮距 $t/\mathrm{mm}$ | 矫直轮数 |
| --- | --- | --- | --- |
| Φ1.55 mm | 25 | 40 | 2×9 |

$$R = \left(\frac{k \times E}{\sigma_s}\right) \times r_\circ \tag{1}$$

式中,$R$ 为矫直轮半径,mm;$k$ 为钢丝截面变形深度系数;$E$ 为弹性模量,GPa;$\sigma_s$ 为屈服极限,MPa;$r$ 为不锈钢丝直径,mm。

$$t_{\min} = 1.4D_\circ \tag{2}$$

式中,$t_{\min}$ 为最小轮距,mm;$D$ 为矫直轮直径,mm。

通过式(1)和式(2)计算得到理论的矫直轮组直径和轮距下限为 23.78 mm。矫直轮组的实际尺寸符合计算结果,满足矫直要求。

第 1、第 3、第 5、第 7、第 9 个轮位置是固定的,矫直时调整第 2、第 4、第 6、第 8 轮的下压量。根据计算式(3)得到第 2 轮下压量为 7.15 mm。

$$A = D - \frac{\sqrt{4D^2 - t^2}}{2}_\circ \tag{3}$$

式中,$A$ 为第二轮下压量,mm;$D$ 为矫直轮直径,mm;$t$ 为矫直轮间距,mm。

但根据图 6 拉力 $F$ 与矫直轮数 $n$ 以及下压量 $A$ 的趋势图发现完全矫直不锈钢丝的力约在 1200N 以上,远远高于预紧力的要求。绕丝的预紧力要求为 $(98\pm19.6)$ N,两者差距比较大。因此,在设备不增加新的动力装置的情况下,不锈钢丝无法完全矫直。需通过试验确定现有条件下的最优矫直效果。

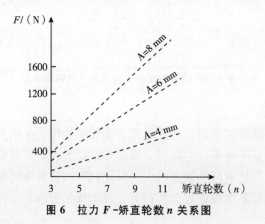

**图 6　拉力 $F$-矫直轮数 $n$ 关系图**

为达到最优矫直效果进行试验，通过调整矫直轮组的下压量，观察预紧力并测量矫直后不锈钢丝的直线度。最终确定在预紧力要求范围内达到的最优效果。不锈钢丝伸出导针的长度为 31 mm，计算得到 31 mm 长度的不锈钢丝直线度见表 2，均在 0.1 mm 以下，满足使用要求。优化后 3 种不锈钢丝的矫直效果见图 7。

表 2 优化后的矫直情况

| 项目 | Φ1.05 mm | Φ1.4 mm | Φ1.55 mm |
| --- | --- | --- | --- |
| 直线度/（mm/200 mm） | 1.2 | 1.8 | 2.9 |
| 直线度/（mm/31 mm） | 0.03 | 0.04 | 0.07 |
| 残余曲率半径/mm | 4167.3 | 2778.7 | 1725.6 |

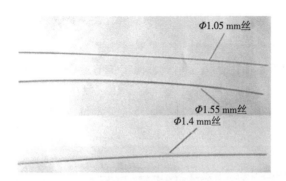

图 7 三种不锈钢丝矫直效果

(2) 加长悬伸段

加长不锈钢丝伸出导针的悬伸段操作步骤为：拉丝钳夹紧，夹丝钳松开，行走机构回退一段距离（2 轴和 4 轴同时运动），见图 8，然后夹丝钳夹紧，拉丝钳松开，完成操作。

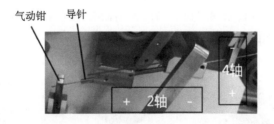

图 8 悬伸段加长示意

在此过程中，可以看见丝在气动钳和导针口受力弯曲。受力是因为导针运动方向与导针的方向不一致。导针方向根据单棒绕丝的螺旋升角确定。根据式（4）得到 $\alpha = 68.82°$。

$$\alpha = \arctan\frac{t}{\pi(D+2\times d)}。 \tag{4}$$

式中，$\alpha$ 为螺旋升角，°；$t$ 为螺距，mm；$D$ 为燃料棒直径，mm；$d$ 为不锈钢丝直径，mm。

$$\frac{L_2}{L_4} = \tan\alpha。 \tag{5}$$

式中，$\alpha$ 为螺旋升角，°；$L_2$ 为 2 轴移动距离，mm；$L_4$ 为 4 轴移动距离，mm。

根据式（4）和式（5）计算得到 $L_2$ 为 14.9 mm（原为 15 mm）和 $L_4$ 为 5.7 mm（原为 3.2 mm）。将新的数据写入程序后，拉丝时，不锈钢丝无可见的方向偏移，拉丝之后伸出导针的不锈钢丝特别平直。

（3）夹爪夹持

设备采用平行气缸带动夹爪夹持不锈钢丝和单棒，实现两者定位。在夹爪的相应位置有与绕丝形状一致的螺旋槽用于导向。

经过优化不锈钢丝矫直效果和调整加长悬伸段，不锈钢丝末端位置的波动范围明显减小，可顺利进入V形螺旋槽，在螺旋槽的辅助导向作用下，不锈钢丝末端的波动范围进一步减小，$Z$向波动范围在 0.7 mm 以内。

### 2.2.3 优化效果

经过不锈钢丝末端一致性研究，焊接绕丝起点前钨极与不锈钢丝的相对位置均能满足焊接要求。生产中不需暂停设备，人工检查钨极与不锈钢丝的相对位置，实现了自动连续生产。且第一段螺距一致性提高，均在合格范围内。

## 2.3 焊点轴向位置稳定性研究

影响焊点轴向位置漂移的可能原因共有 4 个，分别是：1 轴重复定位精度低；2 轴重复定位精度低；丝的轴向位置偏移；棒的轴向位置偏移。通过对 4 条原因逐项排查，最终确定原因是单棒的位置发生漂移。进一步分析确认根本原因是用于单棒轴向定位的定位套为分体式结构，由右旋螺纹和紧固螺钉固定，见图 9。在单棒旋转绕丝过程中跟随单棒旋转，发生了极其缓慢的螺纹旋出，导致定位套缓慢加长。且原定位套采用内孔锥面与单棒轴肩的线接触定位方式，精度偏低。

图 9 原定位套

为解决焊点轴向位置漂移的问题，需设计制作新的定位套。定位套改为一体式结构，保证定位精度；加粗外径设计，增加强度；采用定位套的内孔端面与单棒端面的面接触定位方式，提高定位精度。新设计的定位套示意图见图 10a，实物见图 10b。

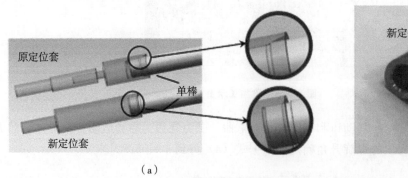

（a）　　　　　　　　　　　　（b）

图 10 新旧定位套照片

（a）定位套结构示意图；（b）定位套照片

优化定位套之后，单棒绕丝点焊后，焊点轴向位置的稳定性得到提升，连续生产 8 个月，未出现焊点轴向漂移的问题。

## 3 研究结论

通过单棒绕丝点焊工艺优化研究，解决了绕丝过程中单棒与卡盘干涉、开槽变形、焊点压痕、人工干预和焊点轴向偏移等问题，实现了全自动、稳定、高效的生产工艺。绕丝焊接工艺达到了自动化、批量化生产的水平。经过批量生产验证，设备运行可靠，产品质量稳定。目前绕丝点焊的生产效率较生产初期提高1倍以上，且绕丝点焊工序的合格率超过了99%。

**参考文献：**

[1] 谢光善，张汝娴. 快中子堆燃料元件 [M]. 北京：化学工业出版社，2007.
[2] 汪建红，丁建波，邓昌义，等. 实验快堆燃料棒绕丝拉紧设备的研制 [J]. 自动化与仪器仪表，2015 (2)：195–196.
[3] 侯成奎. 钢丝弯曲矫直参数的确定 [J]. 金属制品，1995 (3)：12–15.
[4] 郑杰峰. 钢丝拉弯矫直工艺参数研究 [D]. 秦皇岛：燕山大学，2017.

# Research on the optimization for wire-wrapping on rods

## ZHANG Meng-meng, GUO Tian-yang, KONG Yun-de

(China North Nuclear Fuel Co. LTD., Baotou, Inner Mongolia 014035, China)

**Abstract**: Wire-wrapping process which is an important part of assembly manufacture is established after produce-line commissioning. But it is not mature enough for mass produce. In our workshop, wire-wrapping equipment for rods is used to wrap stainless steel wire and weld the two ends of the wire to end plugs. The structure and program of the equipment are analyzed in this paper, in which several main problems are discussed. The problem of interference between end plug and clamping jaws and deformation of slot is solved by designing non-standard clamping jaws. By optimizing the straightening effect of stainless steel wire and adjusting the direction of movement, the problem of poor consistency of solder joints and the problem of unqualified first pitch are solved. After optimization, the effect is obvious. No manual intervention is required. Through process optimization, the reliability of the process is improved, and the wire-wrapping process is fully automated.

**Key words**: Wire-wrapping; Non-standard clamping jaw design; Straightening

# 基于物理信息神经网络的镍基 617 合金蠕变-疲劳寿命预测框架

王蓝仪[1]，张行[1]，邓晰[1]，张尚林[2]，朱顺鹏[1,*]

（1. 电子科技大学机械与电气工程学院，四川 成都 611731；2. 中国核动力研究设计院，四川 成都 610015）

**摘 要：** 针对反应堆设备用镍基 617 合金蠕变-疲劳长时性能劣化行为预测的难题，本文通过耦合物理信息神经网络与可解释机器学习构建了镍基 617 合金蠕变-疲劳寿命预测框架。基于不同加载条件下 185 组镍基 617 合金蠕变-疲劳数据，建立了包含加载特征与合金成分的蠕变-疲劳数据库。利用 SHAP（SHapley Additive exPlanations）与 XGBoost 的集成模型识别预测蠕变-疲劳寿命的关键特征参数。基于不同特征对于提升 XGBoost 模型预测性能的贡献，确定保载时间、应变幅值、测试环境、测试温度与镍含量是预测镍基 617 合金蠕变-疲劳寿命最重要的 5 个特征参数，利用关键特征参数构建了数据驱动蠕变-疲劳寿命预测框架。针对纯数据驱动方法与蠕变-疲劳损伤过程中基本物理知识相矛盾的问题，引入保载时间与总应变对蠕变-疲劳寿命的影响作为物理约束引导物理信息神经网络的训练。结果表明，由于工艺原因造成合金成分的差异对镍基 617 合金热机械性能的影响并不显著。较纯数据驱动的深度神经网络，引入物理信息作为约束增强了深度神经网络对蠕变-疲劳寿命预测的外推性能，预测结果与先验物理知识相一致。

**关键词：** 蠕变-疲劳；寿命预测；物理信息神经网络；可解释机器学习；镍基 617 合金

镍基 617 合金因其较高的蠕变强度和优异的高温抗氧化性，被广泛应用于超高温反应堆的热交换器部件[1]。在服役过程中，高温和交变机械载荷的共同作用会导致超高温反应堆用热交换器部件蠕变-疲劳强度不断劣化，严重影响整个核电装备的服役安全与结构完整性[2]。为了保障蠕变-疲劳作用下核电装备的长期安全稳定运行，需要建立可靠的蠕变-疲劳寿命评估方法。

考虑到蠕变-疲劳失效的复杂性和数据的匮乏，目前的损伤模型难以描述在不同试验条件下具有不同化学成分金属材料的失效行为[3]。具有强大非线性拟合和数据分析能力的机器学习方法能够克服经验和理论方法的局限性[4]，已经被广泛应用于疲劳寿命建模[5-8]。对于材料的高温机械性能，不同的机器学习模型被用于预测蠕变、疲劳和蠕变-疲劳状态下的高温寿命[9]；长短期记忆网络与神经网络的组合模型被证明适用于温度和应变率非线性变化的蠕变-疲劳寿命预测[3]。此外，将 SHAP 用于解释机器学习模型，能够识别影响预测镍基 617 合金蠕变-疲劳的关键变量[10]。然而纯数据驱动的机器学习模型往往需要大量数据支撑，当可用数据有限或数据中含有大量噪声时，纯数据驱动的预测模型往往会失去准确性并给出与先验物理知识相悖的预测结果。

物理信息神经网络提供了无缝集成数据与物理知识的通用框架，为缺乏大数据支撑的蠕变-疲劳寿命预测提供了建模新思路[11]。物理信息神经网络将物理知识作为物理约束指导神经网络的训练过程，以提供与先验物理知识相一致的预测。在疲劳领域内，基于物理信息神经网络的疲劳寿命预测与概率疲劳寿命评估方法已经展现出巨大的潜力[12-13]。虽然对基于物理信息神经网络进行了一些初步的探索，但还需要进行更多的研究针对蠕变-疲劳寿命评估建立基于物理的机器学习预测模型。

---

**作者简介：** 王蓝仪（2000—），男，硕士生，助教，主要从事结构强度、疲劳与可靠性等科研工作。
**通讯作者：** 朱顺鹏，zspeng2007@uestc.edu.cn。
**基金项目：** 国家自然科学基金重点项目（12232004）、中国核动力研究设计院核反应堆系统设计技术重点实验室 2023 年基金资助项目（LRSDT12023201）。

基于此，本文利用 SHAP 与 XGBoost 的集成模型识别影响蠕变-疲劳寿命的关键变量，并引入先验物理知识作为物理约束构建了基于物理信息神经网络的蠕变-疲劳寿命预测框架。

# 1 镍基 617 合金蠕变-疲劳数据库

## 1.1 蠕变-疲劳数据库建立

镍基 617 合金因其优异的高温力学性能被作为关键部件广泛应用于核工业等领域中，针对该材料的蠕变-疲劳数据报道可在诸多已发表文献中获得。因此，本研究针对反应堆设备用镍基 617 合金建立物理信息驱动可解释机器学习下蠕变-疲劳寿命预测框架。从参考文献[14-16]中收集不同加载条件下 185 组镍基 617 合金蠕变-疲劳数据以建立蠕变-疲劳数据库，其中应变比为-1，采用拉伸保持加载波形。蠕变-疲劳数据库中包含镍基 617 合金的加载特征与化学成分，其中加载特征包括试验温度、试验环境、应变幅值与保持时间。加载特征与化学成分的范围如表 1 所示。

表 1 镍基 617 合金的特征参数及其范围

| 特征参数 | 范围 |
| --- | --- |
| Ni 含量 | 53.587%～54.21% |
| C 含量 | 0.05%～0.08% |
| Cr 含量 | 21.91%～22.2% |
| Co 含量 | 11.42%～11.6% |
| Mo 含量 | 8.6%～9.78% |
| Fe 含量 | 1.6%～1.69% |
| Al 含量 | 0.96%～1.1% |
| Ti 含量 | 0.34%～0.4% |
| Si 含量 | 0.1%～0.12% |
| Cu 含量 | 0～0.04% |
| Mn 含量 | 0.1%～0.11% |
| S 含量 | 0～0.002% |
| B 含量 | 0～0.001% |
| 试验温度 | 850～1000 ℃ |
| 试验环境 | Air/He |
| 总应变 | 0.3%～1% |
| 保载时间 | 0.083～150 min |

## 1.2 基于 SHAP 可解释方法

SHAP 是一种基于博弈论与局部解释的方法，用于解释机器学习模型的输出[17]。在 SHAP 中，每个输入特征对机器学习模型输出的贡献根据他们的边际贡献进行分配。因此，SHAP 可以为局部和全局模型提供良好的解释。对于所有被解释样本，每个输入特征的 SHAP 值可通过式（1）计算。

$$\phi_i = \sum_{S \subseteq F \setminus \{i\}} \frac{|S|!(M-|S|-1)!}{M!} \cdot [f(S \cup \{i\}) - f(S)] \text{。} \tag{1}$$

式中，$f(\cdot)$ 为机器学习模型，$F$ 为所有输入特征的集合，$S$ 为 $F$ 的子集，$M$ 为所有输入特征的维度，$|S|$ 为 $S$ 的维度。XGBoost 算法是以 CART 决策树为基分类器的集成学习方法，该方法是对梯度提升决策树算法的改进和扩展[18]。XGBoost 算法在第 $t$ 轮迭代时的目标函数为

$$L^{(t)} = \sum_{i=1}^{n} l(y_i, \hat{y}_i^{(t)}) + \Omega(f_t) \text{。} \tag{2}$$

式中，$l(\cdot)$ 为损失函数，$y_i$ 为真实值，$\hat{y}_i^{(t)}$ 为第 $t$ 轮迭代时的预测值，$\Omega(\cdot)$ 为正则化，$f_t(\cdot)$ 为第 $t$ 轮迭代时的树函数。XGBoost 算法的内核是提升树方法，通过引入正则项和列抽样的方法提高了模型稳健性，同时对损失函数进行了二阶泰勒展开，使求解最优解时效率更高：

$$L^{(t)} \approx \sum_{i=1}^{n} \left[ l(y_i, \hat{y}_i^{(t-1)}) + g_i f_t(x_i) + \frac{1}{2} h_i f_i^2(x_i) \right] + \Omega(f_t) \text{。} \tag{3}$$

式中，$g_i = \partial_{\hat{y}_i^{(t-1)}} l(y_i, \hat{y}_i^{(t-1)})$，$h_i = \partial_{\hat{y}_i^{(t-1)}}^2 l(y_i, \hat{y}_i^{(t-1)})$，$x_i$ 树函数的输入值。

SHAP 值可以通过不同的方法近似，例如 Kernel SHAP, Deep SHAP 与 Tree SHAP。在本研究中，构建 Tree SHAP 与基于决策树的 XGBoost 算法集成框架。将每个特征的绝对 SHAP 值的平均值作为该特征的重要性，用以识别预测蠕变-疲劳寿命的关键特征参数。

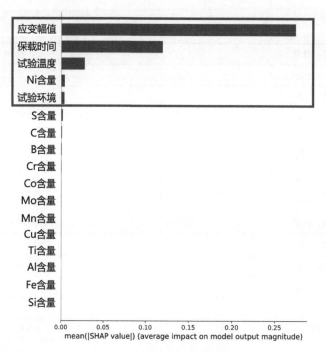

**图 1　特征变量的重要性排序**

输入变量的全局重要性如图 1 所示。其中特征变量根据重要性进行排序，即绝对 SHAP 值的平均值越高，则表示该变量对蠕变-疲劳寿命预测越重要。从图中可知，除了镍的含量外，其余的化学成分并不是影响蠕变-疲劳寿命主要因素。应变幅值、保载时间、试验温度与试验环境是造成蠕变-疲劳寿命分散的主因。基于此，本研究将最重要的 5 个特征即保载时间、应变幅值、测试环境、测试温度与镍含量作为物理神经网络建模时的特征输入。

## 2　物理信息驱动下蠕变-疲劳寿命预测框架

### 2.1　深度神经网络

深度神经网络作为一个具有强大非线性表示能力的参数化模型，它可以揭示多因素复杂变量之间的非线性映射关系[19]。在深度神经网络中，各层的神经元采用全连接模式，通过逐层学习减少网络的预测误差。在这项工作中，深度神经网络通常通过建立蠕变-疲劳寿命和输入（包括负载条件和材料特性）之间的复杂映射来模拟蠕变-疲劳失效过程。

深度神经网络是通过线性加权与激活函数构造输入特征与蠕变-疲劳寿命之间的非线性映射关系。深度神经网络的隐含层采用 Leaky–ReLU 函数作为激活函数，Leaky–ReLU 函数能够避免梯度消失问题。此外，在误差反向传播的过程中，使用 Leaky–ReLU 函数能够避免隐含层神经元在训练时不能被激活和参数无法更新。Leaky–ReLU 函数的表达式如下：

$$f(x) = \begin{cases} x, x > 0 \\ \alpha x, x \leqslant 0 \end{cases}。 \tag{4}$$

式中，$\alpha$ 的值在本工作中被设置为 0.01。

## 2.2 物理信息神经网络

在本节中，建立物理信息神经网络为镍基 617 合金提供与先验物理知识相一致的蠕变-疲劳寿命预测。通过深度神经网络，建立保载时间、应变幅值、测试环境、测试温度和镍含量与蠕变-疲劳寿命之间的非线性映射关系（式5）。

$$N_{cf} = F(t_h, \Delta\varepsilon_a, T, E, wt.\mathrm{Ni})。 \tag{5}$$

式中，$N_{cf}$ 为蠕变-疲劳寿命，$t_h$ 为保载时间，$\Delta\varepsilon_a$ 为应变幅值，$T$ 为试验温度，$E$ 为试验环境，$wt.\mathrm{Ni}$ 为镍含量。如 Karniadakis 所述[11]，针对本文建立的蠕变-疲劳数据库并不需要大量的物理信息支撑。基于此，将应变幅值与保载时间对蠕变-疲劳寿命的影响作为先验物理知识指导物理信息神经网络的训练过程。在表 1 中总结了蠕变-疲劳失效过程中的物理知识及其数学描述。

**表 2 蠕变-疲劳失效下物理知识及其数学描述**

| 数学描述 | 物理知识 |
| --- | --- |
| $\partial N_{cf}/\partial \Delta\varepsilon_a < 0$ | 蠕变-疲劳寿命随着总应变范围的减小而增加 |
| $\partial N_{cf}/\partial t_h < 0$ | 蠕变-疲劳寿命随着最大拉伸应变下保持时间的增加而进一步缩短 |

为了确保物理信息神经网络在训练过程中满足先验的物理知识，表 1 中物理知识的数学描述被建模为一个物理损失函数嵌入物理信息神经网络中。用于镍基 617 合金蠕变-疲劳寿命预测的物理神经网络的框架如图 2 所示。物理信息神经网络的优化目标可以表示为：

$$Loss = (1-\lambda)Loss_m + \lambda Loss_{phy} \tag{6}$$

式中，$\lambda$ 为松弛因子，$Loss_m$ 为物理信息神经网络的预测损失：

$$Loss_m = \sum (N_{pre} - N_{exp})^2。 \tag{7}$$

考虑到当 $\partial N_{cf}/\partial\Delta\varepsilon_a$ 与 $\partial N_{cf}/\partial t_h$ 大于 0 时，则预测结果与疲劳破坏的物理知识相矛盾。因此，损失函数是以平方后求和的形式构造：

$$Loss_{phy} = \sqrt{\sum \max\left(0, \frac{\partial N_{cp}}{\partial \Delta\varepsilon_a}\right)^2} + \sqrt{\sum \max\left(0, \frac{\partial N_{cp}}{\partial t_h}\right)^2}。 \tag{8}$$

综上，本工作通过外点罚函数法将深度神经网络中物理约束下的优化问题转化为无约束优化问题。在优化过程中，$Loss$ 的无约束极小值均位于可行域外，并且随着每轮迭代的惩罚参数增加，从外部收敛到理想解。同时很容易分析出，损失函数的输出值取决于既定物理知识的违反程度。当损失函数的值为零时，表明网络提供的疲劳预测完全符合表 1 中提供的物理知识。为了保证每项物理指标的通用性，基于应变幅值与保载时间对蠕变-疲劳寿命的影响所构造的损失项在物理损失函数中被赋予相同的权重。其中 $\partial N_{cf}/\partial\Delta\varepsilon_a$ 与 $\partial N_{cf}/\partial t_h$ 通过 Pytorch 中自动微分技术计算。

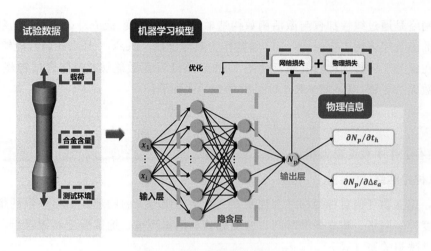

图 2 物理信息神经网络的示意

## 3 结果与讨论

### 3.1 性能评估指标

为了评估深度神经网络与物理信息神经网络的预测性能，采用对称平均绝对百分比误差（symmetric mean absolute percentage error，SMAPE）与均方根误差（root-mean-square error，RMSE）量化不同预测模型的预测效果。SMAPE的计算如式（9）所示：

$$\text{SMAPE} = \frac{1}{2n}\sum_{i=1}^{n}\frac{|y_{pre}^{i} - y_{true}^{i}|}{(y_{pre}^{i} + y_{true}^{i})} \text{。} \tag{9}$$

SMAPE能够用于比较不同模型预测结果的误差水平，它的优点是SAMPE总是可以计算且有界。RMSE对预测中的异常值值比较敏感，被用以衡量不同模型预测结果的分散性。RMSE被定义为：

$$\text{RMSE} = \sqrt{\frac{\sum_{i=1}^{n}(y_{pre}^{i} - y_{true}^{i})^{2}}{n}} \text{。} \tag{10}$$

### 3.2 模型性能评估

在这项工作中，Pytorch被用来构造物理信息神经网络，操作环境为Python 3.9。深度神经网络与物理信息神经网络的超参数设置如表3所示。为了使结果更加具有可比性，为深度神经网络与物理信息神经网络构建了相同的网络架构。为了避免松弛因子过大导致优化问题病态或过小导致物理知识难以约束物理信息神经网络。松弛因子的值被设置为 [0.05, 0.3]，其值是通过在给定区间内以0.01的步长寻优所确定的。在深度神经网络与物理信息神经网络的训练中，L2（欧几里得范数）正则化被用来防止过度拟合，其权重在本工作中被设置为0.01。在训练之前，蠕变-疲劳数据被随机分为训练集和测试集，分别占80%和20%。

表 3 网络参数设置

| 机器学习模型 | 隐含层结构 | 松弛因子 |
| --- | --- | --- |
| 深度神经网络 | 64-128-96-96-96-64 | 0 |
| 物理信息神经网络 |  | 0.1 |

深度神经网络与物理信息神经网络的预测结果如图3所示。深度学习与物理信息神经网络均在训练集的数据上表现出了优异的预测性能，大部分的预测结果均位于2倍误差带之内。在引入应变幅值

与保载时间对蠕变-疲劳寿命的影响作为先验物理知识后，物理信息神经网络减小了在测试集上蠕变-疲劳寿命预测结果的分散性。为了进一步评估不同模型的预测性能，采用 SMAPE 与 RMSE 量化深度神经网络与物理信息神经网络的预测效果。值得指出的是，SMAPE 越大，代表蠕变-疲劳寿命预测的误差水平越高。当 RMSE 越大时，意味着预测结果呈现出更大的分散性。根据式（9）和式（10），SMAPE 和 RMSE 的计算结果如图 4 所示。与深度神经网络相比，物理信息神经网络在测试集和训练集上提供了更小的 SMAPE 和 RMSE。这说明物理约束的引入提高了预测模型的泛化能力并提供了更加精确的蠕变-疲劳寿命预测结果。

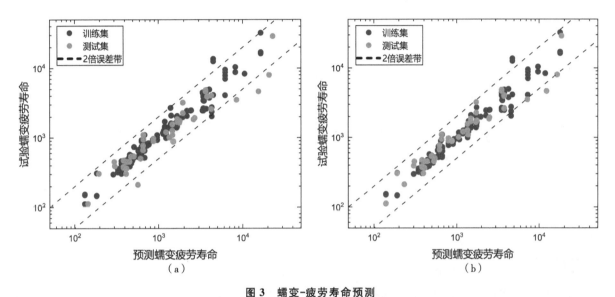

图 3　蠕变-疲劳寿命预测
(a) 深度神经网络；(b) 物理信息神经网络

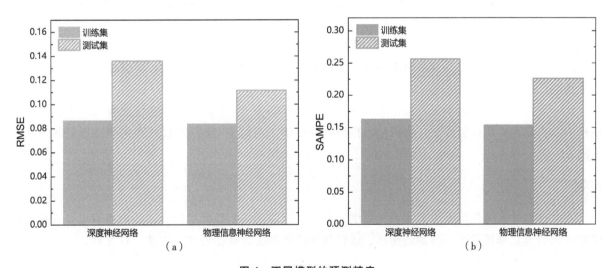

图 4　不同模型的预测精度
(a) RMSE；(b) SMAPE

鉴于物理信息神经网络在预测蠕变-疲劳寿命时表现出的潜力，分析引入物理约束的影响可以指导研究人员在使用物理信息神经网络预测疲劳寿命时设计更合理的物理约束。如图 5 所示，分别提取了训练期间的网络拟合损失和物理损失进行分析。对于不同的预测模型，预测损失均收敛至 1 左右，引入物理约束不会降低网络的预测精度。在网络的训练过程中，深度神经网络的物理损失随网络的训练呈震荡发散的趋势，由先验物理知识引导的物理信息神经网络能够保持物理损失在 0 附近波动。将物理知识作为物理约束，物理信息神经网络能够提供与物理相一致的预测结果。但由于所构建的物理信息神经网络在训练过程中需要重新计算每次迭代的物理损失，这将带来额外的计算成本。

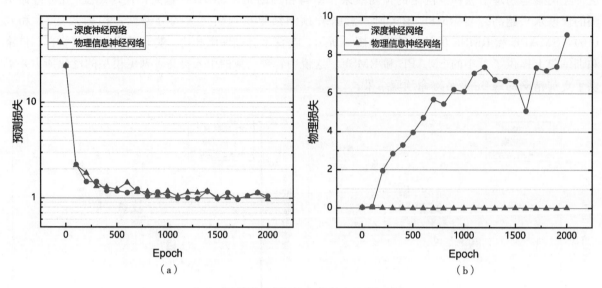

图 5　训练过程中网络拟合损失与物理损失
（a）网络拟合损失；（b）物理损失

## 4　结论

本文基于可解释机器学习与物理神经网络建立了镍基 617 合金蠕变-疲劳寿命预测框架。研究结论主要有：

（1）基于 SHAP 与 XGBoost 的集成模型，确认保载时间、应变幅值、测试环境、测试温度与镍含量为影响镍基 617 合金蠕变-疲劳寿命的关键因素。

（2）基于深度神经网络的方法能够为镍基 617 合金蠕变-疲劳性能劣化行为提供可靠预测。与深度神经网络相比，物理信息神经网络能够提升训练集上蠕变-疲劳预测精度，显著提升了预测模型的外推性能。

（3）为弥补训练数据不足，将保载时间与总应变对蠕变-疲劳寿命的影响作为物理约束嵌入网络架构中。在物理约束的引导下，物理信息神经网络提供了与蠕变-疲劳失效过程中物理知识相一致的预测。

## 致谢

本文作者非常感谢以下专家和人员提供的帮助：感谢朱顺鹏教授对论文选题的指导以及在论文审阅时提出的宝贵修改意见；感谢张尚林、张行和邓晰协助完成数据处理与方法验证工作。

**参考文献：**

[1] CHEN X, YANG Z, SOKOLOV M A, et al. Low cycle fatigue and creep-fatigue behavior of Ni-based alloy 230 at 850°C [J]. Materials Science and Engineering: A, 2013, 563: 152-162.

[2] 张宏亮, 朱明冬, 孙晓阳, 等. 超高温下核级 316H 不锈钢材料基础特性研究 [J]. 核动力工程, 2021, 42 (4): 270-276.

[3] BARTOŠÁK M. Using machine learning to predict lifetime under isothermal low-cycle fatigue and thermo-mechanical fatigue loading [J]. International Journal of Fatigue, 2022, 163: 107067.

[4] CHEN J, LIU Y. Fatigue modeling using neural networks: A comprehensive review [J]. Fatigue & Fracture of Engineering Materials & Structures, 2022, 45 (4): 945-979.

[5] 张海威, 何宇廷, 范超华, 等. 腐蚀/疲劳交替作用下飞机金属材料疲劳寿命计算方法 [J]. 航空学报, 2013, 34 (5): 1114-1121.

[6] 熊缨, 岑恺. 基于相对误差平方和的神经网络预测镁合金多轴疲劳寿命 [J]. 机械工程学报, 2016, 52 (4): 73-81.

[7] PENG X, WU S, QIAN W, et al. The potency of defects on fatigue of additively manufactured metals [J]. International Journal of Mechanical Sciences, 2022, 221: 107185.

[8] KAROLCZUK A, SŁOŃSKI M. Application of the Gaussian process for fatigue life prediction under multiaxial loading [J]. Mechanical Systems and Signal Processing, 2022, 167: 108599.

[9] ZHANG X C, GONG J G, XUAN F Z. A deep learning based life prediction method for components under creep, fatigue and creep-fatigue conditions [J]. International Journal of Fatigue, 2021, 148: 106236.

[10] 陈蒙, 王华. 地震动强度参数估计的可解释性与不确定度机器学习模型 [J]. 地球物理学报, 2022, 65 (9): 3386-3404.

[11] KARNIADAKIS G E, Kevrekidis I G, Lu L, et al. Physics-informed machine learning [J]. Nature Reviews Physics, 2021, 3 (6): 422.

[12] WANG L, ZHU S P, LUO C, et al. Physics-guided machine learning frameworks for fatigue life prediction of AM materials [J]. International Journal of Fatigue, 2023, 172: 107658.

[13] ZHOU T, JIANG S, HAN T, et al. A physically consistent framework for fatigue life prediction using probabilistic physics-informed neural network [J]. International Journal of Fatigue, 2023, 166: 107234.

[14] CARROLL L J. Progress Report on Long Hold Time Creep Fatigue of Alloy 617 at 850°C [R]. Idaho National Lab. (INL), Idaho Falls, ID (United States), 2015.

[15] CARROLL L J, CABET C, Carroll M C, et al. The development of microstructural damage during high temperature creep-fatigue of a nickel alloy [J]. International Journal of Fatigue, 2013, 47: 115-125.

[16] WRIGHT J K, CARROLL L J, SHAM T L, et al. Determination of the creep-fatigue interaction diagram for Alloy 617 [C]//Pressure Vessels and Piping Conference. American Society of Mechanical Engineers, 2016, 50411: V005T12A004.

[17] MANGALATHU S, HWANG S H, JEON J S. Failure mode and effects analysis of RC members based on machine-learning-based SHapley Additive exPlanations (SHAP) approach [J]. Engineering Structures, 2020, 219: 110927.

[18] CHEN T, GUESTRIN C. Xgboost: A scalable tree boosting system [C]//Proceedings of the 22nd acm sigkdd international conference on knowledge discovery and data mining. 2016: 785-794.

[19] 焦李成, 杨淑媛, 刘芳, 等. 神经网络七十年: 回顾与展望 [J]. 计算机学报, 2016, 39 (8): 1697-1716.

# A framework based on physics-informed neural network for creep-fatigue life prediction of nickel-based 617 alloy

WANG Lan-yi[1], ZHANG Xing[1], DENG Xi[1], ZHANG Shang-lin[2], ZHU Shun-peng[1, *]

(1. School of Mechanical and Electrical Engineering, University of Electronic Science and Technology of China, Chengdu, Sichuan 611731, China; 2. China Nuclear Power Institute of China, Chengdu, Sichuan 610015, China)

**Abstract:** In this work, a framework coupling physics-informed neural network and interpretable machine learning is established for creep-fatigue life prediction of nickel-based 617 alloy. Interpretable machine learning is employed to identify most key characteristic parameters for creep-fatigue life prediction of nickel-based alloy 617. To address the problem that the purely data-driven approach contradicts the physical knowledge of creep-fatigue damage processes, physical constraints are introduced to guide the training of physics-informed neural network. The results show that the effect of differences in alloy composition on the high temperature mechanical properties of the nickel-based 617 alloy was not significant. Introducing physical knowledge as constraints enhances the extrapolation performance of deep neural networks for creep-fatigue life prediction, and the prediction results are consistent with priori physical knowledge.

**Key words:** Creep-fatigue; Life prediction; Physics-informed neural network; Interpretable machine learning; Nickel-based 617 alloy

# TRISO 包覆颗粒中致密热解炭的超高温行为研究

李嘉煊[1,2]，王桃葳[2]，刘泽兵[2]，朱洪伟[2]，高泽林[2]，
陈晓彤[2]，刘兵[2]，王永欣[1]

(1. 西北工业大学凝固技术国家重点实验室，陕西 西安 710072；
2. 清华大学核能与新能源技术研究院，北京 100084)

**摘 要**：TRISO 包覆燃料颗粒的内致密热解炭（IPyC）层作为 SiC 层的沉积表面，具有阻挡裂变产物和承受压力的作用。研究其微观结构与力学性能的高温变化对预测包覆燃料颗粒在事故工况下的裂变产物释放行为有重要意义。本研究使用 XRD、拉曼光谱、TEM 以及纳米压痕等手段，探究了 1800 ℃、2000 ℃ 和 2200 ℃ 等热处理温度对 IPyC 结构及性能的影响。在微观组织方面，IPyC 层的热解炭具有乱层结构特征，1800 ℃ 热处理条件合并了热解炭中的相邻石墨微晶，但令其产生了新的拓扑缺陷。更高温度的热处理可消除此类缺陷。在力学性能方面，IPyC 层在高达 2200 ℃ 的处理下仍表现出滞弹性，但随着热处理温度的升高，IPyC 层的硬度和模量显著下降。IPyC 层的滞弹性可归因于热解炭结构中石墨烯平面的滑移与面外缺陷的阻碍，而正是热处理过程中面外缺陷的减少导致其力学性能下降。

**关键词**：TRISO 包覆颗粒；热解炭；热处理；微观组织；力学性质

TRISO 包覆燃料颗粒为实现高温气冷堆的固有安全性特征发挥着重要作用[1]。目前，中国球床式高温气冷堆使用的 TRISO 包覆燃料颗粒结构从内到外依次为：二氧化铀核芯、疏松热解炭（Buffer PyC）层、内致密热解炭（IPyC）层、碳化硅（SiC）层和外致密热解炭（OPyC）层。其中 IPyC 层具有承受内部应力以及阻挡裂变产物释放等重要作用[2]。在未来进一步提高出口温度的超高温气冷堆中，燃料可能面临超过 1600 ℃ 的极限温度[3]，因此有必要研究 IPyC 层在超高温环境下的性能。本文以 $ZrO_2$ 为模拟核芯，采用流化床化学气相沉积法（FB-CVD）制备的 TRISO 包覆颗粒为研究对象，探究 1800～2200 ℃ 热处理温度对 IPyC 层的力学性能以及微观组织的影响规律。

## 1 方法

### 1.1 实验材料

本研究使用的 TRISO 包覆颗粒源于清华大学核能与新能源技术研究院，各包覆层由不同前驱体通过 FB-CVD 方法制备[4]。TRISO 包覆颗粒在氩气气氛下分别于 1800 ℃、2000 ℃ 和 2200 ℃ 下进行了 1 h 的高温热处理。高温热处理后的 TRISO 包覆颗粒继续在马弗炉中、空气气氛 700 ℃ 热处理 2 h，以去除 TRISO 包覆颗粒的 OPyC 层。

将高温热处理后的 TRISO 包覆颗粒样品采用冷镶嵌法固定于环氧树脂上，经研磨和抛光至半球面，用于截面测试。另将部分热处理后的 TRISO 包覆颗粒研磨至粉末，用于 XRD 及 TEM 分析。

### 1.2 微观结构分析

实验采用 D8 DISCOVER A25 X 射线衍射仪（XRD）测定材料的晶格参数，采用 WITec Alpha300R 拉曼光谱仪对抛光后颗粒中的 IPyC 层进行结构分析。采用 Tecnai G2 20 透射电子显微镜（TEM）对 IPyC 样品进行微观结构观察。

---

**作者简介**：李嘉煊（2001—），男，河北石家庄人，博士研究生，现主要从事 TRISO 包覆颗粒的性能评价工作。
**基金项目**：国家科技重大专项"高温堆燃料元件生产关键工艺和技术优化研究"（ZX06901），中核集团"青年英才"项目。

### 1.3 力学性能测试

使用配备 Berkovich 压头的 Hysitron TI980 纳米压痕仪对抛光后样品的 IPyC 层进行力学性能测试。在每个样品的 IPyC 层内随机选取 5 个试验点进行测试。加载时间设置为 20 s，达到 3.5 mN 的峰值载荷后保持 2 s，卸载时间设置为 20 s。所得到的实验数据根据 Oliver-Pharr 方法[5]进行分析。

## 2 结果与讨论

### 2.1 缺陷演变

拉曼光谱常用于分析碳材料的缺陷情况。热处理前后的 IPyC 层的拉曼光谱如图 1 所示。图 1（a）～(d)中的纵坐标已归一化至同一范围。根据 Vallerot 等[6]提出的方法，热解炭的拉曼光谱被退卷积为 I 峰（1220 $cm^{-1}$）、D 峰（1330 $cm^{-1}$）、D″峰（1500 $cm^{-1}$）、G 峰（1580 $cm^{-1}$）和 D′峰（1620 $cm^{-1}$）。其中拉曼 D 峰的半高宽度（$FWHM_D$）用于表征低能面内缺陷，如晶界[7]；D 峰与 G 峰的峰面积比（$I_D/I_G$）用来代表碳材料内部的缺陷数量[8]；D″峰的峰面积与五个峰的总面积之比（$I_{D''}/I_{total}$）用来表征面外缺陷，如间隙缺陷[7]。通过图 1，分别获得了 $FWHM_D$、$I_D/I_G$ 和 $I_{D''}/I_{total}$ 等用于表征缺陷的参数（表 1）。

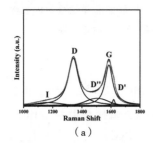 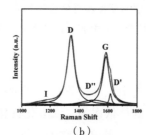 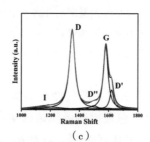 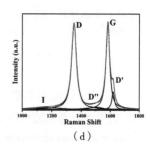

(a)      (b)      (c)      (d)

**图 1 热处理前后 IPyC 层的拉曼光谱**

(a) IPyC$_{原始}$；(b) IPyC$_{1800\ ℃}$；(c) IPyC$_{2000\ ℃}$；(d) IPyC$_{2200\ ℃}$

**表 1 热处理前后 IPyC 层的缺陷参数**

| Sample | $FWHM_D$ /$cm^{-1}$ | $I_D/I_G$ | $I_{D'}/I_{total}$ |
| --- | --- | --- | --- |
| IPyC$_{原始}$ | 84.69 | 1.531 | 0.110 |
| IPyC$_{1800\ ℃}$ | 59.73 | 1.543 | 0.075 |
| IPyC$_{2000\ ℃}$ | 46.52 | 1.538 | 0.020 |
| IPyC$_{2200\ ℃}$ | 39.49 | 1.278 | 0.023 |

从表 1 可知，热处理后 IPyC 层的 $FWHM_D$ 从 84.69 $cm^{-1}$（IPyC$_{原始}$）显著下降到 39.49 $cm^{-1}$（IPyC$_{2200\ ℃}$），表明热处理有助于面内缺陷愈合。随着热处理温度（HTT）的提高，IPyC 的 $I_D/I_G$ 有下降趋势，但 1800 ℃热处理样品的 $I_D/I_G$ 略高于初始样品，这可能是由于石墨化过程中相邻微晶合并过程中产生的拓扑缺陷引起的[9]。IPyC 层的 $I_{D'}/I_{total}$ 随着 HTT 的升高而降低，标志着面外缺陷的减少。

### 2.2 晶格参数

图 2 为 IPyC 原始样品和分别经 1800 ℃、2000 ℃和 2200 ℃热处理后的 TRISO 包覆颗粒粉末样品的 XRD 图谱。位于 36°左右的衍射峰为 β-SiC 的（111）峰。位于约 26°的衍射峰为热解炭的（002）峰，其峰强远大于热解炭的其他衍射峰如（100）峰，这符合热解炭的乱层结构特征[10]。热解炭的石墨片层间距 $d_{002}$ 可通过 Bragg 公式进行计算：

$$d_{002} = \frac{\lambda}{2\sin\theta} \quad (1)$$

式中,$\lambda$ 为入射波波长 (0.154 nm),$\theta$ 为热解炭 (002) 峰的衍射角。

热解炭结构中的微晶 $c$ 轴堆垛高度 $L_c$ 可由 Scherrer 公式[11]计算得到:

$$L_c = \frac{K\lambda}{B\cos\theta} \quad (2)$$

式中,$K$ 为波形常数,取 0.9,$B$ 为 (002) 峰的半高宽度。

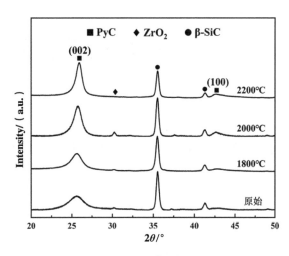

图 2 热处理前后的 TRISO 包覆颗粒的粉末样品 XRD 图谱

计算所得热解炭晶格参数列于表 2。可以看出,随着 HTT 的提高,热解炭的 (002) 衍射峰位向高角度方向移动,同时峰形变得更加尖锐。此外,更高温度热处理后的热解炭具有更小的 $d_{002}$ 及更大的 $L_c$。由拉曼结果可知,热处理能够消除石墨烯片层间的面外缺陷,因此片层间距 $d_{002}$ 的减少可能源于面外缺陷带来的面外应力减少,同时石墨烯片层被多出的面内应力拉直。这表明热处理会使得热解炭石墨化,乱层结构内的碳原子经过重排后变得更有序。并且 HTT 越高,热解炭的片层间距 $d_{002}$ 越接近于理想石墨的片层间距 ($d_{002} = 0.344$ nm)[12],同时热解炭结构中的微晶 $c$ 轴堆垛高度 $L_c$ 越大,表明越高的 HTT 处理后的热解炭结构越向理想石墨结构靠近。

表 2 热处理前后 IPyC 层的 XRD 晶格参数

| 样品 | $2\theta/°$ | $d_{002}$ /nm | $L_c$ /nm |
| --- | --- | --- | --- |
| IPyC$_{原始}$ | 25.24 | 0.348 6 | 3.64 |
| IPyC$_{1800\ ℃}$ | 25.57 | 0.348 2 | 5.11 |
| IPyC$_{2000\ ℃}$ | 25.71 | 0.346 3 | 7.05 |
| IPyC$_{2200\ ℃}$ | 25.86 | 0.344 4 | 9.35 |

## 2.3 TEM 分析

高分辨透射电子显微镜 (HRTEM) 用于热解炭纳米尺度的微观结构表征。图 3a~d 为热处理前后 IPyC 层的 HRTEM 照片,其中的晶格条纹可反应热解炭中的石墨烯片层结构。

从图中可看出,热处理前的石墨烯片层相对较短且十分弯曲。在热处理的过程中,热解炭中的相邻微晶被热能驱使合并,微晶尺寸增大,石墨烯片层连接在一起后长度增加。值得注意的是微晶的合并过程并非完美,因此会产生许多具有高纽结度的拓扑缺陷[9],使得石墨烯片层出现十分弯曲的区域,如图 3b 中的白色虚线框所示。新形成的拓扑缺陷使得 1800 ℃ 热处理的 IPyC 层内的缺陷数量略有增大，这也解释了 IPyC$_{1800\ ℃}$ 样品的 $I_D/I_G$ 高于 IPyC$_{原始}$ 样品的原因。这些拓扑缺陷可在更高温度的热处理（如 2000 ℃ 和 2200 ℃）下被逐渐消除，使得样品内的缺陷总量有下降趋势。

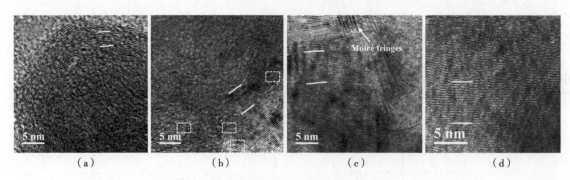

**图 3　热处理前后 IPyC 层的 HRTEM 照片**
(a) IPyC$_{原始}$；(b) IPyC$_{1800\ ℃}$；(c) IPyC$_{2000\ ℃}$；(d) IPyC$_{2200\ ℃}$

Moiré 条纹是由两个排列完好但取向不同的微晶堆叠产生的[13]。Moiré 条纹（图 3c 中的白色箭头）的出现表明高温热处理使得热解炭中的微晶尺寸增大且有序度增加。平行石墨烯片层的数量（图 3a~d 中白色实线间的晶格条纹）在热处理后显著增加，表明 IPyC 层的结晶度与石墨化度增加，这与 XRD 结果相符。

## 2.4　力学性能

图 4 显示了不同 IPyC 层样品的加载-卸载曲线。所有样品的卸载曲线都与加载曲线之间产生一定程度的向后偏移，但最终都返回原点，表明在热处理过程中 IPyC 层始终表现出滞弹性。滞弹性的明显程度可通过迟滞能（$U_h$，加载曲线与卸载曲线之间的面积）与加载能量（$U_{loading}$，加载曲线之下的面积）的比值来衡量。比值越大，表明滞弹性越明显。热处理前后 IPyC 层的硬度（$H$）和弹性模量（$E$）可通过 Oliver-Pharr 方法计算得到，结果列于表 3。

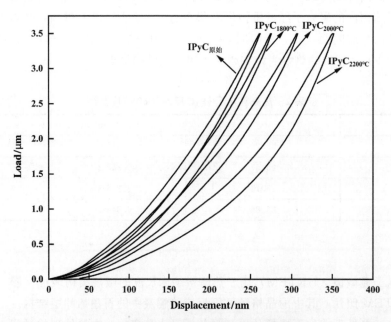

**图 4　热处理前后 IPyC 层的加载-卸载曲线**

由表3可知，随着HTT的升高，IPyC层的硬度和模量显著下降。2200 ℃热处理后，IPyC层的硬度与弹性模量相比于原始样均下降了大约49%。$U_h/U_{loading}$值随着HTT的提高增大，表明热处理使得IPyC层的滞弹性更显著。

表3 热处理前后IPyC层的力学性能

| 样品 | $H$/GPa | $E$/GPa | $U_h/U_{loading}$ |
| --- | --- | --- | --- |
| IPyC$_{原始}$ | 4.82±0.45 | 32.71±0.89 | 0.105 |
| IPyC$_{1800\ ℃}$ | 3.55±0.22 | 22.80±0.52 | 0.105 |
| IPyC$_{2000\ ℃}$ | 3.29±0.16 | 22.34±0.78 | 0.113 |
| IPyC$_{2200\ ℃}$ | 2.45±0.16 | 16.52±1.45 | 0.122 |

## 2.5 微观组织与力学性能之间的联系

如前文所述，热处理前后的IPyC层均表现出滞弹性，这种现象可归因于石墨烯片层的滑移与面外缺陷的阻碍[7]。当热解炭受到外力时，石墨烯片层会水平滑移，片层之间的摩擦力会消耗能量；而面外缺陷会阻碍石墨烯片层的滑移，并最终会将其拉回到原始位置，这就是IPyC层表现出滞弹性的原因。而热处理后石墨烯片层长度增大，且面外缺陷被逐渐愈合，因此石墨烯片层在阻碍减少的情况下滑移更长的距离，从而消耗更多的能量，导致IPyC层的滞弹性现象变得更明显，$U_h/U_{loading}$值增大。

IPyC层硬度及弹性模量的下降也与面外缺陷的减少有关。由于热处理会使得面外缺陷愈合，导致石墨烯片层更容易滑动，从而热解炭更容易发生塑性形变，硬度更低。弹性模量与石墨烯片层间的键和强度相关，键合强度越高，弹性模量越大[14]。随着HTT的提高，片层间的弱结合力（如范德华力）的占比提高，而由面外缺陷带来的强结合力占比减少，从而使得石墨烯片层间的键合强度变弱，弹性模量降低。

## 3 结论

本文以TRISO包覆颗粒中的IPyC层为研究对象，通过对原始样及1800 ℃、2000 ℃和2200 ℃热处理后的样品进行微观结构与力学性能研究，得到以下结论：

（1）IPyC层的热解炭具有乱层结构特征，其原始结构中含有大量的面外及面内缺陷。热处理使得乱层结构中的面外及面内缺陷愈合。热处理驱使热解炭中的微晶合并，但不完美的合并产生具有高弯曲度的拓扑缺陷，此类缺陷可在更高温度的热处理过程中被消除。

（2）在高达2200 ℃热处理后IPyC层仍表现出滞弹性，且随着热处理温度的提高，滞弹性越来越明显。该现象归因于石墨烯片层滑移距离的增加以及面外缺陷阻碍的减少。

（3）IPyC层的硬度和弹性模型在热处理后显著下降，这是因热处理使得热解炭中的面外缺陷消除而导致的。

**参考文献：**

[1] 张作义，吴宗鑫，王大中，等．我国高温气冷堆发展战略研究[J]．中国工程科学，2019，21（01）：12-19．
[2] KANIA M J, NABIELEK H, VERFONDERN K, et al. Testing of HTR UO$_2$ TRISO fuels in AVR and in material test reactors [J]. Journal of Nuclear Materials, 2013, 441 (1): 545-562.
[3] CHENG X, YANG X, LIU M, et al. Preparation of ZrC coating in TRISO fuel particles by precise transportation of solid precursor and its microstructure evolution [J]. Journal of Nuclear Materials, 2023, 574: 154222.
[4] TANG C, TANG Y, ZHU J, et al. Research and Development of Fuel Element for Chinese 10 MW High Temperature Gas-cooled Reactor [J]. Journal of Nuclear Science and Technology, 2000, 37 (9): 802-806.

[5] OLIVER W C, PHARR G M. An improved technique for determining hardness and elastic modulus using load and displacement sensing indentation experiments [J]. Journal of Materials Research, 1992, 7 (6): 1564-1583.

[6] VALLEROT J, BOURRAT X, MOUCHON A, et al. Quantitative structural and textural assessment of laminar pyrocarbons through Raman spectroscopy, electron diffraction and few other techniques [J]. Carbon, 2006, 44 (9): 1833-1844.

[7] ZHANG H, LÓPEZ-HONORATO E, XIAO P. Fluidized bed chemical vapor deposition of pyrolytic carbon-III. Relationship between microstructure and mechanical properties [J]. Carbon, 2015, 91: 346-357.

[8] PIMENTA M A, DRESSELHAUS G, DRESSELHAUS M S, et al. Studying disorder in graphite-based systems by Raman spectroscopy [J]. Physical Chemistry Chemical Physics, 2007, 9 (11): 1276-1290.

[9] OUZILLEAU P, GHERIBI A E, CHARTRAND P, et al. Why some carbons may or may not graphitize? The point of view of thermodynamics [J]. Carbon, 2019, 149: 419-435.

[10] 吴峻峰,白朔,刘树和,等. 大尺寸各向同性热解炭材料的制备与表征 [J]. 新型炭材料, 2006 (2): 119-124.

[11] IWASHITA N, PARK C R, FUJIMOTO H, et al. Specification for a standard procedure of X-ray diffraction measurements on carbon materials [J]. Carbon, 2004, 42 (4): 701-714.

[12] 李伟,李贺军,张守阳,等. 石墨化处理对双层热解炭基2D C/C复合材料微观结构的影响 [J]. 新型炭材料, 2011, 26 (5): 328-334.

[13] BISTRITZER R, MAC DONALD A H. Moiré bands in twisted double-layer graphene [J]. Proceedings of the National Academy of Sciences, 2011, 108 (30): 12233-12237.

[14] 杨敏,孙晋良,任慕苏,等. 热解炭的纳米硬度及弹性模量 [J]. 上海大学学报（自然科学版）, 2008 (5): 541-545.

# Ultra-high temperature performance of the dense pyrocarbon in TRISO particle

LI Jia-xuan[1,2], WANG Tao-wei[2], LIU Ze-bing[2],
ZHU Hong-wei[2], GAO Ze-lin[2], CHEN Xiao-tong[2],
LIU Bing[2], WANG Yong-xin[1]

(1. State Key Laboratory of Solidification Processing, Northwestern Polytechnical University, Xi'an, Shaanxi 710072, China; 2. Institute of Nuclear and New Energy Technology, Tsinghua University, Beijing 100084, China)

**Abstract**: Microstructure and mechanical performances of the inner dense pyrocarbon (IPyC) layer in the Tristructural isotropic fuel (TRISO) particle can affect its structural integrity and fission products retainability. The microstructure and mechanical performance of the IPyC layers and the effect of extremely high temperature treatment (1800 ℃, 2000 ℃ and 2200 ℃) on them were studied by XRD, Raman spectroscopy, TEM and nanoindentation. In terms of microstructure, heat treatment would lead to the merging and flattening of turbostratic graphite crystallites. In terms of mechanical properties, all the IPyC layers remained anelastic behavior and this was attributed to the slipping of graphene layers and restriction of the out-of-plane defects. The elimination of out-of-plane defects during thermal treatment resulted in the reduction in both hardness and elastic modulus.

**Key words**: TRISO particles; Pyrocarbon; Heat treatment; Microstructure; Mechanical properties

# 通过 FB-CVD 和 SPS 制备 SiC/C 层状复合陶瓷

赵 健，徐志彤，刘马林，于 浩，常佳兴，邵友林，刘 兵，刘荣正*

(清华大学核能与新能源技术研究院，北京 100084)

**摘 要**：SiC 陶瓷是全陶瓷微封装燃料中重要的基体材料，具有熔点高、与水蒸气反应活性低、高温力学性能优异和中子吸收截面小等优点。然而 SiC 陶瓷材料固有的脆性问题也是 SiC 基新型燃料元件必须面对和解决的关键核心问题。层状复合增韧即通过叠层手段制备以 SiC 和石墨（C）相间堆叠的 SiC/C 层状复合陶瓷，是 SiC 陶瓷有效的增韧方式。本课题采用流化床化学气相沉积法（FB-CVD）制备 SiC/C 复合包覆层，并以复合包覆层为粉体、Al 为烧结助剂，通过放电等离子烧结（SPS）制备 SiC/C 层状复合陶瓷。相比于传统的流延法制备的层状复合材料，本课题制备的 SiC/C 层状复合陶瓷具有更好的各向同性。在 1800 ℃、50 MPa 的烧结温度和压力下制备的 SiC/C 层状复合陶瓷的弯曲强度和断裂韧性分别为 385 MPa 和 7.42 MPa·m$^{1/2}$。

**关键词**：碳化硅；流化床化学气相沉积法；层状复合材料；陶瓷增韧

层状复合材料由于其优异的强度和韧性而备受关注。Clegg 等制备了弯曲强度为 633 MPa、断裂韧性为 15 MPa·m$^{1/2}$ 的 SiC/C 层状复合陶瓷[1]。SiC 层状复合陶瓷断裂韧性的显著提高是由于弱界面引起的裂纹偏转[2]。从此，研究人员开发出了各种层状复合材料，如陶瓷/陶瓷层状复合材料（$Si_3N_4$/BN、$Al_2O_3$/$ZrO_2$ 和 $ZrB_2$/SiC）[3-5]、陶瓷/金属层状复合材料（$Al_2O_3$/Mo 和 SiC/Al）[6]、陶瓷/有机物层状复合材料（$Al_2O_3$/壳聚糖和 $Al_2O_3$/聚氨酯）[7]等。除了优异的机械性能外，这些层状复合材料还表现出独特的电学、磁学、光学和摩擦学性能[8]。

层状复合材料的制备通常分为两个步骤。第一步是生产和交替堆叠子层，第二步是通过压力或热处理将其固结成层压坯料[9]。对于第一个步骤，最简单的方法之一是冷压，将初始粉末放入模具中并压实以形成子层。然而，用这种方法很难获得密度均匀且厚度小的无缺陷样品。因此，研究人员又开发了其他制备方法，如注浆成型、流延成型、冷冻铸造、电泳沉积和层压物体制造[10]。这些制备方法丰富了层状复合材料的材料体系、尺寸、微观结构和应用。

尽管 SiC 基层状复合材料具有优异的力学性能，但由于 SiC 的合成和烧结困难，目前开发的适合制备 SiC 基层状复合材料的方法很少。SiC 基层状复合材料的制备方法分为两类。第一种是宏观合成方法，将 SiC 粉末与烧结助剂混合，并通过冷压或流延成型加工成薄片[11]。然后将 SiC 薄片与由另一种材料制成的薄片交替堆叠，以形成生坯。生坯烧结后，得到尺寸为几毫米、子层厚度超过 100 μm 的 SiC 基层状复合材料。与 SiC 复合的材料通常是陶瓷材料，如 $ZrB_2$、BN、HfC 等[12]。通过这种合成方法很难将子层厚度减少到几微米。制备的 SiC 基层状复合材料通常用作工程材料。

第二种方法是纳米级合成方法。例如通过磁控溅射制造总厚度为几微米且子层厚度小于 100 nm 的 SiC/Al 纳米层状复合材料[13]。研究表明，纳米级层状复合材料的力学性能甚至优于宏观层状复合材料。此外，纳米级层状复合材料独特的电学、磁学和光学性能使其成为有前途的功能材料。然而，这种纳米级合成方法的昂贵成本和产品尺寸限制了用作宏块材料的纳米层状复合材料的应用。

---

作者简介：赵健（1995—），男，博士在读，现主要从事先进核燃料及碳化硅陶瓷研究。
通讯作者：刘荣正，liurongzheng@tsinghua.edu.cn。
基金项目：国家自然科学基金面上项目"核用碳化硅陶瓷多尺度复合复韧结构设计与微区限域烧结"（52272066）。

本课题提出一种新的 SiC 基层状复合材料的制备策略。首先通过流化床化学气相沉积（FB-CVD）法在球形基体上制备子层厚度为几微米的 SiC/C 复合包覆层。然后将包覆层剥离并通过放电等离子体烧结（SPS）进行烧结，以获得块体层状复合材料陶瓷。与在固结前确定样品尺寸、形状和结构的宏观制备策略不同，我们的方法旨在通过 FB-CVD 过程中将层状复合材料制备为"烧结粉末"，并在 SPS 过程中确定样品的尺寸和形状，相比传统的 SiC 基层状复合材料先子层堆叠再烧结致密的方法更具灵活性。利用 FB-CVD 方法的优点，可以容易地制备厚度从纳米级到几微米且可控的致密子层。因此，这种新方法可以被视为微观结构设计和宏观材料制备的结合。此外，传统方法制备的层状复合材料几乎都是各向异性结构材料，但我们的合成策略为制备准各向同性层状复合材料提供了新思路。

## 1 实验步骤

首先，采用 FB-CVD 法在 500 μm $ZrO_2$ 微球上交替沉积 3 次 C 和 SiC 子层，形成共有 6 个子层的 SiC/C 复合包覆层。以氩气为流化气体，丙烯为前驱体，制备了厚度约为 1 μm 的 C 亚层。以混合氩气和氢气为流化气体，甲基三氯硅烷（MTS）为前驱体，制备了厚度约为 8 μm 的 SiC 亚层。MTS 在 40 ℃下加热，并由氢气携带进入流化床中。C 层和 SiC 层的沉积温度为 1450 ℃。为了容易地剥离 SiC/C 复合包覆层，沉积在 $ZrO_2$ 微球上的第一子层是 C 子层。然后将包覆有 SiC/C 复合包覆层的 $ZrO_2$ 微球研磨并用 400 μm 筛子筛分，以分离 SiC/C 复合包覆层和 $ZrO_2$ 微球。然后将分离出的 SiC/C 复合包覆层与 10 wt.% Al 混合，并在 1800 ℃ 和 50 MPa 的烧结温度和压力下通过 SPS 真空烧结 10 min，形成 SiC/C 层状复合陶瓷。此外，还制备了 SiC 粉末烧结的 SiC 陶瓷进行比较。将尺寸为 500 nm 的 SiC 粉体与 10wt.% Al 混合，并在与 SiC/C 层状复合陶瓷相同的烧结条件下通过 SPS 进行烧结。

使用扫描电子显微镜（SEM，蔡司 Gemini-300）观察 SiC/C 复合包覆层和 SiC/C 层状复合陶瓷的形貌。使用 X 射线衍射法（XRD，Bruker D8 Advance）检测了 SiC/C 复合包覆层和 SiC/C 层状复合陶瓷的晶相。SiC/C 层状复合陶瓷的弯曲强度通过三点弯曲法测定，外跨距为 10 mm，载荷速率为 0.5 mm/min。用于测量弯曲强度的试样尺寸为 2 mm×1.5 mm×15 mm。在测量之前，对试样的受力面进行抛光。通过单边缺口梁法（SENB）测定了 SiC/C 层状复合陶瓷的断裂韧性。SENB 试验通过三点弯曲法进行，外跨距为 10 mm，载荷速率为 0.05 mm/min。用于测量断裂韧性的测试样品的尺寸为 2 mm×3 mm×15 mm，并且在样品的中间用 0.125 mm 的金刚石线切割出缺口。缺口深度是样品高度的一半。在测量之前，对试样的受力面进行抛光。断裂韧性根据以下方程式计算：

$$K_{IC} = \frac{P}{B}\frac{S}{W^{3/2}}f\left(\frac{a}{W}\right)。 \tag{1}$$

式中，$f(a/W)$ 是试样缺口长度和厚度的函数，具体如式（2）所示。

$$f\left(\frac{a}{W}\right) = 2.9\left(\frac{a}{W}\right)^{1/2} - 4.6\left(\frac{a}{W}\right)^{3/2} + 21.8\left(\frac{a}{W}\right)^{5/2} - 37.6\left(\frac{a}{W}\right)^{7/2} + 38.7\left(\frac{a}{W}\right)^{9/2}。 \tag{2}$$

式中，$P$ 是施加的载荷，$a$ 是缺口长度，$B$ 是试样的宽度，$W$ 是试样的厚度，$S$ 是支撑跨距。

## 2 结果与讨论

在 FB-CVD 过程中使用的 500 μm $ZrO_2$ 微球基体和包覆的 SiC/C 复合包覆层的形貌如图 1 所示。图 1a 为研磨后的微球基体，可以观察到研磨过程并未对微球基体造成破坏，包覆层可以从微球基体表面轻松剥离。过筛后得到的 SiC/C 复合包覆层如图 1b 所示，包覆层分层明显且结构完整，尺寸在 400 μm 左右。对复合包覆层的断面进行进一步观察（图 1c）并进行 EDS 能谱线扫描（图 1d），可以确定 SiC 子层厚度约为 8 μm，C 子层厚度约为 1 μm。

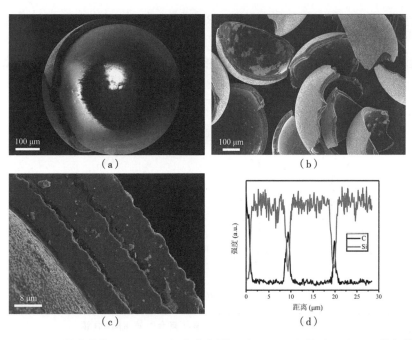

**图 1** (a) $ZrO_2$ 微球基体和 (b) SiC/C 复合包覆层 (c) SEM 图像及 (d) EDS 线扫描能谱

SiC/C 层状复合陶瓷断面形貌如图 2 所示，从磨抛后的断面可以观察到 SiC/C 复合包覆层可以通过SPS进行致密烧结，得到的复合陶瓷孔隙较少。通过对比图 1b 中未烧结的 SiC/C 复合包覆层，发现复合包覆层在烧结过程中发生了形变，且 SiC 子层并未发生断裂。并且复合包覆层具有与烧结压力相垂直的取向。在未进行磨抛的断面（图 2c～d），可以观察到其断口凹凸不齐，说明裂纹在穿过较硬的 SiC 子层到达 SiC 子层与 C 子层的界面时发生了偏转，而这也是 SiC/C 层状复合陶瓷增韧的关键。

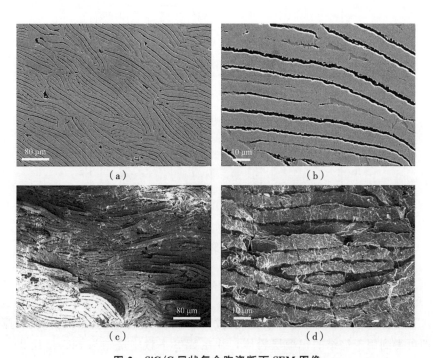

**图 2 SiC/C 层状复合陶瓷断面 SEM 图像**

（a）和（b）为磨抛后的断面；（c）和（d）为未磨抛的断面

SiC/C 复合包覆层和烧结后的层状复合陶瓷的 XRD 曲线如图 3 所示。通过 FB-CVD 法制备的 SiC/C 复合包覆层中的 SiC 为 3C-SiC。在加入 Al 作为烧结助剂并在 1800 ℃下烧结得到致密的层状复合陶瓷后，SiC 层发生部分相变，产生少量的 4H-SiC。同时烧结助剂 Al 还会与 SiC 和 C 反应生成 $Al_4SiC_4$。

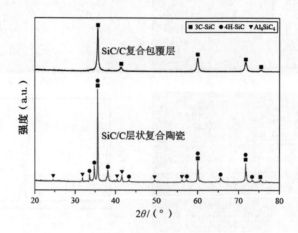

图 3 SiC/C 复合包覆层和层状复合陶瓷 XRD 曲线

为了验证层状复合结构对 SiC 陶瓷的增韧作用，对比了由 SiC 粉体烧结得到的普通 SiC 陶瓷和由复合包覆层烧结得到的层状复合陶瓷的弯曲强度和断裂韧性，如图 4 所示。普通 SiC 陶瓷的弯曲强度为 423 MPa，断裂韧性为 4.37 MPa·$m^{1/2}$。而 SiC/C 层状复合陶瓷的弯曲强度为 385 MPa，略低于普通 SiC 陶瓷，这是因为 SiC/C 层状复合结构的设计难免在陶瓷内引入硬度低、强度差的 C 层，导致陶瓷整体的强度下降。但弱相的引入却能显著提高复合陶瓷的断裂韧性，SiC/C 层状复合陶瓷的断裂韧性高达 7.42 MPa·$m^{1/2}$。

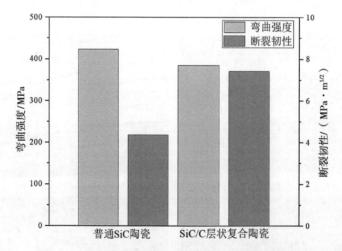

图 4 普通 SiC 陶瓷和 SiC/C 层状复合陶瓷弯曲强度和断裂韧性对比

## 3 结论

通过 FB-CVD 法，可以在微球基体表面均匀沉积 SiC/C 复合包覆层，且包覆层厚度可控。通过简单研磨过筛即可得到用于烧结的包覆层粉体，并在 SPS 下致密烧结为 SiC/C 层状复合陶瓷。复合陶瓷内 SiC 发生相变，有少量 4H-SiC 生成。通过与普通 SiC 陶瓷对比，发现这种层状复合结构虽然稍微牺牲了陶瓷整体的弯曲强度，但断裂韧性得到很大提升，具有 8 μm SiC 子层厚度、1 μm C 子层厚度的 SiC/C 层状复合陶瓷的断裂韧性可达 7.42 MPa·$m^{1/2}$。

**参考文献：**

[1] CLEGG W J, KENDALL K, ALFORD N M, et al. A simple way to make tough ceramics [J]. Nature, 1990, 347: 455-457.

[2] WEN Z, TELLE R, UEBEL J. R-curve behaviour in weak interface-toughened SiC-C laminates by discrete element modelling. Journal of the European Ceramic Society, 2014, 34: 217-227.

[3] KOVAR D, THOULESS M D, HALLORAN J W. Crack deflection and propagation in layered silicon nitride boron nitride ceramics. Journal of the American Ceramic Society, 1998, 81: 1004-1012.

[4] CHLUP Z, NOVOTNÁ L, LKA F, et al. Effect of residual stresses to the crack path in alumina/zirconia laminates. Journal of the European Ceramic Society, 2020, 40: 5810-5818.

[5] PADOVANO E, BADINI C, CELASCO E, et al. Oxidation behavior of $ZrB_2$/SiC laminates: Effect of composition on microstructure and mechanical strength [J]. Journal of the European Ceramic Society, 2015, 35: 1699-1714.

[6] SONG J J, ZHANG Y S, FAN H Z, et al. Design of interfaces for optimal mechanical properties in $Al_2O_3$/Mo laminated composites [J]. Journal of the European Ceramic Society, 2015, 35: 1123-1127.

[7] BONDERER L J, STUDART A R, GAUCKLER L J. Bioinspired design and assembly of platelet reinforced polymer films [J]. Science, 2008, 319: 1069-1073.

[8] ALBRECHT M, HU G H, GUHR I L, et al. Magnetic multilayers on nanospheres [J]. Nature Materials, 2005, 4: 203-206.

[9] BAZHIN P M, KONSTANTINOV A S, CHIZHIKOV A P, et al. Laminated cermet composite materials: The main production methods, structural features and properties (review) [J]. Ceramics International, 2021, 47: 1513-1525.

[10] KLOSTERMAN D, CHARTOFF R, GRAVES G, et al. Interfacial characteristics of composites fabricated by laminated object manufacturing [J]. Composites Part A, 1998, 29: 1165-1174.

[11] XIANG L, CHENG L, SHI L, et al. Mechanical and ablation properties of laminated $ZrB_2$-SiC/BN ceramics [J]. Journal of Alloys & Compounds, 2015, 638: 261-266.

[12] PADOVANO E, BADINI C, BIAMINO S, et al. Pressureless sintering of $ZrB_2$-SiC composite laminates using boron and carbon as sintering aids [J]. Advances in Applied Ceramics, 2013, 112: 478-486.

[13] YANG L W, MAYER C, LI N, et al. Mechanical properties of metal-ceramic nanolaminates: Effect of constraint and temperature [J]. Acta Materialia, 2018, 142: 37-48.

# SiC/C laminated ceramics prepared by FB-CVD and SPS

ZHAO Jian, XU Zhi-tong, LIU Ma-lin, YU Hao, CHANG Jia-xing,
SHAO You-lin, LIU Bing, LIU Rong-zheng*

(Institute of Nuclear Energy and New Energy Technology of Tsinghua University, Beijing 100084, China)

**Abstract:** SiC ceramics are important matrix materials in fully ceramic microencapsulated fuels, with advantages such as high melting point, low reactivity with water vapor, excellent high-temperature mechanical properties, and small neutron absorption cross-section. However, the inherent brittleness of SiC ceramics is also a key issue that SiC based fuel elements must face and solve. Layered composite toughening refers to the preparation of SiC/C layered composite ceramics stacked between SiC and graphite (C) through layering, which is an effective toughening method for SiC ceramics. This project uses fluidized bed chemical vapor deposition (FB-CVD) to prepare SiC/C laminated coating layer, and uses the composite coating layer as the sintering powder and Al as the sintering aid to prepare SiC/C laminated ceramics via spark plasma sintering (SPS). Compared to the laminated materials prepared by traditional tape casting method, the SiC/C laminated ceramics prepared in this study have better isotropy. The bending strength and fracture toughness of SiC/C laminated ceramics prepared at 1800 °C and 50 MPa are 385 MPa and 7.42 MPa·$m^{1/2}$, respectively.

**Key words:** Silicon carbide; Fluidized bed chemical vapor deposition; Laminated materials; Ceramic toughening

# 热压烧结方法制备氧化铍陶瓷研究

周湘文*，侯明栋，刘荣正，刘　兵，唐亚平

(清华大学核能与新能源技术研究院，北京　100084)

**摘　要**：本文采用热压烧结方法在真空环境下制备氧化铍陶瓷。在热压烧结过程中，使用石墨模具制备氧化铍会使模具中的碳元素扩散至氧化铍中，所制备的氧化铍外观呈现黑色并伴有石墨光泽。因此，热压烧结所制备的氧化铍需经进一步的脱碳工艺处理，以实现基本完全脱碳。由此，经过真空热压烧结＋脱碳两步工艺制备了达到理论密度约94%以上的氧化铍陶瓷。同时，本文还对碳元素在氧化铍中的扩散路径进行了研究。结果表明，碳元素主要沿着氧化铍晶粒之间的玻璃相扩散，但也存在一部分碳元素扩散至氧化铍晶粒内部，并可能伴随Be—C化学键的形成。

**关键词**：热压烧结；氧化铍陶瓷；碳元素扩散；玻璃相

氧化铍在核反应堆中有着重要的应用，主要是作为中子慢化剂、中子反射层材料[1-2]。这主要是由于氧化铍具有良好的导热性能、抗氧化能力强、良好的中子慢化能力，以及中子增殖现象[1-2]。氧化铍的制备工艺主要有无压烧结法和热压烧结法，但无压烧结方法对于氧化铍陶瓷的致密程度提高有着局限性[1]。回顾氧化铍的研究历史，在20世纪60年代曾有人探究过使用石墨模具热压烧结制备氧化铍陶瓷，并探究了不同粉体、不同热压烧结工艺对氧化铍陶瓷的性能影响[3]。尤其是有文章中曾提到经过热压烧结制备的氧化铍陶瓷呈现浅灰色，但论文并未针对此问题进行深入研究[3]。本文采用热压烧结方法，使用石墨模具，在真空环境下制备氧化铍陶瓷，并探究了脱碳工艺。

## 1　实验方法

本文中所使用的氧化铍造粒粉成分如表1所示，氧化铍质量分数为99.03%。热压烧结所使用的模具为石墨材料，其装配示意图如图1a所示，压力棒作用在上垫片的上表面。所使用石墨模具实物图如图1b所示。热压烧结设备如图1c所示，可以实现真空环境下的热压烧结，可实现大约$10^{-1}$ Pa的真空度。

热压烧结的参数有三部分，高温段温度、高温段保温时间、压力。本文的高温段温度为1400 ℃、1500 ℃、1600 ℃；高温段保温时间范围为10～60 min；压力范围为(10～30)MPa。升温速率为600 ℃/h；降温过程中，在1000 ℃以上时控制降温速率为600 ℃/h，但在其以下或更低温度时，随炉冷却速率要小于600 ℃/h。在100 ℃以下温度时，可以取出样品。

从模具中取出样品后，置于马弗炉在1300 ℃空气气氛中进行脱碳处理，脱碳时间范围为10～100 h。降温过程中，在大约800 ℃以上时可以控制降温速率为600 ℃/h，但在其以下或更低温度时，随炉冷却降温速率要低于600 ℃/h。

对所制备的氧化铍陶瓷使用扫描电子显微镜(GeminiSEM 300，蔡司，德国)进行分析，并使用能谱仪(EDAX，AMETEK，美国)进行元素分析。

---

作者简介：周湘文(1979—)，男，副研究员，博士，现主要从事核燃料循环与材料、先进核燃料和核材料等科研工作。

表1 氧化铍粉体成分（质量分数）

| BeO/ wt. % | Si/ wt. % | Mg/ wt. % | Al/ wt. % | Ca/ wt. % | S/ wt. % | 其他/ wt. % |
| --- | --- | --- | --- | --- | --- | --- |
| 99.03 | 0.29 | 0.43 | 0.14 | 0.09 | 0.000 3 | 0.019 7 |

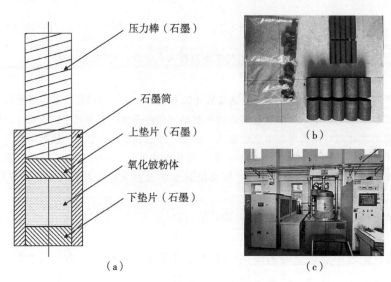

图1 氧化铍热压烧结模具和热压烧结设备
（a）热压烧结模具装配图；（b）热压烧结模具实物图；（c）热压烧结设备

## 2 结果分析与讨论

### 2.1 烧结成品分析

热压烧结氧化铍陶瓷与脱碳处理后的氧化铍陶瓷如图2所示，直径为50 mm，厚度为10 mm。其中编号0的样品为从石墨模具中取出的样品，其外观呈现黑色，并伴有石墨光泽。这说明，使用石墨模具热压烧结氧化铍必然会出现碳元素的扩散现象，而且是向氧化铍陶瓷内部扩散。而这一样品是不满足目标产品要求的。因此，需要对热压烧结的氧化铍陶瓷进行脱碳处理。编号1、2、5、8、9分别为表2中1、2、5、8、9号工艺经过脱碳处理后的外观。编号1和2的样品呈现纯白色，而这是纯氧化铍的典型特征，说明对应的工艺实现了可制备纯氧化铍。而编号5、8、9的氧化铍陶瓷外观呈现与文献中描述相匹配的灰色或者浅灰色[3]，这说明并未实现完全脱碳。

表2对脱碳处理后的氧化铍进行了密度测试，并记录了脱碳处理的效果。从表2可以看出，1400 ℃的烧结温度实现了密度为2.82~2.96 g/cm³，差异主要是高温段保温时间和压力不同，且在这一烧结温度下，经过脱碳处理后可实现较好的脱碳效果。随着烧结温度的提高，所制备的氧化铍陶瓷密度也逐渐增大，直至2.96 g/cm³，而氧化铍陶瓷理论密度为3.01 g/cm³。但在1500 ℃、1600 ℃烧结温度条件下所制备的氧化铍陶瓷经过100 h脱碳处理也依然有碳元素的残留。如图2编号5、8、9所示。

对于这一现象，我们认为进一步提高脱碳处理的温度可能会有所改善，但进一步提高脱碳温度可能会对氧化铍本身产生影响，比如其晶粒进一步长大等，而这会影响氧化铍陶瓷的性能。因此，热压烧结制备氧化铍的烧结温度应当控制在1400 ℃左右，以实现基本完全脱碳处理的目标。

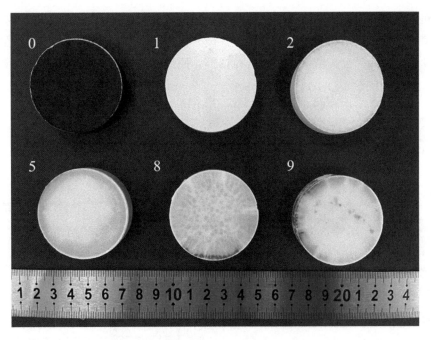

**图 2  不同热压烧结工艺制备的氧化铍陶瓷样品（图中编号对应工艺编号）**

**表 2  热压烧结氧化铍陶瓷汇总表**

| 温度/℃ | 编号 | 烧结密度/(g/cm³) | 脱碳处理后 |
| --- | --- | --- | --- |
| 1400 | 1 | 2.82 | 基本完全脱碳 |
|  | 2 | 2.88 | 基本完全脱碳 |
|  | 3 | 2.96 | 极少部分碳残留 |
| 1500 | 4 | 2.90 | 少部分碳残留 |
|  | 5 | 2.95 | 少部分碳残留 |
|  | 6 | 2.95 | 少部分碳残留 |
| 1600 | 7 | 2.95 | 较多碳残留 |
|  | 8 | 2.96 | 较多碳残留 |
|  | 9 | 2.96 | 较多碳残留 |

## 2.2  碳元素分布

根据 2.1 节的实验结果，碳元素可以扩散至氧化铍陶瓷内部，也可以在空气气氛中再扩散出来。为了探究这一现象，对热压烧结氧化铍进行了微观结构的分析，结果如图 3 和图 4 所示。根据图 3 可以看出，热压烧结所制备的氧化铍基本没有气孔，这与无压烧结制备的氧化铍陶瓷有着明显的区别。同时，氧化铍晶粒间存在着玻璃相，这种玻璃相成分应当由 Be、Al、Si、Mg、O 元素组成。图 3b 为这一玻璃相的 EDS 能谱分析结果，检出了 Si、Mg、O、C 元素，Pt 元素是为了增加导电性喷涂的，Be 元素使用能谱分析方法无法检出。图 3c 为氧化铍晶粒内部的元素能谱图，主要检出元素为 O、C 元素。这说明，碳元素不仅存在于晶粒间的玻璃相中，还扩散至晶粒内部。图 4 为跨晶粒的 O、C 元素线分布情况。在晶粒间的位置，出现了氧元素的强度波谷，对于碳元素出现了一个小的波峰。这也说明了碳元素在晶粒间的玻璃相中分布要多于在晶粒内部的分布。

根据图 3 和图 4 的实验现象，我们提出了碳元素在氧化铍内扩散的机理，如图 5 所示。氧化铍晶粒间存在着玻璃相，这种玻璃相将晶粒粘结起来。碳元素主要沿着玻璃相扩散，因此在玻璃相中的分布会更多，有少部分碳元素会扩散至氧化铍晶粒内部，而这一过程可能伴随着 Be—C 键的生成。

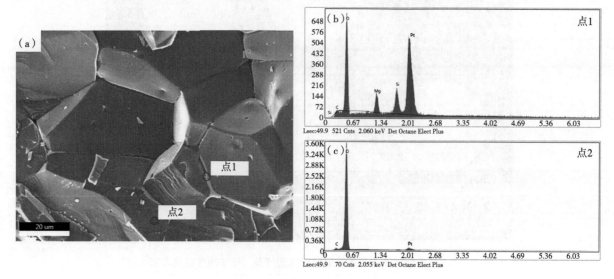

**图 3　未脱碳热压烧结氧化铍**

（a）未脱碳热压烧结氧化铍断口形貌；（b）点 1 的 EDS 图；（c）点 2 的 EDS 图

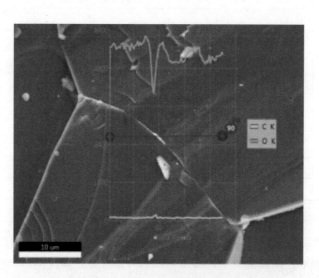

**图 4　未脱碳热压烧结氧化铍晶粒间元素线分布**

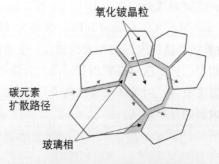

**图 5　碳元素在氧化铍内扩散路径[4]**

## 3 结论

在真空环境热压烧结制备氧化铍过程中，使用石墨模具会使碳元素扩散至氧化铍中，所制备的氧化铍外观呈现黑色并伴有石墨光泽。热压烧结所制备的氧化铍需经进一步的脱碳工艺处理，以实现基本完全脱碳。在1400 ℃的烧结温度下，再进行脱碳处理，此时可以实现基本完全脱碳。但当烧结温度进一步升高，则会出现明显的碳残留现象，所制备的氧化铍外观与文献中描述一致，呈现灰色或者浅灰色。本文还对碳元素在氧化铍中的扩散路径进行了研究。结果表明，碳元素主要沿着氧化铍晶粒之间的玻璃相扩散，但也存在一部分碳元素扩散至氧化铍晶粒内部，并可能伴随Be—C化学键的形成。

**参考文献：**

[1] HOU M. Beryllium oxide utilized in nuclear reactors: Part I: Application history, thermal properties, mechanical properties, corrosion behavior and fabrication methods [J]. Nuclear Engineering and Technology, 2022, 54 (12): 4393 - 4411.

[2] HOU M. Beryllium oxide utilized in nuclear reactors: Part II, A systematic review of the neutron irradiation effects [J]. Nuclear Engineering and Technology, 2023, 55 (2): 408 - 420.

[3] CARNIGLIA S C. Hot pressing for nuclear applications of BeO: process, product, and properties [J]. Journal of Nuclear Materials, 1964, 14: 378 - 394.

[4] HOU M. Molecular Dynamics Simulation of High Temperature Mechanical Properties of Nano - Polycrystalline Beryllium Oxide and Relevant Experimental Verification [J]. Energies, 2023, 16 (13): 4927.

# Research on preparation of beryllium oxide ceramics by hot pressing and sintering method

## ZHOU Xiang-wen*, HOU Ming-dong, LIU Rong-zheng, LIU Bing, TANG Ya-ping

(Institute of Nuclear and New Energy Technology of Tsinghua University, Beijing 100084, China)

**Abstract:** In this study, beryllium oxide ceramics were prepared using the hot pressing and sintering method in a vacuum environment. Graphite molds were employed during the process, leading to the diffusion of carbon elements into the beryllium oxide, resulting in a graphite appearance. However, further decarbonization processes were necessary to achieve complete decarbonization of the beryllium oxide. Successfully, beryllium oxide ceramics with a theoretical density exceeding 94% were developed through vacuum hot pressing and sintering, followed by decarbonization. Additionally, the study investigated the carbon diffusion path in beryllium oxide, revealing that carbon primarily migrates along the glass phase between beryllium oxide grains. Some carbon may also enter into the beryllium oxide grains, potentially resulting in the formation of Be-C chemical bonds.

**Key words:** Hot pressing and sintering method; Beryllium oxide ceramics; Carbon diffusion; Glass phase

# 碳化锆包覆层的流化床-化学气相沉积制备工艺研究

程心雨，刘泽兵，刘荣正*，刘马林，杨 旭，刘 兵，邵友林

(清华大学核能与新能源技术研究院，北京 100084)

**摘 要**：超高温气冷堆（VHTR）具有安全性好、用途广泛的特点，是第四代核能系统的重要反应堆堆型。由于 VHTR 要求冷却剂出口温度高于 950 ℃，核燃料需要在更高的温度下工作，碳化锆（ZrC）具有阻挡裂变产物扩散的优异性能、良好的热稳定性和较低的中子吸收截面，是未来 TRISO 包覆燃料颗粒中包覆层的重要候选材料。在 $ZrCl_4$-$C_3H_6$-$Ar$-$H_2$ 体系中进行流化床化学气相沉积（FB-CVD）试验，在不同沉积温度 1300～1550 ℃下制备出 ZrC 包覆层，并研究了沉积温度对 ZrC 包覆层微观形貌和组分的影响。对所制备的 ZrC 包覆层进行了 X 射线衍射（XRD）、扫描电子显微镜（SEM）、拉曼分析（Raman）和能量色散谱仪（EDS）等分析测试。结果表明，本研究制备的 ZrC 包覆层结构致密，整体为 ZrC 物相，包覆层的碳含量与沉积温度有关。对所制备的包覆层在 2200 ℃高温处理 1 h，可以实现 ZrC 包覆层相组成的纯化。

**关键词**：超高温气冷堆；碳化锆；TRISO 燃料颗粒；流化床-化学气相沉积

TRISO 包覆燃料颗粒是高温气冷堆燃料元件的重要部分[1-2]。典型的 TRISO 包覆燃料颗粒由 $UO_2$ 或 UCO 燃料核芯和 4 层包覆层组成，包覆层从内到外依次为缓冲层（Buffer）、内致密热解炭层（IPyC）、碳化硅层（SiC）和外致密热解炭层（OPyC）[3]。其中，SiC 包覆层是燃料颗粒的重要组成部分，具有保留裂变产物以及提供机械强度的作用[4]。为满足高温过程热和核能制氢的需求，需要发展超高温气冷堆（VHTR），其冷却剂出口温度高于 950 ℃[5]。超高温气冷堆燃料元件将工作在更高的温度下，SiC 包覆层可能面临失效的风险。因此亟须发展新型的超高温碳化物包覆层材料[6]。碳化锆（ZrC）具有很多优异的性能，如高熔点（3450 ℃）、良好的耐裂变产物侵蚀的能力、高热导率和低中子吸收截面，被认为是 TRISO 燃料颗粒中 SiC 包覆层的替代或补充包覆层[7-8]。

TRISO 颗粒 ZrC 包覆层的制备通常使用流化床化学气相沉积法（Fluidized Bed Chemical Vapor Deposition，FB-CVD），在沉积过程中所使用的锆源前驱体一般为卤化锆（$ZrCl_4$、$ZrBr_4$、$ZrI_4$ 等），碳源一般选择甲烷或丙烯等烷烃[9-11]。在沉积过程中，沉积温度对沉积动力学和热力学过程有着重要影响，如 Kim 等的研究结果表明 CVD 沉积温度会对 ZrC 涂层的择优取向、微观形貌、力学性能等造成影响[12]。为解决锆源的冷凝问题，此前我们提出了一种新的前驱体输运方法，即将定量送粉与固态输运相结合，实现了对锆源的定量供给和对碳锆比的精确控制，并通过该方法成功制备了 ZrC 包覆层，但这种方法在不同温度下的沉积行为有待深入研究。

本文采用流化床化学气相沉积（FB-CVD）法，利用固态定量送粉方案，在 $ZrCl_4$-$C_3H_6$-$Ar$-$H_2$ 体系中于不同沉积温度 1300～1550 ℃下制备出 ZrC 包覆层，并研究了沉积温度对 ZrC 包覆层微观形貌和组分的影响，并对所制备的包覆层在 2200 ℃高温处理 1 h 以实现 ZrC 包覆层相组成的纯化。

## 1 实验材料与装置

本实验采用四氯化锆（$ZrCl_4$，99.5%，Macklin）和丙烯（99.9%）作为反应物，使用氩气（99.999%）和氢气（99.999%）的混合气体作为流化和稀释气体，采用平均粒径为 650 μm 的 $ZrO_2$ 陶瓷

---

作者简介：程心雨（1997—），女，博士生，现主要研究方向为核燃料与材料的设计、制备、表征等。
通讯作者：刘荣正，liurongzheng@tsinghua.edu.cn。
基金项目：国家科技重大专项（ZX06901）。

微球作为基体核芯。

本实验选取的设备为 TRISO 包覆燃料颗粒制备领域常用的流化床-化学气相沉积包覆炉,其中流化管是内径为 50 mm 的石墨管。四氯化锆粉末通过专门设计的送粉器输送到炉中,丙烯通过气体流量计控制并定量输运至包覆炉中,具体实验装置示意图见文献[13]。分别在 1300 ℃、1400 ℃、1450 ℃、1500 ℃、1550 ℃ 下进行沉积,沉积时间均为 1.0 h。$ZrCl_4$ 的粉末进料速率稳定在 0.7 g/min,丙烯流量稳定在 12 mL/min。沉积实验结束后,将包覆层碎片放入超高温石墨炉中,在氩气气氛中对包覆层在 2200 ℃ 下进行 1 h 高温处理。通过扫描电子显微镜(SEM)分析样品的微观形貌,使用 X 射线衍射(XRD)和拉曼光谱仪(Raman)对样品的相组成和成分进行分析,通过 SEM 自带的能量色散谱仪(EDS)初步表征样品的元素含量。

## 2 结果及分析

### 2.1 沉积温度对形貌和成分的影响

#### 2.1.1 微观形貌

采用 SEM 观察在不同温度下沉积的 ZrC 包覆层表面,其表面形态如图 1 所示。可以看出,所有样品的表面都显示出花椰菜状的形态,这是流化床-化学气相沉积制备涂层的典型表面形态。当沉积温度为 1300 ℃ 时,涂层表面的颗粒尺寸比较细小,整体排列较为疏松;当沉积温度达到 1400 ℃,表面颗粒的尺寸增大,细小颗粒相互融合为大颗粒,表面平整度降低;当温度达到 1500 ℃,颗粒尺寸进一步增大,整体表面变得更加致密和平整。

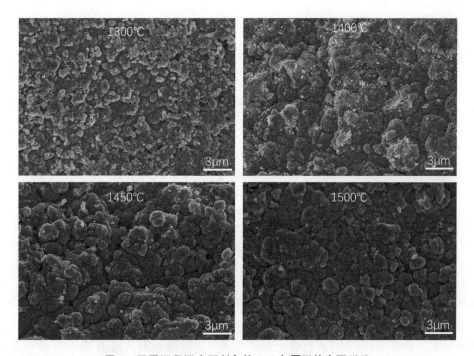

**图 1 不同沉积温度下制备的 ZrC 包覆层的表面形貌**

沉积温度对包覆层的断面形态也有着较大影响。采用 SEM 对包覆层断面形貌进行观察,并通过 EDS 表征不同沉积温度下包覆层中元素含量的差异,结果如图 2 所示。从图 2 中可以看出,当沉积温度不超过 1400 ℃ 时,包覆层中颗粒较小且边缘不清晰,说明结晶性较差,同时其碳元素含量较高;随着沉积温度逐渐升高,颗粒的尺寸逐渐增大,表现出锋利的边缘,且包覆层中的碳含量趋于稳定。

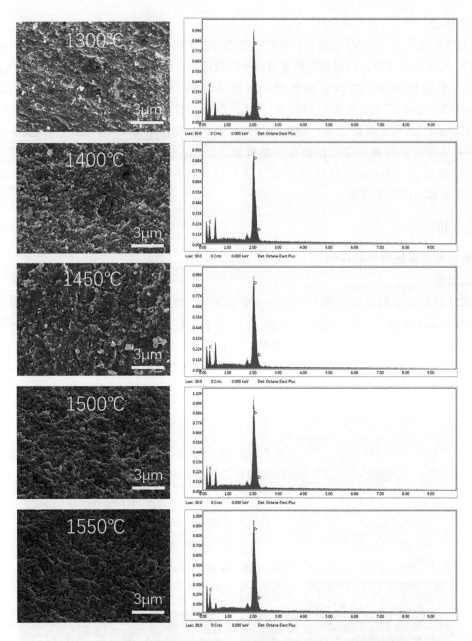

**图 2　不同沉积温度下制备的 ZrC 包覆层的断面形貌及元素含量**

#### 2.1.2　相组成与成分

采用 XRD 对不同温度下沉积的 ZrC 包覆层进行分析（图 3a），结果表明，所有的 ZrC 包覆层宏观都是 ZrC 物相。通过谢乐公式计算其晶粒尺寸，发现随着温度的增高，晶粒尺寸从 1300 ℃ 时的 24.6 nm 逐渐增大。由于 Raman 分析对碳元素的检测更加敏锐，因此选用 Raman 分析仪对样品进行进一步测试。需要说明的是，由于 ZrC 的 NaCl 结构，其所有原子都处于反转对称状态，因此没有产生拉曼峰的振动模式，故而纯相的 ZrC 不应出现拉曼峰。但是对于本研究制备出的样品，所有样品均出现了位于 1360 cm$^{-1}$ 和 1580 cm$^{-1}$ 左右的两个峰（图 3b），它们分别属于碳的 D 峰和 G 峰。因此，拉曼测试结果表明初始制备出的 ZrC 包覆层中存在游离碳，需后续进一步纯化才能得到纯相的 ZrC。

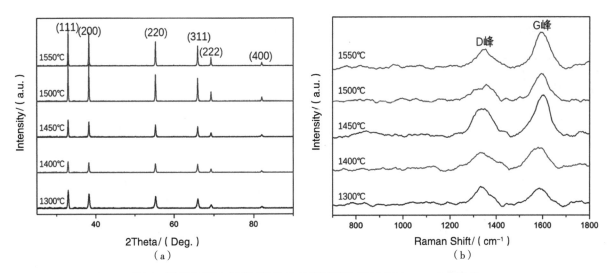

图 3 不同沉积温度下制备的 ZrC 包覆层的 XRD 和 Raman 分析结果

## 2.2 高温处理对形貌和成分的影响

### 2.2.1 微观形貌

由于 ZrC 包覆层计划用于高温条件下，且原始样品中存在游离碳，因此考虑对样品进行高温处理。选用 2200 ℃的高温炉，在氩气气氛中对样品进行高温处理 1 h。首先用 SEM 观察高温处理后样品的表面，发现表面均表现出类似的形貌。以 1400 ℃下制备的样品为例，如图 4 所示，可以看出包覆层表面发生了明显的变化，原始样品中的花椰菜形貌变成了光滑的多面体形貌，同时出现了较多的台阶状结构。

图 4 1400 ℃下制备的 ZrC 包覆层经 2200 ℃高温处理 1 h 后的表面形貌

### 2.2.2 相组成与成分

采用 XRD 和 Raman 测试高温处理后的相组成和成分变化，结果如图 5 所示。从图 5a 的 XRD 结果可以看出，高温后 ZrC 包覆层保持相成分的稳定，依然为 ZrC 物相；从图 5b 的 Raman 分析结果可以看出，经过高温纯化后，在 1400 ℃及以上制备的 ZrC 包覆层中的游离碳峰消失，说明高温处理后，碳含量处于正常范围内的 ZrC 包覆层可以实现相组成的纯化。

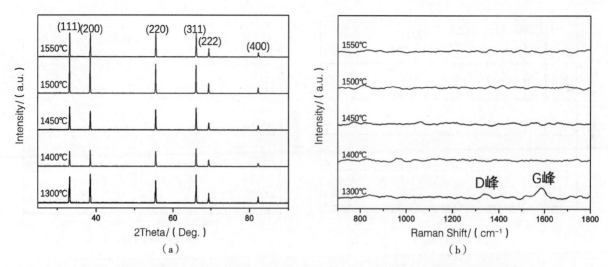

图 5 不同温度下制备的 ZrC 包覆层经 2200 ℃ 高温处理 1 h 后的 XRD 和 Raman 分析结果

## 3 结论

采用流化床-化学气相沉积法,在 $ZrCl_4$ - $C_3H_6$ - Ar - $H_2$ 体系中分别采用 1300 ℃、1400 ℃、1450 ℃、1500 ℃、1550 ℃ 沉积温度制备出 ZrC 包覆层,并研究沉积温度对 ZrC 包覆层微观形貌和组分的影响,并对所制备的包覆层在 2200 ℃ 高温处理 1 h 来实现 ZrC 包覆层相组成的纯化。结果表明:

(1) 通过流化床-化学气相沉积制备的 ZrC 包覆层样品均呈现出典型的花椰菜状形貌,且随着沉积温度升高,表面颗粒尺寸增大,内部晶粒尺寸也逐渐增大。

(2) 在本研究选取的沉积温度范围内制备的 ZrC 包覆层,其物相检测结果均为单相 ZrC,但其中存在微量游离碳。

(3) 通过高温处理过程,可使得 ZrC 包覆层中的微量游离碳发生进一步反应,进而实现相组成的纯化。

**参考文献:**

[1] GRIESBACH C. Microstructural heterogeneity of the buffer layer of TRISO nuclear fuel particles [J]. Journal of Nuclear Materials, 2023, 574.

[2] 赵木. 高温气冷堆燃料元件固有循环安全特性的研究 [J]. 核安全, 2012 (2): 4.

[3] KIM H M. Pressureless sintering of fully ceramic microencapsulated fuels [J]. Journal of the European Ceramic Society, 2020, 40 (15): 5180 - 5185.

[4] 刘荣正, 赵健, 刘马林, 等. 基于流化床化学气相沉积的碳化硅材料制备、性能及其在核领域的应用 [J]. 硅酸盐学报, 2020 (3): 10.

[5] LOCATELLI G, MANCINI M, TODESCHINI N. Generation IV nuclear reactors: Current status and future prospects [J]. Energy Policy, 2013, 61: 1503 - 1520.

[6] KIM D. Influence of free carbon on the characteristics of ZrC and deposition of near - stoichiometric ZrC in TRISO coated particle fuel [J]. Journal of Nuclear Materials, 2014, 451 (1 - 3): 97 - 103.

[7] PORTER I E. Design and fabrication of an advanced TRISO fuel with ZrC coating [J]. Nuclear Engineering and Design, 2013, 259: 180 - 186.

[8] KIM D. Microstructure evolution of a ZrC coating layer in TRISO particles during high - temperature annealing [J]. Journal of Nuclear Materials, 2016, 479: 93 - 99.

[9] ZHU Y. Calculation and synthesis of ZrC by CVD from $ZrCl_4$ - $C_3H_6$ - $H_2$ - Ar system with high $H_2$ percentage [J]. Applied Surface Science, 2015, 332: 591 - 598.

[10] HOLLABAUGH C M. Chemical Vapor Deposition of ZrC Made by Reactions of ZrCl₄ with CH₄ and with C₃H₆ [J]. Nuclear Technology, 2017, 35 (2): 527-535.
[11] OGAWA T, IKAWA K, IWAMOTO K. Chemical vapor deposition of ZrC within a spouted bed by bromide process [J]. Journal of Nuclear Materials, 1981, 97 (1-2): 104-112.
[12] KIM J G. The effect of temperature on the growth and properties of chemical vapor deposited ZrC films on SiC - coated graphite substrates [J]. Ceramics International, 2015, 41 (1): 211-216.
[13] CHENG X. Preparation of ZrC coating in TRISO fuel particles by precise transportation of solid precursor and its microstructure evolution [J]. Journal of Nuclear Materials, 2022, 574: 154222.

# Preparation of zirconium carbide coating by fluidized-bed chemical vapor deposition

CHENG Xin-yu, LIU Ze-bing, LIU Rong-zheng*, LIU Ma-lin, YANG Xu, LIU Bing, SHAO You-lin

(1. Institute of Nuclear and New Energy Technology, Tsinghua University, Beijing 100084, China)

**Abstract:** Very-high temperature gas-cooled reactor (VHTR) is an important reactor type for the fourth-generation nuclear system due to its good safety and versatility. Since VHTR requires coolant outlet temperature higher than 950 ℃, nuclear fuel needs to work at higher temperatures, and zirconium carbide (ZrC) is an important candidate coating material for future TRISO particles due to its excellent properties. Fluidized bed chemical vapor deposition (FB-CVD) was performed in the $ZrCl_4$-$C_3H_6$-Ar-$H_2$ system, and ZrC coatings were prepared at 1300~1550 ℃. The effects of deposition temperature on the microscopic morphology and composition of ZrC coatings were investigated. The prepared ZrC coatings were analyzed by XRD, SEM, EDS and Raman analysis. The results show that the ZrC coating prepared in this study has a dense structure with an overall ZrC phase, and the carbon content of the coating is related to the deposition temperature. The prepared coatings were heat-treated at 2200 ℃ for 1 hour to achieve the phase purification of ZrC coating.

**Key words:** Very-high-temperature gas-cooled reactor; Zirconium carbide; TRISO particles; Fluidized bed chemical vapor deposition

# 外致密热解炭层对 TRISO 颗粒超高温行为的影响

刘泽兵，杨　旭，刘荣正*，刘马林，刘　兵，唐亚平

（清华大学核能与新能源技术研究院，北京　10084）

**摘　要**：TRISO 型包覆燃料颗粒的性能直接影响高温气冷堆的安全性，是高温气冷堆固有安全性的重要保障。TRISO 颗粒从里到外分别是核芯、疏松热解炭层（buffer）、内致密热解炭层（IPyC）、SiC 层和外致密热解炭层（OPyC）。OPyC 层作为 TRISO 颗粒的最外层对整个包覆颗粒具有保护作用。在 1800～2400 ℃不同热处理温度下，在氩气气氛中对三层（没有 OPyC 层）和四层（有 OPyC 层）的包覆颗粒进行了 1h 的热处理。研究了高温处理后 OPyC 层对 SiC 层形貌、组成以及微观结构的影响。结果表明，OPyC 层能显著抑制高温下 SiC 层的分解。在 1800 ℃时，没有 OPyC 层保护的 SiC 层表面出现了硅元素流失的现象；在 2200 ℃，SiC 层表面有明显的孔洞产生；在 2300 ℃，分解区域可达到 SiC 层内部。而有 OPyC 层包覆颗粒的 SiC 层在 2300 ℃保温也没有明显分解的迹象。本文为 TRISO 颗粒应用于超高温的运行环境提供了数据和参考。

**关键词**：TRISO 颗粒；OPyC 层；超高温；SiC 分解

高温气冷堆（HTGR）具有良好的固有安全性，是第四代核能系统重点研发的堆型之一[1]。其燃料元件中的 TRISO（tristructural-isotropic）包覆燃料颗粒能够阻挡绝大部分裂变产物的扩散，是保障高温气冷堆安全性的第一道屏障。TRISO 颗粒结构从里到外分别是核芯、疏松热解炭层（buffer）、内致密热解炭层（IPyC）、SiC 层和外致密热解炭层（OPyC）。其中 SiC 层是主要的结构承担层，阻挡裂变产物的释放，是包覆燃料颗粒的关键涂层[2-3]。而 OPyC 层则在燃料元件制备过程中保护 SiC 层，并对 SiC 层施加压应力，减缓辐照过程中 SiC 层的拉应力状态，防止 SiC 层的破损。除此以外，OPyC 层也具有阻挡气态裂变产物释放的功能[4]。因此 OPyC 层对 SiC 层或者对整个 TRISO 颗粒的作用不可忽略。目前 TRISO 颗粒能够在 1600 ℃保持结构和功能的完整性[5-6]，其环境温度有可能进一步提升，未来应用到超高温气冷堆或各种新型反应堆中[7-8]，要承受比现在高温堆内更高的环境温度。因此有必要在更高温度下对 OPyC 层进行研究。但目前对 OPyC 层的研究关注其制备过程[9-13]和高温下[14-15]微观结构和力学性能的变化，很少关注其对 SiC 层或者对整个 TRISO 颗粒的影响。

本文主要通过对比研究在氩气气氛下于 1800～2300 ℃热处理 1h 后三层（没有 OPyC 层）和四层（有 OPyC 层）包覆颗粒的 SiC 层形貌、组成和微观结构，探究了 OPyC 层在高温下对 SiC 层分解的影响。

## 1　实验与表征

### 1.1　样品制备和超高温实验

使用化学气相沉积法在无放射性的 $ZrO_2$ 核芯上制备 TRISO 包覆颗粒，排除 $UO_2$ 核芯对本实验的影响。SiC 层以甲基三氯硅烷为原料在 1560 ℃下沉积形成的。OPyC 层采用乙炔与丙烯的混合物在 1280 ℃下生成。实验样品为三层包覆颗粒（没有 OPyC）和四层包覆颗粒，如图 1 所示。

---
作者简介：刘泽兵（1998—），女，博士生，现主要从事超高温 TRISO 颗粒 SiC 层的微观结构和性能研究。
通讯作者：刘荣正，liurongzheng@tsinghua.edu.cn。
基金项目：国家自然科学基金面上项目"核用碳化硅陶瓷多尺度复合复韧结构设计与微区限域烧结"（52272066）。

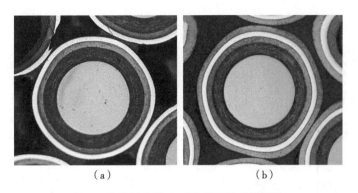

**图 1　热处理前的 TRISO 截面的光镜照片**

(a) 三层包覆颗粒（无 OPyC）；(b) 四层包覆颗粒

将未处理的三层和四层包覆颗粒分别放入石墨坩埚。将石墨坩埚置于密闭的超高温炉中，在大气压下氩气气氛中加热至目标温度，并在该温度下保温 1 h，之后随炉冷却至室温，将样品取出并进行表征。热处理温度分别为 1800 ℃、2000 ℃、2200 ℃、2300 ℃、2400 ℃。

### 1.2　表征方法

利用光学显微镜（Stemi508）观察热处理后包覆颗粒的破损情况。通过扫描电子显微镜（SEM，GEMINI-300，蔡司）观察热处理前后包覆颗粒的表面和断面形貌，并通过能谱仪（EDS）检测对应区域的元素含量。利用 X 射线衍射仪（XRD，D8 ADVANCE，BRUKER）和拉曼光谱仪（THMS600，Renishaw invia））得到检测样品的相成分和结构信息。

## 2　结果与讨论

### 2.1　超高温下 OPyC 层对 SiC 层微观形貌的影响

用扫描电镜观察了不同热处理温度下没有 OPyC 层保护的三层包覆颗粒 SiC 层的表面形貌，并利用能谱仪对 SiC 层表面的元素进行了分析，如图 2 所示。从 EDS 结果可以得出从 1800 ℃ 开始，随着热处理温度的升高，裸露的 SiC 层表面的硅含量逐渐减少，碳含量逐渐增加。说明 SiC 表面从 1800 ℃ 开始表面就已经开始发生分解且分解程度随着温度的升高而增加。

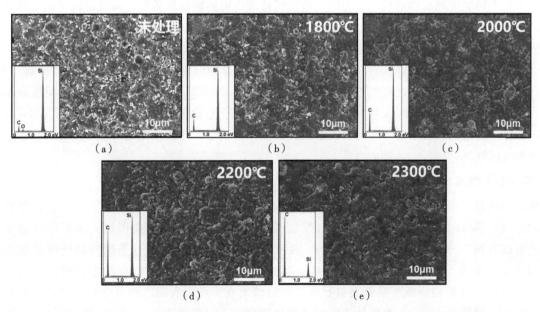

**图 2　三层包覆颗粒在氩气中不同温度热处理 1h 后 SiC 层表面的电镜图（插图为 SiC 层表面测得的能谱图）**

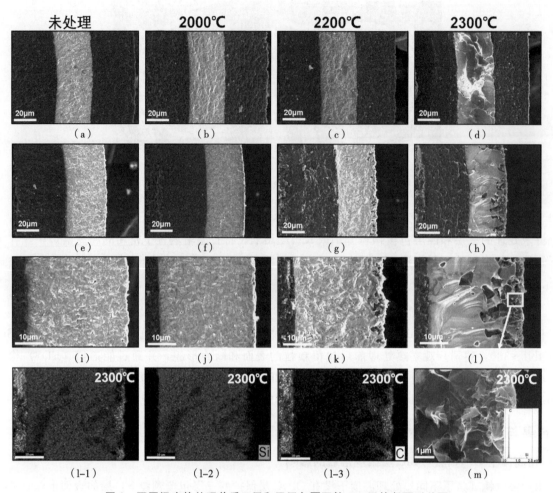

**图 3　不同温度热处理前后三层和四层包覆颗粒 SiC 层的断面形貌图**

（a）～（d）四层包覆颗粒 SiC 层断面；（e）～（h）三层包覆颗粒 SiC 层断面；（i）～（l）是（e）～（h）SiC 层的局部放大图；
（l-1）～（l-3）是（l）的元素分布图；（m）是（l）分解区域的局部放大图及其对应的能谱图

图 3 是不同温度热处理前后三层和四层包覆颗粒 SiC 层的断面形貌图。通过对比可以看出四层包覆颗粒中的 SiC 层因为有 OPyC 层的保护，直到 2200 ℃，断面形貌并没有发生明显变化；2300 ℃时，SiC 断面形貌发生了改变，根据下文 XRD 的表征结果可知，主要是由于 SiC 层发生了从 β-SiC 到 α-SiC 的相变所致。但 SiC 层并没有发生明显的分解。但三层包覆颗粒由于 SiC 层裸露于外界，温度升高，表面的 SiC 便会在蒸气压的作用下发生分解。2000 ℃的热处理能够保持断面形貌不发生变化，但在 2200 ℃下，从图 3k 可以看出 SiC 表面因分解产生了许多孔洞；2300 ℃分解向 SiC 层内部延伸，已经分解的区域由于硅元素的流失形成疏松多孔的炭层。这会极大地降低 SiC 层阻挡裂变产物的能力和机械强度。

## 2.2　超高温下裸露 SiC 层微观结构的变化

通过对热处理前后三层包覆颗粒 SiC 层表面进行拉曼和 XRD 检测，得到了 SiC 层微观结构变化和相组成。图 4a 为不同温度热处理的三层包覆颗粒 SiC 层表面的拉曼图谱，从图中可知随着热处理温度的升高，三层包覆颗粒表面 β-SiC 的特征峰强度逐渐减小，石墨碳的特征峰强度逐渐增强。因此可以得出 SiC 层表面在没有 OPyC 层保护的情况下，1800 ℃就会发生轻微的分解，导致硅原子的流失，并原位生成了具有类似石墨结构的碳留在 SiC 层表面。而且分解程度会随热处理温度的升高而逐渐增加。图 4b 为热处理前后三层包覆颗粒 SiC 层表面的 XRD 图谱，可知热处理温度在 2200 ℃以下样品的 XRD 谱图相同，SiC 为 β-SiC。在 2300 ℃时，出现了 α-SiC 的特征峰，说明部分 β-SiC 发生相变，转变为 α-SiC。

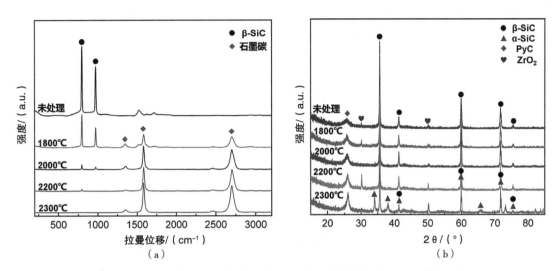

图 4　(a) 热处理前后三层包覆颗粒 SiC 层表面的拉曼图谱；(b) 热处理前后三层包覆颗粒 SiC 层表面的 XRD 图谱

2.3　超高温下 OPyC 层对 TRISO 颗粒的影响

通过体式显微镜对 1800～2400 ℃热处理前后的包覆颗粒破损情况进行了观察，如图 5 所示。在氩气气氛下热处理后，直到 2300 ℃，三层和四层包覆颗粒的形状和结构均保持完好；2400 ℃时，三层包覆颗粒由于 SiC 层分解剧烈而发生破损，但四层包覆颗粒完好，说明 OPyC 层能够在高温下抑制 SiC 层的分解，保护 TRISO 颗粒结构的完整。

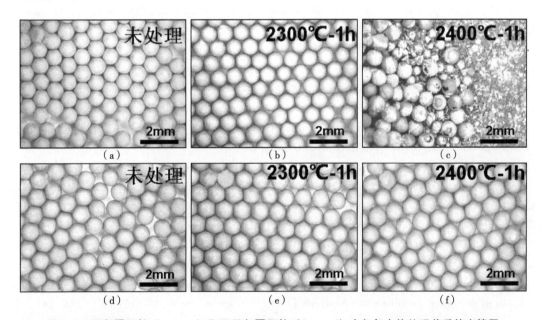

图 5　三层包覆颗粒（a, b, c）和四层包覆颗粒（d, e, f）在氩气中热处理前后的光镜图

## 3　结论

本研究重点对比研究了在氩气气氛下于 1800～2300 ℃热处理 1h 后三层包覆颗粒和四层包覆颗粒微观形貌和结构的变化，探究了 OPyC 层对 SiC 层以及整个 TRISO 颗粒的影响。可以得到如下结论：

（1）没有 OPyC 层的三层包覆颗粒，SiC 表面的分解程度会随热处理温度的升高而增加。在 1800 ℃ 裸露的 SiC 表面有微量硅元素的流失，2200 ℃，SiC 层开始发生明显的分解，表面出现明显的孔洞。在 2300 ℃，分解区域可达到 SiC 层内部。

（2）高温环境下 OPyC 层可以有效降低 SiC 层表面的蒸气压，减少 SiC 表面的气-固反应，提高 SiC 抗高温分解能力，目前在 2300 ℃保温 1h，四层包覆颗粒的 SiC 层没有分解的迹象。

（3）OPyC 层在高温下可通过抑制 SiC 的分解有效保护 TRISO 颗粒结构的完整性。

OPyC 层作为 TRISO 颗粒的最外层在高温下对整个包覆颗粒具有保护作用，其能够显著抑制内部 SiC 层在高温下分解，是 TRISO 颗粒结构不可或缺的一部分。本研究为 TRISO 颗粒应用于超高温的运行环境提供了数据和参考。

**参考文献：**

[1] 高温气冷堆关键材料技术发展战略 [J]. 清华大学学报（自然科学版），2021，61（4）：270-278.

[2] POWERS J J, WIRTH B D. A review of TRISO fuel performance models [J/OL]. Journal of Nuclear Materials, 2010, 405 (1): 74-82. DOI: 10.1016/J.JNUCMAT.2010.07.030.

[3] KATOH Y, SNEAD L L. Silicon carbide and its composites for nuclear applications - Historical overview [J/OL]. Journal of Nuclear Materials, 2019, 526: 151849. DOI: 10.1016/J.JNUCMAT.2019.151849.

[4] ZHOU X W, TANG C H. Current status and future development of coated fuel particles for high temperature gas - cooled reactors [J/OL]. Progress in Nuclear Energy, 2011, 53 (2): 182-188. DOI: 10.1016/J.PNUCENE.2010.10.003.

[5] GUO J, WANG Y, ZHANG H. Challenges and progress of uncertainty analysis for the pebble - bed high - temperature gas - cooled reactor [J/OL]. Progress in Nuclear Energy, 2021, 138: 103827. DOI: 10.1016/J.PNUCENE.2021.103827.

[6] DEMKOWICZ P A, LIU B, HUNN J D. Coated particle fuel: Historical perspectives and current progress [J/OL]. Journal of Nuclear Materials, 2019, 515: 434-450. https://doi.org/10.1016/j.jnucmat.2018.09.044. DOI: 10.1016/j.jnucmat.2018.09.044.

[7] WANG J, LU G, DING M. Parametric study of effective thermal conductivity for VHTR fuel pebbles based on a neutronic and thermal coupling method [J/OL]. Annals of Nuclear Energy, 2023, 181 (November 2022): 109530. https://doi.org/10.1016/j.anucene.2022.109530. DOI: 10.1016/j.anucene.2022.109530.

[8] BROWN N R. A review of in - pile fuel safety tests of TRISO fuel forms and future testing opportunities in non - HTGR applications [J/OL]. Journal of Nuclear Materials, 2020, 534: 152139. https://doi.org/10.1016/j.jnucmat.2020.152139. DOI: 10.1016/j.jnucmat.2020.152139.

[9] LÓPEZ - HONORATO E, MEADOWS P J, XIAO P. Structure and mechanical properties of pyrolytic carbon produced by fluidized bed chemical vapor deposition [J/OL]. Nuclear Engineering and Design, 2008, 238 (11): 3121-3128. DOI: 10.1016/j.nucengdes.2007.11.022.

[10] LÓPEZ - HONORATO E, MEADOWS P J, XIAO P. Fluidized bed chemical vapor deposition of pyrolytic carbon - I. Effect of deposition conditions on microstructure [J/OL]. Carbon, 2009, 47 (2): 396-410. DOI: 10.1016/j.carbon.2008.10.023.

[11] MEADOWS P J, LÓPEZ - HONORATO E, XIAO P. Fluidized bed chemical vapor deposition of pyrolytic carbon - II. Effect of deposition conditions on anisotropy [J/OL]. Carbon, 2009, 47 (1): 251-262. DOI: 10.1016/j.carbon.2008.10.003.

[12] BEATTY R L, CARLSEN F A, COOK J L. Pyrolytic - Carbon Coatings on Ceramic Fuel Particles [J/OL]. Nuclear Applications, 1965, 1 (6): 560-566. DOI: 10.13182/nt65 - a20584.

[13] KAAE J L. Relations between the structure and the mechanical properties of fluidized - bed pyrolytic carbons [J/OL]. Carbon, 1971, 9 (3): 291-299. DOI: 10.1016/0008 - 6223 (71) 90048 - 0.

[14] ZHANG H, LÓPEZ-HONORATO E, XIAO P. Fluidized bed chemical vapor deposition of pyrolytic carbon-III. Relationship between microstructure and mechanical properties [J/OL]. Carbon, 2015, 91: 346-357. DOI: 10.1016/j.carbon.2015.05.009.

[15] LI R, LIU B, TANG C. Modification in the stress calculation of PyC material properties in TRISO fuel particles under irradiation [J/OL]. Journal of Nuclear Science and Technology, 2017, 54 (7): 752-760. http://dx.doi.org/10.1080/00223131.2017.1309304. DOI: 10.1080/00223131.2017.1309304.

# Effect of OPyC layers on TRISO particles at ultra-high temperatures

LIU Ze-bing, YANG Xu, LIU Rong-zheng*, LIU Ma-lin, LIU Bing, TANG Ya-ping

(Institute of Nuclear and New Energy Technology, Tsinghua University, Beijing 100084, China)

**Abstract:** Performance of TRISO coated fuel particles directly affects the safety of high-temperature gas-cooled reactor (HTGR) and is an important guarantee for the inherent safety of HTGR. TRISO particles are composed of core, buffer, inner dense pyrolytic carbon layer (IPyC), SiC layer and outer dense pyrolytic carbon layer (OPyC) from inside to outside. The OPyC protects the entire coated particle as the outermost layer of the TRISO particle. The heat treatment of the particles with three layers (without OPyC layer) and four layers (with OPyC layer) was carried out for 1 h at different heat treatment temperatures from 1800 to 2300 ℃ in an argon atmosphere. The effect of the OPyC layer on morphology, composition and microstructure of the SiC layer was investigated. The results show that the OPyC layer significantly inhibits the decomposition of the SiC layer at high temperatures. The SiC layer without the OPyC layer protection shows loss of elemental silicon on the surface at 1800 ℃. At 2200 ℃, significant pores are created on the surface of the SiC layer, and at 2300 ℃ the decomposition region can reach the interior of the SiC layer, while the SiC layer with OPyC layer particles shows no obvious signs of decomposition even when held at 2300 ℃. This paper provides data and reference for the application of TRISO particles in ultra-high temperature operating environment.

**Key words:** TRISO particles; OPyC layer; Ultra-high temperature; SiC decomposition

# 一种分子动力学与动力学蒙特卡洛耦合方法在核结构钢辐照氦演化研究中的实现与应用

李六六[1,2]，胡雪飞[1]，彭　蕾[2]

(1. 中国核动力研究设计院核反应堆系统设计技术重点实验室，四川　成都　610041；
2. 中国科学技术大学核科学技术学院，安徽　合肥　230027)

**摘　要：** 加速器驱动次临界堆、超高温气冷堆等第四代先进能源反应堆结构材料的研发，亟须借助数值模拟方法来缩短研发周期，提升研发效率。目前各种已有的数值模拟方法，只适用于特定的时间和空间尺度，而先进能源反应堆用核结构材料高温辐照效应，涉及从辐照微观结构演化到宏观力学性能多个时空尺度的过程。开发各个尺度模拟方法之间的耦合方法和程序，构建多尺度模拟计算平台，对于先进能源反应堆结构材料的快速研发、服役预测具有重要意义。本文基于原子构型与缺陷构型的相互转换，提出并实现了一种将微观尺度模拟方法——分子动力学，与介观尺度模拟方法动力学——蒙特卡洛，进行时间上耦合的模拟方法。通过该方法，可将辐照级联过程用分子动力学模拟，而缺陷的进一步演化则用动力学蒙特卡洛模拟，从而模拟核结构材料辐照剂量累计下微观结构演化的过程。通过使用该耦合模拟方法模拟核结构钢基体材料 α 铁中氦泡在中子辐照下的演化过程，并与实验数据对比，证明了该方法的可靠性。

**关键词：** 核结构钢；多尺度模拟；耦合方法；分子动力学；动力学蒙特卡洛

材料是反应堆技术发展的基础技术支撑，反应堆设计功能的实现与材料性能息息相关。加速器驱动次临界堆、超高温气冷堆等第四代新型反应堆的堆内结构材料工作在苛刻的高温、高辐照环境下，需要具有良好的综合性能，如抗疲劳、抗蠕变及耐辐照性能，还需具备合适的强度和韧性。传统反应堆工程应用材料因耐温等级不够、力学性能过低等诸多原因限制了应用范围，亟须研发新一代的先进能源反应堆结构材料。

长期以来，人们对新材料的研究方法主要采用传统的"试错法"。传统的"试错法"实验周期长、成本昂贵，无法满足新型反应堆设计对材料的急切需求。由于反应堆材料服役环境的复杂性，第四代新型反应堆对结构材料性能的要求不断提高，单纯地应用传统研发方法已经不能满足其需求。而随着计算机，尤其是大规模并行计算的发展，材料数值仿真模拟技术已快速发展并越来越多地应用到材料性能预测中来，将能够大大缩短材料研发周期，提升研发效率。

目前已有的数值模拟方法包括第一性原理方法、分子动力学方法、动力学蒙特卡洛方法、速率理论、团簇动力学、位错动力学、晶体塑形弹性力学、有限元等，可以实现从微观机理到宏观力学性能的模拟。然而，各种已有的数值模拟方法只适用于特定的时间以及空间尺度；而先进能源反应堆用核结构材料高温辐照效应，涉及从辐照微观结构演化到宏观力学性能多个时空尺度的过程。为此，需要研究各个尺度模拟方法之间的耦合方法，开发相应的耦合程序，实现多个尺度计算方法之间的参数传递和接替，从而构建多尺度模拟计算平台，对于先进能源反应堆结构材料的快速研发具有重要意义。

但是多尺度模拟耦合的理论、方法目前还处于起步阶段[1-3]，特别是由于不同尺度数值模拟使用的原理、算法、程序、输入输出的差异，耦合方法或程序的研发并非易事。特别是对于微观尺度模拟方法分子动力学（MD），与介观尺度模拟方法动力学蒙特卡洛方法（OKMC）之间的耦合还未见报

---

**作者简介：** 李六六（1992—），男，博士生，工程师，现主要从事反应堆结构设计、材料研发等工作。
**基金项目：** 国家自然科学基金面上项目"低活化钢的中子辐照后氦效应机理研究"（11375173）。

道。本文针对辐照级联下缺陷体系演化的特点，即辐照级联的过程发生在 ps 时间尺度，而级联后缺陷的进一步演化发生在 s 以上的时间尺度，提出并实现了一种分子动力学与动力学蒙特卡洛的耦合方法，通过分子动力学的输入输出构型以及动力学蒙特卡洛的输入输出构型之间的相互转换，实现了两种方法在时间上的模拟。并使用该方法模拟了核结构钢基体材料 α 铁中，氦泡在中子辐照下的演化过程，与实验数据对比表明该方法可以可靠准确地实现分子动力学与动力学蒙特卡洛方法的耦合与材料性质计算。

# 1 MD-KMC 耦合方法

由于 MD 的输入输出构型均为原子坐标信息，而 KMC 的输入输出的是缺陷粒子（如自间隙原子 I，空位 V 等）坐标信息，因此需要将 MD 的输出构型转化为 KMC 的输入构型，以及将 KMC 的输出构型转化为 MD 的输入构型。其中，前者相对容易，已被广泛地应用到 MD 与 KMC 的耦合模拟当中[4-6]；而后者尚未见相关研究。在丰富完善动力学蒙特卡洛程序 MMonCa 的基础上，我们提出并用 OVITO 程序脚本具体实现了 MD 与 KMC 输入输出构型的相互转化。

## 1.1 MD 输出构型转化为 OKMC 输入构型

如图 1 所示，MD 程序 LAMMPS 的输出文件为原子构型文件，其格式为"原子类型＋原子坐标"；而 OKMC 程序 MMonCa 的输入文件为缺陷坐标文件（称为 mc 文件），其格式为"缺陷名称＋缺陷坐标"。

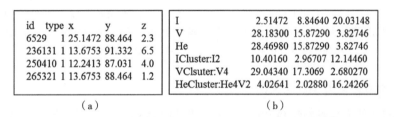

**图 1　(a) LAMMPS 输出构型文件示例；(b) MMonCa 输入构型文件示例**

根据 MMonCa 中缺陷的划分方法，本文所用到的缺陷包括：

——自由粒子，即自间隙原子 I，空位 V，空位氦 HeV，间隙氦 He；

——拓展缺陷，即空位团簇 VCluster，自间隙团簇 ICluster、<111>自间隙位错环；

——混合缺陷，即氦团簇 HeCluster。

实际上，MMonCa 定义的所有缺陷都可以看作是 3 种基本点缺陷，即自间隙原子、空位和氦原子组合而成。只要提取出了这 3 种基本点缺陷的信息，就可以将其转化为 MMonCa 的缺陷类型。具体过程为：

(1) 删除体系氦原子，用魏格纳-塞兹缺陷分析，提取出体系的自间隙原子以及空位的坐标。其中自间隙原子可作为自间隙原子 I 直接输出到 MMonCa 的输入文件中。需要注意的是对于占据数大于 2 的自间隙原子，应该当作 ICluster 类型的缺陷进行输出。而空位坐标则输出为 dump 文件。

(2) 将氦原子坐标加入 dump 文件中，以氦原子以及空位为对象，用团簇分析得到体系的缺陷，根据缺陷的构成命名为 MMonCa 的缺陷名称，如单空位则缺陷类型为 V，间隙氦则为 He，空位氦则为 HeV，空位团簇则为 VCluster，氦团簇则为 HeCluster，输出缺陷类型及坐标到文件中作为 KMC 输入构型文件。

我们使用 MD 在体系中引入一定量的级联缺陷以及氦原子，作为示例构型验证转化方法的可靠性。示例构型的原子构型图及其转换后的缺陷构型图如图 2 所示。

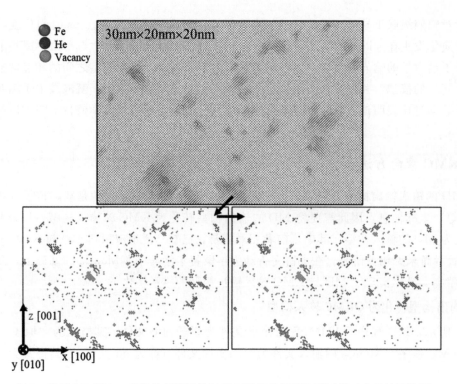

**图 2　使用 MD 引入一定量的级联缺陷以及氦原子的原子构型以及对应的缺陷构型**

（a）LAMMPS 输出的原子构型；（b）用 OVITO 对原子构型文件分析提取出的缺陷构型；（c）将缺陷构型转化为 mc 文件输入 MMonCa 之后，再输出为 dump 文件的构型。蓝色、绿色球分别表示氦原子和空位。红色球在原子构型文件中表示铁原子，在缺陷构型文件中表示自间隙铁原子（请读者查看本文网页版以了解颜色、构型）

## 1.2　OKMC 输出构型转化为 MD 输入构型

OKMC 输出的文件类型虽然也是 dump 文件，但与 LAMMPS 不同的是，文件中包含的是缺陷粒子的坐标，即"粒子类型＋粒子坐标"，每一种类型的粒子对应一个特定的 ID，本文中使用到的缺陷粒子类型的 ID、符号含义及其对应的点缺陷如表 1 所示。

**表 1　MMonCa 中输出文件粒子类型 ID、符号含义及其对应的点缺陷**

| ID | 9 | 30 | 36 | 39 | 93 | 132 | 139 | 181 | 220 |
| --- | --- | --- | --- | --- | --- | --- | --- | --- | --- |
| 符号 | V | I | He | HeV | <111> | HeCluster：V | HeCluster：He | ICluster：I | VCluster：V |
| 点缺陷 | V | I | He | He+V | I | V | He | I | V |

如 MMonCa 中粒子类型 9 代表是一个单空位，而 132 代表 HeCluster 中的空位，220 代表 VCluster 中的空位，其表示的意义均为空位点缺陷。自间隙点缺陷、氦原子同理。需要注意的是类型 39 代表空位氦，实际上有两个点缺陷，即空位和氦组成。于是，我们将 MMonCa 输出构型中所有缺陷粒子转换为三种点缺陷，即空位 V、自间隙原子 I 和氦原子 He。接下来就要将这些点缺陷加入到完整晶格中，使其能够由 LAMMPS 继续模拟。

对于氦原子以及自间隙原子，我们只需要将其坐标加入到初始完整的晶格中即可。但是对于空位，则需要通过删除铁原子的方式加入体系中。我们在此以空位团簇为单位，删除距离团簇质心最近的相应数量的铁原子来得到空位团簇，这样可以保持 MMonCa 中空位型团簇的球形形状。值得注意的是计算过程中的效率问题，由于体系中铁原子数达百万，直接求所有铁原子与空位质心的距离耗时较多。在此采用的是先在 OVITO 中删除一定截断范围外的铁原子，计算剩余的铁原子距离空位质心的距离。并且在计算距离的时候需要考虑到周期性边界条件。同时，要考虑到可能会有两个及以上空位团簇质心的最近邻铁原子为同一个的情况，这时就要从其余铁原子中选择删除，来保证空位数不变，以及体系铁原子数守恒。

在此过程中需要注意的是，LAMMPS 输出文件中部分粒子坐标可能会处于体系边界之外。而目前版本的 MMonCa 程序在读取缺陷的时候只能读取体系内部的缺陷，而无法读取体系之外的缺陷。虽然在 MMonCa 的说明手册上，缺陷读入命令 Cascade 的附带参数 Periodic 可以解决此问题，但是在目前版本中实测无效。因此部分粒子在读入 MMonCa 时会由于超出边界而未读入。解决办法是在 OVITO 的后处理脚本中即将体系之外的原子周期性平移加入体系之中。

此外，LAMMPS 输出的文件坐标单位为 Å，而 MMonCa 中坐标单位为 nm。因此输入输出文件的长度单位，包括粒子坐标、体系尺寸等需要进行单位的转换。由于 OVITO 和 MMonCa 程序的数据精度不一致，OVITO 输出的缺陷坐标在 MMonCa 中转化后会有一定的误差，其误差通常在有效位数第 6 位以后。正常来说这样的误差造成的影响可以忽略。但是对于体系之中非常靠近边界的粒子而言，在转换之后这一误差可能会使其处于体系之外。解决办法就是使用 OVITO 进行所有单位转换，从而保证 LAMMPS 以及 MMonCa 输入文件的体系大小参数、缺陷坐标数据完全一致。需要注意的是我们得到的原子构型文件实际上不包含原子的速度信息，因此输入到 LAMMPS 后计算的过程中需要先升温到预设温度再进行级联等过程。

另外需要注意的是，转化成的原子构型文件中可能有部分原子的距离过近，在升温之前需要先经过静力学弛豫优化原子构型，并且升温前若干步需使用可变时间步长控制一个时间步中原子可以移动的最大距离，避免原子一次移动距离过大产生丢失原子的错误。

我们将示例构型转换之后的缺陷构型导入 OKMC 演化 1 s 之后，MMonCa 输出的缺陷构型以及转化的原子构型如图 3 所示。

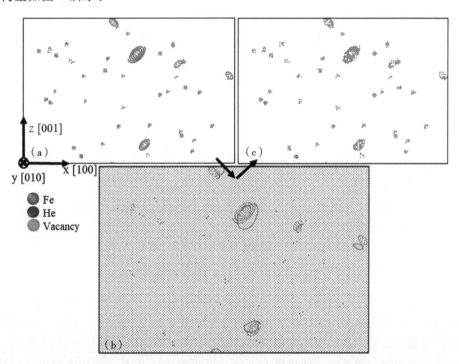

**图 3　示例构型缺陷导入 OKMC 演化之后的缺陷构型以及对应的原子构型**

（a）MMonCa 输出的缺陷构型；（b）将缺陷构型中的缺陷加入完整晶体后体系的原子构型；（c）再次对原子构型文件缺陷提取得到的缺陷。蓝色、绿色球分别表示氦原子和空位。红色球在原子构型文件中表示铁原子，在缺陷构型文件中表示自间隙铁原子。（b）中绿色曲线为 1/2 <111> 位错环（请读者查看本文网页版以了解颜色、构型）

同样对比可以看到，转换前后各个缺陷团簇的位置、分布以及构型基本上完全一致。除此之外，体系中<111>位错环的构型以及位置也基本上得到了保留。

至此，我们成功实现了 LAMMP 和 MMonCa 输入输出构型的相互转化。然后，我们编写了 MD 与 KMC 计算以及输入输出构型相互转化的自动化运算的 batch 脚本。接下来我们将参考实际高能中子辐照条件进行模拟。

## 2 耦合模拟方法的应用与验证

我们使用耦合方法，参考实验[7]的参数，模拟了核结构钢基体 α 铁中高剂量中子辐照下氦原子由引入体系到形成长大为氦泡的过程。其中级联和氦通过分子动力学引入；而缺陷的进一步演化用动力学蒙特卡洛模拟。MD‐KMC 交替模拟过程如图 4 所示。每个周期的 MD 计算中加入 2 个 20 keV 的 PKA，以及 1 个氦原子，弛豫约 10 ps；每个周期的 KMC 计算中演化 0.1～100 s，共 500 个周期。同时，作为对比，我们也用同样的参数使用纯 KMC 方法进行模拟。纯 KMC 模拟中级联效应通过参考 MD 级联后的点缺陷数量及构型加入 I、V 缺陷来考虑。我们计算了 400～600 K 多个温度辐照下氦泡的演化，并与文献[7]进行进一步的对比。其计算氦泡密度、尺寸的对比结果如图 5 所示。

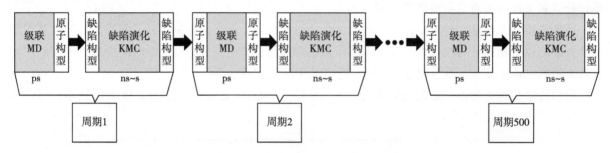

图 4 MD‐KMC 交替计算过程示意

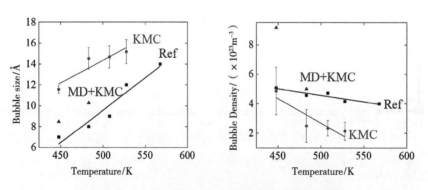

图 5 MD‐KMC 两种方法计算结果与实验结果对比
(a) 氦泡尺寸的对比；(b) 氦泡数密度的对比

可以看到，无论是 KMC 方法还是耦合方法，得到的氦泡尺寸、数密度的模拟数据的定量数值以及随温度变化的定性规律均可与中子辐照实验结果比较。其中氦泡尺寸符合较好，而数密度则有一定的偏差。这可能是因为我们的氦泡直径是由氦泡的空位数的体积等效为球形计算得到的，这会与实验上观察到的氦泡的直径有一定差距，使得模拟上的"可见氦泡"并不一定是实验上可观察到的氦泡，尤其是当温度较低，氦泡尺寸普遍偏小时。

同时可以看到，耦合方法比 KMC 方法更加接近文献[7]的实验数据。这进一步证明了耦合方法的优势。由于辐照级联不仅仅会产生大量的点缺陷，加速氦泡的长大，还会使得氦-空位团簇解离、迁移、合并等，将对体系缺陷的演化产生显著的影响，而这一过程只能用 MD 方法来准确模拟。因此，使用 MD-KMC 耦合方法来模拟级联的过程，将能够比传统的 KMC 方法更加真实地反映氦泡的演化。

## 3 结论与展望

本文提出并成功实现了一种分子动力学与动力学蒙特卡洛时间耦合的模拟方法，并以高剂量中子辐照条件下核结构钢中的氦泡演化为例，对耦合方法进行了应用与对比验证。其中级联过程以及氦以间隙氦形式产生并迁移的初始过程使用分子动力学模拟，缺陷的进一步演化则使用动力学蒙特卡洛模拟。结果表明本文提出并实现的 MD-KMC 耦合的方法是模拟辐照级联条件下缺陷演化的有效方法。该方法充分考虑了辐照级联效应，尤其是级联下对缺陷演化的重要影响，比单一的动力学蒙特卡洛方法更加真实地反映出中子辐照下体系缺陷的演化。该方法有望助力多尺度模拟计算平台的建立，促进先进能源反应堆结构材料的研发。

**致谢**

本工作得到了中国科学技术大学时靖谊研究员、胡业尚的大力帮助，在此表示由衷的感谢。

**参考文献：**

[1] 李信东，任静霄，芦远方，等．体心立方钨和铁中氦泡生长机制模拟研究进展[J]．原子能科学技术，2021，55（1）：50-61.

[2] GILBERT M R, ARAKAWA K, BERGSTROM Z, et al. Perspectives on multiscale modelling and experiments to accelerate materials development for fusion [J]. Journal of Nuclear Materials, 2021, 554: 153113.

[3] NORDLUND K, ZINKLE S J, SAND A E, et al. Primary radiation damage: A review of current understanding and models [J]. Journal of Nuclear Materials, 2018, 512: 450-479.

[4] DUNN A, MUNTIFERING B, DINGREVILLE R, et al. Displacement rate and temperature equivalence in stochastic cluster dynamics simulations of irradiated pure alpha-Fe [J]. Journal of Nuclear Materials, 2016, 480: 129-137.

[5] MORISHITA K, SUGANO R, WIRTH B D. Thermal stability of helium-vacancy clusters and bubble formation-multiscale modeling approach for fusion materials development [J]. Fusion science and technology, 2003, 44 (2): 441-5.

[6] XU H X, OSETSKY Y N, STOLLER R E. Cascade annealing simulations of bcc iron using object kinetic Monte Carlo [J]. Journal of Nuclear Materials, 2012, 423 (1-3): 102-9.

[7] JIA X, DAI Y, VICTORIA M. The impact of irradiation temperature on the microstructure of F82H martensitic/ferritic steel irradiated in a proton and neutron mixed spectrum [J]. Journal of Nuclear Materials, 2002, 305 (1): 1-7.

# The realization and application of a coupling method between molecular dynamics and kinetic Monte Carlo in the evolution of helium bubbles in the nuclear structural materials

LI Liu-liu[1,2], HU Xue-fei[1], PENG Lei[2]

(1. Science and Technology on Reactor System Design Technology Laboratory, Nuclear Power Institute of China, Chengdu, Sichuan 610213, China; 2. School of Nuclear Science and Technology, University of Science and Technology of China, Hefei, Anhui 230027, China)

**Abstract:** In the research and development of fourth generation advanced energy reactor structural materials such as accelerator-driven subcritical reactor and ultra-high temperature gas cooled reactor, it is urgent to use numerical simulation methods to shorten the research and development time and improve the research and development efficiency. At present, various existing numerical simulation methods are only applicable to specific time and space scales, and the high-temperature irradiation effect of nuclear structural materials used in advanced energy reactors involves the process of multiple space-time scales from the evolution of irradiation microstructure to macro mechanical properties. It is of great significance to develop coupling methods and programs between various scale simulation methods and construct multi-scale simulation computing platform for the rapid development and service prediction of structural materials for advanced energy reactors. Based on the interconversion of atomic configuration and defect configuration, this paper proposes and realizes a time-coupled simulation method of microscale simulation and mesoscale simulation. Through this method, the irradiation cascade process can be simulated by molecular dynamics, and the further evolution of defects can be simulated by kinetic Monte Carlo, so as to simulate the microstructure evolution process of nuclear structure materials under the cumulative irradiation dose. The coupling simulation method is used to simulate the evolution process of helium bubble in $\alpha$-iron of nuclear structural steel matrix material under neutron irradiation, and the reliability of the method is proved by comparing with the experimental data.

**Key words:** Nuclear structural steel; Multi-scale simulation; Coupling method; Molecular dynamics; Kinetic Monte Carlo

# 高温气冷堆包覆燃料颗粒制备 FB-CVD 流程模拟研究

蒋 琳，刘荣正，邵友林，刘 兵，唐亚平，刘马林*

(清华大学核能与新能源技术研究院，北京 100084)

**摘 要**：高温气冷堆（HTGR）所用 TRISO 包覆颗粒的四层包覆层均采用流化床-化学气相沉积（FB-CVD）方法连续制备，利用模拟手段可以降低研究成本，获取包覆过程内部信息。针对燃料元件厂中现有的包覆燃料颗粒制备工艺，利用 Aspen Plus 软件开展全流程模拟和系统评估等工作。基于内嵌模块搭建缓冲层制备全流程模拟框架，其中包覆炉采用串联的平推流反应器和固体造粒器模块。根据仿真结果研究系统内物质和能量的综合利用效果，并探究表观流化气速、反应温度等工艺参数对包覆结果的影响。研究表明，系统流程模拟可以从宏观工程角度为高温气冷堆包覆颗粒制备物质流和能量流分析提供有益参考，对现有包覆燃料颗粒制备生产线的优化和经济性提高具有一定意义。

**关键词**：高温气冷堆；TRISO 包覆颗粒；FB-CVD；Aspen Plus；流化床反应器；能量利用

作为第四代先进核能系统之一，高温气冷反应堆具有固有安全性的特点，TRISO 包覆颗粒就是保证反应堆安全性的第一道屏障[1]。其中四层包覆层均采用流化床-化学气相沉积（FB-CVD）方法连续制备而成[2]。每层包覆层的制备过程都可分解为前驱体裂解和固体产物沉积两部分，前驱体气体和惰性气体分别作为反应和流化气体。Aspen Plus 作为通用的流程模拟软件，在化工领域内的工艺仿真和能量评估方面都已有广泛的应用[3-5]，可以为系统的工艺参数优化和新型路线验证提供有益帮助。本研究借鉴化工流程模拟思路，利用 Aspen Plus 软件对核工业领域内 TRISO 包覆颗粒的制备工艺路线进行仿真研究。由于四层包覆层的制备路线近似相同，本文以第一层包覆层——疏松热解炭层（缓冲层）的制备过程为例，搭建 FB-CVD 技术路线模拟框架，并对全流程物质和能量的综合利用效果开展评估，另外探究温度、气速等工艺参数对包覆系统的影响，从宏观层面对高温气冷堆包覆颗粒制备生产线的理解和优化提供参考。

## 1 方法与模型

基于化学气相沉积的液滴沉积机理，疏松热解炭包覆层的制备包括前驱体乙炔的裂解过程和碳纳米粒子在二氧化铀核芯表面的沉积过程两部分。在 Aspen Plus 中，分别采用化学反应器模块和固体单元操作模块进行仿真处理。由于工艺过程中涉及固体流股，需要制定一个粒度分布属性。

### 1.1 化学反应

平推流模型（也称活塞流模型）是一种经过合理简化后推导出来的最基本的流动模型，常用于描述管式反应器中流体的流动[6]。此模型假设反应器在径向发生均匀的混合，但在流体流动方向上不存在轴向返混和导热。

阿伦尼乌斯方程是化学反应速率常数与温度之间的关系式，其不定积分形式如下。其中 $k$ 为反应的速率常数，$A$ 为指前因子，$E_a$ 为反应的活化能，$R$ 为气体常数，$T$ 为绝对温标下的温度。

$$k = A e^{-E_a/RT} \tag{1}$$

---

**作者简介**：蒋琳（1998—），女，安徽宣城人，博士研究生，现主要从事核燃料制备过程的多相流模拟研究。
**基金项目**：国家科技重大专项"高温堆燃料元件生产关键工艺和技术优化研究"（ZX06901）、国家万人计划青年拔尖人才项目"新型核燃料元件及包覆颗粒设计、制备与性能评价"（20224723061）。

## 1.2 沉积过程

造粒是指固体物质在初级粒子上不断沉积、形成涂层的过程，沉积物质可以通过悬浮液、溶液、熔融体等多种方式被喷涂到初级粒子表面。使用与初级粒子不同种类的物质进行造粒的过程称为包覆，基于液滴沉积机理，包覆过程的颗粒生产行为与造粒过程类似，可采用 Aspen Plus 中的造粒器模块来表示。包覆过程的示意图和造粒操作单元模块如图 1 所示[7]。

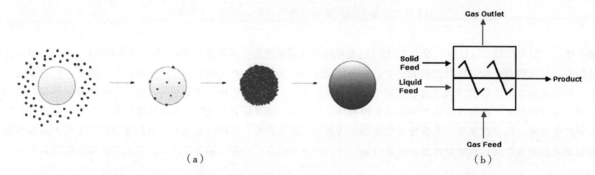

**图 1** (a) 基于液滴沉积机理的颗粒包覆过程示意图；(b) 造粒单元操作模块

### 1.2.1 粒化式颗粒生长方法

选用混合粒化模型计算颗粒生长，同时考虑颗粒在径向和轴向的均匀混合。该模型基于以下假设：①过程处于稳态；②工艺参数与位置无关；③基体颗粒为球体；④颗粒和待沉积物均匀；⑤待沉积物固相浓度恒定；⑥除初级颗粒外无其他颗粒来源；⑦除产品外无颗粒排放和结块；⑧待沉积物固体平均分配至所有颗粒表面；⑨一旦达到产品颗粒大小便立即离开工艺流程；⑩颗粒总体质量恒定；⑪颗粒排放不具有尺寸选择性。考虑到以上假设，颗粒系统的通用群平衡形式为

$$\frac{\partial n}{\partial t} = -G \cdot \frac{\partial n}{\partial d_p} + \dot{n}_{in} - \dot{n}_{out} 。 \tag{2}$$

式中，$\dot{n}_{in}$ 表示系统颗粒进入速率，$\dot{n}_{out}$ 表示系统颗粒离开速率。颗粒的生长速率可以与表面积、体积或直径成比例，相应的颗粒增长率 $G$ 公式如下所示，其中 $\dot{m}_s$ 表示固相颗粒的质量流量，$V_{p,j}$ 表示属于粒度 $j$ 的颗粒体积，$n_j$ 表示属于粒度 $j$ 的颗粒数量。

$$G = \frac{2 \cdot \dot{m}_s}{\rho_s \cdot A_{bed}}, \tag{3}$$

$$G_i = \frac{d_{p,i} \cdot \dot{m}_s}{3 \cdot \rho_s \cdot \sum V_{p,j}}, \tag{4}$$

$$G_i = \frac{2 \cdot \dot{m}_s}{\pi \cdot \rho_s \cdot \sum d_{p,j} \cdot n_j} 。 \tag{5}$$

### 1.2.2 颗粒淘析模型

在流化床包覆过程中，由于存在向上输送的流化气体，粉尘颗粒可能会被夹带。对于一个固定的横截面积 $A$ 和给定的气体体积流量 $\dot{V}$，气体的上游速度 $v_G$ 以及密度为 $\rho_s$、直径为 $d_p$ 的颗粒的沉降速度 $v_S$ 分别表示为

$$v_G = \frac{\dot{V}}{A}, \tag{6}$$

$$v_S = \sqrt{\frac{4}{3} \cdot \frac{\rho_s}{\rho_g} \cdot \frac{d_p}{(Re_p)} \cdot g} 。 \tag{7}$$

当沉降速度等于气体上游速度时，颗粒具有50%的淘析概率，此时的特征速度称为切割速度 $v_{cut}$。基于切割速度和单颗粒的沉降速度，流化床内颗粒分级可用分离函数 $T(d)$ 来表示，其中 $\alpha$ 为分离精度。

$$T(d) = 1 - \exp\left\{-0.693 \cdot \left(\frac{v_{s,i}}{v_{cut}}\right)\alpha\right\}. \tag{8}$$

### 1.3 粒度分布函数

在固体模型中，分布函数被用来指定基于两个简单参数的出口流股粒度分布，包括特征粒度和偏差，分别对应粒度分布的位置和宽度。通常使用的分布函数包括 GGS 分布函数、RRSB 分布函数、对数正态分布函数、正常分布函数等。

正常分布函数的累积质量分布函数一般公式如下。其中 $d_{50}$ 表示分布中位值，而 $\sigma_d$ 表示变量 $d$ 的标准偏差。

$$Q(d) = \frac{1}{2}\left(1 + \mathrm{erf}\left(\frac{d-d_{50}}{\sigma_d\sqrt{2}}\right)\right). \tag{9}$$

## 2 FB-CVD 全流程模拟

### 2.1 模拟流程图

以 TRISO 包覆燃料颗粒第一层包覆层——疏松热解炭层的制备过程为例，建立 Aspen Plus 流程模拟框架，如图2所示。共包括三个子模块：①流体分配，②包覆反应，③尾气处理，其中包覆反应模块利用一个平推流反应器和一个造粒器串联表示，分别模拟前驱体乙炔裂解和碳纳米粒子在二氧化铀颗粒表面沉积的过程。

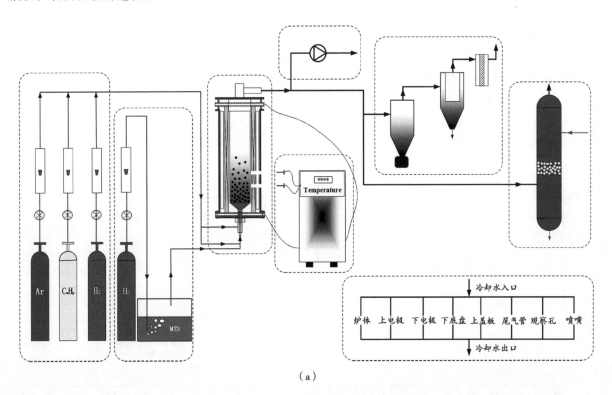

(a)

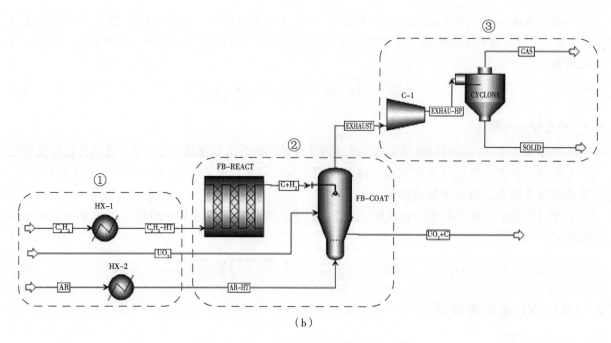

**图 2　FB-CVD方法制备疏松热解炭包覆层**
(a) 工艺路线图（中国专利 ZL2013103147658）；(b) Aspen模拟流程图

换热器 HX-1 和 HX-2 作用是将气体原料加热至反应温度，包括裂解前驱体乙炔和流化载气氩气，二者进料流量分别为 24 kg/h 和 13.5 kg/h。平推流反应器 FB-REACT 长度为 0.6 m，直径为 0.15 m，反应器温度与实际使用温度相同，恒定为 1250 ℃，发生的裂解反应方程式为 $C_2H_2 \rightarrow 2C + H_2$。反应产物中固体组分碳的粒度分布可以由电镜照片得到[8]，如图 3a 所示，此处假定用聚团表示，粒径约为 2 μm。包覆炉 FB-COAT 选择粒化式颗粒生长方法，以表示碳纳米粒子在二氧化铀颗粒表面的沉积过程。基于包覆实验结果，模拟中生长模型选择与表面成比例，生长速率调整因子取 0.3；实验所用喷动床包覆炉内径为 150 mm，淘析横截面积为 17 671 mm²，分离精度取 0.4。包覆前后二氧化铀颗粒的粒度分布比较如图 3b 所示，二氧化铀原料粒径约为 500 μm，包覆后颗粒直径增大，粒径分布范围也有明显拓宽。尾气夹带少量固体离开包覆炉，进入旋风分离器 CYCLONE 进行气固分离操作，选用 Muschelknautz 计算方法和 Barth 1-矩形入口，分离器直径为 0.005 m。

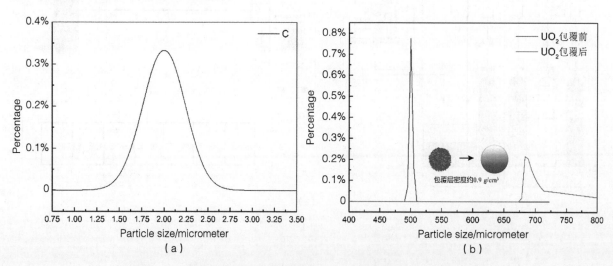

**图 3　(a) 乙炔裂解产物碳的粒度分布；(b) 包覆前后 UO₂ 的粒度分布**

## 2.2 物质综合利用

疏松热解炭层制备流程模拟中各流股的质量流量如表1所示。结果表明，系统内各子模块和系统整体的物质质量流量遵循守恒关系，可以清楚地反映FB-CVD全流程中各物质流演化路径。

表1 系统流股质量流量一览表

| 流股名 | 总质量流量/(kg/h) | 物质守恒关系 |
|---|---|---|
| $C_2H_2$（乙炔流） | 24 | $C_2H_2 \rightarrow C+H_2$ |
| $C+H_2$（碳和氢气流） | 24 | |
| AR（氩气流） | 13.5 | $AR+UO_2+(C+H_2) \rightarrow (UO_2+C) +$ EXHAUST |
| $UO_2$（二氧化铀流） | 120 | |
| $UO_2+C$（包覆产物流） | 103.08 | |
| EXHAUST（尾气流） | 54.42 | |
| GAS（废气流） | 15.43 | EXHAUST $\rightarrow$ GAS+SOLID |
| SOLID（固废流） | 38.99 | |

缓冲层制备流程模拟中碳的迁移路径如表2所示。碳的产生来自于乙炔裂解，裂解产物中乙炔的反应转化率接近100%。裂解产生的碳纳米粒子聚团作为待沉积物料进入包覆炉，在二氧化铀核芯表面发生气相沉积，得到二氧化铀和碳的复合物。少量固相复合物被流化载气氩气夹带，从包覆炉顶部排放，在旋风分离器内发生气固分离，基本全部进入固废物流股。结果表明，碳的沉积效率约为72.54%，与包覆生产线的实验值接近。

表2 系统内碳的迁移路径

| 流股名 | 碳的质量流量/(kg/h) | 沉积效率 |
|---|---|---|
| $C+H_2$（碳和氢气流） | 22.14 | |
| $UO_2+C$（包覆产物流） | 16.06 | 72.54% |
| EXHAUST（尾气流） | 6.08 | |

## 2.3 能量综合利用

缓冲层制备流程模拟中各模块的能量如表3所示。模拟结果表明系统中耗能模块主要包括加热器HX-1、HX-2和压缩机C-1，供能模块主要为裂解反应器FB-REACT，系统净产能约为27.51 kW，证明由于乙炔裂解是放热反应，当前设置下模拟流程中系统能量输出大于能量输入，即维持温度需要移除热量，下一步可以用冷却模块进行系统模拟。

表3 系统模块能量一览表

| 模块名 | 热负荷/kW | 净能量/kW |
|---|---|---|
| HX-1 | (20.11)* | |
| HX-2 | (2.39) | |
| FB-REACT | 51.14 | 27.51 |
| FB-COAT | (7.21E-7) | |
| C-1 | (1.13) | |

*：括号表示需要提供的能量，无括号表示产生的能量。

## 3 工艺参数评估

### 3.1 表观流化气速影响

包覆过程中采用氩气作为流化气体，有助于加剧包覆炉内颗粒运动，增大气固接触面积。将氩气的表观流化气速从 13.5 kg/h 增加至 27 kg/h，可以发现改变流化载气的气速对于包覆产物的粒度分布没有显著影响。然而在裂解产物中碳的质量流量保持 22.14 kg/h 不变的情况下，包覆产物流股 $UO_2+C$ 中碳的质量流量降低至 14.71 kg/h，即碳纳米粒子的沉积效率降低至 66.44%。证明流化载气的表观气速增大，会加剧对碳纳米粒子的夹带作用，导致更多固体物质逸出，降低沉积效率。

### 3.2 反应温度影响

包覆过程中的裂解反应与温度密切相关。在相同的动力学参数下，将发生裂解反应的平推流反应器温度从 1250 ℃ 降低至 600 ℃，得到产物碳在各流股中的分布结果如表 4 所示。结果表明提高反应温度，裂解反应动力学会随之改变，理论上反应速率增加；但由于该反应对外放热，导致产物碳的产生量和沉积量都有所降低，碳纳米粒子的沉积效率也有略微下降。

表 4　不同反应温度下碳在子流股内分布

| 流股名 | 质量流量/（kg/h） | |
|---|---|---|
| | $T=600$ ℃ | $T=1250$ ℃ |
| $C+H_2$（碳和氢气流） | 20.86 | 17.82 |
| $UO_2+C$（包覆产物流） | 15.10 | 12.72 |
| EXHAUST（尾气流） | 5.76 | 5.10 |

## 4 结论与展望

本研究采用 Aspen Plus 软件实现了核燃料包覆颗粒 FB-CVD 制备工艺流程的初步模拟，评估了系统物质和能量的综合利用效果，同时探究了部分工艺参数对包覆过程的影响，主要结论如下：

（1）流程模拟结果表明 Aspen Plus 可以有效模拟 FB-CVD 中的化学反应和沉积过程，且系统内总体和单组分的质量流量都遵循守恒关系，可以体现出 FB-CVD 全流程中各物质流转化过程。

（2）流程模拟还可进行操作参数测试。流化载气的表观气速增大，会加剧对颗粒的夹带作用，降低沉积效率；提高反应温度，裂解反应动力学增强，然而碳纳米粒子产生量和沉积量降低。

（3）Aspen Plus 作为化工领域内重要的流程模拟软件，可以应用至核燃料领域中 TRISO 包覆颗粒制备工艺，为 FB-CVD 技术路线的全流程分析提供一条新路径，尤其适用于工厂尺度物质流和能量流评估，对气源建设、三废处理、工厂热力提供等具有参考价值。

本研究证明系统流程模拟可以从宏观工程角度为高温气冷堆包覆颗粒制备工艺提供有益参考，对现有包覆燃料颗粒制备生产线的优化和经济性的提高具有借鉴意义。

**参考文献：**

[1] NABIELEK H. Development of advanced HTR fuel elements [J]. Nuclear Engineering and Design, 1990, 121(2): 199-210.

[2] 刘荣正，刘马林，邵友林，等. 流化床-化学气相沉积技术的应用及研究进展 [J]. 化工进展, 2016, 35 (5): 1263-1272.

[3] KAPPAGANTULA R V, INGRAM G D, VUTHALURU H B. Application of Aspen Plus fluidized bed reactor model for chemical Looping of synthesis gas [J]. Fuel, 2022, 324: 124698.

[4] AN P, HAN Z N, WANG K J, et al. Energy-saving strategy for a transport bed flash calcination process applied to magnesite [J]. Carbon Resources Conversion, 2021, 4: 122-131.

[5] AN P, HAN Z N, WANG K J, et al. Process analysis of a two-stage fluidized bed gasification system with and without pre-drying of high-water content coal [J]. The Canadian Journal of Chemical Engineering, 2020, 99: 1498-1509.

[6] 祁亮，张波，尚秦玉，等. 一维平推流反应器动态模型的新型求解方法[J]. 化工进展, 2019, 38 (1): 70-76.

[7] Aspen Technology. Granulation Guide to the Granulator Demo [M]. Bedford, MA, USA: Aspen Technology, Inc., 2013: 2-5.

[8] LIU M L, LIU B, SHAO Y L. The study on pyrolytic carbon powder in the coating process of fuel particle for High-Temperature Gas-Cooled Reactor [C]. // ASME. 18th International Conference on Nuclear Engineering: Volume 1. Xi'an: Nuclear Engineering Division, 2011: 545-549.

# Simulation study of FB-CVD process for the preparation of HTGR coated fuel particle

JIANG Lin, LIU Rong-zheng, SHAO You-lin, LIU Bing,
TANG Ya-ping, LIU Ma-lin*

(Institute of Nuclear Energy and New Energy Technology, Tsinghua University, Beijing 100084, China)

**Abstract**: Four coating layers of TRISO coated particles used in High-temperature Gas-cooled Reactor (HTGR) are prepared continuously by Fluidized Bed-Chemical Vapor Deposition (FB-CVD) method. Simulation tools can reduce the research cost and obtain internal information about the coating process. For the existing coating fuel particle preparation process in the fuel element plant, Aspen Plus software was used to carry out the full-flow simulation and system evaluation. The simulation framework of buffer layer preparation was established based on embedded modules, in which the coating furnace used a plug-flow reactor and a granulator in series. The integrated utilization effect of material and energy in the system was studied based on the simulation results. The effect of process parameters such as superficial fluidization gas velocity and reaction temperature on the coating results was investigated. It is shown that the system process simulation can provide useful references for the analysis of material and energy flow of HTGR coated particle preparation from a macroscopic engineering perspective, and has a certain significance for the optimization and economic improvement of existing coated fuel particle preparation production lines.

**Key words**: High-temperature Gas-cooled Reactor; TRISO coated particles; FB-CVD; Aspen Plus; Fluidized bed reactor; Energy utilization

# U-10 wt.% Zr 合金熔炼工艺研究

陈 超[1]，白志勇[2]

(1. 中核北方核燃料元件有限公司，内蒙古 包头 014000；2. 中核新型材料研究与应用开发重点实验室，内蒙古 包头 160412)

**摘要**：在金属燃料中，以铀或铀-钚的锆合金性能为最好，其中锆含量为 10 wt.% 的合金由于导热性能好、易裂变原子密度高、Zr 热中子截面低，同时该合金在热循环中具有优良的耐腐蚀性和尺寸稳定性，因此被认为是一种很有前途的金属块中子增值反应堆的核燃料。本文主要介绍了 U-10 wt.% Zr 合金的熔炼方法，包括陶瓷坩埚感应熔炼、自耗电弧熔炼和中间合金二次熔炼，主要分析了合金中的 C、O、Zr 元素的含量和合金化程度。经过试验，不能通过一次感应熔炼或一次自耗电弧熔炼制备出合金化充分的 U-10 wt.% Zr 合金。而通过非自耗电弧熔炼结合感应熔炼的方法可以制备出成分均匀合金化充分的 U-10 wt.% Zr 合金。

**关键词**：铀锆合金熔炼；非自耗电弧熔炼；自耗电弧熔炼；真空感应炉；陶瓷坩埚熔炼；石墨坩埚底铸熔炼

## 1 前言

在金属燃料中，以铀或铀-钚的锆合金性能为最好，其中锆含量为 10wt.% 的合金由于导热性能好、易裂变原子密度高、Zr 热中子截面低，同时该合金在热循环中具有优良的耐腐蚀性能和尺寸稳定性，因此被认为是一种很有前途的金属块中子增值反应堆的核燃料[1-2]。锆含量为 10wt.% 的合金元素 Zr 的含量较高，因此合金化和均匀化是合金熔炼的技术难点。本文利用陶瓷坩埚感应熔炼、自耗电弧熔炼等工艺开展试验。

## 2 U-10 wt.% Zr 合金熔炼工艺研究

### 2.1 实验材料及方法

原材料锆的选择：原材料 Zr 选用北京中诺新材科技有限公司的海绵锆。原料铀选用低碳铀。原料锆和铀的杂质元素含量如表 1 和表 2 所示。

**表 1 中诺新材海绵锆杂质元素含量**

| 杂质元素 | Hf | Nb | Mo | Cr | Al | Ti | Mn | Ni |
|---|---|---|---|---|---|---|---|---|
| 含量/ppm | 21 | 5 | 10 | 140 | 20 | 10 | 30 | 40 |
| 杂质元素 | Cu | Sn | Sb | W | Pb | B | Mg | P |
| 含量/ppm | 5 | 5 | 5 | 5 | 15 | 1 | 100 | 5 |
| 杂质元素 | Si | N | C | H | O | S | Fe | — |
| 含量/ppm | 32 | 30 | 60 | 10 | 800 | 5 | 100 | — |

**表 2 原料铀杂质元素含量**

| 杂质元素 | C | O | N | Fe | Ni | Cu | Mn | Al | Ca | Si | P |
|---|---|---|---|---|---|---|---|---|---|---|---|
| 含量/ppm | <200 | <150 | <200 | <20 | <20 | <20 | <20 | <20 | <20 | <10 | <10 |

---

作者简介：陈超（1992—），内蒙古兴安盟人，工程师，工学学士，工作方向为冶金工程。

## 2.2 试验方法

根据铀锆的合金相图，锆的熔点为1853 ℃，U-10 wt.% Zr 合金中高熔点合金元素 Zr 的含量较高，因此合金化和均匀化是合金熔炼的技术难点，本文共选用3种工艺方法开展熔炼研究，包括：①陶瓷坩埚感应熔炼；②自耗电弧熔炼；③非自耗电弧 U-50wt.% Zr 母合金稀释熔炼，并检测了合金中的 C、O 元素含量及合金化程度。

### 2.2.1 陶瓷坩埚感应熔炼

合金化过程在 CaO 陶瓷坩埚中进行。方案是将氧化钙坩埚与感应线圈之间采用打结方式，采用倾注式浇注。打结方式如图1所示。保持温度为1600～1650 ℃。熔炼工艺曲线如图2所示。

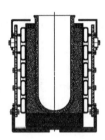
图1 CaO 陶瓷坩埚打结实物及示意

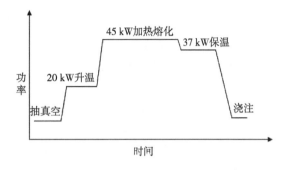
图2 U-10wt.% Zr 合金制备感应熔炼工艺曲线

表3为实验编号及感应熔炼制备合金的工艺参数及检测结果。从中可以看出，3个铸锭的 Zr 含量分布比较均匀，偏析较小。另外，随着 Zr 配比的增加和保温时间的延长，合金中的 Zr 含量也随之增高，但与名义成分相差较大。Zr 偏低主要是以下两个原因造成的：一是制备合金时由于喷溅造成了金属 Zr 的损耗；另一个原因是添加的 Zr 未熔化完全，未熔的 Zr 大部分都聚集在铸锭的冒口处，导致合金中的 Zr 含量偏低。

表3 感应熔炼制备工艺与合金的化学成分

| 编号 | 制备工艺 | | 取样部位 | 合金化学成分 | | |
| --- | --- | --- | --- | --- | --- | --- |
| | Zr 配比/wt.% | 保温时间/min | | Zr 含量/wt.% | C 含量/ppm | O 含量/ppm |
| 1# | 10.5 | 40 | 上 | 8.6 | 243 | 286 |
| | | | 中 | 8.7 | 224 | 294 |
| | | | 下 | 8.8 | 231 | 313 |
| 2# | 11.5 | 40 | 上 | 9.2 | 196 | 304 |
| | | | 中 | 9.3 | 188 | 263 |
| | | | 下 | 9.2 | 206 | 307 |
| 3# | 11.5 | 80 | 上 | 9.4 | 178 | 818 |
| | | | 中 | 9.7 | 160 | 489 |
| | | | 下 | 9.3 | 153 | 367 |

3个铸锭的 C 含量在试验前后未有明显变化，说明利用真空感应熔炼在 CaO 坩埚中制备铀锆合金不会引起合金中 C 含量的增高。3#铸锭中的 O 含量与原料及1#和2#铸锭相比有较大幅度的增加，这是因为3#铸锭在制备过程中由于保温时间较长而造成的。

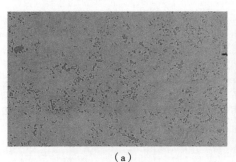 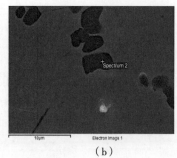 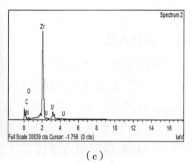

**图3　感应熔炼后3#铸锭的 (a) 金相照片 (125×)、(b) SEM 照片、(c) 能谱图**

对 Zr 含量与名义成分较接近的3#铸锭取金相样，然后对其进行了微观组织分析。图3为3#铸锭中部试样的金相照片、SEM 照片和能谱，图中深色组织为未熔 Zr，基体为 α-U。合金中存在大量未熔 Zr。1#铸锭和2#铸锭的微观组织与3#铸锭相同，说明通过陶瓷坩埚感应熔炼难以制备出合金化良好的 U-10 wt.% Zr 合金铸锭。

### 2.2.2　自耗电弧熔炼

首先在真空感应炉中采用 CaO 陶瓷坩埚制备出名义成分为 U-10 wt.% Zr 的自耗电弧熔炼电极，然后利用自耗电弧熔炼方法再制备 U-10 wt.% Zr 合金铸锭。用化学元素分析法对铸锭不同部位的合金元素含量进行检测，对合金中未熔锆和其他夹杂物的形貌及分布进行检测分析。

自耗电弧熔炼时采用的坩埚为 $\Phi$135 mm×500 mm 的水冷铜坩埚，电弧电压为 24 V，搅拌电流为 10 A。为了防止电弧损坏坩埚，起弧时电流要小，待电弧稳定后，将熔炼电流增加到高于主熔炼期所预定的熔炼电流，以弥补坩埚底部的急冷效应。熔化过程中，为了维持炉内的热平衡需要逐渐减小熔炼电流。待电极熔炼到90%时，为使铸锭头部缩孔和偏析减少到最小，需要对铸锭顶部进行热封顶工艺操作，即阶梯式地逐渐降低熔炼电流，使熔池缓慢变浅逐渐冷却凝固。

自耗电弧熔炼时改变的是熔炼电流的大小，通过改变熔炼电流来改变电流密度的大小，进而实现对熔炼温度和熔炼速度的控制。表4为自耗电弧熔炼试验编号、合金制备的工艺参数以及检测结果。从表4中可以看出，自耗电弧熔炼后合金中的杂质元素 C、O 含量与原料相当且分布较为均匀。当熔炼电流较小时，合金（4#铸锭）中的 Zr 含量与名义成分较为接近，说明熔炼速度慢、熔池保持时间长能使铸锭合金化更好，同时，3个铸锭的 Zr 含量分布比较均匀。

**表4　自耗电弧熔炼熔炼电流与合金的化学成分**

| 编号 | 自耗电弧熔炼熔炼电流/kA | 取样部位 | 合金化学成分 | | |
|---|---|---|---|---|---|
| | | | Zr 含量/wt.% | C 含量/ppm | O 含量/ppm |
| 4# | 2.4 | 上 | 10.5 | 178 | 284 |
| | | 中 | 10.2 | 160 | 249 |
| | | 下 | 10.1 | 153 | 234 |
| 5# | 2.8 | 上 | 9.52 | 276 | 274 |
| | | 中 | 9.43 | 318 | 328 |
| | | 下 | 9.83 | 177 | 296 |
| 6# | 3.1 | 上 | 9.23 | 238 | 324 |
| | | 中 | 9.25 | 156 | 358 |
| | | 下 | 9.33 | 299 | 316 |

对 Zr 含量与名义成分较接近的 4#铸锭取金相样，然后对其进行了微观组织分析。图 4 为 4#铸锭中部试样的金相、SEM 照片及 XRD 图谱，与感应熔炼后的铸锭相比，电弧熔炼后铸锭中的未熔 Zr 相对较少，但仍然大量存在。说明通过一次自耗电弧熔炼难以制备出组织均匀、合金化良好的 U-10 wt.% Zr 合金铸锭。

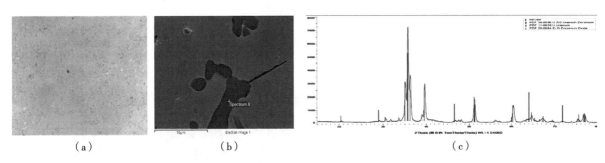

图 4　电弧熔炼 4#铸锭的 (a) 金相照片 (125×)、(b) SEM 照片、(c) XRD 图谱

从 XRD 图谱，可以看出主要是基体 α-U 的衍射峰，而 UZr$_2$ 相对很少，说明铸锭的合金化程度较差，这与能谱分析结果一致。

### 2.2.3　中间合金二次熔炼

采用非自耗电弧熔炼方法制备的合金铸锭具有成分均匀、杂质含量低、投入低、成品率高等优点，适合于制备实验室规模的不同成分的高温难熔合金，该方法制备的母合金铸锭合金化程度高、成分与设计成分接近。但目前国内使用的真空非自耗电弧熔炼炉的坩埚较小，不能制备出大尺寸的母合金铸锭。此外，该方法制备的母合金铸锭组织致密性较差、顺序凝固特征较弱[3-4]。

为获得成分均匀、合金化良好及尺寸较大的 U-10 wt.% Zr 合金铸锭，先通过非自耗电弧熔炼制备 U-50 wt.% Zr 中间合金锭，然后通过添加贫铀稀释来制备 U-10 wt.% Zr 合金铸锭。

通过非自耗电弧熔炼制备 U-50 wt.% Zr 中间合金母锭，以 Zr 为基体，将铀固溶于 Zr 基体中，然后再稀释合金，是一种制备高含量合金的方法。试验中按等质量比配制 U-Zr 合金，作为中间合金，制备过程中，将合金反复熔炼 3～8 次，通过金相观察合金化状态。

图 5 为 U-50 wt.% Zr 中间合金熔炼 3 次、5 次的金相照片，熔炼 3 次的样品经过腐蚀，可以看出，样品中白色区域为未合金化部分，判断结果为未熔的 Zr。熔炼 5 次的样品经抛光处理，样品中未熔 Zr 数量减少，但是在部分区域仍有未熔物。图 6 为熔炼 8 次的 U-50 wt.% Zr 中间合金金相及 XRD 图谱，样品抛光处理，样品中未出现未溶物，图中黑色针状组织为第二相，且分布均匀，通过分析。第二相为 UZr$_2$。

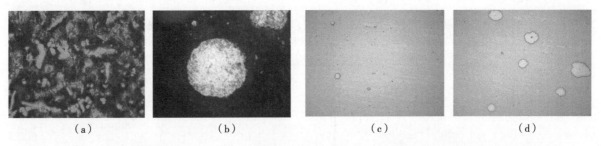

图 5　(a) ～ (b) 熔炼 3 次、(c) ～ (d) 熔炼 5 次的 U-50 wt.% Zr 中间合金金相照片 (100×、200×)

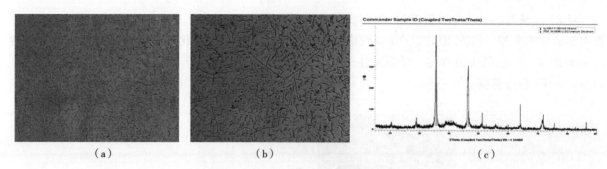

图 6 （a）～（b）熔炼 8 次 U-50 wt.% Zr 合金铸锭的金相照片（100×、200×），
(c) U-50wt.%Zr 合金铸锭的 XRD 图谱

将电弧熔炼 8 次的 U-50 wt.% Zr 中间合金添加金属铀，熔炼制备 U-10 wt.% Zr 合金。利用真空感应炉开展了合金熔炼试验，设备熔炼真空度为 0.1 Pa，熔炼温度为 1500 ℃，开展了 3 炉试验，编号分别为 12#、13#、14#。表 5 为试验样品的主要成分化学含量，分析结果表明，按照上述工艺方法制备的合金，Zr 含量为（10±0.5）wt.%，且 C、O 元素含量没有明显增加。图 7 为熔炼后的 13# 样品、14# 样品金相，可以看出，第二相经过稀释，均匀分布于基体，仍然表现为针状形貌。图 8 为 14# 样品的 XRD 图谱，主要以 U 相和 $UZr_2$ 相的峰为主。铸锭的合金化程度较高。

表 5 U-10 wt.% Zr 合金化学成分含量

| 样品编号 | Zr | U | O μg/g | C μg/g |
|---|---|---|---|---|
| 12#-1 | 10.05% | 89.84% | 407 | 109 |
| 12#-2 | 10.15% | 89.59% | 386 | 134 |
| 13#-1 | 9.74% | 89.71% | 331 | 163 |
| 13#-2 | 10.44% | 89.73% | 309 | 141 |
| 14#-1 | 10.07% | 89.69% | 176 | 89 |
| 14#-2 | 9.96% | 89.70% | 195 | 112 |

 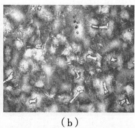  

图 7 （a）～（b）13# 样品金相照片（200×、1000×）、（c）～（d）14# 合金的抛光态金相（200×、1000×）

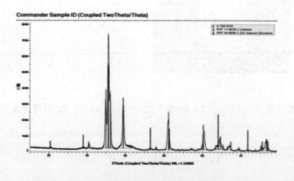

图 8 14# 合金的 XRD 曲线

## 3 结论

由于金属 Zr 的熔点为 1853 ℃，通过真空感应炉 CaO 陶瓷坩埚熔炼时，由于金属铀的比重大于金属锆，金属锆会漂浮在熔融的铀液上，不能完全熔化，导致铸锭中的锆含量偏低且熔入液相中的锆不能完全合金化，通过一次感应熔炼不能制备出合金化充分的 U-10 wt.% Zr 合金。

自耗电弧炉熔炼时，温度可以达到 2000 ℃以上，但由于熔炼时间无法延长，铸锭的合金化程度也不高，通过一次自耗电弧熔炼也制备不出合金化充分的 U-10 wt.% Zr 合金。

为了兼顾了熔炼温度和熔炼时间这两个重要因素，利用电弧炉制备中间合金，使金属锆完全合金化，再通过陶瓷坩埚稀释制备 U-10 wt.% Zr 合金。得到的铸锭合金化程度高，且 C、O 杂质元素含量也没有明显的增加。这表明，通过稀释中间合金的方法可以制备出成分均匀、合金化充分的 U-10 wt.% Zr 合金。

**参考文献：**

[1] 邹金文，汪武祥. 粉末高温合金研究进展与应用 [J]. 航空材料学报，2006，26（3）：244.

[2] WEN J T, TRESE M P. Deformation and strain storage mechanisms during high-temperature compression of a powder metallurgy nickel-Base superalloy [J]. Metall mater Trans A, 2010, 41 (8): 2002.

[3] YANG H Q Creep-fatigue crack growth behavior of a nickel-based pewder metallurgy superalloy under high temperature [J]. Eng Failure Analsis, 2011, 18 (3): 1058.

[4] GUO W, WU J, ZHANG F, et al. Microstructure, properties and heat treatment process of powder metallurgy superalloy FGH95 [J]. Int J Iron Steel Res, 2006, 13: 65.

# Study on melting process of U-10wt.% Zr alloy

## CHEN Chao[1], BAI Zhi-yong[2]

(1. China North Nuclear Fuel Element CO., LTD., Baotou, Inner Mongolia 014000, China;
2. Metallurgy Research Institute, Baotou, Inner Mongolia 160412, China)

**Abstract**: Uranium or uranium plutonium zirconium alloys has the best performance in fast reactor metal fuel. It is the 10wt.% Zr addition that the alloy has good thermal conductivity and high density of fission-prone atoms. Because of its low thermal neutron absorption cross section, excellent corrosion resistance and dimensional stability, it is considered as a promising fast reactor fuel. This paper mainly introduces the smelting methods of a U-10 wt.% Zr, which compromise induction melting of a ceramic crucible and consumable arc melting and secondary melting of an intermediate alloy. The contents of C、O、Zr in the alloy were analyzed emphatically. The experimental results show that the preparation of U-10 wt.% Zr with uniform composition cannot be completed by one-step arc melting smelting methods. But the homogeneous alloys can be prepared by non-consumable arc melting and induction melting.

**Key words**: Uranium-zirconium alloy melting; Non-consumable arc melting; Consumable arc melting; Vacuum induction furnace; Intion melting of a ceramic crucible; Graphite crucible bottom casting melting

# 事故容错燃料用大晶粒 $UO_2$ 芯块研究进展

陈蒙腾,李 锐,任啟森,廖业宏,薛佳祥

(中广核研究院有限公司,广东 深圳 518031)

**摘 要**:为适应事故容错燃料(ATF)发展,通过添加剂提升 $UO_2$ 芯块性能的大晶粒 $UO_2$ 芯块是主要研究方向。国际上以法国法马通公司和美国西屋公司为代表,在大晶粒 $UO_2$ 芯块研发中开展了大量的堆内外性能试验,并在研究堆和商用堆工程示范应用取得了实质性进展。本文系统梳理了国际上大晶粒 $UO_2$ 芯块的主要研发和应用经验,可为自主研究大晶粒 $UO_2$ 芯块提供参考。

**关键词**:事故容错燃料(ATF);大晶粒 $UO_2$ 芯块;研究进展

2011 年日本福岛核事故以来,国际上提出了事故容错燃料(ATF)概念,通过提升燃料组件在运行工况下的可靠性和经济性、事故工况下的安全性,以替代标准 $UO_2$ 芯块和锆合金包壳组成的燃料棒元件,实现核燃料技术的升级换代。

标准 $UO_2$ 芯块应用经验丰富、制备工艺成熟、性能数据全面,具有辐照稳定性好、熔点较高(2850 ℃)、与锆合金包壳相容性好等优点;但同时也存在热导率低、芯块内部温度梯度高、裂变产物迁移较快、高燃耗下气体释放量大等显著缺点。ATF 芯块研制目的是在保持标准 $UO_2$ 芯块基本性能优点的基础上,改善或提高芯块的运行性能和安全裕量。

大晶粒 $UO_2$ 芯块作为 ATF 芯块的重要研究方向,其主要特点是通过添加少量晶粒生长助剂,在活性气氛下通过高温烧结得到大晶粒尺寸的芯块烧结体。20 世纪 60 年代,已有学者开展研究不同添加剂对 $UO_2$ 芯块晶粒尺寸的影响[1],$Cr_2O_3$、$Al_2O_3$、$MgO$、$Nb_2O_5$、$TiO_2$、$V_2O_5$ 均可作为晶粒生长助剂。综合考虑与 $UO_2$ 的化学相容性、稳定性、溶解度、与包壳的化学相容性、中子吸收截面及烧结条件等因素[2],$Cr_2O_3$ 是最佳的 $UO_2$ 晶粒生长助剂材料。因此,本文所述大晶粒 $UO_2$ 芯块特指法国法马通公司添加 $Cr_2O_3$ 及美国西屋公司添加 $Cr_2O_3$ 和 $Al_2O_3$ 助烧增大晶粒尺寸的芯块。梳理国际成熟的研发和应用经验,对自主大晶粒芯块研发具有重要参考价值。

## 1 制造工艺

国际上对大晶粒 $UO_2$ 的最初研究目的为获得适用于高燃耗(达到 75 GWd/tU)的芯块[3]。通过增大晶粒尺寸使得裂变产物向晶界扩散的平均路径延长,有效降低裂变气体释放量、缓解寿期末燃料棒内压从而安全运行至更高燃耗;同时大晶粒 $UO_2$ 芯块的晶粒边界面积更小,位错移动的限制更小,芯块会"更软",有利于缓解芯块-包壳相互作用(PCI)。大晶粒 $UO_2$ 芯块与标准 $UO_2$ 芯块相比,其制备流程和工艺几乎完全一样。$Cr_2O_3$ 和 $Al_2O_3$ 与阿克蜡、草酸铵等添加剂一同混入 $UO_2$ 粉末中,通过微调烧结气氛实现大晶粒 $UO_2$ 芯块制备。

早期国际上探索了不同添加量的 $Cr_2O_3$ 和烧结气氛对晶粒尺寸、固溶度及结构稳定性方面的影响[4]。法国法马通公司综合考虑晶粒尺寸(裂变产物包容能力)和芯块变形率(PCI 性能),选取添

---

作者简介:陈蒙腾(1991—),男,硕士生,工程师,现主要从事核燃料研发设计等科研工作。

基金项目:中国广核集团事故容错燃料战略专项"事故容错燃料研发战略专项(第一阶段)PI 型号研发"(3100146545)、"事故容错燃料研发战略专项(第一阶段)PⅡ型号研发"(3100148029),以及国防科工局十三五核能开发科研项目"SiC/SiC 复合材料 ATF 燃料元件关键技术研究"。

加量为1600 ppm $Cr_2O_3$（0.16%质量分数），在1700 ℃ $H_2$＋1.7% $H_2O$的湿氢烧结氛围下制备了大晶粒$UO_2$芯块，晶粒尺寸为50～60 μm[5]，微观结构见图2。

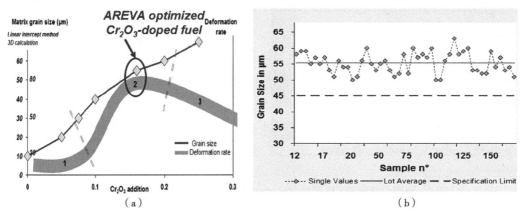

图1　法马通公司研究添加剂$Cr_2O_3$含量（a）对晶粒尺寸（b）的影响

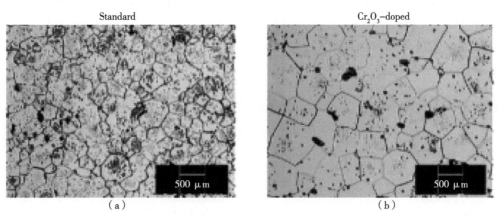

图2　法马通公司标准$UO_2$芯块（a）与大晶粒$UO_2$芯块（b）微观结构对比

而美国西屋公司认为Cr的中子吸收截面较大，研究了添加$Cr_2O_3$及与其他晶粒生长助剂混合烧结大晶粒$UO_2$芯块的方案，最终采取添加$Cr_2O_3$和$Al_2O_3$的组合方案（添加量为500 ppm $Cr_2O_3$＋200 ppm $Al_2O_3$左右）[6-7]，晶粒尺寸为40～55 μm，西屋公司研究添加剂对晶粒尺寸的影响见图3。在1700 ℃的$H_2/CO_2$的烧结氛围下制备了大晶粒$UO_2$芯块（ADOPT™芯块），微观结构见图4。

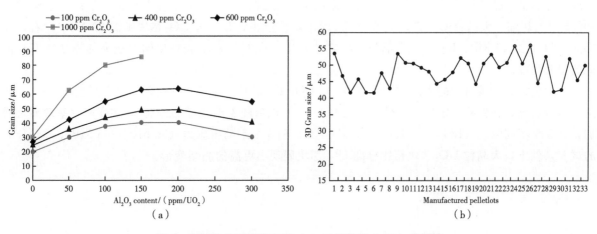

图3　西屋公司研究添加剂（a）对晶粒尺寸（b）的影响

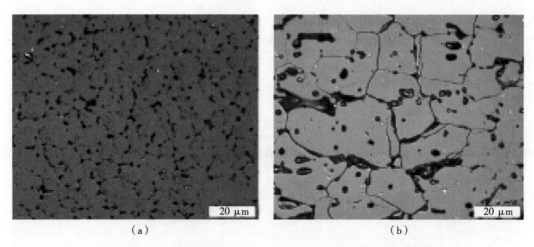

图4 西屋公司标准$UO_2$芯块（a）与大晶粒$UO_2$芯块（b）微观结构对比

在制造方面，大晶粒$UO_2$芯块具有对现有核燃料工业制造体系改动小、制造成本低、易工业化生产等优点。经过多年的探索研究，法国法马通公司和美国西屋公司在大晶粒$UO_2$芯块研发方面取得了显著的成果，开展了大量的堆内外性能试验。

## 2 堆外性能特征

### 2.1 热学性能

大晶粒$UO_2$芯块相比标准$UO_2$芯块，在成分上仅添加了少量的$Cr_2O_3$和$Al_2O_3$添加剂，且质量分数在0.1%左右，因此对芯块的热物理性能的影响几乎可以忽略。法马通公司和西屋公司分别对大晶粒$UO_2$芯块的比热/焓、热扩散率/热导率、熔点和热膨胀系数在不同温度范围进行了实测，数据表明大晶粒$UO_2$芯块和标准$UO_2$芯块在比热/焓、热导率、熔点和热膨胀系数等热物性无明显差别[7-8]。

### 2.2 力学性能

对于芯块的弹性模量和泊松比，少量的添加剂对晶粒尺寸造成的影响，相较于温度带来的影响几乎是可以忽略的[9]，因此认为大晶粒$UO_2$芯块相比标准$UO_2$芯块的弹性模量和泊松比无明显差异。

对于蠕变性能，由于大晶粒$UO_2$芯块的晶粒边界面积更小，位错移动的限制更小，因此大晶粒$UO_2$芯块会"更软"，尤其在高温下大晶粒$UO_2$芯块相比标准$UO_2$芯块的蠕变行为有较大的差异。

法马通公司针对其研制的大晶粒$UO_2$芯块做了堆外高温蠕变性能测试[10]，测试结果见图5。标准$UO_2$芯块（晶粒尺寸8 μm）与大晶粒$UO_2$芯块（晶粒尺寸60 μm）在1500 ℃下以恒定应变率9%/h进行压缩，大晶粒$UO_2$芯块在55 MPa时出现黏塑性变形，而$UO_2$芯块则需80 MPa左右；在1500 ℃下施加45 MPa压应力，大晶粒$UO_2$芯块相比标准$UO_2$芯块表现出明显更高的蠕变速率和更低的屈服强度。

西屋公司针对其研制的大晶粒$UO_2$芯块（ADOPT™芯块）在1300～1700 ℃下开展试验[11]，从图6可以看出，在保持一定应力条件下，超过1300 ℃以后随着温度增加应变率/蠕变速率呈现显著增加；在3个不同温度（1300 ℃、1500 ℃、1700 ℃）和3个不同压应力（30 MPa、45 MPa、60 MPa）的试验条件下，大晶粒$UO_2$芯块相比标准$UO_2$芯块展现出更高的黏塑变形。

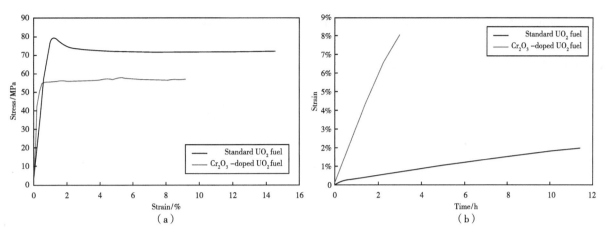

图 5 法马通大晶粒 $UO_2$ 芯块与标准 $UO_2$ 芯块的蠕变行为对比

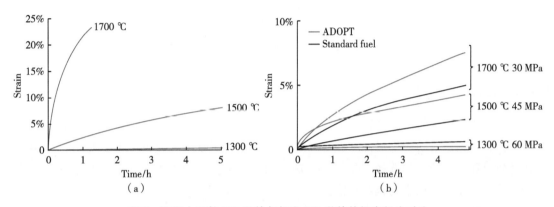

图 6 西屋大晶粒 $UO_2$ 芯块与标准 $UO_2$ 芯块的蠕变行为对比

综上可知大晶粒 $UO_2$ 芯块的黏塑性加强，在高温下相比标准 $UO_2$ 芯块更容易发生塑性变形，在芯块热膨胀和肿胀时优先向芯块碟形方向填充[11]，在芯块与包壳发生硬接触时可有效吸收形变能量，缓解相互机械作用造成的损伤。

## 2.3 腐蚀和冲刷性能

大晶粒 $UO_2$ 芯块增大了晶粒尺寸，降低了晶粒边界的比表面积，对芯块的抗腐蚀性能提升起到积极作用。法马通公司开展了一系列抗腐蚀和冲刷性能研究[12]。在 380 ℃ 的氩氧气氛（Ar+0.01% $O_2$）下氧化 40 h 的热重试验，得到的增重曲线见图 7，55 μm 的大晶粒 $UO_2$ 芯块较 10 μm 的标准 $UO_2$ 芯块氧化增重可下降 33%。

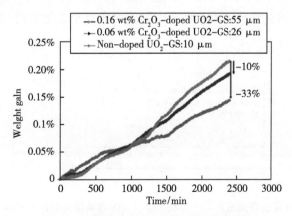

图 7 法马通大晶粒 $UO_2$ 芯块氧化增重试验

抗水腐蚀性能方面，法马通公司还开展了高压釜水浸腐蚀测试，将大晶粒 $UO_2$ 芯块在 360 ℃、7 MPa、70 ppm 的 $H_2O_2$ 环境下腐蚀 6 天[13]，结果如图 8 所示。大晶粒 $UO_2$ 芯块较标准 $UO_2$ 芯块的抗腐蚀冲刷（washout）减重能力明显增强。

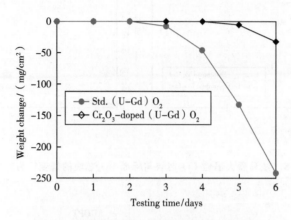

图 8　法马通大晶粒 $UO_2$ 芯块冲刷减重试验

## 3　商用堆和试验堆辐照经验

自 20 世纪 90 年代末起，法国法马通公司和美国西屋公司相继开展了大晶粒 $UO_2$ 芯块的商用堆辐照考验，并将稳态辐照后的芯块运抵试验堆开展瞬态试验，积累了大量的辐照数据[14-19]。至 2019 年春，法马通公司和西屋公司均选择大晶粒 $UO_2$ 芯块和涂层锆合金包壳组合方案，开展具备 ATF 芯块和包壳特征的产品投入商用堆的辐照考验。

法马通公司和西屋公司经过数十年的研发和应用经验，对大晶粒 $UO_2$ 芯块的辐照后行为得出相似的结论。本文系统梳理了大晶粒 $UO_2$ 芯块相较于标准 $UO_2$ 芯块在密实和肿胀、燃料棒生长、裂变气体释放和芯块-包壳相互作用（PCI）等方面相关辐照性能的差异。

### 3.1　密实和肿胀

经研究，法马通公司及西屋公司均认为大晶粒 $UO_2$ 芯块的密实化程度相较标准 $UO_2$ 芯块更小，这也已经通过堆外 1700 ℃，24 h 条件下复烧试验获得验证[7-8]。法马通公司测得大晶粒 $UO_2$ 芯块的密实化值为 0.11%，而标准的 $UO_2$ 芯块为 0.86%。在经过商用堆两个循环的辐照后，法马通公司发现含大晶粒 $UO_2$ 芯块的燃料棒变形量比标准棒的稍大，而两类棒的延伸率均为 0.3% 左右[15]。原因是大晶粒 $UO_2$ 更小的密实化导致与包壳更早发生接触。

西屋公司在商用堆经历两个辐照循环后，通过在热室开展燃料棒直径测量，确认大晶粒 $UO_2$ 芯块具有更小的密实化行为，因此导致含大晶粒 $UO_2$ 芯块的棒更早发生芯块-包壳闭合。同时发现芯块的肿胀率基本一致，具体如图 9 所示[16]。

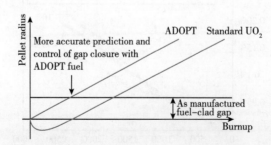

图 9　西屋公司大晶粒 $UO_2$ 芯块与标准 $UO_2$ 芯块密实和肿胀行为对比

## 3.2 燃料棒生长

法马通开发了适用于压水堆的 GAIA 先导棒（大晶粒 $UO_2$ 芯块＋M5™ 包壳），并于 2009 年将含大晶粒 $UO_2$ 芯块的先导棒送进瑞典 Ringhals 4 号机、2012 年将含大晶粒 $UO_2$ 芯块的先导组件送进瑞典 Ringhals 3 号机进行辐照考验[17]，经过 4 个循环的先导棒辐照和 2 个循环的先导组件辐照，结果如图 10 所示。燃料棒生长数据落在标准棒的数据带中，在燃料棒结构设计方面可以不需要引入附加考虑。

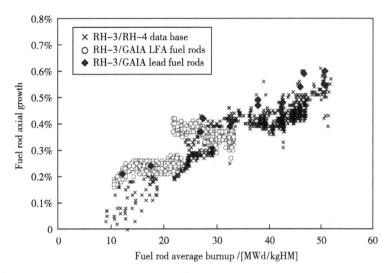

图 10 法马通含大晶粒 $UO_2$ 芯块燃料棒与标准棒生长行为对比

西屋公司也开展了一系列商用堆辐照考验，通过池边检查发现含大晶粒 $UO_2$ 芯块燃料棒生长率为 0.4% 左右，而标准棒轴向生长率为 0.3%，燃料棒的直径变化相当[6,16]，具体如图 11 所示。

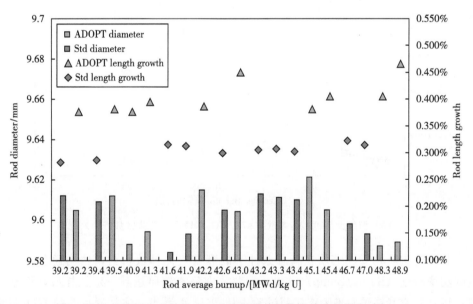

图 11 西屋含大晶粒 $UO_2$ 芯块燃料棒与标准棒生长行为对比

## 3.3 裂变气体释放

在商用堆稳态运行条件下，裂变气体释放试验数据来自于燃料棒穿刺检查结果和破坏性检测的结果。在燃耗超过 50 GWd/tU 后，法马通大晶粒 $UO_2$ 芯块与标准 $UO_2$ 芯块裂变气体释放行为有明显差异[17]。高燃耗下大晶粒 $UO_2$ 芯块的裂变气体释放相比标准 $UO_2$ 芯块要显著降低。

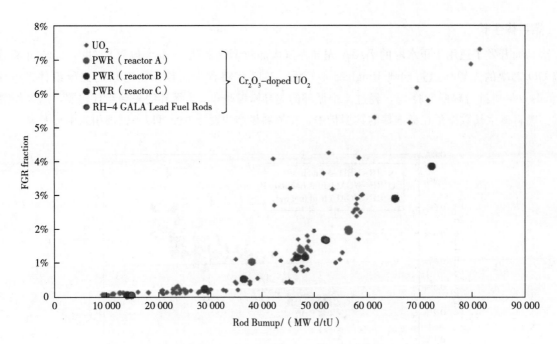

**图 12　法马通大晶粒 $UO_2$ 芯块与标准 $UO_2$ 芯块裂变气体释放行为对比**

当燃耗对于西屋大晶粒 $UO_2$ 芯块，其稳态裂变气体释放行为与法马通公司结论一致，从图 13 的结果显示为 50～55 MWd/kgU，西屋大晶粒 $UO_2$ 芯块裂变气体份额在 1% 左右，而标准 $UO_2$ 芯块的裂变气体份额为 1.5%～2.1%。

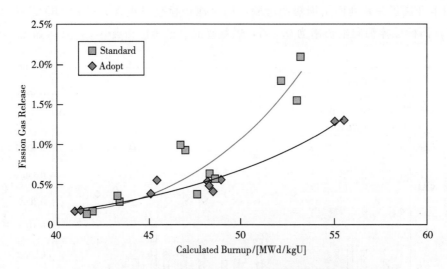

**图 13　西屋大晶粒 $UO_2$ 芯块与标准 $UO_2$ 芯块裂变气体释放行为对比**

为了进一步验证大晶粒 $UO_2$ 芯块在瞬态条件下的裂变气体释放行为，法马通公司和西屋公司均开展了大量的功率跃迁（Ramp/Bump）试验，即芯块在稳态辐照达到一定燃耗后，将燃料棒重置成短棒的形式，运到热室开展试验堆瞬态辐照试验。从图 14 可看出，法马通大晶粒 $UO_2$ 芯块的裂变气体释放份额相比标准 $UO_2$ 芯块显著降低，大晶粒 $UO_2$ 芯块的裂变气体释放曲线呈线性增长趋势，标准 $UO_2$ 芯块的裂变气体释放曲线呈指数增长趋势。

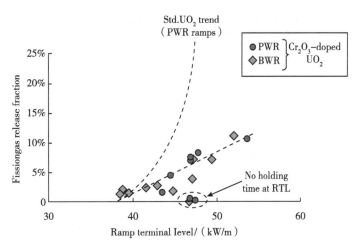

图 14　法马通大晶粒 $UO_2$ 芯块与标准 $UO_2$ 芯块瞬态裂变气体释放行为对比

### 3.4　芯块-包壳相互作用（PCI）

为验证大晶粒 $UO_2$ 芯块对 PCI 性能的收益，法马通公司和西屋公司对大晶粒 $UO_2$ 芯块与标准 $UO_2$ 芯块均开展了功率跃升 Ramp 试验后的微观金相检测[11,18]。由图 15 和图 16 可知，由于大晶粒 $UO_2$ 芯块具有更优异的变形能力（即高温蠕变性能），在高功率下仅产生少量细小、短促、不连续的放射状裂纹，芯块外表面较完整圆滑且包壳内无损伤；而标准 $UO_2$ 芯块则在高功率下形成粗大、连绵、贯穿性的网格状开裂，在从芯块内部延伸到表面的开裂端口存在表面缺失，并伴随包壳裂纹产生。

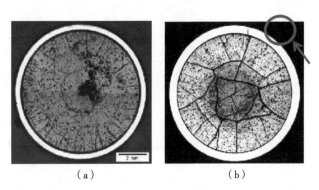

图 15　法马通大晶粒 $UO_2$（a）芯块与标准 $UO_2$（b）芯块 RAMP 试验后金相图

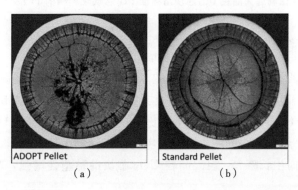

图 16　西屋大晶粒 $UO_2$（a）芯块与标准 $UO_2$（b）芯块 RAMP 试验后金相图

大晶粒 $UO_2$ 芯块带来黏塑性的加强，在芯块热膨胀和肿胀时优先向碟形方向填充，法马通公司在 RAMP 试验后观察碟形变化的金相图（图 17）也验证了此现象。

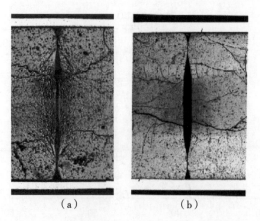

图 17　法马通大晶粒 $UO_2$（a）芯块与标准 $UO_2$（b）芯块 RAMP 试验后碟形变化金相图

此外，法马通公司在累积开展的 Ramp 试验中发现，相对于 M5™ 包壳＋标准 $UO_2$ 芯块燃料棒，以 M5™ 包壳＋大晶粒 $UO_2$ 芯块为组合的燃料棒 PCI 失效限值在最大功率提升上可提高 70 W/cm[19]，具体安全区域提升如图 18 所示。

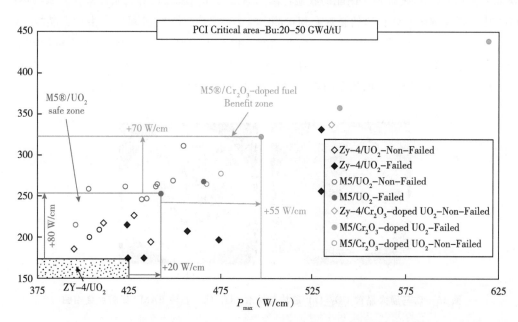

图 18　法马通大晶粒 $UO_2$ 芯块与标准 $UO_2$ 芯块燃料棒的 PCI 失效阈值

## 4　大晶粒 $UO_2$ 芯块性能特征

国际上法马通公司和西屋公司将大晶粒 $UO_2$ 芯块在商用堆中辐照考验并积累了超过 20 年的运行经验，在试验堆中也开展了大量的瞬态试验，本文系统总结大晶粒 $UO_2$ 芯块性能特征如下：

（1）关键热物理性能（热导率、热膨胀系数、比热容、熔点等）与标准 $UO_2$ 芯块相比几乎无变化。

（2）大晶粒 $UO_2$ 芯块热稳定性更高，堆内密实化小于标准 $UO_2$ 芯块，包壳-芯块接触的时间将略有提前，燃料棒辐照轴向生长略大，但大晶粒 $UO_2$ 芯块的黏塑性增强，高温力学性能提升对缓解燃料棒 PCI 效应有益。

（3）大晶粒 $UO_2$ 芯块的裂变气体释放率小于标准 $UO_2$ 芯块，可有效降低燃料棒内压与裂变产物释放，安全运行至更高燃耗。

（4）大晶粒 $UO_2$ 芯块抗氧化性能优于标准 $UO_2$ 芯块，在燃料棒破损的情况下可保护芯块完整性及减少对一回路水的污染。

（5）大晶粒 $UO_2$ 芯块完全兼容现有 $UO_2$ 芯块设备、工艺和质保体系，便于大规模工业化生产，且乏燃料后处理与现有工艺、政策相容。

# 5 结论

法国法马通公司和美国西屋公司在大晶粒 $UO_2$ 芯块研究中积累了大量的研发经验和辐照数据，本文概述了两家公司在推动大晶粒 $UO_2$ 芯块工程化应用过程中开展的堆外试验、商用堆辐照考验和试验堆辐照试验，系统总结了大晶粒 $UO_2$ 芯块的性能特征，相比标准 $UO_2$ 芯块在滞留裂变产物（降低燃料棒内压，提升卸料燃料）、高温蠕变性能（提高 PCI 失效阈值，提升运行灵活性）、抗氧化性能（保护芯块完整性，减少对一回路水的污染）方面具有明显优势。

大晶粒 $UO_2$ 芯块综合性能良好、成熟度较高、原料成本和制备成本低、与现有技术条件和质保体系兼容性强、技术风险可控，是 ATF 研发路线中可在近期最有可能实现批量化应用的技术方案。我国自主大晶粒 $UO_2$ 芯块研发除了参考其研发经验和评价方法外，还应关注以下问题：

（1）大晶粒 $UO_2$ 芯块的密实化较小，在燃耗寿期初会发生燃料-包壳间隙提前闭合，由此带来的燃料棒生长和燃料棒间隙的影响需引起关注。

（2）大晶粒 $UO_2$ 芯块尚未在国内开展商用堆辐照考验。根据核安全法规体系要求，结合国际上对大晶粒 $UO_2$ 芯块的核安全审评经验，需要梳理完整的堆内外试验清单和评估对设计准则的影响，更好地应对入堆安全审查。

经商用堆辐照达到一定燃耗的芯块，后续运到热室开展特征化的辐照后检测，国内需配套建立相应的热室检测能力，以建立完整的数据库。

**参考文献：**

[1] WATSON J F, WILDER D R. Roles of Niobium Pentoxide, Vanadium Pentoxide and Titanium Dioxide in the Grain Growth and Sintering of Uranium Oxide [R]. US Atomic Energy Commission Report, 1960.

[2] MASSIH A R. Effects of Additives on Uranium Dioxide Fuel Behaviour [R]. Swedish Radiation Safety Authority, 2014.

[3] DELAFOY C, et al. AREVA $Cr_2O_3$-Doped Fuel: Increase Operational Flexibility and Licensing Margins [C]. ENS Top Fuel, 2015: 353-361.

[4] BOURGEOIS L, DEHAUDT P. Factors Concerning Microstructure Development in $Cr_2O_3$-Doped $UO_2$ during Sintering [J]. Journal of Nuclear Materials, 2001 (297): 313-326.

[5] CROSS T. Development of LWR Fuels with Enhanced Accident Tolerance, EATF Phase 2 Final Scientific Technical Report [R]. Document No: FS1-0041211, 2018.

[6] ARBORELIUS J, BACKMAN K, HALLSTADIUS L. Advanced Doped $UO_2$ Pellets in LWR Applications [J]. Journal of Nuclear Materials, 2006 (43): 967-976.

[7] LUTHER H, HALLMAN J. Westinghouse Advanced Doped Pellet Technology (ADOPT™) Fuel [R]. Topical Report, WCAP-18482-NP, Revision 0, 2020.05.

[8] FRAMATOME. Incorporation of Chromia-Doped Fuel Properties in AREVA Approved Methods [R]. Topical Report, ANP-10340NP, Revision 0, 2016.04.

[9] MARTIN D G. The elastic constants of polycrystalline $UO_2$ and (U, Pu) $O_2$ mixed oxides-A Review [J]. High Temperatures-High Pressures, 1989 (21).

[10] DELAFOY C, BLANPAIN P. Advanced PWR Fuels for High Burnup Extension and PCI Constraint Elimination [C]. Advanced Fuel Pellet Materials and Fuel Rod Design for Water Cooled Reactors, IAEA-TECDOC-1416, IAEA, Vienna Austria, 2003: 163-173.

[11] WRIGHT J. Fuel Hardware Considerations for BWR PCI Mitigation [C]. Proceedings of the Top Fuel 2016 - LWR fuels with enhanced safety and performance. Boise, ID (US), September 11-15, 2016: 87-96.

[12] DELAFOY C. Washout behaviour of chromia-doped $UO_2$ and gadolinia fuels in LWR environments [C]. IAEA Technical Meeting on Advanced Fuel Pellet Materials and Fuel Rod Designs for Water Cooled Reactors, (PSI, Villigen, Switzerland). 2009.

[13] BACKMAN K, HALLSTADIUS L, RÖNNBERG G. Westinghouse Advanced Doped Pellet Characteristics and Irradiation Behaviour [C]. Advanced Fuel Pellet Materials and Fuel Rod Design for Water Reactors, IAEA-TECDOC-1654, IAEA, Vienna, Austria, 2010: 117-126.

[14] KILLEEN J C. Fission Gas and Swelling in $UO_2$ Doped with $Cr_2O_3$ [J]. Journal of Nuclear Materials, 1980 (88): 177-184.

[15] DELAFOY C, BLANPAIN P, LANSIART S. Advanced PWR Fuels for High Burnup Extension and PCI Constraint Elimination [C]. Advanced Fuel Pellet Materials and Fuel Rod Design for Water Cooled Reactors, IAEA-TECDOC-1416, IAEA, Vienna Austria, 2003: 163-173.

[16] BACKMAN K., HALLSTADIUS L., RÖNNBERG G. Westinghouse Advanced Doped Pellet-Characteristics and Irradiation Behaviour [C]. Advanced Fuel Pellet Materials and Fuel Rod Design for Water Cooled Reactors, 2009: 23-26.

[17] LOUF P H. Post irradiation examination of GAIA lead fuel assemblies [C]. Proceedings of the TopFuel 2015, Reactor Fuel Performance meeting. Zurich (Switzerland) 13-17 Sept. 2015: 170-176.

[18] NONON C. PCI Behaviour of Chromium Oxide-Doped Fuel [C], Seminar Proceedings - Pellet-Clad Interaction in Water Reactor Fuels, Aix-en-Provence (France), 9-11 March. 2004: 305-319.

[19] COLE S E. AREVA optimized Fuel Rods for LWRs [C]. ENS Top Fuel, Manchester UK, 2012: 520-529.

# Progress of large grain $UO_2$ pellet for accident tolerant fuel

## CHEN Meng-teng, LI Rui, REN Qi-sen, LIAO Ye-hong, XUE Jia-xiang

(China Nuclear Power Technology Research Institute Co., Ltd., Shenzhen, Guangdong 518031, China)

**Abstract:** In order to adapt the development of accident tolerant fuel (ATF), doping uranium dioxide ($UO_2$) pellet with additives to improve performance has been one of the main research interests. A large number of in-pile and out-of-pile tests for research and development of large grain $UO_2$ pellet had been carried out in Framatome and Westinghouse, and substantive progress had been made in research reactor and engineering application. The latest research contents, achievements and application experience of large grain $UO_2$ pellet are systematically reviewed in this study. It is expected to provide valuable references for domestic research of large grain $UO_2$ pellet.

**Key words:** Accident tolerant fuel (ATF); Large grain $UO_2$; Research progress

# 核级石墨材料迂曲度计算方法研究

彭　磊，郭亦诚，郑　伟，何学东，银华强*，张　璜，马　涛

(清华大学核能与新能源技术研究院，北京　100084)

**摘　要**：在高温气冷堆中，碳素材料被广泛应用于结构和燃料基体材料，这些材料在反应堆运行前需要经历除湿过程。迂曲度是评估除湿过程中的一个重要参数。本文通过从几何迂曲度的定义出发，对核级石墨 IG-110 的迂曲度进行了测定。首先用计算机断层扫描装置（XCT）对试样进行了扫描，然后利用 Avizo 软件对三维影像进行重构，并通过控制孔隙率与实验值相等的方式确定最佳分割阈值。最后用 Avizo 中自带的孔隙质心法计算出分割后的二值化图像的迂曲度。研究结果表明，当样本量足够大时，计算得到的理论值与其他文献上的结果具有较好的一致性。

**关键词**：高温气冷堆；核级石墨；迂曲度

高温气冷堆（HTGR）是世界上第一种具有第四代安全特征的核电厂，其采用大量核级石墨和碳材料作为结构材料[1-3]。HTGR 中使用的这些石墨材料通常包括等静压石墨 IG-110 和含硼碳材料(BC)[4]。石墨 IG-110 用作燃料基质材料、中子反射层和其他反应堆堆芯内部构件[5]。而对于 BC，它主要用作屏蔽层[5]。作为一种多孔材料，碳材料含有一定量的水分和其他杂质。在反应堆的升温过程中，石墨中的杂质将释放到氦气冷却剂中[6]。石墨和杂质之间的化学腐蚀反应存在于运行反应器的高温条件下，因此对材料强度和使用寿命产生了不利影响[7]。为了减少高温堆堆芯内部材料的腐蚀，初始堆芯或事故后堆芯必须在一回路中严格加热和除湿。为确保除湿过程的可靠性，必须研究碳素材料对水分的吸附量。

除湿过程受脱附和水分扩散控制，水分等效扩散系数是描述多孔介质中扩散速率的关键参数，考虑到在大孔（微米尺度）中扩散由分子扩散主导，小孔（纳米尺度）中扩散由 Knudsen 扩散主导，多孔介质中等效扩散系数修正计算公式[8]由式（1）给出。

$$D_{eff} = \frac{\varepsilon}{\tau}\left(\frac{1}{D_b V_{micro}} + \frac{1}{D_{Kn} V_{nano}}\right)^{-1} 。 \tag{1}$$

式中 $\varepsilon$ 为孔隙率；$\tau$ 为多孔介质迂曲度，无量纲；$D_b$ 为二元气体分子扩散系数，$D_{Kn}$ 为 Knudsen 扩散系数；$V_{micro}$ 和 $V_{nano}$ 分别为 μm 尺度大孔和 nm 尺度小孔的体积占比；大孔和小孔的具体分类标准由 Kn 数确定。常温常压下，气体分子平均自由程在 100 nm 左右，取 Kn 数为 0.1，即孔径在 1000 nm 以下考虑 Knudsen 扩散，在 1000 nm 以上，只考虑分子扩散。其中对于迂曲度 $\tau$ 的计算，不同学者提出了多种算法，如表 1 所示。

表 1　迂曲度计算公式

| Author | Correlation formula | method |
| --- | --- | --- |
| Comiti, J.[9-10] | $\tau = 1 + C\ln(1/\phi)$ | Experimental fitting |
| Comiti, J.[9-10] | $\tau = 1 + 0.58\exp(0.18a/e)\ln(1/\phi)$ | |
| Boundreau, B. P.[11] | $\tau = \sqrt{1 - \ln(\phi)^2}$ | |
| Sen, P. N.[12] | $\tau = 1/\sqrt{\phi}$ | |

**作者简介**：彭磊（1995—），男，博士生，现主要从事核级石墨中气体扩散系数和渗透率方面的研究。
**基金项目**：国家重点研发项目（2020YFB1901600）、国家科技重大专项（ZX06901）、模块化 HTGR 超临界发电技术合作项目（ZHJTJZYFGWD2020）。

续表

| Author | Correlation formula | method |
|---|---|---|
| Koponen[13] | $\tau = 0.8(1-\phi)+1$ | CFD simulations |
| Koponen[14] | $\tau = 1 + a\dfrac{(1-\phi)}{(\phi-\phi_c)^m}$ | |

但是这些算法大多为经验公式，仅针对其研究的材料，经常涉及到一个或多个经验常数，具有较大的特异性，不能适用于本文所研究的高温堆石墨材料。因此本文从迂曲度定义角度着手，对高温堆石墨材料迂曲度的计算进行研究。首先使用 X 射线三维成像仪对直径 3 mm、高度 3 mm 的圆柱形区域进行扫描，将扫描后的图像导入 Avizo 软件重建为三维图像。通过调整阈值的办法将灰度图像转化为孔隙率与实验值相同的二值化图像。然后通过算法确定代表体积元（RVE），并以此确定研究区域的大小，最后用 Avizo 软件中自带的孔隙质心法可以对二值化数据进行迂曲度计算。

## 1 使用 XCT 扫描样品并处理为合适的二值化图像

### 1.1 使用 XCT 扫描样品获得灰度图像

本研究使用材料为核级石墨牌号 IG-110，是外形为直径 10 mm、高度为 10 mm 的圆柱体，如图 1 所示。使用的三维 X 射线显微镜型号为 Xradia 620 Versa。其分辨率扫描区域的 1/1000。为保证其分辨率能够涵盖大部分孔隙，故将扫描区域定为所使用样品的正中部、直径 3 mm、高度 3 mm 的圆柱体区域，扫描图像的每一个体素为 3 μm×3 μm×3 μm 的正方体，对应能识别的最小孔径约为 3 μm。

图 1 测试样品实物图

扫描将对应区域的形貌结构按照密度不同生成为近 1000 张灰度图像，密度越大的区域对应亮度也越大，图 2 为其中的一张。

图 2 灰度图像示例

## 1.2 灰度图像二值化

将上述近 1000 张灰度图像导入到软件 Avizo 中，重建为三维图像，如图 3 所示。

图 3　重建后三维模型

其所有像素组成的灰度-频率直方图由 Avizo 软件给出，如图 4 所示。

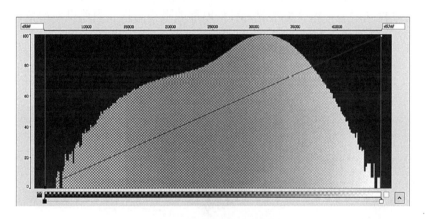

图 4　灰度-频率直方图

通过选择一个灰度阈值，该软件可以将低于该灰度值的像素和高于该灰度值的像素分别置为两种不同的颜色，通常为蓝色与透明色。为确保所选灰度阈值的合理性，本研究利用 Avizo 中自带的孔隙率计算功能（Volume Fraction）对二值化以后的图像进行孔隙率的计算，并与使用压汞法实验测得的 IG-110 孔隙率（19.21%）进行比对。通过不断调整所选的灰度阈值，使得软件中二值化图像的孔隙率与试验值相同，此时阈值确定为 28 722，分割产生的二值化图像如图 5 所示。

图 5　阈值分割后的二值化图像

### 1.3 确定代表体积元

对于上述二值化数据,直接用于迂曲度的计算过于庞大,需要在保证均匀性的前提下将感兴趣区域尽量减小,即确定代表体积元(RVE)。代表体积元的确定需要满足以下几点要求:①区域形状为正方体以方便后续计算研究;②该体积元所对应的多孔介质的最基本性质即孔隙率与原图像一致;③尽量小。

因此,从原图形正中间取出边长分别为 50、100、200、300、400、500、600 像素的正方体,分别对其进行孔隙度的计算,所得结果如表 2 所示。

表 2　研究区域大小与孔隙率对应表

| Cube side length/pixel | 50 | 100 | 200 | 300 | 400 | 500 | 600 |
| --- | --- | --- | --- | --- | --- | --- | --- |
| Porosity | 16.92% | 18.30% | 18.62% | 18.65% | 18.47% | 18.36% | 18.32% |

从表中可以看出,对于边长像素为 100~600 的图像,孔隙度仅在小范围波动,而边长 50 像素值的图像的孔隙率有较大波动,该波动来源于材料内部的不均匀性。因此以原图像正中位置、边长为 100 像素的正方体为研究对象,如图 6 所示。

图 6　代表体积元的二值化图像

## 2　结果分析

Avizo 软件中自带的的 Centroid Path Tortuosity 功能可以对二值化数据进行迂曲度计算,针对 1.3 节中边长为 100、200、300、400、500、600 像素的正方体模型,求得迂曲度数据如表 3 所示。作边长-迂曲度图像如图 7 所示。

表 3　不同大小模型对应的迂曲度数据

| 边长/像素 | 100 | 200 | 300 | 400 | 500 | 600 |
| --- | --- | --- | --- | --- | --- | --- |
| 迂曲度 | 2.243 | 1.985 | 1.804 | 1.654 | 1.602 | 1.582 |

结果表明不同大小的研究区域,Avizo 计算的迂曲度相差很大,而且呈现出研究区域越大,迂曲度计算值越小的趋势。可以预见的是,若计算整个模型,其迂曲度为 1.5~1.6,其计算结果也与 Kane 的理论计算值比较一致[15]。

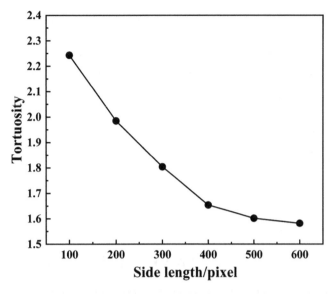

图 7 边长-迂曲度

## 3 结论

使用 Avizo 软件计算迂曲度,随着研究区域的扩大,迂曲度呈现减小的趋势,并最终减小至 1.5~1.6。可以初步判定核级石墨 IG-110 材料的迂曲度范围处于 1.5~1.6,其计算结果与 Kane 的迂曲度理论计算结果有较好的一致性。[15]

**参考文献:**

[1] RAGONE D V, GOEDDEL W V, ZUMWALT L R. Graphite-matrix nuclear fuel systems for the peach bottom HTGR [J]. Annealing, 1963.

[2] 徐世江,康飞宇. 核工程中的炭和石墨材料:Carbon and graphite materials in nuclear engineering [M]. 北京:清华大学出版社,2010.

[3] ALBERS T L, BATTY L, KASCHAK D M. high -temperature properties of nuclear graphite. ASME. J. Eng. Gas Turbines Power, 2009, 131 (6): 064501.

[4] ZHANG Z, WU Z, SUN Y, et al. Design aspects of the Chinese modular high-temperature gas-cooled reactor HTR-PM [J]. Nuclear Engineering & Design, 2006, 236 (5-6): 485-490.

[5] LINGSEN W. The position of boron carbide in neutron absorbing materials and its properties relation to nuclear applications [J]. Materials Science and Engineering of Powder Metallargy, 2000.

[6] YU X L, YANG X Y, YU S Y. Research Status of Oxidation of Graphite in HTR in Case of Leakage of Water and Air [J]. Nuclear Power Engineering, 2006: 313-315.

[7] YU X L, YANG X Y, YU S Y. Present status of Research on the Oxidation of Graphite in Case of Air and Water Leakage in HTR [J]. Nuclear Power Engineering, 2006: 313-315.

[8] LU W, LI X W, et al. Investigation of Effective Diffusion Coefficient in Micropore of Nuclear Graphite. [J]. Atomic Energy Science and Technology, 2019, 53 (6): 1078-1084.

[9] COMITI J, RENAUD M. A new model for determining mean, structure parameters of fixed beds from pressure drop measurements: Application to beds packed with parallelepipedal particles [J]. Chem. Engng Sci., 1989, 44: 1539-1545.

[10] COMITI J, SABIRI N E, MONTILLET A. Experimental characterization of flow regimes in various porous media-III: limit of Darcy's or creeping flow regime for Newtonian and purely viscous non-Newtonian fluids [J]. Chem. Engng Sci, 2000, 55: 3057-3061.

[11] BOUNDREAU B P. The diffusive tortuosity of finite-grained unlithified sediments [J]. Geochim. Cosmochim. Acta, 1996, 60: 3139-3142.

[12] SEN P N, SCALA C, COHEN M H. A self-similar model for sedimentary-rocks with application to the dielectric-constant of fused glass-beads [J]. Geophysics, 1981, 46: 781-795.

[13] KOPONEN A, KATAJA M, TIMONEN J. Tortuous flow in porous media [J]. Phys. Rev. E., 1996, 54: 406-410.

[14] KOPONEN A. KATAJA M, TIMONEN J. Permeability and effective porosity of porous media [J]. Phys. Rev. E., 1997, 56 (3): 3319-3325.

[15] KANE J J, MATTHEWS A C, ORME C J, et al. Effective gaseous diffusion coefficients of select ultra-fine, super-fine and medium grain nuclear graphite [J]. Carbon, 2018, 136: 369-379.

# Study on calculation method for tortuosity of nuclear graphite in high temperature gas cooled reactor

PENG Lei, GUO Yi-cheng, ZHENG Wei, HE Xue-dong, YIN Hua-qiang*, ZHANG Huang, MA Tao

(Institute of Nuclear Energy and New Energy Technology, Tsinghua University, Beijing 100084, China)

**Abstract:** In high temperature reactors, carbon materials are widely used in structural and fuel base materials, which need to undergo a dehumidification process before reactor operation. Tortuosity is an important parameter in evaluating dehumidification process. Based on the definition of geometrical tortuosity, the tortuosity of nuclear grade graphite IG-110 has been measured. Firstly, the sample was scanned by computed tomography (XCT), and then the 3D image was reconstructed by Avizo software, and the optimal segmentation threshold was determined by adjusting the porosity to match the experimental value. Finally, the tortuosity of the segmentation binary image is calculated by using the pore centroid method in Avizo software. The results show that when the sample size is large enough, the calculated theoretical values are in good agreement with the results in other literatures.

**Key words:** High temperature gas cooled reactor; Nuclear grade graphite; Tortuosity

# 基体石墨氧化中裂变金属 Sr 的释放机制研究

陈晓彤\*，张 伟，朱洪伟，高泽林，王桃葳，徐 刚，贺林峰，祁美丽，
李彩霞，葛之萌，李林艳，徐建军，刘 兵\*，唐亚平

（清华大学核能与新能源技术研究院，北京 100084）

**摘 要**：高温气冷堆以弥散在球形基体石墨中的包覆颗粒为燃料元件，其能量密度低、固有安全性好，同时也大大增加了乏燃料的数量和体积。随着我国高温气冷堆商业化进程发展，亟须建立相应的乏燃料后处理技术。球形乏燃料基体石墨与包覆燃料颗粒的分离，是乏燃料后处理至关重要的一步。高温氧化法能够利用一次流程分离石墨基体与包覆颗粒，处理效率高，减容效应好，但裂变金属会伴随基体石墨氧化而释放，其过程耦合了多个物理和化学反应，与基体石墨的氧化过程密切相关，对尾气处置和环境评估意义重大，需要开展系统的研究。本课题基于 HTR-10 辐照后基体石墨球氧化的源项分析结果，以长寿命裂变金属 Sr-90 为研究对象，研究了裂变金属在基体石墨氧化中的释放热力学行为与动力学规律，阐明了裂变金属对基体石墨氧化过程的影响，得到了基体石墨氧化中裂变金属 Sr 的释放机制。研究成果将为球形乏燃料高温氧化处置提供基础研究支持，同时为放射性核用石墨处置提供新的思路和依据。

**关键词**：基体石墨；氧化；裂变金属；Sr；释放机制

2021 年 12 月 20 日，由清华大学核研院研究开发的山东石岛湾 200 MW 高温气冷堆示范工程（High Temperature Reactor-Pebble bed Module：HTR-PM）完成初始负荷运行试验评价，并实现并网成功，这标志着中国以固有安全为主要特征的先进核能技术领跑世界[1-5]。"十四五"期间，我国已有 3 台 600 MW 商用高温气冷堆（HTR-PM 600）项目落地，这标志着我国高温气冷堆的商业化进程正在稳步推进。HTR-PM 采用燃料颗粒弥散型球形元件，其结构设计特点在有效提高反应堆安全性的同时，也增加了乏燃料的数量和体积。高温气冷堆商业化发展进程中将会产生大量的乏燃料元件，为我国核燃料循环带来了新的挑战，亟须研究并拓展相应的体积减容技术。

高温氧化法（燃烧法）在高温气冷堆发展初期就被提出，并且认为是较为安全可靠、有效的工艺流程，可实现低放的石墨与高放的包覆颗粒分离，极大地降低高放废物体积[6-7]。但基体石墨中放射性裂变产物会在氧化过程中释放，给氧化尾气的处理处置带来了比较大的压力，需要针对释放源项、释放行为及释放过程等开展详尽、系统的研究。

本论文以金属裂变产物 Sr-90 为研究对象，通过溶液浸渍法制备负载 Sr 的基体石墨样品 SrG，并通过 SIMS 表征 Sr 在基体石墨中的分布和浸渍深度。通过释放沉积产物的分析表征，探索 Sr 在高温氧化过程中的主要释放形式。

## 1 研究方法

本文采用溶液浸渍法制备负载 Sr 的基体石墨样品。首先从基体石墨球上分取少量基体石墨样品（图 1），分取样品质量约为 25 g，高约为 30 mm。将分取后的基体石墨样品放置在烧杯中，加入一定体积的、已知浓度的 $Sr(NO_3)_2$ 溶液，当溶液完全浸没基体石墨样品后，将烧杯用封口膜密封。将基体石墨样品在 $Sr(NO_3)_2$ 溶液中浸渍 24 h，浸渍期间每隔 4 h 轻轻摇晃烧杯以去除石墨表面的气泡。完成浸渍后，将浸渍溶液转移至容量瓶中。负载 $Sr(NO_3)_2$ 的基体石墨样品命名为 SrNG。

作者简介：陈晓彤（1984—），女，黑龙江大庆市人，副教授，博士，从事核燃料循环与材料方向研究。

浸渍后的基体石墨样品在100 ℃下真空干燥24 h，以去除基体石墨块中的水分。干燥后的样品在1200 ℃、氮气气氛的管式炉中热处理5 h，分解基体石墨负载的Sr（NO$_3$）$_2$，最终获得负载Sr基体石墨样品SrG。

图1　负载Sr基体石墨样品SrG

## 2　负载Sr基体石墨样品高温氧化

SrG样品的高温氧化实验装置如图2所示。本实验采用空气作为氧化气氛，空气来源为空气压缩机，空气流量为2～5 L/min，通过浮子流量计控制。高温氧化时，将SrG样品放置在刚玉坩埚中，使其在高温下发生氧化反应。在管式炉出气端放置4个石英采样片，采样片1距中心加热区的距离为350 mm。在系统温度稳定后，通过贴片式热电偶（Pt 100）测试石英采样片所在位置的炉管管壁温度，测温精度±0.5 ℃。

图2　负载Sr基体石墨样品的高温氧化实验装置

## 3　负载Sr基体石墨样品表征

### 3.1　负载Sr基体石墨中Sr的深度分布

本部分工作利用SIMS方法获得基体石墨中Sr在基体石墨内部的分布信息，结果如图3所示。根据图3a所示的分析测试结果，基体石墨浸渍表面（0 mm）Sr的浓度远高于基体石墨内部Sr的浓度，说明浸渍后Sr（NO$_3$）$_2$溶液进入了基体石墨表面孔道，并在孔道中保持一定的浓度富集效应，浸渍后的硝酸淋洗仅能洗去表面的Sr（NO$_3$）$_2$。随着采样点从距离边缘1 mm加深至3 mm，基体石墨中Sr的浓度逐渐下降。当采样点进一步加深至距离边缘4 mm时，Sr的强度信号和3 mm深度时的信号几乎保持不变。这表明Sr溶液可以通过石墨孔道进入到基体石墨内部。此外，在SIMS测试基体石墨中Sr的浓度分布过程中，可以观察到一些显著的"热点"（图3b），表明Sr在基体石墨中为非均相分布，其原因可能是基体石墨组分中各单元组分与Sr的结合力有所不同。根据前人报道的理论计算结果和热实验结果[8]，与完美石墨结构相比，Sr更倾向与无定形碳结合，因此实验中观察到的"热点"结构有可能是基体石墨中的玻璃态炭微区。以上结果表明，通过浸渍法能够获得负载Sr基体石墨样品，Sr的负载深度约为4 mm。

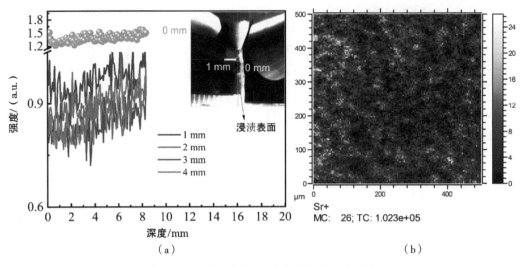

**图 3　SIMS 测试负载 Sr 基体石墨中 Sr 的分布**

(a) 通过 SIMS 测试基体石墨浸渍表面到内部的 Sr 的分布；(b) 距离边缘 4 mm 处的 Sr 的空间分布

### 3.2　Raman 光谱分析结果

针对在石墨片层边缘附着 Sr 的颗粒样品，通过 Raman 光谱对边缘 Sr 的化学形态做了进一步分析（图 4）。对 $SrCO_3$ 与石墨之间结合区域进行了 Raman 面扫描，结果显示 $SrCO_3$ 主要位于石墨边缘，同时石墨和 $SrCO_3$ 之间存在显著的"热点"区域（图 4 中的圆圈），表明在负载 Sr 基体石墨的氧化过程中，氧化灰分产物 $SrCO_3$ 能够通过一定的结合模式锚定在基体石墨边缘，并在低温区沉积。

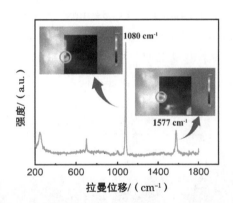

**图 4　采样片 1 上锚定在石墨边缘的 Sr 颗粒的 Raman 光谱：插图是 1080 cm$^{-1}$ 和 1577 cm$^{-1}$ 的 Raman 峰对应的面扫描**

针对石墨和 $SrCO_3$ 之间结合位点的微观区域结构特征，进一步采用 BSE-EDS 高分辨图像进行分析说明。如图 5a 所示，在结合位点两端可以观察到明显的对比度差异，较亮的区域为原子序数较小的元素，较暗的区域为原子序数较大的元素，两种成分在石墨边缘处相互连接，与 Raman 光谱观察到的现象一致。EDS 结果表明，较亮的区域主要由 C 元素组成（图 5c），结合其片层状形貌特点，推断为未燃尽的石墨。而石墨边缘和片层表面区域相比颜色较暗，说明边缘发生了氧化反应。高分辨 BSE-DF 图像（图 5b）显示，颜色较暗的颗粒结构主要以棒状晶粒为主，晶粒间相互连接形成链状结构，与氧化灰分产物 $SrCO_3$ 的形貌几乎一致。EDS 结果（图 5d）显示，棒状晶粒的化学成分主要包括 Sr、C、O 等元素，结合 Raman 结果，可以得到棒状晶粒即为 $SrCO_3$。由于 $SrCO_3$ 晶粒与石墨片层结构的结合位点在石墨边缘，而石墨发生氧化反应的位点也在石墨边缘，可以推断石墨与 $SrCO_3$ 的相互作用机制和石墨边缘的氧化密切相关。

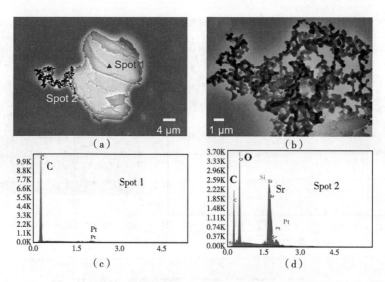

**图 5　采样片 4 上锚定在石墨边缘的 Sr 颗粒的微观形貌**

(a) BSE-DF 图像；(b) 暗场相高分辨 BSE-DF 图像；(c) 和 (d) 为分别对应于 (a) 中点 1 和点 2 的 EDS 能谱图

进一步通过 TEM 重点分析 $SrCO_3$ 晶粒与石墨片层结构结合位点的纳米尺度晶体结构特征。TEM 分析结果表明（图 6a），棒状晶粒与片层石墨边缘相连，与 Raman 和 BSE-DF 结果一致。通过测量 HRTEM 图中的晶面间距，可知石墨边缘的晶面间距约为 0.26 nm（图 6b），大于石墨（100）晶面的晶面间距 0.21 nm，主要源于石墨边缘氧化导致的晶格畸变。同时，通过 HRTEM 表征可知，$SrCO_3$ 与石墨边缘的界面可以分为 3 个典型的区域（图 6c）。其中，区域 I 中的晶面间距为 0.21 nm，来源于石墨的（100）晶面；区域 III 的晶面间距为 0.34 nm，主要为 $SrCO_3$ 的（021）晶面。而区域 II 则出现了明显的晶格紊乱，推断为 $SrCO_3$ 和石墨边缘反应的界面。将区域 II 进行再次放大后发现（图 6d），区域 II 两侧的亮点构型存在显著差异。区域 I 的亮点构型为菱形，而区域 III 的亮点构型更接近正方形，进一步验证了区域 II 两侧确实存在两种不同的物质成分。

**图 6　采样片 1 上锚定在石墨边缘的 Sr 颗粒的 TEM 分析**

(a) 采样片 1 上释放沉积产物的 TEM 图，其中的插图是棒状晶粒的 SAED 图；上半部分圆圈
(b) 和下半部分圆圈 (c) 标注区域的 HRTEM 图；(d) 区域 II 的放大图

根据前人对石墨氧化的微观机理研究[9-11]，在石墨开始氧化时，首先与 $O_2$ 发生化学吸附生成醚基或羰基；进一步吸附额外的氧，催化 $CO_2$ 或 CO 从石墨晶体中解离。结合本工作的实验表征和理论分析结果，本论文提出了在石墨边缘生成 $SrCO_3$ 3 种可能的反应路径，并计算了 3 种路径的反应吉布斯自由能（图 7）。

在路径 1 中，石墨边缘首先吸附了 $O_2$ 分子生成内酯基团，进一步直接与 SrO 反应生成了 $SrCO_3$。计算结果表明，内酯基团和 SrO 直接反应具有一定的能垒（0.26 eV），该反应路径的总吉布斯自由能为 -3.25 eV。在路径 2 中，石墨氧化生成了碳酸根基团[9]，碳酸根进一步与 Sr 原子发生反应形成 $SrCO_3$。计算结果表明，碳酸根与 Sr 原子反应的能垒较高（1.12 eV），该反应路径的吉布斯自由能为 -4.23 eV。在路径 3 中，当石墨边缘吸附了 $O_2$ 形成内酯基之后，再次吸附额外的 $O_2$ 分子使内酯基团异构化，促进了 $CO_2$ 的解离，与基体石墨中负载的 SrO 反应生成 $SrCO_3$，并与石墨边缘的不饱和碳发生吸附。该路径中反应过程的吉布斯自由能逐渐降低，总吉布斯自由能为 -8.09 eV，远低于前两种反应路径，说明该路径在化学热力学上是有利的。

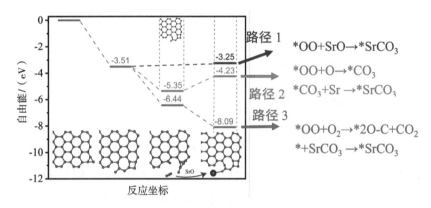

**图 7　$SrCO_3$ 吸附在石墨边缘的吉布斯自由能图**

（图中 * 号表示完美石墨表面）

吸附在石墨边缘的 $SrCO_3$，由于石墨颗粒的重力沉积和尺寸效应，在球形乏燃料的高温氧化减容过程中比较容易通过沉降、过滤等手段进行捕集和去除。而 $SrCO_3$ 纳米颗粒的质量小、体积小、表面活性强、迁移能力强，后续的工程化后处理过程中应该予以重点关注。

## 4　结论

本章通过溶液浸渍法制备了 SrG 样品，针对基体石墨高温氧化过程中负载 Sr 的释放行为，通过对不同氧化条件下的氧化灰分产物的表征分析，结合释放沉积产物的微观形貌形态研究，明确了基体石墨高温氧化时，未燃尽石墨粉尘边缘存在吸附的 $SrCO_3$，源于基体石墨中 SrO 与石墨边缘氧化生成的 $CO_2$ 反应生成 $SrCO_3$，之后被石墨边缘的不饱和碳吸附。

**参考文献：**

[1] ZHANG Z Y, DONG Y J, SHI Q, et al. 600-MWe high-temperature gas-cooled reactor nuclear power plant HTR-PM600[J]. Nucl Sci Tech, 2022, 33(8).

[2] ZHANG Z, WU Z, WANG D, et al. Current status and technical description of Chinese 2×250MWth HTR-PM demonstration plant[J]. Nucl Eng Des, 2009, 239(7): 1212-1219.

[3] ZHANG Z, DONG Y, LI F, et al. The Shandong Shidao Bay 200 MWe High-Temperature Gas-Cooled Reactor Pebble-Bed Module (HTR-PM) Demonstration Power Plant: An Engineering and Technological Innovation[J]. Engineering, 2016, 2(1): 112-118.

[4] ZhANG Z, SUN Y. Economic potential of modular reactor nuclear power plants based on the Chinese HTR-PM project [J]. Nucl Eng Des, 2007, 237 (23): 2265-2274.

[5] ZHANG Z, WU Z, SUN Y, et al. Design aspects of the Chinese modular high-temperature gas-cooled reactor HTR-PM [J]. Nucl Eng Des, 2006, 236 (5-6): 485-490.

[6] 郑博文,李晓海,周连泉,等. 放射性废石墨的处理处置现状 [J]. 辐射防护通讯, 2012, 32: 32-37.

[7] 邓浚献,吴仲尧,谢小龙,等. 核设施退役废石墨的处理与处置 [J]. 核安全, 2008: 49-51.

[8] LONDONO-HURTADO A, MORGAN D, SZLUFARSKA I. First-principles study of Cs and Sr sorption on carbon structures [J]. J Appl Phys, 2012, 111 (9).

[9] CARLSSON J M, HANKE F, LINIC S, et al. Two-step mechanism for low-temperature oxidation of vacancies in graphene [J]. Phys Rev Lett, 2009, 102 (16): 166104.

[10] SUN T, FABRIS S, BARONI S. Surface Precursors and Reaction Mechanisms for the Thermal Reduction of Graphene Basal Surfaces Oxidized by Atomic Oxygen [J]. J Phys Chem C, 2011, 115 (11): 4730-4737.

[11] FU K, CHEN M, WEI S, et al. A comprehensive review on decontamination of irradiated graphite waste [J]. J Nucl Mater, 2022, 559.

# The mechanism of (Sr-90) releasing during graphite matrix oxidation

CHEN Xiao-tong*, ZHANG Wei, ZHU Hong-wei, GAO Ze-lin, WANG Tao-wei, XU Gang, HE Lin-feng, QI Mei-li, LI Cai-xia, GE Zhi-meng, LI Lin-yan, XU Jian-jun, LIU Bing*, TANG Ya-ping

(Institute of Nuclear and New Energy Technology, Tsinghua University, Beijing 100084, China)

**Abstract**: High Temperature Gas-cooled Reactor (HTGR) uses spherical fuel elements with TRISO coated fuel particles uniformly dispersed in graphite matrix, which efficiently decreases the energy density and prominently enhances the inherent safety property. However, the amount and volume of spent fuels is also greatly increased due to the structure property. As the continuous advancement of the industrialization process of HTGR in China, it is urgent to reprocess spherical spent fuel elements. High temperature oxidation method is an alternative route of HTGR spent fuels' reprocessing, as it is of high efficiency for treatment, great reduction in volume and easy process for industrialization. The study on fission production release is vital for predicting its migration behavior and understanding the decontamination of radioactive exhaust gas. In this study, the release regime of a typical metallic fission product, Sr-90 was studied during high temperature oxidation of matrix graphite based on our previous study on radioactive source terms of HTR-10 spent fuel. We investigated the thermodynamics and kinetics procedures of releasing metallic fission products during graphite matrix oxidation, as well as the effect of introduction of metallic fission products on graphite matrix oxidation, with the aim to elucidate the synergistic mechanism of graphite matrix oxidation and metallic fission products releasing. This study provided a foundation for the establishment of technical routes for high temperature oxidation reprocessing of spherical spent fuel elements of high-temperature gas-cooled reactors, as well as the disposal method for radioactive nuclear graphite.

**Key words**: Matrix graphite; Oxidation; Fission product; Sr; Releasing mechanism

# 铬涂层锆合金包壳的径向压缩模拟研究

王蓓琪，温　欣，李　懿，刘子豪，刘　彤*

(上海交通大学核科学与工程学院，上海　200240)

**摘　要**：铬涂层锆合金是目前最具前景的事故容错燃料包壳材料，铬涂层的加入会对锆合金包壳体系在事故下的氧化、脆化等行为产生影响。经历失水事故的铬涂层锆合金包壳将出现氧化分层现象，不同种类和厚度的氧化层对包壳力学性能产生不同程度的影响。采用径向压缩实验可以对包壳的刚度、延展性等力学性能进行评估，本文采用有限元数值分析方法，对氧化前和不同氧化程度铬涂层锆合金包壳的径向压缩进行模拟，研究铬涂层的添加和氧化层的生成对包壳管力学性能的影响情况，对铬涂层锆合金包壳的开裂、涂层剥离行为作出预测。

**关键词**：铬涂层；锆合金；包壳；有限元；径向压缩实验

失水事故（LOCA）下，燃料暴露在高温蒸汽环境中并被迅速氧化，进而导致包壳脆化甚至产生开裂、剥落等失效现象[1]。同时，当包壳管内外压差超过材料所能承受的极限时，包壳发生鼓胀变形甚至破裂[2-3]。为了确定包壳发生失效的临界热力学参数，目前通用的方法是采用径向压缩实验（RCT）来评估事故后包壳的力学性能。近年来，随着数值模拟技术的发展，采用有限元法为径向压缩实验提供数据支持的研究日益增多。但目前的有限元模拟大多针对传统锆合金包壳管，对涂层锆合金包壳的事故后力学性能分析还很有限，尤其是在性能预测方面的研究还有待开展。

本文基于有限元模拟仿真，对氧化前后的铬涂层锆合金包壳的力学性能进行研究。结合铬涂层锆合金高温蒸汽氧化动力学模型，对比分析了不同氧化程度的包壳在径向压缩载荷下的应力-应变分布规律，预测了涂层开裂和剥落最容易发生的位置，可以为铬涂层锆合金包壳安全准则制定提供理论支持。

## 1　径向压缩实验原理与方法

在反应堆失水事故下，燃料包壳发生氧化和氢化，其结构和组成不断发生变化，因此力学性能也发生改变。为评估不同工况下包壳管应力-应变关系、强度、延展性等力学性能，综合考虑样品大小、测量难度和精度，采用径向压缩实验作为测试手段。与传统的拉伸试验、弯曲试验相比，径向压缩实验所需样品尺寸小，测量难度小、精度高，是测试包壳延展性的最佳实验方法[4]。

在开展径向压缩实验时，沿样品径向施加载荷直到样品出现裂纹，即认为样品失效，其原理示意图如图1所示。根据梁弯曲理论，样品中任意一点P沿轴向和周向的应力可以表示为[5-6]

轴向应力：
$$\sigma_r = \frac{F_r}{A}。 \tag{1}$$

周向应力：
$$\sigma_\theta = \frac{My}{I} = \frac{L\cos\theta}{2a} + \frac{M}{aR}\left(1 + \frac{1}{z}\frac{y}{R+y}\right)。 \tag{2}$$

式中，$F_r$表示沿轴向的应力；$A$表示轴向体积元的等效表面积；$M$表示弯矩［式（5）］；$y$表示$P$点在厚度方向上到中性层的距离；$I$表示截面惯性矩，$\theta$表示$P$点与竖直方向的夹角。

$$a = 2cl。 \tag{3}$$

$$c = \frac{1}{2}(r_{outer} - r_{inner})。 \tag{4}$$

---

作者简介：王蓓琪（1999—），女，硕士研究生，现主要从事核反应堆燃料安全分析等科研工作。

式中，$l$ 为样品长度。

$$M = \frac{1}{2}FR\left[\frac{2}{\pi(1+z)} - \cos\theta\right]。 \tag{5}$$

式中，$F$ 为加压载荷；$R$ 为样品内外径之和的 $\frac{1}{2}$，即

$$R = \frac{1}{2}(r_{\text{inner}} + r_{\text{outer}}), \tag{6}$$

$$z = \frac{R}{2c}\ln\left(\frac{R+c}{R-c}\right) - 1。 \tag{7}$$

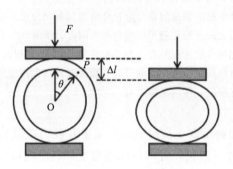

图 1　径向压缩实验原理

## 2 基于有限元的包壳径向压缩行为分析

### 2.1 有限元计算力学控制方程

本研究基于动量守恒采用力学控制方程，动量守恒由力学平衡方程决定［式（8）］。其中，$\sigma$ 为柯西应力；$\rho$ 为密度；$f$ 为单位质量体力。

$$\nabla\sigma + \rho f = 0。 \tag{8}$$

式中，初始应力张量基于小应变假设，由本构方程（线性或非线性）计算得到。根据连续介质理论，弹性材料的本构方程为：

$$\sigma_{ij} = 2\mu\varepsilon_{ij}(i \neq j) + \lambda\varepsilon_{kk}\delta_{ij}。 \tag{9}$$

式中，$\varepsilon_{ij(i\neq j)}$ 为偏应变张量；$\varepsilon_{kk}$ 为球应变张量；$\delta_{ij}$ 为 Kronecker 符号；$\mu$ 和 $\lambda$ 为 Lamé 常数。

### 2.2 涂层-基体内聚力模型

由于 Cr 和 Zr 具有不同的刚度和膨胀系数，在受到外力时发生不均匀的变形，界面处产生法向拉应力，造成涂层和基体的分离。为了模拟涂层和基体之间的附着和剥落行为，对界面进行了内聚力接触处理。内聚力模型基于 Traction-Separation 准则（TSL），认为界面损伤、剥离、开裂等是一种渐进的过程，用位移跳跃的不连续表面来模拟界面[7-9]，能够较为准确地描述基体和涂层之间的接触关系。本研究采用的是双线性 TSL 模型，假设内聚力区域的单元在界面损伤开始前表现出线弹性行为，当应力达到最大值时，损伤开始积累，并伴随着线性应力软化和刚度退化，直到界面达到断裂位移或断裂能临界值，即损伤变量 $D$ 达到 1 时，断裂发生，其本构关系如式 10 所示。其中，$\sigma_0$ 是损伤开始时的临界载荷，$\delta_0$ 是损伤开始时的临界位移，$\delta_f$ 是断裂发生时的断裂位移，$K$ 是初始刚度，$D$ 是损伤变量。

$$\sigma = \begin{cases} K\delta, \delta \leqslant \delta_0 \\ (1-D)K\delta, \delta_0 \leqslant \delta \leqslant \delta_f, \\ 0, \delta \geqslant \delta_f \end{cases} D = \begin{cases} 0, \delta \leqslant \delta_0 \\ \dfrac{\delta_f(\delta-\delta_0)}{\delta(\delta_f-\delta_0)}, \delta_0 \leqslant \delta \leqslant \delta_f \\ 1, \delta \geqslant \delta_f \end{cases}。 \tag{10}$$

## 2.3 包壳材料氧化模型

在 LOCA 事故中的高温蒸汽氧化条件下，氧向包壳内部扩散，锆合金会随氧浓度梯度不同而出现分层现象，除表面生成脆性氧化物 $ZrO_2$ 外[10]，锆合金在 800 ℃左右将发生 $\alpha/\beta$ 相转变[11]，$\beta$ 相 Zr 冷却后转化为同素异形体 $\alpha$-Zr，但氧含量较低，仍保持 $\beta$-Zr 的热力学性质。氧化后的锆合金由外向内依次形成 $ZrO_2$、$\alpha$-Zr(O) 和 Prior $\beta$-Zr 的 3 层结构。一般来说，相比于 $ZrO_2$ 和富氧的 $\alpha$ 相锆合金，$\beta$ 相锆合金具有更高的韧性，包壳在事故工况下的力学延展性取决于 Prior $\beta$-Zr 的相对厚度。

与 Zr 基体相比，涂层 Cr 的氧化过程则更简单，Cr 在腐蚀过程中可以在基体表面形成致密的、充当氧扩散屏障的 $Cr_2O_3$ 层，因此能够对锆合金起到保护作用，提升包壳抗氧化性能[12-13]。

包壳的氧化过程伴随金属层厚度减小和氧化层厚度增加，二者的相对关系可以用 Piling-Bedworth ratio (PBR) 来表示[式(10)]。其中，$V_{oxide}$ 是氧化物体积，$V_{metal}$ 是消耗的金属体积，$M$ 是分子或原子质量，$\rho$ 是密度，$n$ 是每摩尔氧化物中的金属原子个数。因此，当生成氧化物厚度为 $S$ 时，包壳金属部分减少的厚度和包壳外径增量分别为 $S/PBR$ 和 $S \times (PBR-1)/PBR$ [14]。

$$PBR = \frac{V_{oxide}}{V_{metal}} = \frac{M_{oxide} \times \rho_{metal}}{n \times M_{metal} \times \rho_{oxide}} \tag{11}$$

马海滨等[15]通过开展铬涂层锆合金包壳在 1200 ℃下的高温蒸汽氧化实验获得铬涂层锆合金包壳氧化动力学模型，其中，金属氧化物层的生长规律如下：

(1) Zr 金属氧化物的生长满足指数动力学方程：

$$d = kt^n, \tag{12}$$

$$\ln(d) = n\ln(t) + \ln(k) \tag{13}$$

式中，$d$ 是表面氧化物（$ZrO_2$）厚度；$k$ 是速率常数，取 146.9 $\mu$m·h$^{-0.52}$，$n$ 是指数，取 0.52；$t$ 是氧化时间 (h)。

(2) Cr 金属氧化物的生长满足对数动力学方程：

$$d = k\ln(t) + A \tag{14}$$

式中，$d$ 是表面氧化物（$Cr_2O_3$）厚度；$k$ 是速率常数，取 1.3 $\mu$m·ln(h)$^{-1}$，$A$ 是常数，取 9.37 $\mu$m；$t$ 是氧化时间 (h)。

## 2.4 有限元计算模型

采用商用有限元 (FEM) 软件 Abaqus CAE 进行了稳态分析。模型尺寸与标准实验样品尺寸保持一致，包壳外径为 9.5 mm，氧化前基体和涂层的厚度分别为 570 $\mu$m 和 18 $\mu$m。如图 2 所示是由加载垫、试样和支撑垫组成的二维网格模型，为了简化计算和提高效率，将加载垫和支撑垫设置为二维离散刚体，试样部分采用 CPS4R 四节点平面单元进行网格划分。此外，试样与加载垫、支撑垫之间的表面接触为有限滑移，摩擦系数设置为 0.125[16]；涂层和基体之间采用内聚力接触和小滑移假设。为了提高分析结果的准确性，在界面相邻区域采用更精细的网格。分析过程中，通过将参考点所有方向的位移设置为 0 来对支撑垫进行约束，对加载垫的参考点施加 $y$ 方向位移载荷，允许样品圆环在轴向和周向的应变。

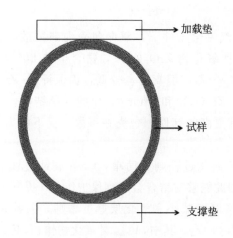

图 2　径向压缩的有限元模型

为了模拟包壳高温蒸汽氧化后形成的多层结构，分别对涂层和基体区域进行材料划分，材料性能如表 1 所示，其中，$E$ 是杨氏模量，$v$ 是泊松比。假设 Cr 涂层、Zr 基体是各向同性的弹性塑性材料，采用理想的弹性塑性模型描述材料的本构模型；而脆性氧化物 $Cr_2O_3$、$ZrO_2$ 被认为是弹性材料。

表 1　包壳各层材料属性

|  | $Cr_2O_3$ | Cr | $ZrO_2$ | Zr |
| --- | --- | --- | --- | --- |
| $E$/MPa | 314 000 | 280 000 | 152 390 | 993 00 |
| $v$ | 0.28 | 0.22 | 0.3 | 0.37 |

## 3　结果与讨论

### 3.1　氧化前包壳的径向压缩

通过有限元计算得到 18 μm 铬涂层锆合金包壳在径向压缩载荷下的应力分布云图。如图 3 所示，径向压缩应力主要分布在加载点、支撑点及其附近（图 3a），包壳的压缩周向应力分布在中心角 $\theta=0°/180°$ 方向的外侧以及 $\theta=90°/270°$ 方向的内侧，拉伸周向应力分布在 $\theta=0°/180°$ 方向的内侧以及 $\theta=90°/270°$ 方向的外侧（图 3b）。而对于铬涂层来说，$\theta=0°/180°$ 方向受到压缩，$\theta=90°/270°$ 方向受到拉伸（图 3c）。随压缩位移 $\Delta l$ 的绝对值增大，基体和涂层内的应力逐渐增大，最终造成包壳失效，且开裂失效最容易发生在基体 $\theta=0°/180°$ 点位置内侧和涂层 $\theta=90°/270°$ 位置内侧，这与在实验中观察到的现象相吻合[17]。涂层与基体之间的拉力作用区域在加载点和支撑点及其附近，其余位置的压应力可以忽略不计（图 3d）。由于内聚力模型假设材料在纯受压的条件下不发生断裂，因此在径向压缩实验中，涂层-基体界面 $\theta=0°/180°$ 位置附近最容易产生涂层剥落。

如图 4 所示，基体内外表面的周向应力随中心角 $\theta$ 呈对称的周期性变化，且变化趋势相反。当 $\theta$ 从 0°增加到 90°时，内表面的周向应力从 295.1 MPa 变化到 -296.7 MPa；当 $\theta$ 从 90°增加到 180°时，内表面的周向应力变化趋势相反。当 $\theta$ 从 0°增加到 90°时，外表面的周向应力从 -294.7 MPa 变化到 291.5 MPa；当 $\theta$ 从 90°增加到 180°时，内表面的周向应力变化趋势相反。由图 4 可知，周向应力的极值点出现在包壳与加载垫和支撑垫接触点的两侧，这是由于在压缩过程中，包壳管逐渐发生变形，涂层与包壳间的法向应力作用点由中心向两侧偏移，因此下压深度越大，最大周向应力点偏离竖直方向越远。

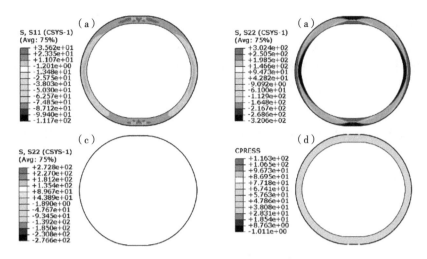

**图 3** （a）铬涂层锆合金包壳径向应力分布；（b）铬涂层锆合金包壳周向应力分布；（c）铬涂层周向应力分布；（d）铬涂层-基体之间接触应力分布（$\Delta l = -1$ mm）

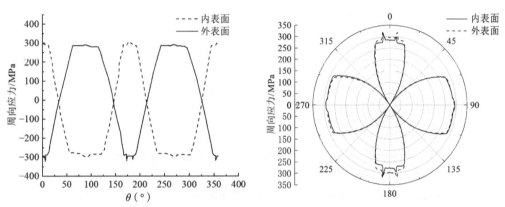

**图 4** 基体内外表面周向应力随 $\theta$ 的变化（$\Delta l = -1$ mm）

建立氧化前无涂层和 18 μm 铬涂层的锆合金包壳有限元模型，分别对其施加同样的压缩位移（$\Delta l = -1$ mm），其基体内表面和外表面的周向应力对比如图 5 所示。由图 5 可知，在压缩程度相同时，无涂层和铬涂层的锆合金包壳周向应力分布趋势相同，铬涂层锆合金包壳内部将产生更大的应力，其周向应力极值相比无涂层锆合金包壳提高 3% 左右。虽然铬相比锆具有更大的弹性模量，但薄铬涂层的添加预计不会显著影响包壳管整体刚度。

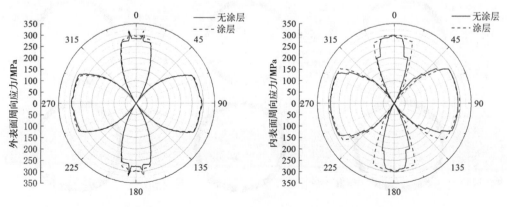

**图 5** 无涂层和 18 μm 铬涂层锆合金内外表面周向应力分布（$\Delta l = -1$ mm）

## 3.2 氧化后包壳的径向压缩

铬涂层对锆合金具有良好的氧化保护作用，研究显示，至少在 1200 ℃ 下氧化 2 h、1300 ℃ 下氧化 0.5 h 后铬涂层内侧的锆合金中未观测到氧化物 $ZrO_2$ 的生成[15]。假设在短时间高温氧化条件下，仅最外侧铬涂层发生氧化而内部锆合金基体未改变。取初始基体厚度为 570 μm，涂层厚度 18 μm，根据氧化动力学模型和金属的 PBR 可推算各氧化层的厚度变化情况。当氧化温度为 1200 ℃、氧化时间为 2 h 时，锆合金包壳表面将生成 210.64 μm 的 $ZrO_2$ 层，而铬涂层锆合金包壳将生成 10.27 μm 的 $Cr_2O_3$ 层。当压缩位移 $\Delta l=-0.5$ mm 时，其包壳内外表面周向应力分布如图 6 所示。无涂层和铬涂层锆合金包壳的应力均集中分布在氧化层中，且在无涂层的情况下，氧化层内周向应力更大，约为铬涂层包壳氧化层内周向应力的 2 倍以上。因此，铬涂层的添加能够有效延缓氧化条件下包壳的力学性能下降，降低包壳开裂的概率。

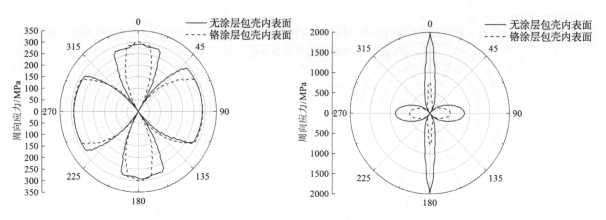

**图 6 无涂层和铬涂层锆合金包壳氧化后径向压缩内外表面周向应力分布**

建立不同 $Cr_2O_3$ 厚度梯度的包壳径向压缩计算模型，当压缩位移 $\Delta l=-0.8$ mm 时，其应力-应变分布云图如图 7 所示。随着氧化程度的增加，$Cr_2O_3$ 厚度增大，而 $Cr_2O_3$ 本身是一种脆性氧化物，会造成包壳管延展性降低。由图 7 可知，在相同压缩位移下，$Cr_2O_3$ 厚度越大，包壳管中的 Mises 应力越小，应变越大，即包壳管的整体强度下降。对于涂层体系（$Cr_2O_3+Cr$），应力主要集中在 $Cr_2O_3$ 区域，且在 $\theta=90°/270°$ 方向上应力最大。研究显示，10 μm 的 $Cr_2O_3$ 样品抗拉强度为 (380～570) MPa[18]，而本模拟计算中 $Cr_2O_3$ 层的周向拉应力最大值达到 1000 MPa，远高于其抗拉强度。因此，当压缩位移 $\Delta l=-0.8$ mm 时，包壳管的氧化层部分可能会有开裂现象的产生，且当氧化物层开裂时，内部未被氧化的涂层和基体已发生塑性变形。

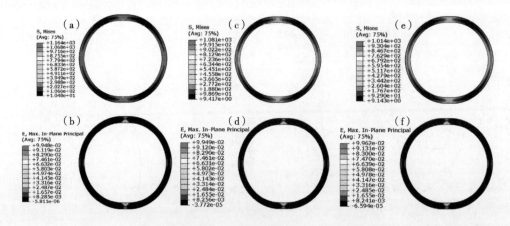

**图 7 不同 $Cr_2O_3$ 厚度的铬涂层锆合金包壳 Mises 应力、应变分布云图 ($\Delta l=0.8$ mm)**
(a) (b) 8 μm $Cr_2O_3$; (c) (d) 9 μm $Cr_2O_3$; (e) (f) 10 μm $Cr_2O_3$

以 $Cr_2O_3$ 氧化层厚度为 10 μm 的铬涂层锆合金包壳为例,氧化层中的周向应力分布远高于基体和未氧化的涂层,同时,如图 8 所示,锆基体外表面和铬涂层内表面存在的径向应力差导致了涂层-基体界面处法向拉应力的产生,进而引起涂层剥落,且剥落最容易发生的区域在 $\theta = 10°$、170°、190°、350°方向的界面处,即在包壳管与加载垫和支持垫的接触位置附近涂层和基体最容易发生分离。

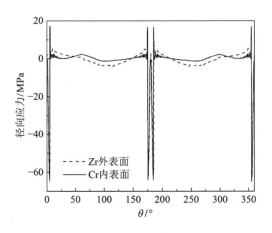 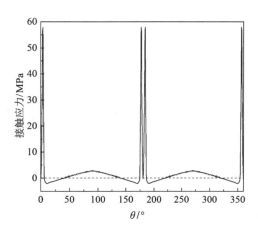

图 8 基体-涂层界面处的径向应力和接触压力分布 [$d(Cr_2O_3) = 10$ μm]

## 4 结论

在径向压缩载荷作用下,包壳管内外表面的周向应力随中心角 $\theta$ 呈对称的周期性变化,且变化趋势相反。周向应力的极值点出现在包壳与加载垫和支撑垫接触点的两侧,且下压深度越大,最大周向应力点偏离 $\theta = 0°/180°$ 方向越远。

氧化前,薄铬涂层的加入对于锆合金包壳整体刚度没有显著提升作用。但在氧化条件下,铬涂层能够在短时间内有效抑制基体内脆性氧化物的生成,进而延缓包壳的力学性能下降,降低包壳开裂的概率。根据计算结果,氧化后的无涂层和铬涂层锆合金包壳在受到径向压缩载荷时,应力均集中分布在脆性氧化物层内,但在相同氧化和压缩条件下,无涂层锆合金包壳内部的应力是铬涂层锆合金应力的 2 倍以上,更容易发生氧化层开裂。

氧化后的铬涂层锆合金包壳随表面氧化物 $Cr_2O_3$ 的厚度增加而延展性下降,当压缩位移 $\Delta l = -0.8$ mm 时,包壳管的氧化物层可能会有开裂现象产生。压缩过程中,由于涂层和基体的刚度和延展性不同,在界面处会产生法向拉应力,造成涂层的剥落,且涂层剥落最容易发生的区域在 $\theta = 10°$、170°、190°、350°方向的涂层-基体界面处。

**参考文献:**

[1] 杨健乔,恽迪,刘俊凯. 铬涂层锆合金耐事故燃料包壳材料事故工况行为研究进展 [J]. 材料导报,2022,36(1):102-113.

[2] DUMERVAL M, HOUMAIRE Q, BRACHET J C, et al. Behavior of chromium coated M5 claddings upon thermal ramp tests under internal pressure (loss-of-coolant accident conditions [C]. Topfuel 2018 - Light Water Reactor (LWR) Fuel Performance Meeting 2018, Sep 2018, Prague, Czech Republic.

[3] PARK D J, KIM H G, JUNG Y I, et al. Behavior of an improved Zr fuel cladding with oxidation resistant coating under loss-of-coolant accident conditions [J]. Journal of Nuclear Materials, 2016, 482: 75-82.

[4] BILLONE M C. Assessment of Current Test Methods for Post-LOCA Cladding Behavior [M]. Office of Nuclear Regulatory Research U.S. Nuclear Regulatory Commission, 2011.

[5] 徐秉业,刘信声. 应用弹塑性力学 [M]. 北京:清华大学出版社,1995.

[6] SEELY F B, SMITH J O, Curved flexural members in Advanced mechanics of materials [J]. second ed. John Wiley & Sons, Inc., 1961.

[7] BARENBLATT G I. The formation of equilibrium cracks during brittle fracture. General ideas and hypotheses: axiallysymmetric cracks [J]. Journal of Applied Mathematics and Mechanics (PMM), 1959, 23: 434-444.

[8] MI Y, et al. Progressive Delamination Using Interface Elements [J]. Journal of Composite Materials, 1998, 32 (14): 1246-1272.

[9] TVERGAARD V, HUTCHINSON J W. The relation between crack growth resistance and fracture process parameters in elastic-plastic solids [J]. Mech Phys Solids 1992; 40 (6): 1377-97.

[10] SAWARN, TAPAN K, et al. Study of Oxide and $\alpha$-Zr (O) Growth Kinetics from High Temperature Steam Oxidation of Zircaloy-4 Cladding [J]. Journal of Nuclear Materials, 2015, 467 (2): 820-831.

[11] CAROLINE T M, CLARA D, CAROLINA C M, et al. Simulation of the $\beta \rightarrow \alpha$ (O) Phase Transformation due to Oxygen Diffusion during High Temperature Oxidation of Zirconium Alloys [J]. Solid State Phenomena, 2011, 172-174: 652-657.

[12] BRACHET J C, SAUX M L, LEZAUD-CHAILLIOUX V, et al. Behavior under loca conditions of enhanced accident tolerant chromium coated zircaloy-4 claddings [C].

[13] KASHKAROV E B, SIDELEV D V, SYRTANOV M S, et al. Oxidation kinetics of cr-coated zirconium alloy: effect of coating thickness and microstructure [J]. Corrosion Science, 2020, 175: 108883.

[14] NAKAJIMA T, SAITO H, OSAKA T. FEMAXI-iv: a computer code for the analysis of thermal and mechanical behavior of light water reactor fuel rods [J]. Nuclear Engineering and Design, 1994, 148 (1): 41-52.

[15] HAI-BIN M, YAN J, YA-HUAN Z, et al. Oxidation behavior of cr-coated zirconium alloy cladding in high-temperature steam above 1200 ℃ [J]. NPJ Materials Degradation, 2021, 5 (1).

[16] MARTIN-RENGEL M A, GÓMEZ SÁNCHEZ F J, RUIZ-HERVÍAS J, et al. Determination of the hoop fracture properties of unirradiated hydrogen-charged nuclear fuel cladding from ring compression tests [J]. Journal of Nuclear Materials, 2013, 436 (1): 123-129.

[17] YOOK H, SHIRVAN K, PHILLIPS B, et al. Post-loca ductility of cr-coated cladding and its embrittlement limit [J]. Journal of Nuclear Materials, 2022, 558: 153354.

[18] MOSEY N J, CARTER E A. Ab initio lda+u prediction of the tensile properties of chromia across multiple length scales [J]. Journal of the Mechanics and Physics of Solids, 2009, 57 (2): 287-304.

# Radial compression simulation of chromium-coated zirconium alloy cladding

WANG Bei-qi, WEN Xin, LI Yi, LIU Zi-hao, LIU Tong*

(School of Nuclear Science and Engineering, Shanghai Jiao Tong University, Shanghai 200240, China)

**Abstract:** Chromium-coated zirconium alloy is currently the most promising accident-tolerant fuel cladding material. The addition of chromium coating will affect the oxidation and embrittlement behavior of the zirconium alloy cladding system under accident conditions. After a LOCA accident, the chromium-coated zirconium alloy cladding will delaminate due to oxidation, and different types and thicknesses of the oxide layer will have different effects on the mechanical properties of the cladding. The radial compression test can be used to evaluate the mechanical properties of the cladding such as stiffness and ductility. In this paper, the finite element method is used to simulate the radial compression of the chromium-coated zirconium alloy cladding before oxidation and with different oxidation degrees. The effects of addition of chromium coating and generation of oxide layers on the mechanical properties of cladding tubes were investigated, and the cracking and coating peeling behavior of chromium-coated zirconium alloy cladding were predicted.

**Key words:** Chromium coating; Zirconium alloy; Cladding; Finite element method; Ring compression test

# Cr 涂层 $U_3Si_2$-Al 燃料元件设计及核-热-力多场耦合分析

刘子豪，温　欣，李　懿，王蓓琪，赵　萌，刘　彤*

(上海交通大学，上海　200241)

**摘　要：** 在核燃料降浓计划实施后，大部分研究堆仍采用 $U_3Si_2$ 和 Al 作为燃料和包壳。已有研究发现 $U_3Si_2$-Al 存在腐蚀和分解的风险，并且 Al 包壳在事故条件下容易熔化并与水反应产生氢气。为降低 $U_3Si_2$-Al 板型燃料在反应堆内的腐蚀过程，并降低事故风险，需要提高现有核燃料的耐腐蚀和耐事故能力。本文提出了在 $U_3Si_2$-Al 板型燃料元件表面添加 Cr 涂层的设计。Cr 涂层具有化学稳定性和抗氧化性，能保护燃料包壳材料不受氧化和腐蚀的侵害，并提高 $U_3Si_2$-Al 板型燃料的安全性和可靠性。本文采用有限元方法模拟了 $U_3Si_2$-Al 板型燃料添加 Cr 涂层后的核-热-力耦合作用。根据相关材料的导热率、比热容、热膨胀、辐照肿胀等实验和机理模型，选取代表性体积单元计算弥散燃料的等效性质，对 $U_3Si_2$-Al 板型燃料添加 Cr 涂层后的温度、热应力和变形行为进行了计算，分析 $U_3Si_2$-Al 板型燃料添加 Cr 涂层后在高温、高压、辐照环境下的力学性能以及结构变形。

**关键词：** $U_3Si_2$-Al；Cr 涂层；代表性体积单元；多物理场耦合分析

## 1　项目背景

在地震和海啸双重作用下，福岛第一核电站反应堆的余热无法排出，导致堆芯温度不断升高甚至熔化，而堆芯中的燃料包壳在高温下与水发生锆水反应产生大量氢气，由泄压系统排放至安全壳顶端，因氢气聚集导致发生爆炸，造成大量放射性物质释放至大气、地表水和地下水，带来了灾难性的后果。因此在福岛事故后，作为提升轻水堆核电站安全性能的重要举措之一，开发事故容错燃料（Accident Tolerant Fuel，ATF）技术成为国际核能界的研究热点和焦点。然而，对于世界上大量运行的研究堆来说，似乎并为受到太多 ATF 技术的惠泽。在国际原子能机构实施降浓计划以后，绝大多数研究堆采用了 $U_3Si_2$ 作为燃料，Al 作为燃料包壳。然而，$U_3Si_2$-Al 板型燃料在乏燃料后处理时存在明显的腐蚀现象，会严重影响后处理时的安全性[1]。并且，在反应堆发生严重事故的高温高压环境中，当包壳破裂后，$U_3Si_2$ 会与高温蒸汽发生反应，出现结构和化学变化，发生显著的体积膨胀，这会严重破坏核燃料的结构完整性，从而导致燃料材料和裂变产物释放到堆芯中[2]。此外，Al 包壳在发生破裂或熔化变形后，也存在与高温水发生反应的可能，产生氢气并释放热量，导致氢气积聚并产生爆炸风险。为了降低研究堆乏燃料后处理时发生腐蚀分解的风险，并尽可能降低事故风险，需要提高现有研究堆核燃料的耐腐蚀和耐事故能力。

在候选的 ATF 众多涂层材料中，Cr 涂层的研究进展最快。Cr 涂层具有优良的化学稳定性，包括抗氧化性和耐水热腐蚀性，能够保护燃料棒包壳材料在高温和蒸汽环境中的表面免受氧化和腐蚀的侵害。此外，Cr 涂层还具有低热中子吸收截面和优异的附着力等优点，能够有效提高核燃料的安全性和可靠性。同时，Cr 涂层的力学性能和辐照稳定性也比较好，能够保护燃料棒包壳材料的完整性和稳定性[3-4]。在相关研究方面，Kim 等[5]采用三维激光镀膜方法制备了 Cr 涂层，在拉伸试验下，Cr 涂层表现出良好的界面黏附性能。Wei 等[6]在模拟压水堆试验中发现，Cr 涂层试样的腐蚀速率明显低于未涂层试样的腐蚀速率。Brachet 等[7]系统地评估了在 LOCA 事故条件下 Cr 涂层的耐腐蚀和抗氧化性以及机械性能，发现 Cr 涂层体系具有优异的抗腐蚀和抗氧化性能，同时具有较高的抗拉强

---

作者简介：刘子豪（2000—），硕士研究生，现主要从事核反应堆燃料模拟分析等。

度、耐磨性和界面黏附性。此外，中山大学核材料实验室发现 Cr 涂层可以在耐高温和力学性能之间达到较好平衡[8-9]。在研究成果方面，Westinghouse 公司研发的 Cr 涂层材料，进行了燃料腐蚀、氧化、高温蒸汽和反应堆内测试，可以在 LOCA 和超设计基准事故的 1400 ℃ 的情况下长时间暴露在蒸汽和空气中，延长了反应堆承受失去冷却水的时间[10]。在力学性能方面，Cr 涂层具有良好的可塑性，Pan 等[11]通过原位拉伸试验和高分辨率观测，研究了 Cr 涂层断裂机制。发现随着拉伸应变的增加，表面裂纹以多条裂纹为主，界面裂纹较少，表明 Cr 涂层具有较好的界面强度。目前关于 Cr 涂层的研究工作已有很多成果，但要实现 Cr 涂层在燃料元件的商业化应用，还需要更多的研究和实验工作。

本文提出了在研究堆 $U_3Si_2$-Al 板型燃料元件表面添加 Cr 涂层的设计概念。在 $U_3Si_2$-Al 燃料包壳表面制备保护性涂层，能够在不改变现有燃料体系结构的前提下，提升 Al 包壳在反应堆事故条件以及后处理当中的耐事故能力。采用有限元方法模拟 $U_3Si_2$-Al 板型燃料添加 Cr 涂层后的核-热-力耦合作用。根据相关材料的导热率、比热容、热膨胀、辐照肿胀等实验和机理模型，采用代表性体积单元（Representative Volume Element，RVE）方法获得 $U_3Si_2$-Al 弥散燃料的等效性质，对添加不同厚度的 Cr 涂层后 $U_3Si_2$-Al 板型燃料在高温、高压、辐照环境下的温度、热应力和变形行为进行了计算。

## 2 燃料元件分析

板型燃料组件俯视图如图 1a 所示，燃料板间流道中的冷却水对燃料组件进行冷却。不同尺寸的 $U_3Si_2$ 燃料颗粒弥散分布在 Al 基体中，并且 Al 作为包壳材料来容纳裂变产物。由于裂变和温度的影响，$U_3Si_2$ 燃料颗粒和 Al 基体之间会形成反应层（Interaction Layer，IL），示意图如图 1b 所示。反应层是由于 $U_3Si_2$ 和 Al 在辐照和热作用下的扩散反应引起，裂变过程会增强相互扩散。$U_3Si_2$ 燃料颗粒与 Al 基体之间形成的反应层降低了燃料的导热系数，进一步加剧了燃料肿胀[12]。由于 $U_3Si_2$ 燃料颗粒与 Al 基体之间形成的反应层对燃料的热力学性能有较大影响，在计算燃料的等效性质以及分析辐照肿胀的过程中，考虑反应层的影响。在 Cr 涂层的研究方面，这里参考 Yang 等[13]提出的燃料组件尺寸，并在 Al 包壳外部增加 10～30 μm 的 Cr 涂层。使用有限元模拟软件 ABAQUS 进行计算，按照图 1b 燃料板尺寸的 1/4 进行模拟，并分别增加 10 μm、20 μm 和 30 μm 的 Cr 涂层，来模拟不同厚度的 Cr 涂层对燃料板应力和应变的影响。

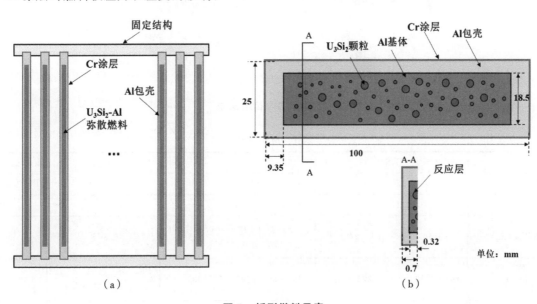

**图 1 板型燃料示意**
(a) 燃料组件；(b) 燃料尺寸

## 3 数值模型

### 3.1 等效性质计算

由于燃料颗粒弥散分布在 Al 基体当中，为了减小计算成本，这里选择计算复合材料等效性质的代表性体积单元（RVE）方法，来计算 $U_3Si_2$-Al 弥散燃料的弹性模量、泊松比、热导率、比热容等均匀化后的材料性质。代表性体积单元是一个可以代表整体结构的典型样本，需要包含足够数量的夹杂物，用于确定宏观模型对应的等效性质[14]。代表性体积单元在随机微观结构的均质化过程中起着核心作用，它可以有效预测复合材料的等效性能，为评价材料的力学性能和热力学性质提供了一种定量方法[15]。所选定的代表性体积单元的尺寸既要在统计上具有代表性，又要足够小，从宏观上看仍然可以认为是一个物质点[16]。

在确定代表性体积单元的尺寸时，参考 Sahu 等[17]在计算 SiC 颗粒复合材料时所选取的代表性体积单元尺寸，其所研究的 SiC 颗粒尺寸与本研究中的 $U_3Si_2$ 燃料颗粒尺寸接近。此外，由于本研究中几何模型存在反应层，增加了代表性体积单元的几何复杂程度，对网格的细化程度要求较高，考虑到计算成本，选择 RVE 尺寸为 100 $\mu m$。所生成的代表性体积单元的几何模型和网格划分如图 2 所示。参考 Yang 等的研究内容，IL 层和 $U_3Si_2$ 颗粒总体积分数为 39.2%[13]。$U_3Si_2$ 燃料颗粒的半径和分布位置随机生成，保证包括 IL 层的燃料颗粒相互间不接触。根据 Zhang 等的研究内容，燃料板芯体 $U_3Si_2$ 颗粒的粒径一般为 30~40 $\mu m$，较大的颗粒粒径为 50 $\mu m$ 左右[18]。因此，以高斯分布生成 $U_3Si_2$ 燃料颗粒粒径值，均值为 35 $\mu m$，[20, 50] $\mu m$ 对应 95% 置信区间。在进行等效性质计算时，反应层厚度值设定为 Kim 等[12]总结的厚度平均值 3.9 $\mu m$。使用 ABAQUS 软件中的 Micromechanics 插件计算所取弥散燃料的等效弹性模量、泊松比、热导率、比热容和密度值。在材料属性方面，参考 Yang 等的方法，反应层的性质使用 $UAl_3$ 代替[13]。各组分材料与等效后的材料性质如表 1 所示。

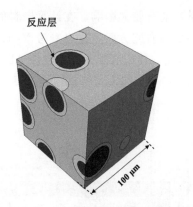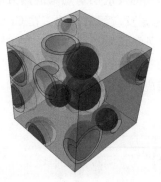

图 2　代表性体积单元

表 1　材料性质

| | $U_3Si_2$ | Al | 反应层 | 等效性质 |
|---|---|---|---|---|
| 杨氏模量/GPa | 120[13] | 69.0[13] | 134[13] | 81.461 |
| 泊松比 | 0.177[13] | 0.33[13] | 0.2[13] | 0.302 |
| 热导率 W/(m·K) | 7.98+0.0051·(T-273)[13] | $-1.77*10^{-4}T^2+0.19T+138.55$[13] | 5.5[13] | — |
| 比热容/J/(kg·K) | 199+0.104·(T-273.15)[19] | 963~887 (293≤T≤933)[20] | 100.416+0.01339 J/(mol·K)[21] | — |
| 密度/(kg/m³) | 12 200 | 2700 | 6850[22] | 4715.144 |

由于 $U_3Si_2$ 和 Al 的热导率 $K$ 和比热容 $C_p$ 随温度变化，因此在计算等效性质时，分别在反应堆运行温度 [300 K，400 K] 区间内计算每个温度下的等效热导率 $K_{eff}$ 和比热容 $C_{p_{eff}}$，所得到的等效热导率 $K_{eff}$ 和比热容 $C_{p_{eff}}$ 以及 $U_3Si_2$ 和 Al 的热导率 $K$ 和比热容 $C_p$ 随温度的变化情况如图 3 所示。通过与 Xiang 等[23]计算的等效热导率进行比较，以验证本文所采用的等效性质计算方法的可行性。由于采用的 $U_3Si_2$ 和 Al 的热导率 $K$ 计算公式不同，导致所获得的等效热导率 $K_{eff}$ 有所偏差，但等效热导率 $K_{eff}$ 随温度的趋势相同，并且等效热导率 $K_{eff}$ 随温度的变化曲线均位于 $U_3Si_2$ 和 Al 中间，说明采用该方法计算的等效性值有效。对应的拟合公式如下：

$$K_{eff} = 0.0414T + 100.2225, \tag{1}$$
$$C_{p_{eff}} = 0.0013T + 535.4176. \tag{2}$$

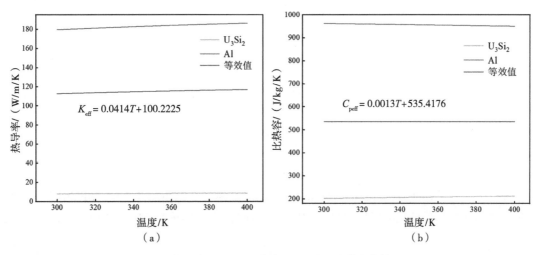

图 3 热导率（a）和比热容（b）随温度的变化情况

### 3.2 辐照肿胀模型

$U_3Si_2$-Al 弥散燃料在辐照过程中体积膨胀过程比较复杂。首先，$U_3Si_2$ 颗粒在裂变过程中产生裂变产物固体和气体裂变产物，这些裂变产物会在材料中积累，裂变产物也会随温度和辐照影响发生膨胀，导致材料的体积增加。此外，反应层除了在辐照和温度作用下的生长引起体积膨胀外，反应层的生长也会消耗燃料颗粒和 Al 基体。下面分别对各个过程的肿胀模型进行说明。

本文采用经验模型模拟 $U_3Si_2$ 燃料颗粒的辐照肿胀，Metzger 等[19]在数据有限的情况下，采用累积燃耗-膨胀模型在 Finlay[24]的肿胀分析结果的基础上，使用 10.735 g/cm³ 作为重金属密度，得到 $U_3Si_2$ 在给定燃耗 $Bu$ 下因辐照而产生的体积应变，经验模型描述如下：

$$\left(\frac{\Delta V}{V}\right)U = 3.88008\,Bu^2 + 0.798\,11\,Bu. \tag{3}$$

式中，$Bu$ 表示燃耗深度，单位为 FIMA。

在反应层生长方面，根据 Kim 等[12]的研究内容，Al 与 $U_3Si_2$ 之间的反应层成分为金属间化合物 $U(Al,Si)_3$。由于反应层密度低，反应层的形成会导致体积增加。在辐照条件下反应层厚度 $Y$（μm）随时间变化的模型为[13]

$$Y^2 = 2.2 \times 10^{-8} \sqrt{f} \exp\left(-\frac{40\,600}{RT}\right)t. \tag{4}$$

式中，$f$ 表示裂变率，单位为 fission/cm³/s；$R$ 表示气体常数，$R=8.314$ J/(mol·K)；$T$ 表示反应温度，单位为 K；$t$ 表示反应时间，单位为 s。

相邻两个 $U_3Si_2$ 燃料颗粒的表面之间的距离 $d$（μm）为

$$d = \left[\frac{1}{\sqrt{2}}^2 \sqrt{\frac{16\pi}{3v_f}} - 2\right]r \text{。} \tag{5}$$

式中，$v_f$ 表示 $U_3Si_2$ 燃料颗粒的体积分数，这里取为 39.2%，为初始燃料颗粒体积分数 $v_{f_0}$；这里假设 $U_3Si_2$ 颗粒具有均匀的尺寸，半径值 $r=17.5~\mu m$，为平均粒径值的 1/2。

根据表面距离 $d$ 和反应层厚度 $Y$，计算 $U_3Si_2$ 燃料颗粒与周围颗粒重合的体积 $V_h$ 和 $V_g$，以及半径值 $r$ 与反应层厚度 $Y$ 之和 $R_d$，计算公式如下：

$$R_d = r + Y, \tag{6}$$

$$V_h = \frac{\pi h^2}{3}(3R_d - h), \tag{7}$$

$$V_g = \frac{\pi g^2}{3}(3R_d - g) \text{。} \tag{8}$$

式中，

$$h = Y - \frac{d}{2},$$

$$g = \frac{Y-d}{2} \text{。}$$

根据计算得到 $R_d$、$V_h$ 和 $V_g$，进一步计算反应层体积 $V_{IL}$：

$$V_{IL} = \frac{4\pi R_d^3}{3} - \frac{4\pi r^3}{3} - 12(V_h - V_g) \text{。} \tag{9}$$

当反应层体积 $V_{IL}$ 增加时，会消耗 $U_3Si_2$ 燃料颗粒和 Al 基体，这里采用 Kim 等提出的 UMo‐Al 模型[25]。每个燃料颗粒形成的反应层体积为 $V_{IL}$ 时，所消耗的 $U_3Si_2$ 体积 $V_f^c$ 和 Al 体积 $V_{Al}^c$ 计算模型为

$$V_f^c = \frac{\rho_{IL} M_f}{\rho_f M_{IL}} V_{IL} \left[1 - \left(\frac{\Delta V}{V}\right)_{IL}\right], \tag{10}$$

$$V_{Al}^c = \frac{\rho_{IL} x_{MAl}}{\rho_f M_{IL}} V_{IL} \left[1 - \left(\frac{\Delta V}{V}\right)_{IL}\right] \text{。} \tag{11}$$

式中，$U_3Si_2$ 燃料颗粒 $\rho_f$ 和反应层的密度 $\rho_{IL}$ 在表 1 中给出；$M$ 表示各材料的相对分子质量，下标 IL、f 和 Al 分别表示反应层（IL）、$U_3Si_2$ 和 Al；$\left(\frac{\Delta V}{V}\right)_{IL}$ 表示反应层（IL）中的 U 在裂变时引起的肿胀，在裂变为 $10^{21}\text{fission/cm}^3$ 时，$\left(\frac{\Delta V}{V}\right)_{IL} = 6.2\%$；$x$ 表示反应层中 Al 与（U，Si）的原子比，这里取 $x = \frac{1}{6}$。

根据 $U_3Si_2$ 燃料颗粒辐照肿胀 $\left(\frac{\Delta V}{V}\right)_U$，结合得到的反应层生长所消耗的 $U_3Si_2$ 体积 $V_f^c$，颗粒中剩余的 $U_3Si_2$ 燃料颗粒体积 $V_f$ 和 Al 体积 $V_{Al}$ 的计算模型为

$$V_f = (V_{f_0} - V_f^c)\left[1 + \left(\frac{\Delta V}{V}\right)_U\right], \tag{12}$$

$$V_{Al} = V_{Al_0} - V_{Al}^c \text{。} \tag{13}$$

式中，$V_{f_0}$ 和 $V_{Al_0}$ 表示弥散燃料中初始时刻 $U_3Si_2$ 燃料颗粒体积和 Al 体积，这里用燃料颗粒的平均半径值 $r$ 计算 $V_{f_0}$，根据如下公式计算 $V_{Al_0}$：

$$V_{Al_0} = \left(\frac{1}{v_{f_0}} - 1\right) V_{f_0} \text{。} \tag{14}$$

结合 $U_3Si_2$ 燃料颗粒体积 $V_f$、基体 Al 体积 $V_{Al}$ 和反应层体积 $V_{IL}$ 的变化情况，得到弥散燃料的整体辐照肿胀率 $\left(\frac{\Delta V}{V}\right)_m$ 随时间 $t$ 的变化情况为

$$\left(\frac{\Delta V}{V}\right)_m = \frac{V_f + V_{AL} + V_{IL}}{V_{f_0} + V_{Al_0}} - 1 \text{。} \tag{15}$$

模拟时间为以裂变率 $f=2.5\times10^{14}\,\mathrm{fission/cm^3/s}$，达到 23% FIMA 燃耗深度的时间[13,26]。$U_3Si_2$-Al 弥散燃料的辐照肿胀过程在 ABAQUS 的子程序中定义模拟情况。这里只考虑 $U_3Si_2$-Al 弥散燃料的辐照肿胀情况，对于 Al 包壳和 Cr 涂层，只考虑 Al 和 Cr 的热膨胀情况。

### 3.3 热膨胀模型

在计算 $U_3Si_2$-Al 弥散燃料的热膨胀时，根据各材料的体积分数 $\bar{v}$，采用线性混合法则计算等效热膨胀系数 $\alpha(1/K)$：

$$\alpha = \alpha_f \bar{v}_f + \alpha_{IL} \bar{v}_{IL} + \alpha_{Al} \bar{v}_{Al}。 \tag{16}$$

式中，下标 IL、f 和 Al 分别表示反应层、$U_3Si_2$ 和 Al，$\alpha$ 表示各材料的热膨胀系数。$\alpha_{IL}$ 采用 $UAl_3$ 的热膨胀系数，$\alpha_{IL}=11.5\times10^{-6}$ [13]；$U_3Si_2$ 热膨胀系数随温度变化情况为[27]：

$$\alpha_f(T) = 2.10 \cdot 10^{-5} - 7.25 \cdot 10^{-9} \cdot T。 \tag{17}$$

Al 的热膨胀系数 $\alpha_{Al}$ 随温度的变化情况为[23]：

$$\alpha_{Al}(T) = 1.99\times10^{-5} + 9.6\times10^{-9} T。 \tag{18}$$

这里利用 $U_3Si_2$ 燃料颗粒的平均粒径 35 μm 和反应层厚度的平均值 3.9 μm，以及 $U_3Si_2$ 燃料颗粒的体积分数 $v_{f_0}=39.2\%$，计算出各材料的体积分数 $\bar{v}$，进一步 $U_3Si_2$-Al 弥散燃料的等效热膨胀。对于 Al 包壳采用 Al 的热膨胀系数 $\alpha_{Al}$ 进行模拟，Cr 涂层的热膨胀系数为 4.9 μm/m/K。

### 3.4 有限元模型

#### 3.4.1 网格划分

根据图 1 所示的尺寸建立几个模型，板型燃料元件结构具有对称性，为保证计算效率，选取 1/4 燃料元件进行有限元建模。以图 1 所示的尺寸建立几何模型，并在 Al 包壳外分别增加 10 μm、20 μm、30 μm 的 Cr 涂层。使用 ABAQUS 中的 C3D8T 绘制结构性网格，在 Cr 涂层与 Al 包壳的接触边界进行网格细化，添加 10 μm 厚的 Cr 涂层的燃料板 3 个视图的网格划分方式如图 4 所示。

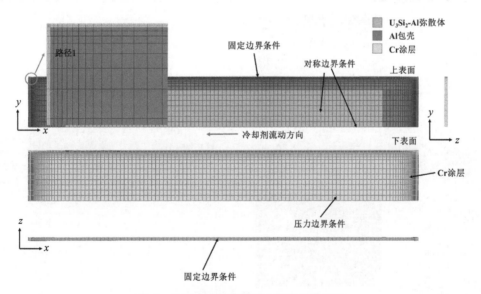

图 4  几何结构的网格划分以及边界条件

#### 3.4.2 边界条件

在 $x$-$z$ 视图中的侧面施加固定边界条件，将燃料板的侧面进行固定，以防止燃料板移动；由于几何结构为整体燃料板的 1/4，因此在 $x$-$y$ 视图中的上表面和侧表面施加对称边界条件；对 $x$-$y$ 视图中的下表面施加 0.152 MPa 的压力边界，模拟反应堆内部的压力[26]；剩余边界设定为自由边界条件。在温度边界条件方面，根据研究堆进出口冷却剂温度情况，对 $x$-$y$ 视图中的下表面设定 $x$ 轴方向的温度梯度，冷却剂进口温度为 300 K，出口温度为 340 K；对 $U_3Si_2$-Al 弥散体设定 $1.305\times10^9$ W/m³ 热流密度，以模拟衰变产热过程[26]。所模拟的燃料板边界条件设定情况如图 4 所示。

## 4 结果分析

使用 ABAQUS 进行有限元分析，使用代表性体积单元（RVE）方法获得 $U_3Si_2$-Al 弥散燃料芯体的弹性模量、泊松比、热导率、比热容等性质，并使用 ABAQUS 子程序模拟 $U_3Si_2$-Al 弥散燃料芯体的辐照肿胀，分别求解 Al 包壳外施加 10 μm、20 μm、30 μm 的 Cr 涂层后板型燃料的应力、应变等情况。这里以施加 10 μm Cr 涂层为例进行分析，以裂变率 $f=2.5\times10^{14}$ fission/cm³/s 模拟至燃耗深度达到 23% FIMA，板型燃料的应力、应变和位移云图如图 5 所示。由于燃料板的侧边固定，在各材料的辐照肿胀和热膨胀引起的变形作用下，燃料板顶端的 Cr 涂层出现应力集中情况，从图 5b 的应变云图可以看出，顶端的 Cr 涂层比 Al 包壳应变值更小，说明施加 Cr 涂层可以在一定程度上保护 Al 包壳，减缓磨损和腐蚀等情况；同时，$U_3Si_2$-Al 弥散燃料芯体存在较大的应变情况，这由于弥散燃料的辐照肿胀引起。从图 5c 的位移应变云图可以看出，由于 $U_3Si_2$-Al 弥散燃料芯体的辐照肿胀，随着燃耗的加深，$U_3Si_2$-Al 弥

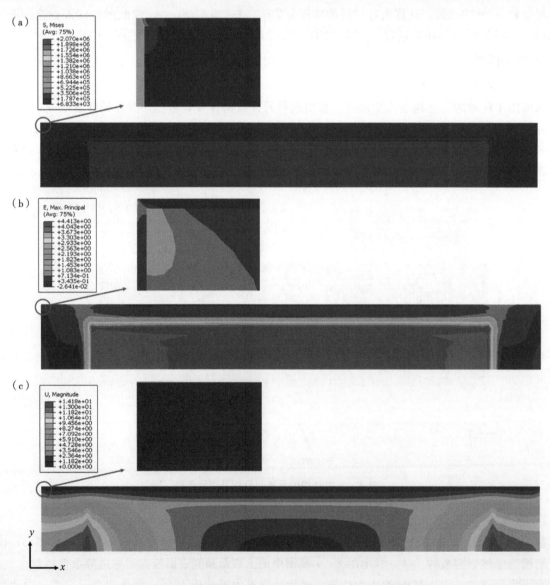

图 5　10 μm Cr 涂层的 (a) 应力、(b) 应变、(c) 节点位移云图

散燃料芯体与 Al 包壳之间体积变形情况存在差异,导致燃料芯体与 Al 包壳交界处存在较大的位移,但在 Cr 涂层与 Al 包壳的交界处位移变化相对连续。

可以看出 Cr 涂层与 Al 包壳的界面存在大于周围的应力,因此为了进一步分析燃料辐照肿胀和热膨胀对不同厚度 Cr 涂层的应力和应变的影响,沿图 4 中 Cr 涂层与 Al 包壳交界线的路径 1,绘制应力和应变的变化曲线,如图 6 所示。随着燃耗加深,弥散燃料芯体的辐照肿胀和热膨胀不断增大,但板型燃料的侧边被固定,由于 Cr 涂层和 Al 包壳的材料性质不同,两者的变形情况也有所不同,从而产生应力和应变。可以看出沿着路径 1 的方向,3 个厚度的 Cr 涂层在交界处的应力和应变极值都出现在距离顶点 0.1mm 左右,并且随着 Cr 涂层厚度的增加,距离顶点相同距离的应力和应变值不断减小,说明 Cr 涂层厚度越大,相同位置处 Cr 涂层所承受的应力越小。随着距离顶点的距离不断变大,Cr 涂层与 Al 包壳交界处的应力和应变逐渐趋于平缓,说明应力集中情况发生在板型燃料的顶点附近。同时可以看出,厚度较大的 Cr 涂层的应力和应变值始终大于厚度小的 Cr 涂层。

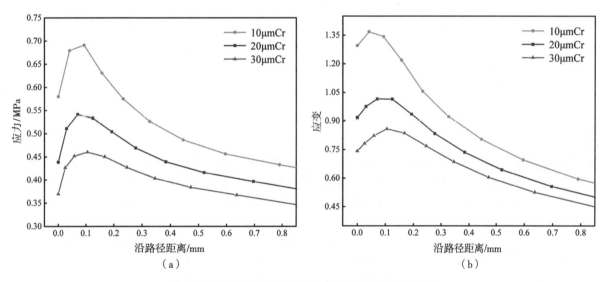

图 6 不同厚度的 Cr 涂层沿路径 1 的应力和应变曲线

## 5 结论

使用有限元软件 ABAQUS,分析了施加 10～30 μm 厚度 Cr 涂层的 $U_3Si_2$-Al 弥散燃料在反应堆正常工况下的应力应变情况。为了缩短计算时间,模拟真实 $U_3Si_2$ 燃料颗粒的粒径和随机分布情况,生成代表性体积单元计算 $U_3Si_2$-Al 弥散燃料芯体的等效弹性模量、泊松比、热导率、比热容等材料性质,并考虑反应层对等效性值的影响。使用 ABAQUS 子程序模拟 $U_3Si_2$-Al 弥散燃料芯体随裂变过程的辐照肿胀情况,并考虑了反应层所消耗的 $U_3Si_2$ 燃料颗粒和 Al 基体,之后分析了 10 μm、20 μm、30 μm 厚度的 Cr 涂层在 $U_3Si_2$-Al 弥散燃料板中的应力和应变结果,发现随着 Cr 涂层厚度的增加,Cr 涂层与 Al 包壳之间的应力和应变值都随之减小,并且最大应力出现在距离弥散燃料板顶点 0.1mm 位置。

**参考文献:**

[1] NEUMANN A, KLINKENBERG M, CURTIUS H. Analysis of the Secondary Phases Formed by Corrosion of $U_3Si_2$-Al Research Reactor Fuel Elements in the Presence of Chloride Rich Brines [J]. Materials, 2018, 11 (7): 1121.

[2] YANG J H, KIM D S, KIM D J, et al. Oxidation and phase separation of $U_3Si_2$ nuclear fuel in high-temperature steam environments [J]. Journal of Nuclear Materials, 2020, 542: 152517.

[3] ZINKLE S J, SNEAD L L. Designing Radiation Resistance in Materials for Fusion Energy [J]. Annual Review of Materials Research, 2014, 44 (1): 241-267.

[4] YANG J, STEINBRÜCK M, TANG C, et al. Review on chromium coated zirconium alloy accident tolerant fuel cladding [J]. Journal of Alloys and Compounds, 2022, 895: 162450.

[5] KIM H G, KIM I H, JUNG Y I, et al. Adhesion property and high-temperature oxidation behavior of Cr-coated Zircaloy-4 cladding tube prepared by 3D laser coating [J]. Journal of Nuclear Materials, 2015, 465: 531-539.

[6] WEI T, ZHANG R, YANG H, et al. Microstructure, corrosion resistance and oxidation behavior of Cr-coatings on Zircaloy-4 prepared by vacuum arc plasma deposition [J]. Corrosion Science, 2019, 158: 108077.

[7] BRACHET J C, IDARRAGA-TRUJILLO I, FLEM M L, et al. Early studies on Cr-Coated Zircaloy-4 as enhanced accident tolerant nuclear fuel claddings for light water reactors [J]. Journal of Nuclear Materials, 2019, 517: 268-285.

[8] JIANG J, ZHAI H, GONG P, et al. In-situ study on the tensile behavior of Cr-coated zircaloy for accident tolerant fuel claddings [J]. Surface and Coatings Technology, 2020, 394: 125747.

[9] JIANG J, ZHAN D, LV J, et al. Comparative study on the tensile cracking behavior of CrN and Cr coatings for accident-tolerant fuel claddings [J]. Surface and Coatings Technology, 2021, 409: 126812.

[10] RAY S. Accident-tolerant fuel: Enhancing safety [J]. [no date].

[11] PAN Z, YUAN M, ZOU Z, et al. On the tensile fracture behavior of Cr coating for ATF cladding considering the effect of pre-oxidation [J]. Journal of Physics: Conference Series, 2021, 2076 (1): 012047.

[12] KIM Y S, HOFMAN G L. Interdiffusion in $U_3Si$-Al, $U_3Si_2$-Al, and USi-Al dispersion fuels during irradiation [J]. Journal of Nuclear Materials, 2011, 410 (1): 1-9.

[13] YANG G, LIAO H, DING T, et al. Preliminary study on the thermal-mechanical performance of the $U_3Si_2$/Al dispersion fuel plate under normal conditions [J]. Nuclear Engineering and Technology, 2021, 53 (11): 3723-3740.

[14] HILL R. Elastic properties of reinforced solids: Some theoretical principles [J]. Journal of the Mechanics and Physics of Solids, 1963, 11 (5): 357-372.

[15] EL MOUMEN A, KANIT T, IMAD A. Numerical evaluation of the representative volume element for random composites [J]. European Journal of Mechanics - A/Solids, 2021, 86: 104181.

[16] CAMPILLO M, SEDAGHATI R, DREW R A L, et al. Development of an RVE using a DEM-FEM scheme under modified approximate periodic boundary condition to estimate the elastic mechanical properties of open foams [J]. Engineering with Computers, 2022, 38 (S3): 1767-1785.

[17] SAHU S K, SREEKANTH P S R. Evaluation of tensile properties of spherical shaped SiC inclusions inside recycled HDPE matrix using FEM based representative volume element approach [J]. Heliyon, 2023, 9 (3): e14034.

[18] 张之华, 韩华, 阮於珍, 等. 研究堆用$U_3Si_2$-Al燃料板的热稳定性试验 [J]. 核科学与工程, 2008 (3): 228-232.

[19] METZGER K E, KNIGHT T W, WILLIAMSON R L. Model of $U_3Si_2$ Fuel System using BISON Fuel Code: INL/CON-13-30445 [R]. Idaho National Lab. (INL), Idaho Falls, ID (United States), 2014.

[20] LEENAERS A, KOONEN E, PARTHOENS Y, et al. Post-irradiation examination of AlFeNi cladded $U_3Si_2$ fuel plates irradiated under severe conditions [J]. Journal of Nuclear Materials, 2008, 375 (2): 243-251.

[21] DASH S, SINGH Z, KUTTY T R G, et al. Thermodynamic studies on Al-U-Zr alloy [J]. Journal of Alloys and Compounds, 2004, 365 (1): 291-299.

[22] None Available. Materials Data on $UAl_3$ by Materials Project [DS]. LBNL Materials Project; Lawrence Berkeley National Laboratory (LBNL), Berkeley, CA (United States), 2020 (2020).

[23] XIANG F, HE Y, NIU Y, et al. A new method to simulate dispersion plate-type fuel assembly in a multi-physics coupled way [J]. Annals of Nuclear Energy, 2022, 166: 108734.

[24] FINLAY M R, HOFMAN G L, SNELGROVE J L. Irradiation behaviour of uranium silicide compounds [J]. Journal of Nuclear Materials, 2004, 325 (2-3): 118-128.

[25] KIM Y S, JEONG G Y, PARK J M, et al. Fission induced swelling of U-Mo/Al dispersion fuel [J]. Journal of Nuclear Materials, 2015, 465: 142-152.

[26] GONG D, HUANG S, WANG G, et al. Heat Transfer Calculation on Plate-Type Fuel Assembly of High Flux Research Reactor [J]. Science and Technology of Nuclear Installations, 2015, 2015: e198654.
[27] YINGLING J A, GAMBLE K A, ROBERTS E, et al. UPDATED $U_3Si_2$ thermal creep model and sensitivity analysis of the $U_3Si_2$ - SiC accident tolerant FUEL [J]. Journal of Nuclear Materials, 2021, 543: 152586.

# Cr coating $U_3Si_2$- Al fuel element design and nuclear-thermal-force multi-field coupling analysis

## LIU Zi-hao, WEN Xin, LI Yi, WANG Bei-qi, ZHAO Meng, LIU Tong*

(School of Nuclear Science and Engineering, Shanghai Jiao Tong University, Shanghai 201100, China)

**Abstract:** After the implementation of the nuclear fuel reduction program, most research reactors still use $U_3Si_2$ and Al as fuel and cladding. It has been found that $U_3Si_2$ - Al is at risk of corrosion and decomposition and that Al cladding tends to melt and react with water to produce hydrogen under accident conditions. To reduce the corrosion process of $U_3Si_2$ - Al plate fuel in the reactor and to reduce the accident risk, there is a need to improve the corrosion and accident resistance of the existing nuclear fuel. In this paper, we propose the design of adding Cr coating to the surface of $U_3Si_2$ - Al plate fuel elements, which has chemical stability and oxidation resistance to protect the fuel casing material from oxidation and corrosion and to improve the safety and reliability of $U_3Si_2$ - Al plate fuel. In this paper, the finite element method is used to simulate the nuclear-thermal-force coupling effect of $U_3Si_2$ - Al plate fuel with Cr coating. Based on the experimental and mechanistic models of thermal conductivity, specific heat capacity, thermal expansion, and irradiation swelling of relevant materials, representative volume cells are selected to calculate the equivalent properties of dispersive fuel, and the temperature, thermal stress, and deformation behaviors of $U_3Si_2$ - Al plate fuel with Cr coating are calculated to analyze the mechanical properties of $U_3Si_2$ - Al plate fuel with Cr coating under high temperature, high pressure, irradiation environment, and structural deformation.

**Key words:** Cr coating; Representative volume cell; Multi-physical field coupling analysis

# Ce-La 合金氧吸附性能的第一性原理研究

温 欣，王蓓琪，刘子豪，李 懿，刘 彤*

(上海交通大学核科学与工程学院，上海 200240)

**摘 要**：金属 Ce 的化学性质极其活泼，极易与空气中的 $O_2$ 发生反应。研究发现掺入合金化元素会加快 Ce 的氧化反应进程，但 La 元素对 Ce 基合金氧化特性和氧化行为的影响机制还有待进一步研究。本文采用基于密度泛函理论的第一性原理计算方法模拟了 $O_2$ 分子对 Ce-La (111) 表面的氧吸附过程，讨论了 La 的掺入对 Ce-La 表面体系的表面能、吸附能、电子结构、$O_2$ 吸附解离和电荷转移的影响，进一步明确了氧吸附过程的物理图像。计算结果表明，与 Ce 表面相比，掺入 La 后的合金表面具有更大的吸附能、更大的电荷转移程度、更高的 $O_2$ 分子吸附稳定性和更强的轨道间相互作用。这说明 $O_2$ 分子会与 Ce-La 表面产生相对更稳定的化学吸附和更强的表面相互作用，使得 Ce-La 合金表面金属失去大量电子而更易被氧化腐蚀。本研究通过微观尺度计算，分析了 Ce-La 表面的 $O_2$ 吸附行为，初步揭示了 Ce-La 表面氧化腐蚀的化学反应机理，为进一步探索 Ce-La 体系的表面氧化行为和氧化机理提供了理论支持。

**关键词**：第一性原理；Ce-La 合金；氧吸附；电子结构；电荷转移

Ce 是镧系元素中除铈外最活泼的金属元素，在常温下极易与空气中的 $O_2$ 发生反应，从而被迅速氧化[1]。氧化反应会改变 Ce 金属的微观结构，严重影响 Ce 金属及其合金的服役寿命和使用安全，因此正确理解 Ce 的氧化特性对 Ce 金属及其合金的实际应用具有重要意义。Ce 具有复杂的同素异形相，在绝对零度和熔点之间以及大气压力环境下存在四种固态相[2]，因此分析 Ce 的氧化行为具有一定的难度。

目前，国内外研究人员主要采用表面分析方法来研究金属 Ce 的表面氧化行为和氧化机制[3-5]。但是合金化元素 La 影响 Ce 基合金氧化行为的报道则较少，且已有研究工作几乎均为实验研究。Wheeler 等[2]研究了 Ce-5 at.％ La 合金暴露在室温空气中的氧化行为，发现 Ce-5La 合金的氧化速率比纯 Ce 的氧化速率高出 50％以上，La 的存在会使得晶体的晶格膨胀以及氧空位缺陷水平增加，从而提高 Ce-5 La 合金的氧化速率。王帅鹏等[6]通过热重分析和拉曼光谱分析表明，Ce-La 合金的氧化速度常数随 La 掺杂含量的增加而逐渐增大，La 掺杂能降低氧化活化能，使得氧化物更容易形核长大；La 掺杂还能提高氧化物层的氧空位浓度，促进 $O^{2-}$ 的解离与扩散，从而加快 Ce-La 合金的氧化进程。

前期研究表明，La 的掺入有助于增强 O 原子的扩散，从而加快 Ce-La 合金的氧化反应进程[2,6-7]。这可能是因为氧化反应实际上主要发生在材料表面，制备工艺、外部环境、元素的化学状态以及 La 的占据位点都可能会影响合金的氧化速率[8]。但到目前为止，还尚未阐明 La 导致 Ce 基合金氧化速率变化的内在机制。为了进一步了解合金化元素 La 对 Ce 的微观结构以及 Ce-O 反应的影响，本文采用第一性原理计算方法，通过对比分析 La 掺入后引起的 Ce-La 表面稳定性、电子结构和氧吸附性能的变化，来帮助理解 Ce-La 合金表面氧化行为和微观氧化机理。

## 1 计算方法及模型

### 1.1 理论方法

本文采用基于密度泛函的第一性原理计算软件 Vienna Ab-initio Simulation Program (VASP)[9]，以及投影缀加波 (Projector Augmented Wave，PAW)[10] 赝势方法计算 Ce-La 表面体系的电子结构和氧吸附性能。选用广义梯度近似 (Generalized Gradient Approximation，GGA) 中的 Perdew-

---

作者简介：温欣 (1995—)，女，重庆人，博士研究生，现主要从事核燃料与材料的设计和仿真等工作。

Burke-Ernzerhof（PBE）[11]泛函来描述交换关联能。通过收敛测试发现，选用450 eV的平面波截断动能和6×6×1的Monkhorst-Pack方案自动产生K点可以得到比较准确的结果。当电子自洽计算收敛到$1×10^{-6}$ eV以内、每个原子的Hellmann-Feynman力都小于0.01 eV/Å时认为体系达到收敛。在结构优化和单能点计算时，波函数展宽方法选用高斯展宽方法；而对于态密度计算，则选用带有Blöchl修正的四面体方法来决定电子轨道分数占据。

通常，将真空中固态晶体最外层且明显区别于体相结构的几个表层原子视为表面[12]，在此结构下的表面能计算公式为[13]

$$\sigma = \sigma^{unrel} + E^{rel} = \frac{1}{2A}(E_{surf} - n \cdot E_{bulk}) + \frac{1}{A}(E_{slab-rel} - E_{surf})。 \quad (1)$$

式中，$A$为表面结构的表面积，$E^{rel}$是弛豫能量，等于表面结构弛豫前后的能量差，$E_{bulk}$是体相中单个原子的能量，$n = N_{slab}/N_{bulk}$。

氧分子在Ce-La表面吸附时的吸附能定义为[14]

$$E_{ads} = E_{surface+O_2} - (E_{surface} + E_{O_2})。 \quad (2)$$

式中，$E_{surface+O_2}$为氧气-铈镧表面吸附体系的总能量，$E_{surface}$为纯净的表面结构的能量，$E_{O_2}$为氧分子在气相中的能量。

## 1.2 表面结构的构建

γ-Ce晶体具有面心立方结构，其晶格参数为4.67 Å。首先建立Ce单胞结构，在该结构上切取晶面取向为（1 1 1）的表面，再将表面结构扩胞至2×2，之后在表面结构上下添加真空层以避免表面结构与表面层外的周期性结构发生相互作用，真空层厚度为15 Å，最后需要固定底部的原子层用以模拟体相晶体，但实际上它们还是表面，如图1a所示。La原子在表面结构中的掺杂构型如图1b所示，具体的测试计算在3.1节中讨论。氧分子的吸附模型则构建为Top吸附位点以及吸附分子垂直于表面方向的结构，如图1c所示。

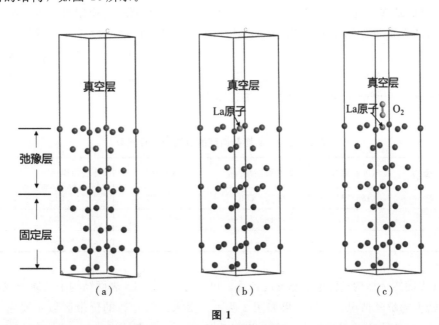

**图 1**

(a) Ce (111) 表面结构；(b) Ce-La 表面掺杂构型；(c) Ce-La-$O_2$ 吸附结构

## 2 计算结果与讨论

### 2.1 表面能和表面电子结构计算

表面能是从体相结构中切出表面结构从而破坏分子间化学键所需的能量。表面化学成分和表面厚度（层数）会影响表面能的大小。本研究计算了不同层数和不同 La 掺杂位置的表面结构的表面能，得到了相对稳定的表面构型。对不同构型的表面结构进行了表面能计算，结果如表 1 所示。

表 1 不同层数的 Ce（111）表面的表面能计算结果

| 原子层数 | 弛豫前能量/eV | 弛豫后能量/eV | 弛豫能量/eV | 表面积/Å² | 表面能/（J·m⁻²） |
| --- | --- | --- | --- | --- | --- |
| 8 层-固定 3 层 | -184.479 | -184.539 | -0.060 | 38.110 | 0.876 |
| 8 层-固定 4 层 | -184.479 | -184.539 | -0.061 | 38.109 | 0.876 |
| 8 层-固定 5 层 | -184.479 | -184.494 | -0.015 | 38.093 | 0.896 |
| 8 层-固定 6 层 | -184.479 | -184.536 | -0.057 | 38.158 | 0.877 |

表 1 中的表面结构均有 32 个原子，Ce bulk 相能量为 -23.596 eV，表面能单位换算公式为：$1\ eV/Å^2 = 16.02\ J/m^2$。由表可知，固定底部 4 层原子的表面结构具有相对最小的表面能，因此选择在 8 层结构中固定底部 4 层原子的表面结构作为后续计算的基础表面构型。由表 1 中的第三行可知，弛豫前后的能量变化为 -0.061 eV，能量为负值，说明整个弛豫过程为放热过程。表层原子的坐标由 20.077 Å 变化到 19.973 Å，第一层和第二层的原子间距从 2.725 Å 减小到 2.714 Å，说明表面原子层向体相收缩。新构建的表面结构极不稳定，当表层原子向体相收缩后，体系总能量降低，此时表面结构变得更加稳定。

La 原子在表面结构中的掺杂位置也会影响表面能大小和表面结构稳定性。在 Ce（111）表面结构中建立了三种不同的掺杂构型，La 原子分别掺杂在表面第一层中心位置、表面第二层和表面第三层，三种掺杂构型的表面能计算数据如表 2 所示。从表中可以看到，当 La 原子掺杂到表面第一层中心位置，即取代第一层最中心处的 Ce 原子时［见图 1（b）］，表面能相对较小，认为该结构为相对稳定的表面掺杂结构，此时的 La 原子掺杂浓度为 3.125 at.%。

表 2 三种 La 掺杂构型的表面能计算结果

| La 原子掺杂位置 | 弛豫前能量/eV | 弛豫后能量/eV | 弛豫能量/eV | 表面积/Å² | 表面能/（J·m⁻²） |
| --- | --- | --- | --- | --- | --- |
| 第一层中心位置 | -183.384 | -183.555 | -0.171 | 37.912 | 1.065 |
| 第二层 | -183.112 | -183.151 | -0.039 | 38.100 | 1.173 |
| 第三层 | -183.107 | -183.174 | -0.067 | 38.099 | 1.162 |

对 Ce-La 表面掺杂结构进行电子态密度计算，可以分析 Ce-La 表面结构中的原子成键和各原子电子轨道对总态密度的贡献情况，计算结果如图 2 所示。费米能级左边的价带区域主要由 -34.29 eV 处的 Ce-s 电子态、-19.53～-13.95 eV 能量范围内的 Ce-p 电子态、-32.31 eV 处的 La-s 态以及 -18.78～-14.01 eV 能量范围内的 La-p 电子态组成；费米能级以上的导带区域则主要由 Ce-f 态和部分 d 态占据，计算结果与文献中的变化趋势基本吻合[16]。从态密度图中未发现 Ce 原子的电子轨道和 La 原子的电子轨道发生轨道杂化相互作用，认为 La 原子掺入后，并未和结构中的 Ce 原子形成新的化学键。

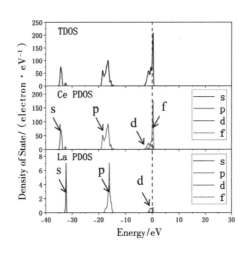

**图 2 Ce-La（111）表面结构的总态密度和原子分波态密度**

### 2.2 氧分子吸附计算

在 Ce-La 表面掺杂结构上构建 $O_2$ 分子吸附构型，吸附位点选择 Top 位置，吸附分子的方向垂直于表面，如图 1c 所示。图 3 显示了结构优化后的 Ce-La 表面和 Ce 表面上的 $O_2$ 分子稳定吸附构型。$O_2$ 分子的初始 O—O 键长为 1.48Å，吸附后 Ce-La 表面和 Ce 表面中的 O 原子间距分别为 3.58Å 和 4.33Å，吸附后的 O 原子间距远大于初始 O—O 键键长。这说明在吸附过程中，$O_2$ 分子发生解离，一个 $O_2$ 分子解离为两个 O 原子，O 原子再吸附于第一层表面的 Ce 原子和 La 原子，并与其形成新的化学键，产生化学吸附。通过式（2）计算出 Ce-La 表面和 Ce 表面的吸附能分别为 -10.203 eV 和 -9.802 eV，吸附能均为负值，表明 $O_2$ 在两个表面上都能进行稳定吸附并释放出大量热量。含 La 原子的表面体系具有更大的吸附能，说明 Ce-La 表面对 $O_2$ 的吸附稳定性更高。此外，从图 3 中可以看出，在 $O_2$ 分子吸附过程中，Ce-La 表面和 Ce 表面均发生了较大程度的结构畸变，O 原子和表面原子间存在较为强烈的相互作用。

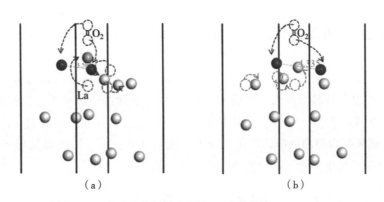

**图 3 优化后稳定的 $O_2$ 吸附构型**

(a) Ce-La 表面；(b) Ce 表面

在表面吸附反应中，气体分子与表面原子及原子轨道之间必然会发生电荷转移。通过计算两个表面的态密度和差分电荷密度，可以分析 $O_2$ 吸附对 Ce-La 表面电子结构的影响，以及 La 原子在表面吸附过程中的微观作用。由于引入了 O 吸附原子，Ce-La 表面稳定吸附构型的态密度（图 4a）与未吸附表面的态密度相比（图 2），在 -18～-14 eV 能量范围内的 La-5p 轨道发生裂解，分别在 -21～-19.5 eV 和 -15～-13.5 eV 附近出现新的态密度峰，在该能量范围内的 La-5p 轨道与 O-2s 轨道发生轨道杂化作用，形成新的化学键，而在 -18～-14 eV 内的 Ce-5p 电子态和 O-2s 电子态间的轨道杂化作用则较弱。费米能级处的 La-5d 轨道也发生裂解，在-5～-3 eV 附近出现新的态密度峰，La-5d 轨道与 O-2p 轨道在该能量内发生轨道杂化作用，而-3～0 eV 能量范围内的 O-2p 态与 Ce-4d、4f 态之间的相互作用相对较弱。对比图 4b 纯 Ce（111）表面吸附 $O_2$ 分子后的态密度图，氧的 PDOS 峰位与图 4a 中的峰位基本一致，但 O-2s 态与 Ce-5p 态之间的轨道杂化作用以及 O-2p 态与 Ce-4d、4f 态之间的轨道杂化作用很弱，在图中没有看到明显的 Ce 轨道发生裂解。因此，本研究认为在 Ce-La 表面体系的氧分子吸附过程中，氧分子与 Ce 原子和 La 原子都存在轨道杂化作用和电子转移，但与 Ce 原子和 O 原子间的相互作用相比，La 原子与 O 原子间的轨道相互作用更强。

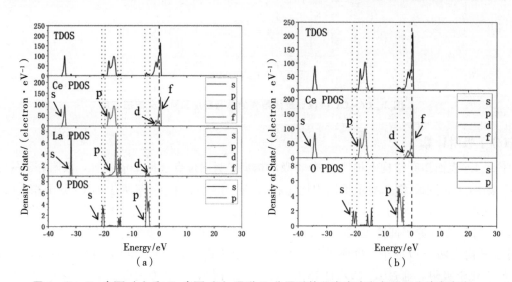

**图 4　Ce-La 表面（a）和 Ce 表面（b）吸附 $O_2$ 分子后的总态密度和各原子分波态密度**

图 5 显示了 Ce-La 表面和纯 Ce 表面吸附 $O_2$ 分子后的差分电荷密度图。在两种表面吸附构型中，O 原子周围为电荷密度增加的区域，表明电子聚集在 O 原子周围，而 O 原子附近的 Ce 原子及 La 原子则表现出电荷密度降低，即电子损失。通过 Bader 电荷分析定量地分析了 $O_2$ 吸附分子对 Ce-La 表面构型中电荷转移的影响，如表 3 所示。表中的数据均为吸附后的电荷转移量，即等于原子总电荷量与原子价电子数之差，正值表示得到电荷，负值表示失去电荷。在未吸附的表面掺杂结构中，表面 Ce 原子和杂质 La 原子之间的电荷转移量极小，说明 Ce 原子和 La 原子之间的相互作用较小，与上述的态密度结果一致。在两个表面吸附构型中，都显示第一、第三层原子失去电荷，第二层原子得到电荷，且第一层原子的电荷转移量最大，说明 $O_2$ 分子主要与表面第一层原子发生相互作用。与 Ce 原子相比，表面第一层的 La 原子与 $O_2$ 分子间具有更大程度的电荷转移和更强的相互作用。此外，吸附能较大的 Ce-La 表面吸附构型的电荷转移量也较大，说明具有更多电荷转移的原子相互作用会产生更多的热量，并倾向于形成更加稳定的吸附构型[18]。

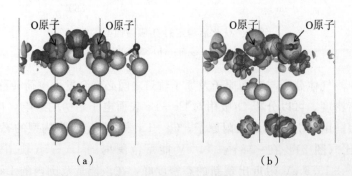

**图 5　Ce-La 表面（a）和 Ce 表面（b）吸附 $O_2$ 分子后的差分电荷密度**

表3 各表面构型中的电荷转移情况

| 计算构型 | 吸附气体原子 | | 每一原子层的总电荷转移量 | | | La原子 |
|---|---|---|---|---|---|---|
| | 氧原子1 | 氧原子2 | 第一层 | 第二层 | 第三层 | |
| Ce-La(111) | — | — | -0.1152 | 0.0893 | 0.1840 | -0.0779 |
| Ce-La(111)-$O_2$ | 1.2866 | 1.2888 | -2.7302 | 0.1196 | -0.0043 | -1.4055 |
| Ce(111)-$O_2$ | 1.2464 | 1.2388 | -2.5227 | 0.0655 | -0.0703 | — |

## 3 结论

本文通过第一性原理计算方法讨论了La的掺入对$\gamma$-Ce(111)表面的电子结构和氧吸附性能的影响。计算发现，La原子取代表面第一层中心位置处的Ce原子为Ce-La(111)表面体系中相对稳定的表面掺杂构型。在$O_2$吸附过程中，一个$O_2$分子会解离为两个O原子，O原子再吸附于表面的Ce原子和La原子，从而形成新的Ce—O和La—O化学键，产生化学吸附。与Ce表面相比，掺入La的表面体系具有更大的吸附能和电荷转移程度，说明Ce-La表面对$O_2$分子的吸附稳定性高于Ce表面。Ce-La表面吸附$O_2$分子后，La-5p轨道和La-5d轨道发生裂解，分别与O-2s轨道和O-2p轨道产生较强的轨道杂化作用，而Ce-4d、4f和5p轨道与O的s和p轨道间的相互作用则较弱，表明Ce La合金表面金属会失去更多的电子而更容易被$O_2$氧化腐蚀。本研究通过原子尺度计算，描述了Ce-La表面体系的$O_2$吸附过程，分析了La的掺入对Ce-La表面体系氧吸附性能的影响，为阐释Ce-La体系的表面氧化行为和氧化机理提供了理论支持。在未来的研究中，将进一步分析不同的La掺杂方式对Ce-La表面$O_2$吸附性能的影响，研究O原子吸附到Ce-La表面后的扩散行为，以更加深入地理解Ce-La表面的氧化行为和氧化机理。

**参考文献：**

[1] WHEELER D W. The oxidation behaviour of Ce-5 at.% La in air at ambient temperature [J]. Solid State Ionics, 2017(313): 22-31.

[2] WHEELER D W, ZEKONYTE J, WOOD R J K. Structure and mechanical properties of Ce-La alloys containing 3-10 wt.% La [J]. Journal of Nuclear Materials, 2021(543): 152497.

[3] HADANO M, URUSHIHARA N, TERADA S, et al. Reaction kinetics of cerium thin films with $H_2$, $O_2$ and $H_2O$ systems at 298 K [J]. Journal of Alloys and Compounds, 2002(330-332): 498-501.

[4] YANG J, WANG X, JIANG C, et al. An AES study of the initial stages of oxidation of cerium [J]. Chem Phys Carbon, 2006, 38(4): 129-135.

[5] WHEELER D W. Kinetics and mechanism of the oxidation of cerium in air at ambient temperature [J]. Corrosion Science, 2016(111): 52-60.

[6] 王帅鹏, 罗文华, 李赣, 等. 镧含量对铈镧合金氧化动力学的影响 [J]. 化学研究与应用, 2018, 30(4): 605-609.

[7] WHEELER D W, KHAN I. A Raman spectroscopy study of cerium oxide in a cerium-5 wt.% lanthanum alloy [J]. Vibrational Spectroscopy, 2014(70): 200-206.

[8] AO B Y, QIU R Z, LU H Y, et al. First-principles DFT + U calculations on the energetics of Ga in Pu, $Pu_2O_3$ and $PuO_2$ [J]. Computational Materials Science, 2016(122): 263-271.

[9] KRESSE G, FURTHMÜLLER J. Efficient iterative schemes for ab initio total-energy calculations using a plane-wave basis set [J]. Phys. Rev. B, 1996(54): 11169-11186.

[10] BLÖCHL P E. Projector Augmented-wave Method [J]. Phys. Rev. B: Condens. Matter Mater. Phys. 1994(50): 17953-17979.

[11] PERDEW J P, BURKE K, ERNZERHOF M. Generalized Gradient Approximation Made Simple [J]. Phys. Rev. Lett. 1996 (77): 3865-3868.

[12] KITTEL C. 固体物理导论 [M]. 项金钟,吴兴惠,译. 北京:化学工业出版社,2005.

[13] The VASP Manual - Vaspwik - Examples - Ni 100 surface relaxation [OL]. 2019-11-14, available at https://www.vasp.at/wiki/index.php/Ni_100_surface_relaxation.

[14] DavidSholl, Janice A Steckel. Density Functional Theory: A Practical Introduction [M]. Hoboken: Wiley-Interscience, 2009.

[15] 黄昆,韩汝琦. 固体物理学 [M]. 北京:高等教育出版社,1988.

[16] ZHANG L Q, CHENG Y, NIU Z W, et al. First-Principles Investigations on Structural, Elastic, and Thermodynamic Properties of Ce-La Alloys Under High Pressure [J]. Z. Naturforsch, 2014 (69a): 52-60.

[17] JACKSON, J D. Classical Electrodynamic 3$^{rd}$ [M]. USA: John Wiley & Sons, Inc, 1999.

[18] LI L, ZHU M, ZHENG G, et al. First-Principles Study on the Adsorption Behavior of $O_2$ on the Surface of Plutonium Gallium System [J]. Materials, 2022 (15): 5035.

# First-principles study on the oxygen adsorption properties of Ce-La alloys

## WEN Xin, WANG Bei-qi, LIU Zi-hao, LI Yi, LIU Tong *

(School of Nuclear Science and Engineering, Shanghai Jiao Tong University, Shanghai 200240, China)

**Abstract**: The chemical properties of metal Ce are extremely active and it can easily react with oxygen in the atmosphere. Research has found that the incorporation of alloying elements can accelerate the oxidation reaction process of Ce, but the influence mechanism of La element on the oxidation characteristics and oxidation behavior of Ce-based alloys remains to be further studied. In this paper, the first-principles calculation method based on density functional theory was used to simulate the oxygen adsorption process of $O_2$ molecules on the Ce-La (111) surface, and the effects of La doping on the surface energy, adsorption energy, electronic structure, adsorption and dissociation of oxygen molecules and charge transfer of Ce-La surface system were discussed, and the physical image of oxygen adsorption process was further clarified. The calculation results indicated that compared to the Ce surface, the alloy surface doped with La exhibits greater adsorption energy, greater charge transfer degree, higher $O_2$ molecular adsorption stability, and stronger orbital interaction. This indicates that oxygen molecules will generate relatively stable chemical adsorption and stronger surface interaction with Ce-La surface, which makes the metal on the Ce-La alloy surface lose a large number of electrons and is more susceptible to oxidative corrosion. This study analyzed the $O_2$ adsorption behavior on the Ce-La surface through microscale calculation, and the chemical reaction mechanism of the surface oxidation corrosion of Ce-La was preliminarily revealed, providing theoretical support for further exploration of the surface oxidation behavior and oxidation mechanism of Ce-La system.

**Key words**: First-principles; Ce-La alloy; Oxygen adsorption; Electronic structure; Charge transfer

# Zr-1Sn-xFe-0.2Cr-0.02Ni 合金在 500 ℃含氧蒸汽中的腐蚀行为

徐诗彤[1]，肖香逸[1]，黄建松[1]，姚美意[1]，胡丽娟[1]，林晓冬[1]，
谢耀平[1]，梁　雪[2]，彭剑超[2]，李毅丰[2]，周邦新[1]

(1 上海大学材料研究所，上海　200072；2 上海大学微结构重点实验室，上海　200444)

**摘　要**：为探究蒸汽中的氧（DO）含量对 Zr-1Sn-xFe-0.2Cr-0.02Ni（$x=0.3$，0.45，wt%）合金在 500 ℃过热蒸汽中耐腐蚀性能的影响，本研究将 2 种合金分别放入静态高压釜和动态高压釜中进行 500 ℃/10.3 MPa/除氧，500 ℃/10.3 MPa/300 μg/kg DO 和 500 ℃/10.3 MPa/1000 μg/kg DO 过热蒸汽腐蚀试验。采用扫描电子显微镜、透射电子显微镜、X 射线光电子能谱等表征手段对合金和腐蚀后的氧化膜进行表征及氧化膜中各元素的价态进行分析。结果表明：在除氧和两种 DO 环境中将 Zr-1Sn-xFe-0.2Cr-0.02Ni 合金中的 Fe 含量从 0.3% 提高到 0.45% 均会使合金的耐腐蚀性能变差；DO 对 Zr-1Sn-xFe-0.2Cr-0.02Ni 系列合金的腐蚀均具有一定的加速作用，但将合金中的 Fe 含量从 0.3% 提高到 0.45% 会使 DO 对合金腐蚀的加速程度有所减弱；本文从 Fe 和 DO 影响合金元素氧化及氧化膜显微组织演化的角度探讨了 Fe 和 DO 加速合金腐蚀的机制。

**关键词**：溶解氧；Fe；锆合金；腐蚀行为；显微组织

## 1　研究背景

小型模块化核反应堆（SMR）以其安全性能高、运行灵活、适应性强等诸多优势，可在城市供暖、工业供热、海水淡化、海洋资源开发和国防等领域发挥重要作用，是未来核能利用的主要方向[1]。核燃料元件是反应堆中关键的部件之一，它们性能的优劣决定了反应堆的安全性、经济性和先进性，而燃料元件的使用寿命和安全可靠性与包壳材料的性能密切相关。锆具有优异的核性能，是目前水冷核反应堆中唯一使用的核燃元件包壳材料。

在核电站运行时，锆合金包壳的内表面在温度约 400 ℃下与裂变产物接触，外表面与高温高压水[280~350 ℃，（10~16）MPa]接触，水侧腐蚀是影响其使用寿命最主要的因素。当今世界上的商用反应堆大多为压水堆，通过在压水堆一回路中加氢除氧，可以将溶解氧（DO）浓度控制在低于 5 ppb 的水平，锆合金在压水堆中主要发生均匀腐蚀；但是在某些 SMR 中为了简化系统和节省空间，没有采用加氢除氧装置或除氧效果有限，这样必然造成一回路水中 DO 浓度的增加，研究表明在未加氢除氧的 SMR 和沸水堆的堆芯冷却水中的 DO 浓度可高达 200~1000 μg/kg[2]，DO 浓度的增加使得锆合金不但会发生均匀腐蚀还会发生疖状腐蚀。

目前商用核电站中用作高燃耗燃料组件的包壳材料有 ZIRLO、E110（Zr-1Nb）、E635（Zr-1.2Sn-1Nb-0.4Fe，wt%，下同）、M5 合金等，它们都属于高 Nb 锆合金。研究表明高 Nb 锆合金在高 DO 浓度的服役环境中会发生腐蚀加速，所以其不宜用于 SMR 的燃料包壳材料。Zr-Sn 系的 Zr-2 和 Zr-4 合金的耐腐蚀性能对 DO 的敏感程度大大低于高 Nb 的锆合金，但已有研究表明，Zr-2 合金中的 Ni 是增加合金吸氢的元素，在核反应堆提高燃耗的情况下，Zr-2 合金的腐蚀吸氢明显加剧[3]。因此，从减少吸氢角度出发，发展了 Zr-4 合金（Sn：1.2~1.7，Fe：0.18~

---

作者简介：徐诗彤（1993—），男，辽宁人，博士，现主要从事核材料研究工作。

0.24，Cr：0.07～0.13）。但是 Zr-4 合金的成分并不在最佳范围内，Fe 含量提高到 0.4% 或 Fe+Cr 提高到 0.6% 后可以明显改善锆合金的耐腐蚀性能，Sn 含量从 1.5% 降到 1% 还可进一步改善合金的耐腐蚀性能[4-5]。因此，可以考虑在 Zr-Sn 系合金基础上发展适用于 SMR 需求的锆合金包壳材料。

Fe 是 Zr-Sn 系合金中的重要合金元素，Fe 对锆合金耐腐蚀性能的影响是复杂的。有学者认为，调整锆合金中的 Fe+Cr 含量会对锆合金在不同水化学条件中的耐腐蚀性能产生重要影响。Broy 等[6]研究表明，在堆外的长期腐蚀实验中，将 Zr-4 合金的 Fe 含量增加到 0.40%～0.60% 时，可以改善合金在 370 ℃水、350 ℃/100 ppm Li 水溶液和 400 ℃、420 ℃过热蒸汽中的耐腐蚀性能；Garzarolli 等[7]研究表明，将 Fe 含量增加到 0.4% 可显著改善 Zr-4 合金在 PWR 中 350 ℃高温高压水、0.01 mol/L LiOH 水溶液和 400 ℃过热蒸汽中的耐腐蚀性能，但进一步增加 Fe 含量的影响则不大。张太平等[8]研究表明，Zr-xFe-yCr 合金在 500 ℃过热蒸汽中的耐腐蚀性能与 Fe+Cr 含量有关，当 Fe+Cr 含量为 0.3% 时耐腐蚀性能较差；当 Fe+Cr 含量≥0.8% 时耐腐蚀性能较好。李聪[9]等研究表明，Zr-4 合金基体中固溶的 Fe 和 Cr 含量存在临界值，当 Fe 和 Cr 固溶在 α-Zr 基体中的含量大于该临界值时，会使得 Zr-4 合金对疖状腐蚀"免疫"。

综上所述，目前商用的包壳材料为了提高燃耗都采用了高 Nb 锆合金。但研究表明高 Nb 锆合金的腐蚀对 DO 非常敏感，所以研发不含 Nb 的 Zr-Sn 系合金可能是解决 SMR 用包壳材料的重要方向。为了探究 DO 浓度对不同 Fe 含量锆合金耐腐蚀的影响，本研究在 Zr-Sn 系的 Zr-2 合金成分基础上适当降低 Sn 和 Ni 含量，并提高 Fe 和 Cr 的含量，设计了 Zr-1Sn-xFe-0.2Cr-0.02Ni 合金（$x=0.3, 0.45$），选择 500 ℃/10.3 MPa 含氧蒸汽腐蚀试验表征合金的耐均匀和疖状腐蚀行为，建立锆合金的耐腐蚀性能-Fe 含量-DO 浓度之间的关系；通过研究腐蚀后氧化膜显微组织的演化过程、氧化膜中第二相的氧化行为和非锆合金元素价态的变化，揭示 DO 浓度对不同 Fe 含量锆合金腐蚀行为的影响机理，这可以为小型堆用锆合金包壳材料的优化和发展提供理论依据和指导。

## 2 研究方法

### 2.1 合金制备

实验材料为 Zr-1Sn-xFe-0.2Cr-0.02Ni 合金（$x=0.3, 0.45$），分别命名为 0.3 Fe 和 0.45 Fe 合金，将 2 种合金按图 1 所示的工艺流程进行加工，最终制备成板材样品。

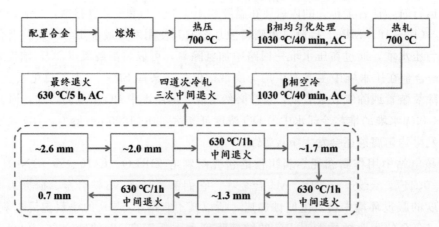

**图 1 合金熔炼与板状样品加工制备工艺流程图**

（AC：指将电炉推离石英管进行空冷的方式）

## 2.2 腐蚀实验

由于在小型压水堆中一般不使用加氢除氧装置,一回路水中的DO含量高达200～1000 μg/kg[2],且锆合金会发生疖状腐蚀,因此本研究选用2种DO含量,分别为300 μg/kg和1000 μg/kg,模拟小型压水堆的实际工况,并考察合金在DO环境中的耐腐蚀性能。实验选择的腐蚀条件为500 ℃/10.3 MPa的除氧(DE)、300 μg/kg DO和1000 μg/kg DO过热蒸汽,为了叙述方便,将3种腐蚀条件分别称为DE环境、300 DO环境和1000 DO环境。将腐蚀样品放入静态高压釜进行500 ℃/10.3 MPa/DE过热蒸汽腐蚀实验,通过在150 ℃放气以排除釜内氧气(DO<45 μg/kg[10])。将腐蚀样品放入动态水循环高压釜中进行500 ℃/10.3 MPa的300 μg/kg DO和1000 μg/kg DO过热蒸汽腐蚀实验,图2为动态水循环高压釜水循环回路示意。为保持腐蚀环境中所需要的DO含量,通入高纯氮气和高纯空气使动态高压釜进水口的DO含量稳定在(300±20) μg/kg或者(1000±10) μg/kg,蒸汽环境中的DO含量也与进水口保持一致。进行腐蚀实验时,采用间隔时间停釜、取出样品称重的方法,每种合金选择5个平行试样,并用腐蚀相应时间后样品单位面积上腐蚀增重的方法来表示样品的腐蚀程度:

$$w_t = 10\,000 \cdot (W_t - W_0)/S 。 \tag{1}$$

式中,$w_t$为腐蚀时间为$t$时的增重(mg/dm$^2$);$W_0$为样品腐蚀前的质量(mg);$W_t$为样品腐蚀一定时间$t$后的质量(mg);$S$为样品的表面积(mm$^2$)。

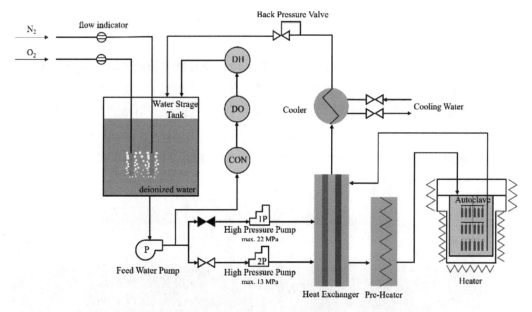

图2 高温高压含氧水/蒸汽腐蚀测试系统水循环回路示意

## 2.3 合金和氧化膜显微组织表征

采用GX53型倒置金相分析光学显微镜观察合金晶粒形貌并统计晶粒尺寸,通过JSM-7500F型扫描电子显微镜(SEM)进行合金和氧化膜断口形貌的观察;通过Helios 600i双束型聚焦离子束(FIB)制备氧化膜横截面透射电子显微镜(TEM)样品;通过JEM-2100F型TEM拍摄TEM像观察合金中第二相形貌,拍摄高角环形暗场像(HAADF)观察合金氧化膜显微组织,通过拍摄选区电子衍射花样(SAED)、高分辨像(HRTEM)和进行能谱分析(EDS)对合金氧化膜及第二相进行成分及晶体结构分析;利用ESCALAB 250Xi型X射线光电子能谱(XPS)探究合金中元素在氧化膜中的存在形式。

## 3 实验结果

### 3.1 合金的显微组织

图3为0.3 Fe和0.45 Fe合金显微组织OM像。从图3中可知，2种合金的晶粒均为等轴晶，为再结晶组织，0.3 Fe合金的平均晶粒尺寸为6.12 μm，0.45 Fe合金的平均晶粒尺寸为5.70 μm，二者差别不大，这说明将合金中的Fe含量从0.3%提高到0.45%对合金的晶粒形貌和尺寸影响不大。

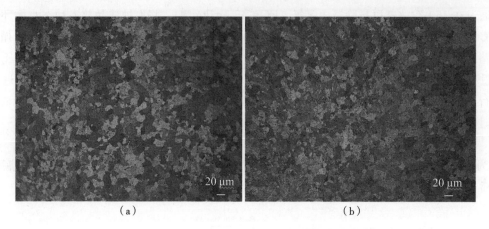

**图3　0.3 Fe (a) 和 0.45 Fe (b) 合金显微组织 OM 像**

图4和图5分别为0.3 Fe和0.45 Fe合金的TEM明场像及第二相的SAED花样。表1和表2分别给出了2种合金中典型第二相的成分和类型。结合图4、图5和表1、表2可以看出，第二相形态主要为椭球状、短棒状和块状。分析第二相的晶体结构可知，2种合金中第二相类型为面心立方结构（fcc）和密排六方结构（hcp）的 $Zr(Fe,Cr)_2$ 以及体心四方（bct）的 $Zr_2(Fe,Ni)$。将合金中的Fe含量从0.3%提高到0.45%使合金中的 $Zr(Fe,Cr)_2$ 第二相的Fe/Cr原子比值增大。

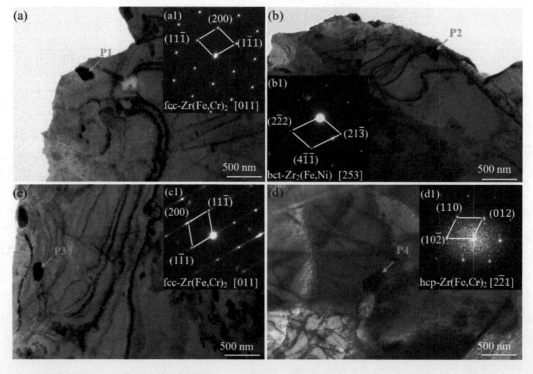

**图4　0.3 Fe 合金的 TEM 明场像（a~d）和第二相的 SAED 花样（a1~d1 对应 P1~P4）**

表 1　0.3 Fe 合金中典型第二相的成分（at. %）和类型（对应图 4 中的箭头标号）

| Arrow | Chemical composition | | | | | Element ratio | | Type |
|---|---|---|---|---|---|---|---|---|
| | Zr | Sn | Fe | Cr | Ni | Fe/Cr | Ni/Fe | |
| P1 | 48.98 | 0.11 | 26.64 | 24.17 | 0.10 | 1.10 | 0.00 | fcc |
| P2 | 72.69 | 0.10 | 19.13 | 1.75 | 6.33 | 10.93 | 0.33 | bct |
| P3 | 55.51 | 0.24 | 22.59 | 21.57 | 0.09 | 1.05 | 0.00 | fcc |
| P4 | 48.17 | 0.10 | 29.19 | 22.38 | 0.17 | 1.30 | 0.01 | hcp |

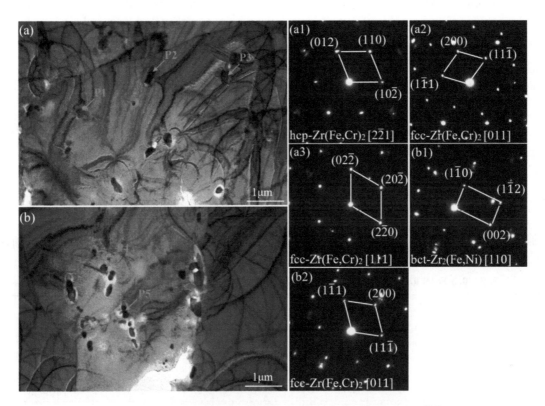

图 5　0.45 Fe 合金的 TEM 明场像（a 和 b）和第二相的 SAED 花样
（a1～a3 对应 P1～P3；b1～b2 对应 P4～P5）

表 2　0.45 Fe 合金中典型第二相的成分和类型（对应图 5 中的箭头标号）

| Arrow | Chemical composition | | | | | Element ratio | | Type |
|---|---|---|---|---|---|---|---|---|
| | Zr | Sn | Fe | Cr | Ni | Fe/Cr | Ni/Fe | |
| P1 | 76.43 | 0.39 | 14.06 | 9.05 | 0.06 | 1.55 | 0.00 | hcp |
| P2 | 52.06 | 0.14 | 29.37 | 18.30 | 0.13 | 1.60 | 0.00 | fcc |
| P3 | 44.67 | 0.00 | 34.39 | 20.63 | 0.31 | 1.67 | 0.01 | fcc |
| P4 | 74.57 | 0.11 | 17.86 | 1.80 | 5.67 | 9.92 | 0.32 | bct |
| P5 | 47.60 | 0.04 | 33.20 | 18.85 | 0.31 | 1.76 | 0.01 | fcc |

## 3.2　腐蚀增重

图 6 为 0.3 Fe 和 0.45 Fe 合金在 500 ℃/10.3 MPa 不同 DO 浓度过热蒸汽中的自然坐标形式与双对数坐标形式的腐蚀增重曲线。通过腐蚀动力学公式（1）和（2）来表示腐蚀增重和腐蚀时间之间的关系，相关结果列在表 3 中。

$$\Delta w_t = K_n t^n, \tag{1}$$
$$\ln \Delta w_t = \ln K_n + n \ln t. \tag{2}$$

式中，$\Delta w_t$ 为腐蚀增重，$mg/dm^2$；$K_n$ 为氧化速率常数，$mg^{1/n}/dm^{2/n}d$；$n$ 为氧化速率指数；$t$ 为氧化时间，d。

从图 6a 和图 6b 中可以看出，0.3 Fe 合金在 DE、300 DO 和 1000 DO 环境中腐蚀 1000 h 时的腐蚀增重分别为 382.51 $mg/dm^2$、431.29 $mg/dm^2$ 和 429.29 $mg/dm^2$，0.45 Fe 合金分别为 507.95 $mg/dm^2$、567.14 $mg/dm^2$ 和 532.76 $mg/dm^2$。与 0.3 Fe 合金相比，0.45 Fe 合金在 DE、300 DO 和 1000 DO 环境腐蚀 1000 h 的腐蚀增重分别增加了 32.58%、31.50% 和 24.10%；和 DE 环境相比，0.3 Fe 合金在 300 DO 和 1000 DO 环境中腐蚀 1000 h 的腐蚀增重分别增加了 12.75% 和 12.23%，0.45 Fe 合金分别增加了 11.65% 和 4.9%。

从图 6c、图 6d 和表 3 中可以看出，在 DE 环境中，0.3 Fe 和 0.45 Fe 合金均在腐蚀 90 h 时均发生了腐蚀转析，在腐蚀转析之前两种合金的氧化速率指数（$n$）接近，均符合立方规律；在腐蚀转析之后，两种合金的腐蚀动力学均介于抛物线规律和直线规律之间，但 0.45 Fe 合金的 $n$ 值大于 0.3 Fe 合金。在 300 DO 和 1000 DO 环境中，两种合金发生腐蚀转析的时间均明显早于 DE 环境，在腐蚀转析之前，两种合金的腐蚀动力学均符合立方规律；在腐蚀转析之后，两种合金的腐蚀动力学均介于抛物线规律和直线规律之间。虽然 0.3 Fe 合金发生腐蚀转析时间略早于 0.45 Fe 合金，但腐蚀转析前后 0.3 Fe 的 $n$ 值均略小于 0.45 Fe 合金。

以上结果说明提高腐蚀环境中的 DO 浓度或将合金中的 Fe 含量从 0.3% 提高到 0.45% 均会加速合金的腐蚀，但将合金中的 Fe 含量从 0.3% 提高到 0.45% 会使 DO 对合金腐蚀的加速程度有所减弱。

表 3　0.3 Fe 和 0.45 Fe 合金在 500 ℃ / 10.3 MPa 不同含氧过热蒸汽中的氧化动力学参数

| Alloy | DE | | | 300 DO | | | 1000 DO | | |
|---|---|---|---|---|---|---|---|---|---|
| | Transition time/h | $n$ | $K_n$ | Transition time/h | $n$ | $K_n$ | Transition time/h | $n$ | $K_n$ |
| 0.3 Fe | 90 | 0.27 | 17.72 | 15 | 0.18 | 22.61 | 15 | 0.24 | 17.35 |
| | | 0.77 | 1.89 | | 0.59 | 7.32 | | 0.61 | 6.35 |
| 0.45 Fe | 90 | 0.23 | 21.02 | 40 | 0.26 | 22.65 | 40 | 0.28 | 18.41 |
| | | 0.89 | 1.08 | | 0.64 | 5.58 | | 0.73 | 3.45 |

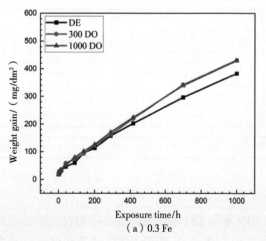

(a) 0.3 Fe

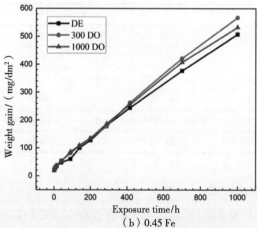

(b) 0.45 Fe

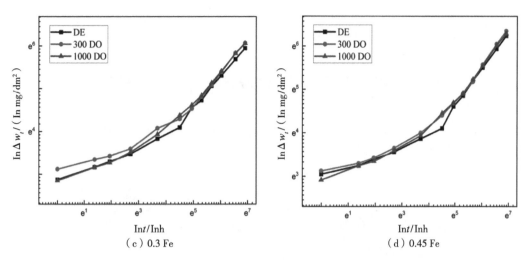

图 6 0.3 Fe [（a）（c）] 和 0.45 Fe [（b）（d）] 合金在 500 ℃/10.3 MPa 不同氧含量过热蒸汽中腐蚀
1000 h 后的腐蚀增重曲线 [（a）和（b）为自然数坐标，（c）和（d）为双对数坐标]

### 3.3 氧化膜断口形貌分析

合金腐蚀初期的氧化膜显微组织会对合金的后期腐蚀行为产生影响，为了分析腐蚀初期在相近增重下的氧化膜显微组织是否存在差别，本研究选取了腐蚀转折前增重约 30 mg/dm² 时的样品氧化膜断口形貌进行观察，结果如图 7 所示。从图 7 中可以看出两种合金样品靠近氧化膜外表面区域均为相对疏松的等轴晶，等轴晶区分布少量的孔隙，靠近 O/M 界面区域均存在沿氧化膜生长方向彼此相互平行排列的柱状晶，氧化膜整体比较致密，但也存在少量平行于 O/M 界面的裂纹。与 0.3 Fe 合金相比，0.45 Fe 合金样品氧化膜更厚，且存在更多平行于 O/M 界面的裂纹；与 DE 环境相比，随着腐蚀环境中 DO 浓度的增加，0.3 Fe 合金氧化膜厚度无明显差别，氧化膜中存在少量平行于 O/M 界面的裂纹；0.45 Fe 合金则随着 DO 浓度的增加氧化膜厚度也逐渐增加，且氧化膜中存在大量孔隙和裂纹。

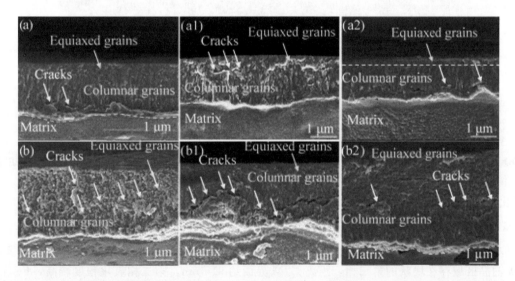

图 7 0.3 Fe [（a）（a1）（a2）] 和 0.45 Fe [（b）（b1）（b2）] 合金在 DE [（a）（b）]、300 DO [（a1）
（b1）] 和 1000 DO [（a2）（b2）] 环境中腐蚀 1000 h 后的氧化膜断口 SEM 像

图 8 为合金腐蚀 1000 h 时的氧化膜断口形貌 SEM 像。从图 8 可见，此时 0.45 Fe 合金的氧化膜厚度要略大于 0.35 Fe 合金，两种合金氧化膜中均存在大量裂纹，氧化膜均没有清晰的等轴晶/柱状晶界面。与 DE 环境相比，0.3 Fe 和 0.45 Fe 合金在两种 DO 环境中腐蚀后的氧化膜中均存在更多的

孔隙和裂纹，这与腐蚀增重的结果相吻合。这说明提高腐蚀环境中的 DO 浓度或将合金中的 Fe 含量从 0.3% 提高到 0.45% 均会加速氧化膜显微组织的演化。

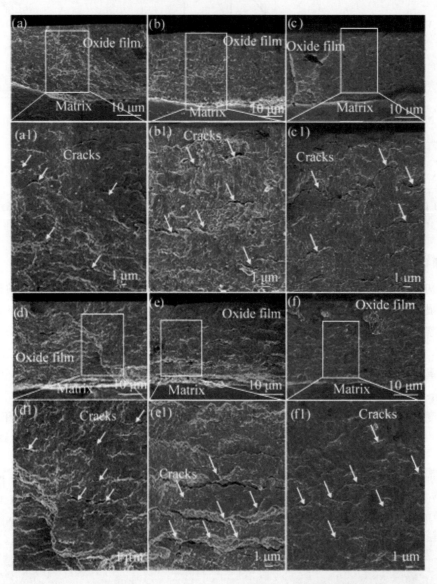

图 8　0.3 Fe [（a）～（c），（a1）～（c1）] 和 0.45 Fe [（d）～（f），（d1）～（f1）] 合金在 DE [（a）（a1）（d）（d1）]、300 DO [（b）（b1）（e）（e1）] 和 1000 DO [（c）（c1）（f）（f1）] 环境中腐蚀 1000 h 后的氧化膜断口 SEM 像

### 3.4　氧化膜横截面分析

图 9a 和图 9b 分别为 0.45 Fe 合金样品在 DE 环境中腐蚀 4 h 的氧化膜横截面显微组织 HAADF 像及对应元素的 EDS 面分布图和局部放大图。从图 9 中能观察到，氧化膜中分布着横向裂纹，氧化膜靠近等轴晶区域存在块状的第二相，距离 O/M 界面约 915 nm。第二相氧化程度较高，Fe 和 Cr 含量分布并不均匀。对块状第二相进一步分析，结果总结至表 4 中。从表 4 可见，在第二相边缘 Fe 富集的区域（1、2、8）中检测到 c-$Fe_2O_3$、m-$Fe_3O_4$ 和 t-$Cr_3O_4$；在第二相中间区域（3～5）检测到了 m-$Fe_3O_4$ 和 m-$ZrO_2$；在第二相边缘 Cr 富集的区域（6 和 7）检测到了 hcp-$Cr_2O_3$ 和 t-$Cr_3O_4$。上述结果说明，块状第二相氧化程度较高，第二相中的 Fe 和 Cr 被氧化成 c-$Fe_2O_3$、m-$Fe_3O_4$、t-$Cr_3O_4$ 和 hcp-$Cr_2O_3$ 等。

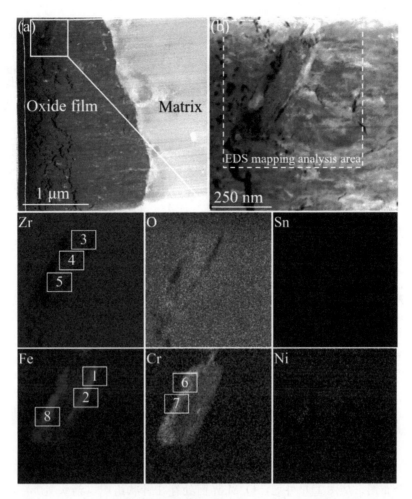

**图 9　0.45 Fe/DE/4h 合金样品的氧化膜横截面显微组织 HAADF 像及对应元素的 EDS 面分布图**
(a) 完整的氧化膜横截面；(b) (a) 中方框区域放大

**表 4　图 9 中块状第二相不同区域的氧化产物**

| Region | Oxidation products |
| --- | --- |
| 1 | c – $Fe_2O_3$ |
| 2 | c – $Fe_2O_3$ |
| 3 | m – $Fe_3O_4$, m – $ZrO_2$ |
| 4 | m – $ZrO_2$ |
| 5 | m – $ZrO_2$ |
| 6 | hcp – $Cr_2O_3$, t – $Cr_3O_4$ |
| 7 | t – $Cr_3O_4$ |
| 8 | m – $Fe_3O_4$, t – $Cr_3O_4$ |

对块状第二相进行线扫描分析，结果如图 10 所示。从图 10 可见，在第二相中间区域（3 和 5）的 Fe 和 Cr 含量较少，Fe/Cr 原子比值分别约为 0.58（图 10b）和 0.22（图 10c）；在第二相边缘 Fe 和 Cr 富集区域（1、6、8）中的 Fe 和 Cr 含量较高，Fe/Cr 原子比值分别约为 8.75（图 10b）、1.39（图 10b）和 3.72（图 10c）。块状第二相中间区域（3 和 5）的 Fe/Cr 原子比值小于 1，这比 0.45 Fe 合金第二相的平均 Fe/Cr 原子比值 1.81（表 3）小；而第二相边缘区域（1、6、8）中的 Fe/Cr 原子比值更大，这说明第二相中的 Fe 元素比 Cr 元素向外扩散更快。

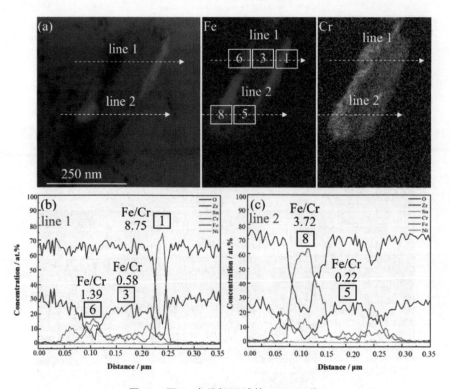

**图 10　图 9b 虚线框区域的 HAADF 像**
(a) 与 Fe、Cr 元素 EDS 面分布图以及 EDS 线扫描图 (b 和 c)：(b) a 中 line 1，
(c) a 中 line 2 (图中的数字编号与图 9 相对应)

图 11 为 0.45 Fe 合金样品在 1000 DO 环境中腐蚀 7 h 的氧化膜横截面显微组织 HAADF 像及对应元素的 EDS 面分布图。从图 11b 可见，O/M 界面处存在针状组织（箭头处），可能是氢化物。对氧化膜中的 SPP1 和 SPP2 第二相与第二相边缘区域的晶体结构进行分析，结果如图 12 和图 13 所示。从图 12 可知，SPP1 第二相处在裂纹附近，距 O/M 界面 62 nm，第二相类型为 fcc - Zr (Fe，Cr)$_2$。FFT 图像中衍射斑点被拉长，猜测是由于第二相受到较大的附加应力而导致发生晶格畸变（图 12b）；在第二相的边缘区域 C 和 D 中检测到 t - Cr$_3$O$_4$ 和 m - Fe$_3$O$_4$。从图 13a 可知，SPP2 第二相处在横向裂纹附近，距 O/M 界面 380 nm，第二相边缘模糊，在第二相的边缘区域 B 和 C 中检测到 t - Cr$_3$O$_4$、m - Fe$_3$O$_4$ 和 t - ZrO$_2$。

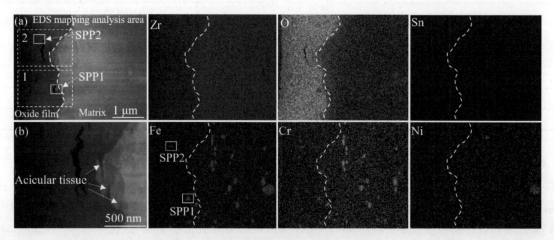

**图 11　0.45 Fe/1000 DO/7 h 合金样品的氧化膜横截面显微组织 HAADF 像及对应元素的 EDS 面分布图**
(a) 完整的氧化膜；(b) (a) 中区域 2 放大

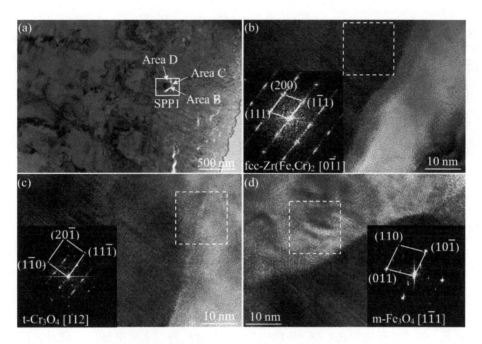

图 12 图 11a 中区域 1 的 TEM 明场像（a）和 HRTEM 像 [（b）～（d）] 与 FFT 分析图像

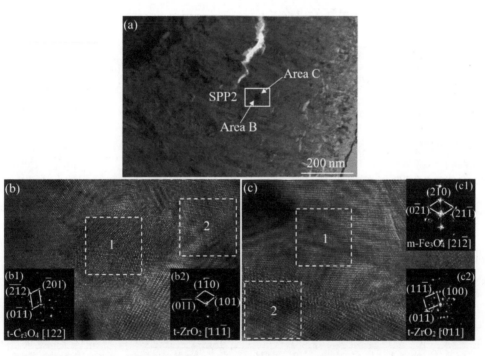

图 13 图 11（a）中区域 2 的 TEM 明场像

（a）和 HRTEM 像 [（b）和（c）] 与 FFT 分析图像 [（b1）（b2）（c1）（c2）]；[（b）和（c）]（a）中区域 B 和 C，[（b1）和（b2）]（b）中区域 1 和 2，[（c1）和（c2）]（c）中区域 1 和 2

锆合金的氧化是 O/M 界面不断向基体推进的过程，所以 O/M 界面特性会对锆合金进一步腐蚀产生影响。为了探究 DO 含量对 O/M 界面特性的影响，选取 0.45 Fe 合金在 500 ℃不同氧含量过热蒸汽中腐蚀增重约 30 mg/dm² 时的样品进行分析，腐蚀样品的氧化膜显微组织 HAADF 像如图 14 所示。从图 14 可见，0.45 Fe 合金在 3 种环境中腐蚀样品的氧化膜 O/M 界面均呈现波浪起伏，存在垂直于 O/M 界面的氧化膜"凹陷"区域（氧化膜较薄区域）和氧化膜"凸起"区域（氧化膜较厚区域）。

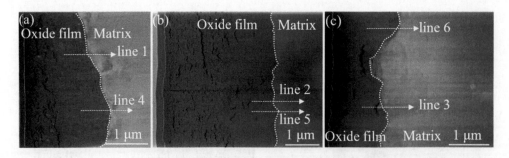

**图 14** 0.45 Fe 合金 500 ℃ 过热蒸汽中腐蚀增重约 30 mg/dm² 时氧化膜横截面显微组织 HAADF 像

(a) DE-4 h; (b) 300 ppb DO-4 h; (c) 1000 ppb DO-7 h

对 O/M 界面进行 EDS 线扫描分析，图 15 为 O/M 界面"凹陷"区域（lines 1~3）和"凸起"区域（lines 4~6）的线扫描图。由于 O 在 Zr 中的固溶度约为 30 at.%[85]，所以本文将 O 含量大于 30 at.% 至形成氧化膜（O/Zr 原子比值为 2）之间的区域称为过渡层。根据图 15 中 EDS 线扫描 O 含量变化情况，将样品横截面分为氧化膜、过渡层和 α-Zr 基体 3 个区域，其中在过渡层中还发现 O/Zr 原子比值为 1∶1 的 ZrO 层。将图 15 中过渡层与 ZrO 层厚度进行统计，结果总结至表 5 中。结合图 15 和表 5 可见，与 DE 环境相比，DO 环境中 O/M 界面处的过渡层更薄。分别对比同一环境中 O/M 界面"凹陷"和"凸起"区域的过渡层厚度，发现 O/M 界面"凹陷"区域的过渡层都比"凸起"区域更厚，且"凸起"区域并未出现 ZrO 层。

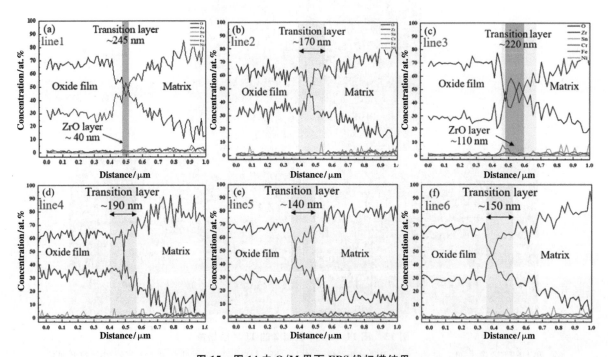

**图 15** 图 14 中 O/M 界面 EDS 线扫描结果

(a)(c)"凹陷"区域 lines 1~3，(d)(f)"凸起"区域 lines 4~6

**表 5** 图 15 中 O/M 界面过渡层与 ZrO 层厚度统计（"—"表示没有 ZrO 层）

| Environment | O/M interface concave | | | O/M interface convex | | |
| --- | --- | --- | --- | --- | --- | --- |
| | Position | Transition layer/nm | ZrO layer/nm | Position | Transition layer/nm | ZrO layer/nm |
| DE | line1 | 245 | 40 | line4 | 190 | — |
| 300 DO | line2 | 170 | — | line5 | 140 | — |
| 1000 DO | line3 | 220 | 110 | line6 | 150 | — |

### 3.5 氧化膜中不同合金元素的 XPS 分析

为了研究 DO 对合金腐蚀后的氧化膜中各元素氧化行为的影响,选取 0.45 Fe/DE/140 h 和 0.45 Fe/1000 DO/90 h 样品(样品腐蚀增重均约 90 mg/dm²)进行 XPS 分析,计算不同元素的不同价态的含量。因为 XPS 结果会受到表面污染 C 的影响,因此选择刻蚀 360 s 的图谱进行分峰拟合,此时污染 C 已经基本去除。两种样品中 Fe、Cr 和 Sn 的 XPS 分峰拟合图如图 16 所示,各元素不同价态含量变化如表 6 所示。从图 16 可知,在氧化膜的外表面 Sn 有金属态的单质峰(结合能约为 484.0 eV)和 $Sn^{2+}$ 峰存在(结合能约为 486.0 eV),且疑似存在 $Sn^{4+}$ 峰(约为 489.0 eV)[11-13]。Fe、Cr 的主要存在形式为 $Fe^{2+}$(结合能约为 708.0 eV)、$Fe^{3+}$(结合能约为 710.0 eV)、$Cr^{3+}$(结合能约为 576.5 eV)和 $Cr^{6+}$(结合能约为 578.5 eV),同时也发现了金属态的 Fe(约为 707.0 eV)和 Cr(约为 575.5 eV)的存在[11-12,14]。从表 6 可知,相比于 DE 环境,DO 会促进 Fe 向 $Fe^{2+}$ 和 $Fe^{3+}$ 转化;促进 Cr 向 $Cr^{3+}$ 转化;促进 Sn 向 $Sn^{2+}$ 和 $Sn^{4+}$ 转化。这说明 DO 对 0.45 Fe 合金氧化膜中合金元素的氧化均有加速作用,这与本文 TEM 的结果相吻合。

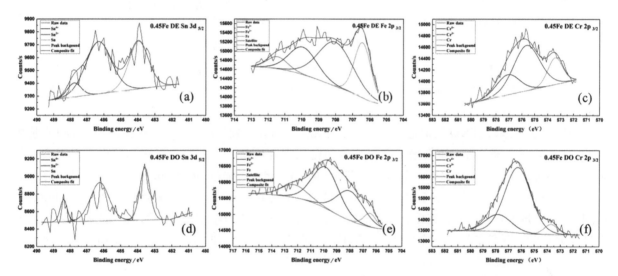

图 16 在 DE [(a) (b) (c)] 和 1000 DO [(d) (e) (f)] 环境中腐蚀后的 0.45 Fe 样品氧化膜外表面 Sn [(a) (d)],Fe [(b) (e)] 和 Cr [(c) (f)] 元素的分峰拟合图

表 6 在 DE 和 1000 DO 环境中腐蚀后的 0.45 Fe 合金样品各元素不同价态所占比例

| Environments | The content of different valence states of alloying elements | | | | | | | | |
|---|---|---|---|---|---|---|---|---|---|
| | Sn | $Sn^{2+}$ | $Sn^{4+}$ | Fe | $Fe^{2+}$ | $Fe^{3+}$ | Cr | $Cr^{3+}$ | $Cr^{6+}$ |
| DE | 38.1 at.% | 55.9 at.% | 6.0 at.% | 28.3 at.% | 47.8 at.% | 23.9 at.% | 18.6 at.% | 56.5 at.% | 24.9 at.% |
| DO | 37.3 at.% | 51.4 at.% | 11.3 at.% | 10.0 at.% | 32.9 at.% | 57.1 at.% | 12.2 at.% | 86.4 at.% | 1.4 at.% |

## 4 分析讨论

在 DE 和两种 DO 环境中将 Zr-1Sn-xFe-0.2Cr-0.02Ni 合金中的 Fe 含量从 0.3% 提高到 0.45% 均会使合金的耐腐蚀性能变差(图 6),说明 Fe 含量对锆合金的耐腐蚀性能确实有重要影响。

在锆合金的腐蚀过程中,合金中的第二相对腐蚀起着重要的作用[15],氧化膜中显微组织的演化与第二相的氧化行为有关。本工作发现,改变合金中 Fe 含量会提高合金中第二相的 Fe/Cr 比值(图 4 和图 5)。在第二相的氧化过程中,因为金属 Zr 与氧有较高的亲和性,同时由于 O 元素拥有较高的扩散系数（在350 ℃，其扩散速率为：$2.8 \times 10^{-19} \mathrm{m}^2 \mathrm{s}^{-1}$）[16]，因此氧会优先与第二相中的Zr迅速反应生成$ZrO_2$，Fe和Cr、Ni元素被排挤出来。当合金中第二相的Fe/Cr比值更高时，第二相氧化程度更高，氧化生成的$c-Fe_2O_3$、$m-Fe_3O_4$、$hcp-Cr_2O_3$、$t-Cr_3O_4$、$t-CrO_2$的P.B.比（Pilling Bedworth ratio）均大于2，这大于Zr氧化成$ZrO_2$的P.B.比（1.56）[17]，这使得氧化膜中内应力不均匀，导致第二相附近会萌生更多裂纹，这些裂纹为氧化性物质的扩散提供了快速扩散通道，从而加速了合金的腐蚀。

DO对Zr-1Sn-$x$Fe-0.2Cr-0.02Ni系列合金的腐蚀均具有一定的加速作用，但将合金中的Fe含量从0.3%提高到0.45%会使DO对合金腐蚀的加速程度有所减弱。DO加速Zr-1Sn-$x$Fe-0.2Cr-0.02Ni合金腐蚀的原因可能与DO环境增大了O/M界面处的应力和DO加速了氧化膜中合金元素的氧化有关。

在锆合金腐蚀过程中，O/M界面不断向金属内部推进，新的O/M界面不断形成，$O^{2-}$需要通过氧化膜才能到达O/M界面与Zr反应[18]，因此$O^{2-}$的扩散速率在一定程度上决定了氧化膜的生长速率。相比于DE环境，DO环境中含有更多的氧，增大了$O^{2-}$在氧化膜中的扩散通量，使得更多的$O^{2-}$参与反应，进而加速锆合金的氧化过程。在锆合金中，由于$O^{2-}$更倾向于在O/M界面处存在张应力的区域（"凹陷"区域）扩散[19]，因此在O/M界面"凹陷"区域更容易形成富氧区，这是O/M界面"凹陷"区域的过渡层比"凸处"区域更厚（图15和表5）的原因。由于在DO环境中，O/M界面处自由的$O^{2-}$充足，使Zr氧化生成$ZrO_2$形成需要更短的时间，这导致DO环境的过渡层较DE环境更薄。较薄的过渡层提高了氧化反应总能量，O/M界面应力增大，这不利于应力的弛豫。

XPS分析结果表明DO会加速氧化膜中合金元素的氧化（图16和表6），这是因为在DO环境中的$O^{2-}$和$OH^-$的含量增加，这会增加腐蚀反应的电化学电位差，从而加速了氧化膜中合金元素的氧化。DO会促进Fe向$Fe^{2+}$和$Fe^{3+}$转化；促进Cr向$Cr^{3+}$转化；促进Sn向$Sn^{2+}$和$Sn^{4+}$转化，这会导致氧化膜中$Fe^{2+}$、$Cr^{3+}$、$Sn^{2+}$含量增多。根据掺杂效应与化合价理论[20]，这会增加阴离子空位数目，增加$O^{2-}$的扩散通量，从而加速锆合金的腐蚀。由于Fe和Cr在合金中主要以第二相的形式存在，DO促进了Fe和Cr元素的氧化，这意味着更多第二相发生氧化，Fe和Cr的氧化产物的P.B.比都大于$ZrO_2$[17]，这会增加氧化膜中的附加应力，促进孔隙和裂纹的产生，这加快了氧化性物质通过氧化膜的扩散通量，最终加速了腐蚀。

## 5 结论

（1）在DE和两种DO环境中将Zr-1Sn-$x$Fe-0.2Cr-0.02Ni合金中的Fe含量从0.3%提高到0.45%均会使合金的耐腐蚀性能变差。

（2）DO对Zr-1Sn-$x$Fe-0.2Cr-0.02Ni系列合金的腐蚀均具有一定的加速作用，但将合金中的Fe含量从0.3%提高到0.45%会使DO对合金腐蚀的加速程度有所减弱。

（3）增加合金中的Fe含量会增大Zr（Fe，Cr）$_2$第二相中的Fe/Cr比值。随着Fe/Cr比值增加，Zr（Fe，Cr）$_2$第二相的氧化速率增大。第二相会发生氧化会生成$c-Fe_2O_3$、$m-Fe_3O_4$、$hcp-Cr_2O_3$、$t-Cr_3O_4$、$m-ZrO_2$、$t-ZrO_2$等氧化产物。

（4）DO会促进氧化膜中第二相的氧化以及非锆合金元素向更高价态的转化，导致氧化膜中缺陷浓度增加和局部附加应力增大；$\alpha-Zr$基体与$ZrO_2$层之间存在过渡层，DO环境中的腐蚀样品氧化膜O/M界面处的过渡层厚度要小于DE环境，不利于O/M界面的应力弛豫。在这两方面的共同作用下，DO加速了合金的腐蚀。

**参考文献：**

[1] 周蓝宇. 小型模块化反应堆发展趋势及前景[J]. 科技创新与应用, 2017 (21): 195-196.

[2] BRADHURST D. The effect of radiation and oxygen on the aqueousoxidation of zirconium and its alloys at 290 ℃ [J]. J. Nucl. Mater., 1973, 46: 53-76.

[3] GARZAROLLI. Comparison of the Long-Time Corrosion Behavior of Certain Zr Alloys in PWR, BWR, and Laboratory Tests [C] //ROSS BRADLEY E. Zirconium in the Nuclear Industry: Eleventh International Symposium. West Conshohocken: ASTM, 1996: 850-864.

[4] TAKEDA K. Mechanism of corrosion rate degradation due to tin [C] //GEORGE P. Zirconium in the Nuclear Industry: Twelfth International Symposium. West Conshohocken: ASTM, 2000: 592-608.

[5] ISOBE T. Development of highly corrosion resistant zirconium-based alloys [C] //EUCKEN C M. Zirconium in the Nuclear Industry: Ninth International Symposium. West Conshohocken: ASTM, 1991: 346-367.

[6] BROY Y. Influence of transition elements Fe, Cr and V on long-time corrosion in PWRs [C] //GEORGE P. Zirconium in the Nuclear Industry: Twelfth International Symposium. West Conshohocken: ASTM, 2000: 609-622.

[7] GARZAROLLI F. Comparison of the long-time corrosion behavior of certain Zr alloys in PWR, BWR, and laboratory tests [C] //ROSS BRADLEY E. Zirconium in the Nuclear Industry: Eleventh International Symposium. West Conshohocken: ASTM, 1996: 850-859.

[8] 张太平. Zr-Fe-Cr合金在500℃过热蒸汽中耐腐蚀性能研究[J]. 热加工工艺, 2011, 40 (8): 32-37.

[9] 李聪. Zr-4合金a-Zr固溶体中的Fe和Cr含量分析[J]. 核动力工程, 2002 (4): 20-24.

[10] KUMAR K M. Localized oxidation of zirconium alloys in high temperature and pressure oxidizing environments of nuclear reactors [J]. Materials and Corrosion, 2014, 65 (3): 244-249.

[11] XU S T. Uniform corrosion behavior of Zr-1Sn-0.35Fe-0.15Cr-$x$Nb alloys in 400 ℃ super-heated steam with oxygen [J]. Corrosion Science, 2023, 214: 111004.

[12] XU S T. Effect of oxygen content in 400 ℃ super-heated steam on the corrosion resistance of Zr-$x$Sn-0.35Fe-0.15Cr-0.15Nb alloys, Corrosion Science, 2022, 198: 110135.

[13] XU J. XPS research on passive layers on Pb-Sn alloys [J]. Chinese Journal of Nonferrous Metals, 2004, 2200: 1217-1227.

[14] KELLER P. XPS investigations of electrochemically formed passive layers on Fe/Cr-alloys in 0.5 M $H_2SO_4$ [J]. Corrosion Science, 2004, 46 (8): 1939-1952.

[15] COX B. Cathodic sites on Zircaloy surfaces [J]. Journal of nuclear materials, 1992, 189 (3): 362-369.

[16] GARCIA E A. Dynamical diffusion model to simulate the oxide crystallization and grain growth during oxidation of zirconium at 573K and 623K [J]. Journal of nuclear materials, 1995, 224 (3): 299-304.

[17] 李美栓. 金属的高温腐蚀[M]. 北京: 冶金工业出版社, 2011: 56-138.

[18] 杨文斗. 反应堆材料学. [M]. 2版. 北京: 原子能出版社, 2006: 123-273.

[19] GOU S Q. Investigation of oxide layers formed on Zircaloy-4 coarse-grained specimens corroded at 360℃ in lithiated aqueous solution [J]. Corrosion Science, 2015, 92: 237-244.

[20] HAUFFE K. The mechanism of oxide layer formation in aqueous electrolytes [M] //Oxidation of Metals. Boston: Springer, 1965: 402-430.

# Corrosion behavior of Zr − 1Sn − xFe − 0.2Cr − 0.02Ni alloy in oxygenated steam at 500 ℃

XU Shi-tong[1], XIAO Xiang-yi[1], HUANG Jian-song[1], YAO Mei-yi[1],
HU Li-juan[1], LIN Xiao-dong[1], XIE Yao-ping[1], LIANG Xue[2],
PENG Jian-chao[2], LI Yi-feng[2], ZHOU Bang-xin[1]

(1. Institute of Materials, Shanghai University, Shanghai 200072, China; 2. Laboratory for Microstructures, Shanghai University, Shanghai 200444, China)

**Abstract:** In order to investigate the effect of oxygen (DO) content in steam on the corrosion resistance of Zr − 1Sn − xFe − 0.2Cr − 0.02Ni ($x$=0.3, 0.45, wt%) alloys in superheated steam at 500 ℃, the two alloys were put into static autoclave and dynamic autoclaves for 500 ℃/10.3 MPa/deaeration, 500 ℃/10.3 MPa/300 μg/kg DO and 500 ℃/10.3 MPa/1000 μg/kg DO superheated steam corrosion tests. Scanning electron microscopy, transmission electron microscopy, X − ray photoelectron spectroscopy and other characterization methods were used to characterize the alloys and the oxide film after corrosion, and the valence state of each element in the oxide film was analyzed. The results show that the corrosion resistance of Zr − 1Sn − xFe − 0.2Cr − 0.02Ni alloys decreases with the increase of Fe content from 0.3% to 0.45% in deaeration and two DO environments. DO has a certain acceleration effect on the corrosion of Zr − 1Sn − xFe − 0.2Cr − 0.02Ni alloys, but increasing the Fe content in the alloys from 0.3% to 0.45% can weaken the acceleration of DO on the corrosion of the alloys. In this paper, the mechanism of Fe and DO accelerating corrosion of the alloys was discussed from the perspective of Fe and DO affecting the oxidation of alloying elements and the microstructure evolution of oxide film.

**Key words:** Dissolved oxygen; Fe; Zirconium alloy; Corrosion behavior; Microstructure

# 核化学与放射化学
Uranium & Radio Chemistry

# 目 录

反应堆辐照废石墨砌体固化/固定处理技术 ………………………………… 徐立国，周 舟，杨 恩，等（1）

高频燃烧红外吸收光谱法测定金属氟化物中的微量碳 ……………………………… 张瑞娟，王小维（9）

辐射法改性多级孔氮化硼及其对 U（Ⅵ）的吸附研究 ………………… 李一帆，张 鹏，陈怡志，等（18）

有机磷类萃取剂对镎（Ⅵ）、钚（Ⅳ）和镅（Ⅲ）萃取行为的
　DFT 研究 …………………………………………………………… 郭琪琪，陈怡志，蒋德祥，等（25）

采用真密度仪测量金属产品密度方法的研究 ……………………………… 王小维，张瑞娟，刘 清，等（31）

机油中放射性活度测量方法研究及应用 …………………………………… 刘昇平，谢敬丰，陈友宁，等（40）

一种可用于强酸溶液中铀吸附的新型螯合离子固相萃取填料
　及其在模拟乏燃料回收中的应用 ………………………………………… 蔡天培，程 宇，于 伟，等（49）

ICP-MS 测定贫铀化合物中铀同位素组成及其不确定度评估 ……… 崔荣荣，黄 卫，龚 昱（56）

# 反应堆辐照废石墨砌体固化/固定处理技术

徐立国，周　舟，杨　恩，包潮军

(中核四川环保工程有限责任公司，四川　广元　628000)

**摘　要**：放射性石墨废物处理是公认的世界性难题，其主要原因是需要处理和处置的废物量庞大；涉及的主要核素的半衰期长；以及石墨的特性，如储存的魏格纳能、石墨粉尘的爆炸和放射性气体的释放。目前，国内外已经对放射性石墨废物的处理进行了多种技术研究，本文针对反应堆辐照废石墨开展特性分析及固化/固定处理技术研究，确定了工艺参数。

**关键词**：辐照废石墨；特性；固化；潜能

石墨在实验反应堆、生产反应堆和核电站动力堆等100多座反应堆中作为中子慢化剂、反射层材料、核燃料套管和其他材料，目前世界范围内辐照废石墨的总量约有25万t，且每年新增17 t[1]。到目前为止，大多数国家在放射性石墨废物处理处置方面基本未取得进展，仅法国考虑修建一个专门的石墨废物处置厂。我国利用石墨作慢化剂、反射层的反应堆大多建于40多年前，已关闭多年，面临退役。国内外针对辐照废石墨处理技术已经开展了几十年研究，包括焚烧、热解、固化、分离等。因各国处置策略稳定，目前石墨工程化处理应用的经验较少。

辐照废石墨最终需要作为放射性废物进行管理，放射性石墨废物的正确管理需要制订复杂的计划。结合石墨处理技术研究现状，石墨废物处理有两类方法：①石墨废物预处理包装成废物包后直接处置；②对后产生的任何废物，如焚烧炉灰、二氧化碳等进行处置。在这两种情况下，石墨的特定性能，如魏格纳能、石墨粉尘爆炸性和石墨废物释放的放射性气体有可能影响放射性石墨废物管理的安全性，对此需要仔细认真地考虑。

## 1　辐照废石墨砌体特性

堆芯石墨砌体是由石墨块和石墨棒自下而上堆叠组成的圆柱体。石墨砌体有数根石墨柱，部分属于活性区，部分属于周围反射层。石墨柱由石墨块堆砌而成，上、下石墨块的连接靠端面的凹凸口配合。在每根石墨柱上形成垂直孔道，反射层石墨柱孔道中放石墨棒，活性区石墨柱孔道插入石墨套管[2]。石墨块沿卸料方向的接缝是错开的，垂直于卸料方向的平面接缝亦是错开的，石墨砌体模型如图1所示。

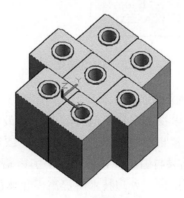

**图1　石墨砌体模型**

作者简介：徐立国（1987—），男，高级工程师，现主要从事放射性废物固化工作。

## 1.1 反应堆石墨的物理、机械性能（表1）

表1 反应堆石墨物理、机械性能

| 序号 | 性能 | 数据 | |
|---|---|---|---|
| 1 | 真实密度/（g/cm³） | 2.22 | |
| 2 | 密度/（g/cm³） | 1.69 | |
| 3 | 各向异性因子：$\alpha\perp\alpha//$ | 2.4 | |
| 4 | 比电阻/[（Ω·mm²）/m] | 6.64 | |
| 5 | 抗压强度/（kgf/cm²） | 227 | |
| 6 | 热导率/[cal/（cm·s·℃）] | 0.2466～0.17（200～500 ℃） | |
| 7 | 总灰分/ppm | <25 | |
| 8 | 比热容/[J/（kg·K）] | 710 | |
| 9 | 含硼量/ppm | <0.074 | |
| 10 | 石墨化因子 | 86 | |
| 11 | 孔隙率 | 开口 | 16.5% |

## 1.2 辐照废石墨浸出测试

石墨的物理化学性质非常稳定，本身对核素具有很好的包容性。如 $^{14}$C 平均浸出率，法国辐照废石墨为 $1\times10^{-11}$～$2\times10^{-11}$ g/（m²·d），美国 Hanford 辐照废石墨为 $2\times10^{-12}$～$5\times10^{-13}$ g/（m²·d）；$^{36}$Cl 平均浸出率，法国辐照废石墨为 $2\times10^{-11}$～$50\times10^{-11}$ g/（m²·d），美国 Hanford 辐照废石墨为 $2\times10^{-13}$～$7\times10^{-13}$ g/（m²·d）[3]。

测试反应堆辐照废石墨 $^{14}$C、$^{3}$H 核素浸出性能，评价固化对辐照废石墨核素浸出的影响[4]，浸出实验示意图如图2所示。

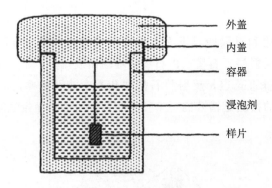

图2 浸出实验示意

辐照废石墨样品的核素浸出率如图3所示。

放射性石墨废物中 $^{3}$H、$^{14}$C 的元素浸出率在浸泡开始时达到最大，随着浸泡时间增加，浸出率逐渐降低，在40天后基本趋于稳定，浸出液中的 $^{14}$C 元素浸出率 $<2\times10^{-12}$ g/（m²·d），$^{3}$H 元素浸出率 $<5\times10^{-14}$（g/m²·d），核素浸出结果与国际一致，证明了国内辐照废石墨具有较好的浸出性能。由于石墨具有较强的浸出性，采用固化/固定处理技术将提高固化体的抗浸出性能。

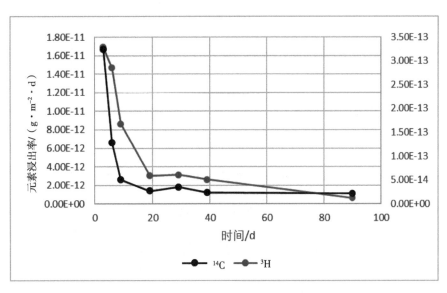

**图 3　辐照废石墨样品的核素浸出率**

### 1.3　辐照废石墨潜能测试

20 世纪 90 年代，国内反应堆辐照废石墨砌体中最大潜能为 175.68 cal/g，平均潜能约为 80 cal/g，最低初始释放温度＞140 ℃，平均初始释放温度＞200 ℃。

本文对现存的辐照废石墨采用差示扫描量热仪（TG‑DSC）法进行测量，实验过程中炉体内进行 99.999% 高纯氩气吹扫防止氧化，吹扫流量为 20 mL/min。升温速率为 5 ℃/min，温度范围为 10～550 ℃。用精度为 1 μg 的天平称量石墨样品，称量样品质量为 4.5 mg 左右，并将其装入直径为 5.06 mm 的铝制密封盘内。样品密封盘和参比密封盘在实验前进行空盘 600 ℃ 退火处理，减小样品盘引入的热流误差。开始测量时，分别对每个样品进行 2 次扫描，第 1 次扫描使潜能释放，第 2 次扫描获得石墨样品本底基线。国外典型辐照废石墨潜能释放图如图 4 所示，反应堆辐照废石墨潜能测试结果如图 5 所示。

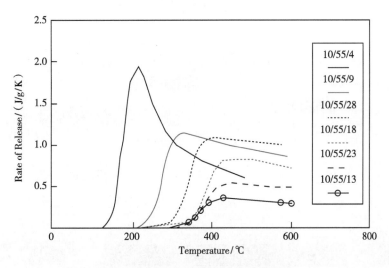

**图 4　国外典型辐照废石墨潜能释放图**

通过试验结果分析，辐照废石墨中的潜能会随时间缓慢释放。辐照废石墨脱离中子源后，在 20 年左右潜能基本释放完，该类型石墨处理时可不考虑潜能释放问题。

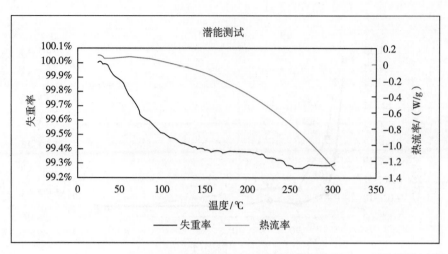

**图5 反应堆辐照废石墨潜能测试曲线**

## 2 国内外固化/固定处理技术研究对比

辐照废石墨的处理以处置为目的，目前唯一安全的处置方法是地质处置，但地质处置库的选址和论证还是一个长期的悬而未决的问题。深地质处置库主要用于处置高放玻璃固化体和α废物等高危险性的废物，处置费用非常昂贵，石墨的存量太大，不经过减容很难被接受。法国辐照废石墨处理策略如图6所示。

对于中低放射性水平辐照废石墨，采用分拣后直接固定/整备处理技术从策略上来看是可行的。

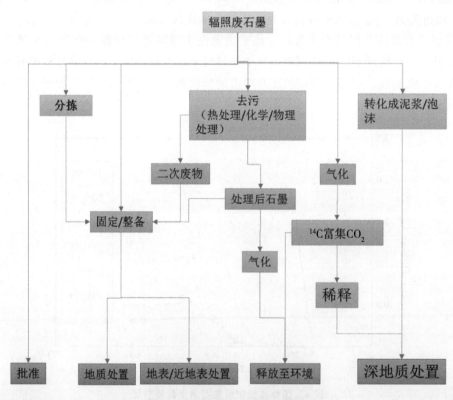

**图6 法国辐照废石墨处理策略**

## 2.1 石墨处理技术对比

基于辐照废石墨处理策略，分析针对低放射性水平辐照废石墨的各处理技术（表2）。

**表2 石墨处理技术的比较**

| 技术 | 优点 | 缺点 | 成熟度 |
| --- | --- | --- | --- |
| 水泥固化 | 工艺简单、成本低 | 强度较低，核素浸出率较高、增容明显（约1倍），需注意魏格纳能 | 工程应用 |
| 表面包裹和注入 | 工艺简单、核素浸出率低 | 不耐高温、辐照稳定性差、需注意魏格纳能 | 实验室研究/未应用 |
| 自蔓延固化 | 固化体性能非常好，适合处置要求 | 工艺复杂、成本高、大幅增容（10~20倍以上） | 实验室研究 |
| 焚烧 | 流化床焚烧、激光焚烧、固定床焚烧、密封腔焚烧等减容显著，避免魏格纳能影响，经济性和安全性好，技术可行性 | 需预处理，$^{14}C$排放，这种技术只适用于处理少量较高放射性水平的石墨废物 | 未实现工程应用，原型实验装置成功 |
| 蒸汽热解 | 减容显著，避免魏格纳能影响，经济性和安全性好，可以在反应堆内进行，可用于石墨块去污，尾气排放量小，易于净化 | $^{14}C$的排放反应条件比焚烧苛刻，不易控制，技术难度大 | 实验室研究阶段 |
| 沥青/环氧树脂注入 | 工艺简单，浸出率低，还可利用其他技术进一步处理 | 处理低温堆石墨需考虑魏格纳能，固化体不耐高温，有起火隐患，长期储存发生辐解 | 未实现工程应用，放弃使用 |

通过技术对比分析，在忽略潜能问题上，水泥固化技术具有较高技术和工程应用价值。

## 2.2 辐照废石墨处置

法国约有2.24万t辐照废石墨，主要来自6座UNGG堆和5座实验堆。2001年的评估表明，在已经停闭了15~40年的UNGG堆的石墨套管及慢化剂块体中，主要含$^3H$（26%）、$^{60}Co$（37%）、$^{63}Ni$（21%）、$^{14}C$（17%）和$^{36}Cl$（0.2%）[5]。法国考虑设计建造专门的石墨废物中等深度处置设施，其成本预计比深地质处置低1个数量级。研究了几种不同方案：一种是将石墨废物包装体安放在混凝土处置单元中，置于地下200 m深处，关闭后对该区域进行回填，如图7a所示；另一种是在山丘地带近地表处挖建水平的安放单元，并将废物包从山丘的一侧移入安放单元，维持地表原有的植被覆盖。这种方法允许石墨废物包在50~200 m或更深的位置放置，如图7b所示。

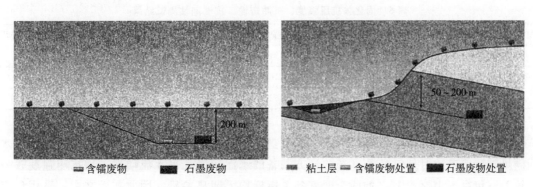

**图7 法国石墨废物处置**
(a) 石墨废物处置方案1；(b) 石墨废物处置方案2

根据反应堆辐照废石墨的放射性水平，该类废物属于低放废物，采用固化/固定处理技术具有较高的经济性、工程的可操作性及处置的安全性。

## 3 放射性废石墨粉固化配方

针对石墨处理过程中剥离下的废石墨粉，参照GB14569.1—2011《低、中水平放射性废物固化体性能要求—水泥固化体》开展水泥固化配方研究工作。

### 3.1 实验室冷试验

根据计算确定水灰比，将计量好的料液（或水）、石墨粉、固化基材P.O 42.5先后加入胶砂搅拌机搅拌锅内，开动胶砂搅拌机进行机械搅拌，按标准制备水泥灰浆，然后用 $\phi$50 mm×50 mm 塑料试模制备水泥固化体，经过养护后开展性能测试，配方设计如表3所示。

表3 废石墨水泥固化试验设计配方表

| 配方 | P.O 42.5 | 包容率 wt% | 水灰比 |
|---|---|---|---|
| 1 |  | 10% | 0.45 |
| 2 | 100 | 15% | 0.45 |
| 3 |  | 20% | 0.50 |

针对3种配方所得水泥灰浆进行了流动度、泌水性、凝结时间测试，结果如表4所示。测试结果表明：①水泥灰浆随着包容率增大，流动度显著减少；②经分析，流动度变化原因是石墨粉具有吸水性，包容率越大，吸水越多，流动性变差；③包容率为20%的配方在制备过程中，水泥灰浆流动度最小，接近不流动，制备固化体有一定困难；④本基材所有配方均无游离水产生；⑤本基材下的3种配方制备的水泥固化体凝结时间均满足技术指标要求，无明显差别。

针对3种配方得到的水泥固化体进行抗压强度、抗冲击性、抗浸泡性测试，测试结果如表5所示。

表4 水泥灰浆流动度、泌水性、凝结时间测试结果

| 配方 | 包容率 wt% | 水灰比 | 流动度/mm | 泌水率 | 初凝 | 终凝 |
|---|---|---|---|---|---|---|
| 1 | 10% | 0.45 | 291 | 无 | 2 h | 6 h |
| 2 | 15% | 0.45 | 208.5 | 无 | 2 h | 6.5 h |
| 3 | 20% | 0.50 | 124.5 | 无 | 2 h | 6.5 h |

表5 固化体抗压强度、抗冲击性、抗浸泡性测试结果

| 配方 | 包容率 wt% | 水灰比 | 抗压强度 | 抗冲击 | 浸泡前/MPa | 浸泡后/MPa |
|---|---|---|---|---|---|---|
| 1 | 10% | 0.40 | 45.31 | 无 | 45.31 | 54.50 |
| 2 | 15% | 0.40 | 45.16 | 无 | 45.16 | 47.59 |
| 3 | 20% | 0.45 | 36.62 | 无 | 36.62 | 43.13 |

试验结果表明：通过对本基材下的3种不同包容率配方的固化试验可以看出，3种配方的水泥固化体均满足国标要求。但是包容率20%的配方制备的水泥灰浆几乎无流动性，且抗压强度较另外两个配方较差；包容率10%、15%的两个配方各个指标均无明显差别，因此在后文中，采用包容率为15%、P.O 42.5为100、水灰比为0.45的石墨粉水泥固化配方，进一步研究放射性废石墨粉的水泥固化性能。

## 3.2 实验室热试验

选其中的一组进行实验室热试验,在实验室冷试验得到的配方基础上开展放射性废石墨粉固化配方实验室热试验。试验发现水泥灰浆干硬,不易制备,这与反应堆石墨的吸水性强于冷试验所用新石墨有关。因此,采用冷试验配方水灰比调整为0.40后的配方进行废石墨粉水泥固化热试验。水泥固化体经养护后进行性能测试,各项性能测试结果如表6、表7所示。

表6 水泥灰浆流动度测试

| 配方 | 包容率 wt% | 水灰比 | 流动度/mm | 泌水率 | 初凝 | 终凝 |
| --- | --- | --- | --- | --- | --- | --- |
| 1 | 15% | 0.40 | 165 | 无 | 2 h | 6.5 h |

表7 固化体性能测试

| 配方 | P.O 42.5 | 包容率 wt% | 水灰比 | 抗冲击 | 浸泡前/MPa | 浸泡后/MPa |
| --- | --- | --- | --- | --- | --- | --- |
| 1 | 100 | 15% | 0.40 | 满足 | 35.03 | 33.84 |

表中测试结果表明,水泥灰浆流动度为165 mm,相较于冷试验相同包容率下的配方降低,分析原因是反应堆辐照废石墨的吸水性更强导致的,且本配方下的水泥固化体无游离水产生。固化体抗压强度、抗冲击性、浸泡后抗压损失、浸泡液中$^3$H、$^{14}$C在第42天浸出率均满足国标要求[6]。因此,实验室热试验后得出的针对石墨粉水泥固化配方为包容率为15%、P.O 42.5为100、水灰比为0.40。

## 4 石墨砌体固定

石墨砌体放置于如图8所示的设计吊篮中,按照吊篮设计方案和堆码方式,利用非放射性石墨砌体开展工程规模验证试验[7]。按照水灰比0.14配制特种水泥灰浆,对钢箱内用吊篮固定的石墨砌体进行固化处理。

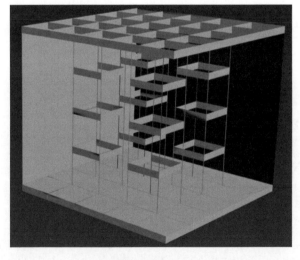

图8 吊篮示意

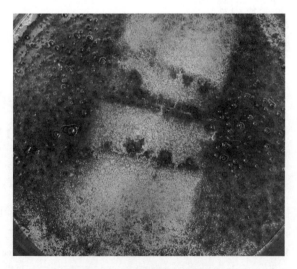

图9 200 L石墨砌体浇筑

200 L石墨砌体浇筑如图9所示,可以观察到水泥浇筑过程中,石墨被固定在吊篮中,未发生漂浮及位置偏移等现象。因此,得到了用于石墨砌体固定的水泥配方,固定基材性能满足核行标要求。该配方水灰比为0.14,采用吊篮方式,固定废石墨的包容率可达到70%。具有简单易应用于生产运行、成本较低等优点。

## 5 结论

(1) 根据潜能测试结果可知,反应堆辐照废石墨中的潜能在经过几十年贮存后已经释放,不会影响石墨的处理处置。

(2) 根据石墨核素浸出测试结果 $2×10^{-12}$~$5×10^{-14}$ g/(m²·d),辐照废石墨具有良好的浸出性能,对辐照废石墨的固化/固定处理是可行的。

(3) 通过放射性废石墨粉进行实验室冷热试验、工程冷验证,得到废石墨粉工程固化配方参数:包容率为15%,P.O 42.5为100,水灰比0.45。

(4) 通过完成石墨砌体的工程规模固定冷试验获得工程参数:包容率约为70%。

通过开展反应堆辐照废石墨固化/固定研究,根据试验结果可知,由于反应堆辐照废石墨的潜能释放完全、核素浸出率低的特点,采用固化/固定处理工艺简单、易于高出,固化体/固定体的抗压强度、泌水性、抗浸泡性、抗浸出等性能满足国标要求。

**参考文献:**

[1] SEPTEMBER. Characterization, treatment and conditioning of radioactive graphite from decommissioning of nuclear reactors: IAEA-TECDOC-1521 [R]. Vienna: IAEA, 2006.

[2] AGENCY I A E. Progress in radioactive graphite waste management: IAEA-TECDOC-1647 [R]. Vienna: IAEA, 2010.

[3] HOU X L. Rapid analysis of $^{14}$C and $^{3}$H in graphite and concrete for decommissioning of nuclear reactor [J]. Applied radiation and isotopes, 2005, 62 (6): 871-882.

[4] BOTSOA J, CHITI R G, ABDELOUAS A, et al. Enhanced recovery of radionuclides from irradiated graphite by sulfuric acid-graphite intercalation and leaching [C] //Phoenix: 14551 WM2014 Conference.

[5] 杨怀元,王治惠. 反应堆退役废物中 $^{3}$H, $^{14}$C, $^{36}$Cl, $^{63}$Ni 和 $^{55}$Fe 的液闪计数测量 [J]. 原子能科学技术,1996,30 (6): 509-515.

[6] 邱永梅,王萍,但贵萍,等. 反应堆退役石墨中 $^{14}$C 分析制样实验系统研制 [J]. 原子能科学技术,2010 (B09): 119-123.

[7] 郑博文,李晓海,周连全,等. 放射性废石墨的处理处置现状 [J]. 辐射防护通讯,2012,30 (3): 32-37.

# Reactor irradiated graphite masonry solidification/fixation technology

## XU Li-guo, ZHOU Zhou, YANG En, BAO Chao-jun

(CNNC Sichuan Environmental Protection Engineering Co., Ltd., Guangyuan, Sichuan 628000, China)

**Abstract:** Radioactive waste graphite waste treatment is recognized as a worldwide challenge, mainly due to the large volume of waste to be treated and disposed of; the long half-life of the main nuclides involved; and the properties of graphite, such as stored Wegener energy, explosion of graphite dust and radioactive gas release. Various technologies have been studied for the treatment of radioactive graphite at home and abroad. In this paper, the characterization and solidification and immobilization treatment technologies are carried out for production pile waste graphite, and the process parameters are determined.

**Key words:** Irradiated waste graphite; Characteristics; Curing; Potential

# 高频燃烧红外吸收光谱法测定金属氟化物中的微量碳

张瑞娟，王小维

(四川红华实业有限公司，四川 乐山 614200)

**摘　要：** 为生产工艺中间产物金属氟化物的碳杂质含量建立快速、准确的检测方法是公司产品质量监控与技术支撑的保障。建立了高频燃烧红外吸收光谱法测定金属氟化物中微量碳的分析方法。使用氧化铈作为氟抑制剂，对分析气路进行防腐蚀处理，吸收池和检测器均定制加工，检测器可拆卸更换，以降低氟化物对仪器的腐蚀。通过选择合适的取样量、助熔剂、氟抑制剂加入方式、积分时间，确定了仪器最佳工作条件。该方法的检出限为 5 $\mu g/g$，加标回收率为 89%～108%，测定结果的相对标准偏差≤8%（$n=8$）。该方法高效、准确、稳定，可取代传统电导法，实现金属氟化物中微量碳的高精度检测。

**关键词：** 高频燃烧红外吸收光谱法；微量碳；金属氟化物；氧化铈

生产工艺中间产物金属氟化物的制备过程中极易引入碳杂质，碳含量越高，金属塑性与韧性越差从而导致延展性降低。为碳杂质含量建立快速、准确的检测方法是公司产品质量监控与技术支撑的保障。鉴于碳杂质的不利影响，为生产制备工艺的中间产物金属氟化物的碳杂质含量提供质量监控与技术支撑显得尤为重要，必须建立快速、准确的金属氟化物中微量碳的检测方法。

目前，国内外测定碳杂质的主要方法有电导法、重量法等。电导法测量范围窄，耗用试剂多；重量法分析速度慢。近年来高频燃烧红外吸收光谱法测定碳杂质含量，因其分析速度快、灵敏度高、测定范围宽和准确度高等特点，在钢铁、冶金等行业得到了快速发展，但尚未展开金属氟化物中微量碳测定的技术研究。本文采用经防腐蚀改造的碳硫分析仪，对陶瓷坩埚、助熔剂和样品的处理方式，以及助熔剂的类型、配比和加入次序等检测条件进行了优化，建立了高频燃烧红外吸收光谱法测定金属氟化物中微量碳含量的方法。该方法高效、准确、稳定，可取代传统电导法，实现金属氟化物中微量碳的高精度检测。

## 1　实验部分

### 1.1　主要仪器与试剂（表1）

表1　主要仪器与试剂

| 名称 | 信息 |
| --- | --- |
| 碳硫分析仪 | 聚光 CS5000 高频红外碳硫分析仪 |
| 马弗炉 | 最高温度为 1500 ℃ |
| 分析天平 | 分度值为 0.1 mg/0.01 mg |
| 高纯助熔剂 | 钨锡（粒度 0.4～1.0 mm）（力克公司货号为：502-173）；纯铁（力克公司货号为：501-077） |
| 钢铁标样 | 钢铁成分标准物质证书 YSBC11008-98，0.0015%（15 $\mu g/g$） |
| 陶瓷坩埚 | 25 mm×25 mm |
| 氧气 | 纯度为 99.9%，压力为 275 kPa |
| 氮气 | 纯度为 99.9%，压力为 275 kPa |
| 氧化铈（$CeO_2$） | 纯度 99.99%，为高纯试剂 |

---

作者简介：张瑞娟（1995—），女，河南开封人，助理工程师，硕士，现主要从事化学分析相关工作。

## 1.2 仪器工作条件

预吹氧时间：15 s；延迟时间：15 s；比较水平：1.0%；氧气流量：3.5 L/min；氮气流量：0.3 L/min；电流：20 A；电压：380 V；积分时间：40 s。

## 1.3 实验方法

### 1.3.1 陶瓷坩埚处理

将陶瓷坩埚开口向上依次层叠堆放于马弗炉炉膛，陶瓷坩埚整体所占空间宜控制在马弗炉炉膛容积的1/3～1/2，在通入氧气的条件下设置马弗炉温度为900 ℃并恒温4 h。待马弗炉温度降至200 ℃以下将陶瓷坩埚取出，转至干燥器中保存。上述过程一次可处理100个。

### 1.3.2 氧化铈处理

氧化铈预处理：将氧化铈放置于马弗炉中，在900 ℃下通氧气灼烧8 h，在氧气氛围中自然冷却到室温，取出研磨至通过45目筛孔，最后放于干燥器中保存。

### 1.3.3 仪器预热与校正

仪器准备：打开仪器，预热30 min以上（各个位置都需要升温）。检查仪器净化、除尘用的各种试剂和材料是否满足正常使用要求，并对系统进行探漏检查，系统密闭性能良好方可继续操作。

仪器校正（自动校零）：按照"1.2 仪器工作条件"设置仪器的方法参数，并进行系统处理，待系统稳定后，进行空白校正。加入2.0 g高纯助熔剂或混合助熔剂于陶瓷坩埚中，将陶瓷坩埚置于仪器的坩埚托上，按启动按钮，仪器自动进行系统空白分析。重复测定3～5次（每次一个新坩埚，测到读数稳定为止），选定所测量的系统空白值，进行系统空白校正。

标样校正：选用与所测定样品碳含量范围合适的标准钢样，称取0.25 g左右，置于陶瓷坩埚中，加入2.0 g高纯助熔剂或混合助熔剂混匀。将陶瓷坩埚置于仪器的坩埚托上，按启动按钮，仪器自动进行分析处理，并显示标准钢样中碳的质量分数。重复测定3～5次（以标准钢样为基准测试直到读数稳定为止）。选定所测量的标准钢样值，进行标样校正。

### 1.3.4 氧化铈空白值的测定

称取经过处理的1.0 g氧化铈，加入2.0 g高纯助熔剂或混合助熔剂混匀，置于陶瓷坩埚中，重复测定3～5次取平均值，得氧化铈抑制剂的空白值。

### 1.3.5 样品测试

称取0.25 g样品、1.0 g氧化铈，加入2.0 g高纯助熔剂或混合助熔剂混匀，置于陶瓷坩埚中。将陶瓷坩埚置于仪器的坩埚托上，按启动按钮，仪器自动进行分析处理，并自动显示样品中碳元素的质量分数。

样品中碳元素的含量，以$W_1$质量分数计，单位为$\mu g/g$，按式（1）计算。

$$W_1 = \frac{m_1 \times W_i - m_2 \times W_2}{m_1} \eqno{(1)}$$

式中，$W_1$为样品中碳元素的质量分数，单位为$\mu g/g$；$m_1$为样品称样量，单位为g；$W_i$为仪器显示出样品中碳元素的质量分数，单位为$\mu g/g$；$m_2$为氧化铈抑制剂称样量，单位为g；$W_2$为氧化铈抑制剂空白值的质量分数，单位为$\mu g/g$。

## 2 结果与讨论

### 2.1 仪器工作原理

仪器的红外光源（IR）为一被加热到850 ℃的铂铑合金丝电阻。红外光源既辐射可见光能，也辐射整个红外光谱中各波长的红外线。碳是以CO和$CO_2$的形式被红外池检测到的。CO、$CO_2$等极性分子具有永久电偶极矩，因而具有振动、转动等结构。按量子力学分成分裂的能级，可与入射的特征波长红外辐射耦合产生吸收,朗伯-比尔定律反映了此吸收规律,如式(2)所示。测量经吸收后红外光的强度便能计算出相应气体的浓度,这便是红外气体分析的理论根据。

$$I = I_0 \exp(-apL)。\tag{2}$$

式中,$I_0$为入射光强;$I$为出射光强;$a$为吸收系数;$p$为该气体的分压强;$L$为分析池的长度。

CS 5000型红外碳硫分析仪就是利用了$CO_2$在4.26 μm处具有较强吸收带这一特性,通过测量气体吸收后的光强变化量,分析$CO_2$气体浓度百分含量,间接确定被测样品中的碳元素的百分含量。图1为CS 5000型红外碳硫分析仪结构,分析室包括反射镜、微型红外光源、马达调制盘、$CO_2$吸收池、滤光片和探测器。

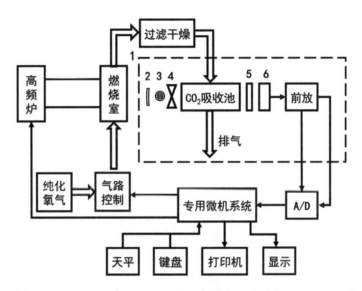

1—分析室;2—反射镜;3—微型红外光源;4—马达调制盘;5—滤光片;6—热释电组件(探测器)

**图1 CS 5000型红外碳硫分析仪结构**

为避免金属氟化物燃烧释放出的氟化物对仪器造成腐蚀,对仪器进行改造升级,将分析气路进行防腐蚀处理,$CO_2$吸收池和检测器均定制加工,检测器可拆卸更换,以降低氟化物对仪器的腐蚀。其中,吸收池材质由原来的石英换为氟化钙。红外光源用电加热到800 ℃左右产生红外辐射光,经调制器把光信号调制成80 Hz的交变辐射信号入射到吸收池,该红外光经吸收池中的$CO_2$气体吸收后,再经过窄带滤光片滤去除上述波长外的其他光辐射的能量,入射到探测器上,则探测器上测到的是与$CO_2$气体浓度相对应的光强,经过探测器光电转化为电信号放大后输出模拟量信号,经A/D模式转换后,通过归一化处理,积分反演为碳元素的百分含量。

### 2.2 陶瓷坩埚处理

陶瓷坩埚以氧化铝和氧化硅为主要成分,在原料加工和烧结等过程中引进少量碳是不可避免的,而且这些成分较易吸附环境中的$CO_2$、水汽和含C的杂质气体。若直接使用,其碳量可能在0.0001%~0.002%,使结果偏高;而若水分和$CO_2$生成碳酸吸附在气路管道内,会导致结果偏低[1]。为降低陶瓷坩埚引入的测量干扰,测定前需进行合理处理。

因高温条件下陶瓷坩埚所含碳残留物会分解逸出,故分别采用高温烘烧法和坩埚打底法两种方法进行了试验对比。高温烘烧法见"1.3.1陶瓷坩埚处理"部分。坩埚打底法:在陶瓷坩埚中加入0.3 g铁助熔剂,转入碳硫分析仪坩埚支架,利用仪器自带高频燃烧炉进行加热处理,冷却,待测。两种方法处理后的陶瓷坩埚,其碳含量空白值测定结果如表2所示。

表2　陶瓷坩埚处理实验碳含量空白值测定结果

| 处理方式 | 碳含量空白值/（μg/g） | | | | | | 平均值/（μg/g） |
|---|---|---|---|---|---|---|---|
| 未处理 | 10.6 | 11.8 | 12.6 | 8.9 | 12.1 | 9.3 | 10.9 |
| 高温烘烧 | 3.3 | 4.1 | 2.9 | 4.0 | 3.5 | 3.8 | 3.6 |
| 坩埚打底 | 1.5 | 1.9 | 2.4 | 2.2 | 2.7 | 1.9 | 2.1 |

由表2可知，经高温烘烧法和坩埚打底法处理后的陶瓷坩埚，其碳含量空白值均有明显下降，两种方法的处理效果均可满足金属氟化物中碳杂质含量的分析要求。高温烘烧法一次处理量大，经济性强，但处理时间较长；坩埚打底法处理时间较短，但一次仅能处理一个，且消耗铁助熔剂。综合考虑，最终选择高温烘烧法作为陶瓷坩埚处理方法。

### 2.3　氧化铈处理时间

购买的氧化铈纯度为99.99％，虽为高纯试剂，但其中可能存在少量的碳杂质来源。因此，需要对购买的氧化铈进行灼烧处理，并探究了不同灼烧时间对氧化铈碳含量的影响，如表3和图2所示。

表3　不同灼烧时间的氧化铈碳含量的测定结果

| 灼烧时间/h | 碳含量/（μg/g） | | | | | | 平均值/（μg/g） | 标准偏差/（μg/g） | RSD |
|---|---|---|---|---|---|---|---|---|---|
| 0 | 40.2 | 38.6 | 39.1 | 41.9 | 39.9 | 40.4 | 40.0 | 1.15 | 2.87％ |
| 4 | 24.3 | 22.8 | 23.7 | 25.5 | 25.1 | 24.9 | 24.4 | 1.00 | 4.10％ |
| 8 | 19.7 | 20.6 | 18.4 | 21.1 | 20.5 | 21.9 | 20.4 | 1.21 | 5.92％ |
| 16 | 19.3 | 18.1 | 18.7 | 17.9 | 19.8 | 20.5 | 19.1 | 1.01 | 5.29％ |
| 24 | 17.8 | 18.2 | 16.5 | 19.1 | 18.5 | 18.9 | 18.2 | 0.94 | 5.18％ |

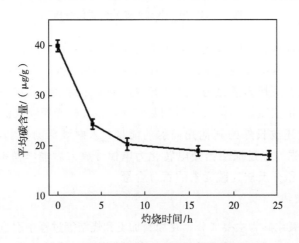

图2　氧化铈平均碳含量随灼烧时间变化

从表3和图2可以看出，当灼烧时间为0，即未处理的氧化铈碳含量最高，约为40 μg/g；随着灼烧时间的增加，氧化铈中的碳含量明显降低。当灼烧时间为8 h时，碳含量已降低至20.4 μg/g，随时间继续增加碳含量下降不明显，灼烧时间为24 h时的碳含量为18.2 μg/g，仅降低2.2 μg/g，浪费时间和能源，因此综合考虑选择氧化铈的灼烧时间为8 h。

### 2.4　助熔剂选择

金属氟化物为非磁性金属氟化物，在高频感应线圈中燃烧效率低，不能使碳杂质完全释放。为达到准确检测的目的，通常在样品测定时加入助熔剂[2]。助熔剂燃烧时会提高炉温进而提升熔样燃烧速率,且助熔剂还兼具增加样品流动性,稀释样品令气体更易逸出的作用[3]。实验室常用的助熔剂类型有钨锡粒、铁粒、钨锡+铁等[4]。不同的助熔剂在燃烧时,对样品所起的辅助作用也不同[5]。准备3组共18个空坩埚,称取等量样品和氧化铈后,分别加入等量的钨锡粒、铁粒、钨锡+铁助熔剂,在"1.2仪器工作条件"下测定6次,样品燃烧和红外吸收情况,以及碳含量测定结果如表4和图3所示。由表4和图3可知,选用钨锡粒和钨锡+铁助熔剂,样品均能燃烧完全,且燃烧后坩埚内表面光滑,碳的红外吸收情况较好,测定结果的相对标准偏差(RSD)满足分析要求。综合考虑,本实验助熔剂选择钨锡粒。

表4 不同助熔剂下的样品碳含量测定情况

| 助熔剂 | 燃烧现象 | 红外吸收情况 | RSD |
|---|---|---|---|
| 钨锡粒 | 燃烧完全,坩埚内表面光滑 | 峰形对称、平滑 | 5.8% |
| 铁粒 | 未充分燃烧,坩埚内表面布满不完全熔融物 | 碳出现双峰,峰形拖尾 | 27.6% |
| 钨锡+铁 | 燃烧完全,坩埚内表面光滑 | 峰形对称、平滑 | 6.5% |

(a) (b) (c)

图3 不同助熔剂下坩埚内样品燃烧和红外吸收情况
(a) 钨锡粒;(b) 铁粒;(c) 钨锡+铁

## 2.5 试剂添加次序

钨是高熔点金属,有较高的热值,高温下化学活性剧增,易于氧化燃烧,且有较好的透气性,燃烧不飞溅[6]。锡熔点较低,能增加样品燃烧时的流动性,使熔渣光亮平整。钨锡合金具有两者的优点。氧化铈是氟抑制剂,在高温条件下金属氟化物与氧气反应放出氟气,被氧化铈吸收生成四氟化铈,解决了氟对仪器的腐蚀问题。燃烧过程中,样品、助熔剂、氟抑制剂的叠放次序直接影响燃烧效果及分析稳定性[7]。参考公司现有企标《电导法测定金属氟化物中的碳》,对样品、助熔剂、氟抑制剂的加入次序进行实验,在"1.2仪器工作条件"下重复测定6次,测定结果如表5所示。由表5可知,加入次序为钨锡粒+样品/氧化铈/钨锡粒+氧化铈+钨锡粒时,样品的熔融效果较好,测定结果的相对标准偏差最小。

表5 不同加入次序下的样品测定结果

| 加入次序 | 燃烧现象 | RSD |
|---|---|---|
| 样品/氧化铈/钨锡粒+钨锡粒 | 熔体粗糙,无喷溅,有未熔融颗粒物 | 8.9% |
| 钨锡粒+样品/氧化铈/钨锡粒 | 熔体略粗糙,无喷溅,熔融效果不好 | 6.3% |
| 钨锡粒+样品/氧化铈/钨锡粒+氧化铈+钨锡粒 | 熔体光滑,无喷溅,且熔融效果最好 | 4.1% |

## 2.6 助熔剂加入量

助熔剂的加入量对样品碳杂质含量测定结果的影响较大。助熔剂加入量过多，样品会由于燃烧过于剧烈而喷溅溢出[8]，污染炬管和陶瓷热保护套，严重时将损坏燃烧管；助熔剂加入量过少，样品燃烧不充分，碳杂质不能完全释放。钨在650 ℃氧化生成三氧化钨时大量放热，促进了样品燃烧；三氧化钨在900 ℃以上时有显著升华，增加了碳的扩散速度[9]。依据钨锡助熔剂的特点考虑，对于0.25 g的称样量，钨锡粒的加入量宜在1.5～2.5 g。

参考实验室现有方法：电导法，测碳中氧化铈的用量，0.3 g金属氟化物需要1.5 g氧化铈。设定称样量为0.25 g，氧化铈用量为1.2 g，助熔剂用量分别为1.5 g、2.0 g和2.5 g，进行6次重复测定，结果如表6、表7和图4所示。表6结果表明上述3种助熔剂的加入量不影响氧化铈碳含量的测定结果，约为20 μg/g，相对标准偏差均小于7%。从表7可以看出助熔剂加入量为1.5 g和2.5 g的样品碳含量测量值均小于加入量为2.0 g的测量值，且相对标准偏差比2.0 g组更大。主要原因是加入量为1.5 g时，助熔剂用量不足，样品燃烧不充分，碳杂质不能完全释放；加入量为2.5 g时，助熔剂用量过多，陶瓷坩埚内样品燃烧过于剧烈有少量喷溅溢出，从而造成损失。因此，本实验最佳条件为助熔剂加入量为2.0 g。

表6 助熔剂不同用量下的氧化铈碳含量测定结果

| 加入量/g | 氧化铈碳含量/（μg/g） | | | | | | 平均值 | 标准偏差/（μg/g） | RSD |
|---|---|---|---|---|---|---|---|---|---|
| 1.5 | 20.4 | 19.6 | 21.5 | 19.1 | 20.9 | 18.5 | 20.0 | 1.13 | 5.67% |
| 2.0 | 21.3 | 20.8 | 18.1 | 19.2 | 20.7 | 19.4 | 19.9 | 1.22 | 6.10% |
| 2.5 | 19.2 | 19.9 | 21.0 | 20.1 | 18.3 | 22.0 | 20.1 | 1.30 | 6.50% |

表7 助熔剂不同用量下的样品碳含量测定结果

| 加入量/g | 样品碳含量/（μg/g） | | | | | | 平均值 | 标准偏差/（μg/g） | RSD |
|---|---|---|---|---|---|---|---|---|---|
| 1.5 | 9.3 | 10.4 | 10.5 | 10.5 | 9.9 | 11.6 | 10.4 | 0.76 | 7.36% |
| 2.0 | 12.2 | 11.7 | 11.4 | 11.1 | 11.9 | 10.5 | 11.5 | 0.61 | 5.31% |
| 2.5 | 10.2 | 9.7 | 11.5 | 11.4 | 8.3 | 11.4 | 10.6 | 0.97 | 9.21% |

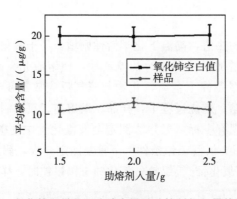

图4 氧化铈和样品平均碳含量随助熔剂加入量的波动

## 2.7 积分时间

分析样品时，通过分析曲线不仅可以了解样品的燃烧情况，还可以判断样品何时燃烧完全，从而确定合适的积分时间。分别采用钢铁标样和样品考察不同积分时间的样品燃烧情况，每个积分时间重复测定3次，结果如表8和图5所示。由表8和图5可知，在分析时间为35～40 s时，钢铁标样和样品的测定值均在标准值误差范围内，由此确定积分时间为40 s时，可满足钢铁标样校正及金属氟化物样品的测量需要。

表 8 不同积分时间下的标准钢样和样品平均碳含量测定结果

| 积分时间/s | 标准钢样平均碳含量/(μg/g) | 标准偏差/(μg/g) | RSD | 样品平均碳含量/(μg/g) | 标准偏差/(μg/g) | RSD |
|---|---|---|---|---|---|---|
| 20 | 12.4 | 1.12 | 9.03% | 7.4 | 0.75 | 10.14% |
| 25 | 13.6 | 0.99 | 7.28% | 9.6 | 0.83 | 8.65% |
| 30 | 14.1 | 0.96 | 6.81% | 10.8 | 0.66 | 6.11% |
| 35 | 14.8 | 1.13 | 7.64% | 11.1 | 0.62 | 5.59% |
| 40 | 15.1 | 0.88 | 5.83% | 11.3 | 0.51 | 4.51% |
| 45 | 15.2 | 0.75 | 4.93% | 11.2 | 0.57 | 5.09% |
| 50 | 14.9 | 0.79 | 5.30% | 11.4 | 0.49 | 4.30% |

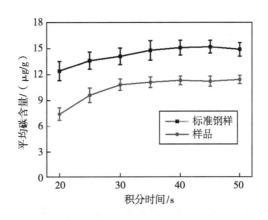

图 5 标准钢铁标样和样品平均碳含量随积分时间的变化

## 2.8 氧化铈空白值及方法检测下限

称取 1.5 g 氧化铈，2.0 g 钨锡助熔剂按照"2.4"方法进行处理，在"1.2 仪器工作条件"下连续测定 8 次，测定结果见表 9。从表 9 可以看出，氧化铈的空白值为 20.4 μg/g，以 3 倍空白标准偏差计算得到碳杂质的检出限为 4.6 μg/g，方法下限为 5 μg/g。

表 9 氧化铈空白值测定结果

| 氧化铈空白值/(μg/g) | | | | 平均值/(μg/g) | 标准偏差/(μg/g) | 检出限/(μg/g) | 方法下限/(μg/g) |
|---|---|---|---|---|---|---|---|
| 20.3 | 18.1 | 22.6 | 21.9 | 20.4 | 1.51 | 4.6 | 5 |
| 19.6 | 20.1 | 21.4 | 19.1 | | | | |

## 2.9 方法精密度

称取 0.25 g 样品，1.5 g 氧化铈，2.0 g 钨锡助熔剂按照"2.4"方法进行处理，在"1.2 仪器工作条件"下以 2 次/天连续测定 4 天，测定结果如表 10 所示。由表 10 可知，碳杂质测定结果的相对标准偏差为 7.64%，说明该方法精密度良好。经调查，置信度为 95% 时，平行测定 0.3 g 金属氟化物样品中碳含量，6 次测量结果的相对标准偏差为 20%。以上表明采用高频燃烧红外吸收光谱法可取代传统电导法，实现金属氟化物中微量碳的高精度检测。

表10 样品以2次/天连续测定4天的碳含量测定结果

| 样品碳含量测定值/(μg/g) | | | | 平均值/(μg/g) | RSD |
|---|---|---|---|---|---|
| 16.4 | 14.2 | 13.2 | 16.3 | 15.2 | 7.64% |
| 14.7 | 14.9 | 16.2 | 15.9 | | |

## 2.10 加标回收试验

采用钢铁标样进行样品加标回收试验,在"1.2仪器工作条件"下重复测定6组,测定结果如表11所示。由表11可知,样品加标回收率为89.3%～107.3%,表明该方法具有较高的准确度。

表11 加标回收试验结果

| 试样本底值/(μg/g) | 标准加入值/(μg/g) | 实测值/(μg/g) | 加标回收率 |
|---|---|---|---|
| 15.2 | 15 | 30.1 | 99.3% |
| | | 28.6 | 89.3% |
| | | 31.3 | 107.3% |
| | | 29.4 | 94.7% |
| | | 30.9 | 104.7% |
| | | 29.5 | 95.3% |

## 3 结论

本文建立了高频燃烧红外吸收光谱法测定金属氟化物中微量碳的分析方法,并探究出了仪器最佳工作条件:取样量0.25 g,助熔剂选用钨锡助熔剂且加入量为2.0 g,试剂添加次序为钨锡粒+样品/氧化铈/钨锡粒+氧化铈+钨锡粒,积分时间为40 s。该方法采用固体进样,检出限为5 μg/g,加标回收率为89%～105%,测定结果的相对标准偏差≤8%（n=8）。测样全程操作步骤简单,检测速率快,稳定性与准确度较高,可取代传统电导法,为生产制备工艺的中间产物金属氟化物的碳杂质含量提供质量监控与技术支撑,满足公司相关产品制备及其相关基础研究和工程应用研究的分析检测需求。

**参考文献：**

[1] 陈瑞润,丁宏升,毕维生,等.电磁冷坩埚技术及其应用[J].稀有金属材料与工程,2005,34(4):510-514.
[2] 曾辉,黎东涛,李国彪,等.陶瓷-金属-合金三层复合材料坩埚的液态成形法研究[J].热加工工艺,2007,36(17):5-7.
[3] 李慧,焦发存,李寒旭.助熔剂对煤灰熔融性影响的研究[J].煤炭科学技术,2007,35(1):81-84.
[4] 马林,胡建国,万国江,等.YAG:Ce发光材料合成的助熔剂研究[J].发光学报,2006,27(3):348-352.
[5] 翟永清,刘元红.微波法合成新型红色长余辉材料Gd2O2S:Eu,Mg,Ti中助熔剂的影响[J].人工晶体学报,2006,35(4):871-875.
[6] 李继炳,沈本贤,李寒旭,等.铁基助熔剂对皖北刘桥二矿煤的灰熔融特性影响研究[J].燃料化学学报,2009,37(3):262-265.
[7] 黎学明,孔令峰,李武林,等.助熔剂NaF对YAG:Ce荧光粉结构及发光性能影响[J].无机化学学报,2009,25(5):865-868.
[8] 李继炳,沈本贤,赵基钢,等.助熔剂对皖北刘桥二矿煤灰熔融特性的影响[J].煤炭学报,2010(1):140-144.
[9] 王大川,梁钦锋,龚欣,等.添加助熔剂后朱集西煤灰熔融特性规律研究[J].燃料化学学报,2015,43(2):153-159.

# Determination of trace carbon in metal fluoride by high frequency combustion infrared absorption spectrometry

## ZHANG Rui-juan, WANG Xiao-wei

(Sichuan Honghua Industrial Co., Ltd., Leshan, Sichuan 614200, China)

**Abstract:** Establishing a fast and accurate detection method for the intermediate product metal fluoride in the production process is a guarantee for the product quality supervision and technical support in the company. A high frequency combustion infrared absorption spectrometry method for the determination of trace carbon in uranium tetrafluoride was established. Cerium oxide was used as a fluorine inhibitor. Anti-corrosion treatment was carried out on the analytical gas path of the instrument. The absorption tank and detector were customized and processed. The detector could be disassembled and replaced to reduce the corrosion of fluoride on the instrument. The optimum operating conditions of the instrument were determined by selecting appropriate sampling amount, flux, adding method of fluorine inhibitor and integrating time. The detection limit of the method was 5 μg/g, the recoveries were 89%~108%, and the relative standard deviations were less than 8% ($n=6$). The method is efficient, accurate and stable, and can replace the traditional conductance method to realize the high precision detection of carbon elements in metal fluoride.

**Key words:** High frequency combustion infrared absorption spectrometry; Trace carbon; Metal fluoride; Cerium oxide

# 辐射法改性多级孔氮化硼及其对 U（Ⅵ）的吸附研究

李一帆，张　鹏，陈怡志，吴志豪，林铭章*

（中国科学技术大学核科学技术学院，安徽　合肥　230027）

**摘　要**：为了实现对放射性污水中 U（Ⅵ）的快速、高效去除，在此研究中，我们运用 γ 射线辐照技术对多级孔结构氮化硼进行了氨基化改性，进而通过进一步引入吡啶功能基团对其进行了功能化改性。本工作对比了改性前后的氮化硼对 U（Ⅵ）的吸附性能，探究了 pH 值、吸附时间、U（Ⅵ）初始浓度、温度及竞争离子等影响因素对吸附性能的影响。结果表明，功能化改性极大地提高了氮化硼对 U（Ⅵ）的吸附容量，且多级孔结构使氮化硼具有超快的吸附速率，可在 0.5 min 内达到吸附平衡。吸附等温线的研究显示功能化氮化硼对 U（Ⅵ）的最大吸附容量较大（357.1 mg/g）。同时，功能化氮化硼对 U（Ⅵ）还表现出了良好的吸附选择性。本研究表明辐射法改性的氮化硼在快速高效去除放射性污水中的 U（Ⅵ）方面具有潜在的应用前景。

**关键词**：多级孔结构；氮化硼；γ 射线辐照；U（Ⅵ）

核能作为一种可再生、清洁的能源，在全世界范围内受到重视，但核能发电产生的乏燃料中含有铀（U）、钚（Pu）、镅（Am）、锔（Cm）等锕系元素及锶（Sr）、铯（Cs）、锝（Tc）等裂变碎片[1-2]。在乏燃料中，尤其是铀具有长半衰期和较强的放射毒性，对环境和人体健康造成危害，因此近年来去除乏燃料中的铀受到了广泛关注[3]。目前，去除乏燃料中铀的方法主要包括吸附、萃取、化学沉淀和膜分离，其中吸附法由于其操作简单、吸附效率高而被认为是合适的处理方法[4]。近年来发展出 Dowex 和 Amberlite 等用于吸附铀的商用树脂对铀的吸附速率慢且吸附容量低，难以满足实际应用的需求，因此亟须发展对铀具有快吸附速率和高吸附容量的新型吸附材料[5]。氮化硼（BN）由于具有良好的化学稳定性和对重金属离子高效吸附能力而被应用于在恶劣环境中吸附金属离子，但 BN 表面几乎没有与铀相互作用的官能团，极大地限制了 BN 的吸附性能，因此有可能通过对 BN 表面进行功能化改性提高其对铀的吸附吸能[6]。但 BN 本身极强的化学稳定性使功能化改性难以进行。本文利用辐射法对多级孔氮化硼（HPBN）进行了氨基化改性，并在其基础上进行了三联吡啶功能化改性，所制得的吸附剂对 U（Ⅵ）表现出了较高的吸附容量和超快的吸附速率，在吸附分离放射性废水中的 U（Ⅵ）方面具有极大的应用前景。

## 1　实验部分

### 1.1　实验材料

硼酸（$H_3BO_3$，99%）、三聚氰胺（$C_3H_6N_6$，99%）、[2,2′：6′,2″-三吡啶]-4′-羧酸（98%）均从萨恩化学技术有限公司购得。4-（二甲氨基）吡啶（DMAP，99%）采购自阿法埃莎化学有限公司。高纯度氮气（$N_2$，99.999%）由南京上源工业气体厂获得。

---

作者简介：李一帆（2001—），男，硕士，现主要从事辐射化学研究、吸附材料等工作。
基金项目：国家自然科学基金"氮化硼和氧化石墨烯多级孔材料的制备及其对放射性钴的高效去除研究"（NSFC22276180）；国家自然科学基金"强 α 放射性溶液辐射分解产氢的机理和模型研究"（U2241289）。

## 1.2 多级孔氮化硼（HPBN）的制备

基于我们先前的研究工作，我们采用了不同的方法来制备多级孔结构 HPBN。将 6.00 g 的 $H_3BO_3$ 和 6.00 g 的 $C_3H_6N_6$ 溶解于 400 mL 的水中，加热至 80 ℃反应 12 h。随后，冷却并进行水洗，将沉淀物在 90 ℃下干燥 12 h。为了预处理干燥的沉淀物，我们首先将其置于 300 ℃下处理 1 h，然后以 1100 ℃（2 ℃/min）的速率升温，加热 2 h。接下来，温度进一步升至 1460 ℃（5 ℃/min），保持 4 h。整个反应过程在 $N_2$ 气氛（0.5 L/min）中进行。为了去除残留的碳，反应后温度降至 550 ℃，并保持 12 h。最后将获得的产物标记为 HPBN-X，其中 X 表示 $H_3BO_3$ 和 $C_3H_6N_6$ 的质量比例。

## 1.3 氨基修饰的多级孔氮化硼（HPBN-NH$_2$）的制备

我们使用 $^{60}$Co γ 射线源（放射性活度为 20 kCi）在室温下对 HPBN 进行辐照预处理。取 1 g HPBN，在真空条件下以吸收剂量为 60 Gy/min、总吸收剂量为 400 kGy 进行辐照。随后将预处理的 500 mg HPBN（称为 HPBN-PT）分散在含有 150 mL 水和 150 mL 乙二胺的混合溶液中。在 $N_2$ 气氛下，将混悬液在搅拌下进行吸收剂量率为 60 Gy/min、总吸收剂量为 400 kGy 的辐照处理。产物分别经过水和乙醇洗涤 5 次和 3 次，然后在真空中 60 ℃干燥 12 h，最终获得 HPBN-NH$_2$。

## 1.4 三联吡啶修饰的多级孔氮化硼（HPBN-TPy）的制备

首先，在 $N_2$ 气氛下将 0.15 g [2, 2′-6′, 2″-三吡啶]-4′-羧酸与 15 mL $SOCl_2$ 进行回流反应 3 h。然后，将其冷却，通过减压蒸馏去除多余的溶剂。将残留固体溶解于 15 mL $CH_2Cl_2$ 中，依次加入 300 mg HPBN-NH$_2$、0.4 mL 三乙胺和 40 mg DMAP。在 $N_2$ 气氛，60 ℃下反应 4 h。反应后混合物经 $CH_2Cl_2$ 洗涤 5 次，最后在 60 ℃下干燥 12 h，最终得到 HPBN-TPy。

## 1.5 吸附剂的表征

我们使用透射电子显微镜（TEM，Hitachi H-7700，100 kV）和扫描电子显微镜（SEM，ZEISS EVO 18，10 kV）对样品的形貌进行观察。样品的化学结构则通过固态 $^{13}$C 交叉极化魔角旋转（CP-MAS）核磁共振（NMR，Bruker AVANCE AV400 光谱仪）进行表征。金属离子的浓度则通过电感耦合等离子体光发射光谱仪（ICP-OES，PerkinElmer Optima 7300DV）进行测定。

## 1.6 吸附实验

我们通过批次实验来研究 HPBN-TPy 对 U（Ⅵ）的吸附。在 3 mL 的 U（Ⅵ）溶液（浓度为 50 mg/g）中加入 0.6 mg 的 HPBN-TPy 进行批次吸附实验。使用 NaOH 和 $HNO_3$ 溶液（浓度为 1 mol/L）将溶液的 pH 值调至所需数值。吸附结束后，通过离心分离吸附剂（10 000 rpm/min，1 min），使用式（1）计算平衡吸附量（$q_e$）：

$$q_e = \frac{(c_0 - c_e) \times V}{m}. \tag{1}$$

式中，$c_0$ 为初始溶液中的 U（Ⅵ）浓度，mg/L；$c_e$ 为平衡时溶液中的 U（Ⅵ）浓度，mg/L；$V$ 为溶液体积，L；$m$ 为吸附剂质量，g。

在多离子吸附实验中，在所需的 pH 值下，混合金属离子溶液[包含 U（Ⅵ）、Sr（Ⅱ）、Cs（Ⅰ）和 Re（Ⅶ）]被 HPBN-TPy 吸附。分离因子（$S$）通过式（2）和式（3）进行计算：

$$K_d = 1000 \times \frac{q_e}{c_e}. \tag{2}$$

$$S_{R_1/R_2} = \frac{K_{d,R_1}}{K_{d,R_2}}. \tag{3}$$

式中，$K_d$ 为热力学平衡常数，$R_1$ 和 $R_2$ 为不同的放射性核素。

辐照下的吸附实验是在 $^{60}$Co γ 辐射场（放射性活度为 $2\times10^4$ Ci）下进行的，吸收剂量率为 60 Gy/min。在吸附剂经过所需的吸收剂量辐照后，利用上述方法分离，并测定 U(Ⅵ) 的浓度。

## 2 结果与讨论

### 2.1 HPBN-TPy 的表征

本研究通过 γ 射线辐照对 HPBN 进行了氨基化和三联吡啶化改性合成了 HPBN-TPy，并通过固态 $^{13}$C CP-MAS NMR 谱图证明了 HPBN-TPy 的合成。在谱图中，乙二胺部分的亚甲基 C 原子（$C_a$ 和 $C_b$）呈现在 39.4 ppm 处的特征峰，而羰基 C 原子（$C_c$）在 166.7 ppm 处有特征峰。此外，吡啶部分（$C_d$-$C_k$）的芳香族 C 原子在 120.6～155.3 ppm 范围内显示出一系列特征峰，如图 1a 所示。这些结果确定成功地在 HPBN 上改性了三联吡啶基团。通过扫描电子显微镜图发现，改性后的 HPBN-TPy 呈现出棒状的外观，这些棒状结构聚集在一起形成团簇，如图 1b 所示。通过透射电子显微镜图显示 HPBN-TPy 上存在许多孔道，为 U(Ⅵ) 提供了快速转移的通道，如图 1c 所示。

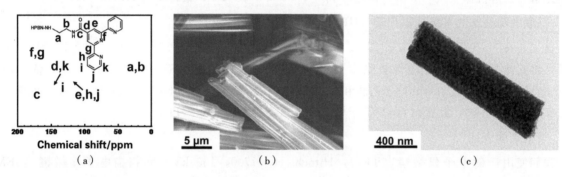

图 1 HPBN-TPy 的固态 $^{13}$C CP-MAS NMR 光谱（a）、扫描电子显微镜图谱（b）、透射电子显微镜图谱（c）

### 2.2 HPBN-TPy 对 U(Ⅵ) 的吸附性能测试

U(Ⅵ) 溶液的 pH 值对吸附性能具有重要影响，这是由于 U(Ⅵ) 在溶液中的化学形态分布随 pH 值而变化，同时改性官能团的化学结构也会因 pH 值而不同。HPBN 和 HPBN-PT 并不具备与 U(Ⅵ) 发生反应的官能团，因此在较低 pH 值下，HPBN 和 HPBN-PT 对 U(Ⅵ) 的平衡吸附量（$q_e$）均较低。当 pH 值升高至 5 时，HPBN 和 HPBN-PT 对 U(Ⅵ) 的 $q_e$ 略有上升，并在 pH=6 时上升至更高，这是因为在较高的 pH 值下，U(Ⅵ) 会发生水解沉淀反应。对于使用氨基改性的 HPBN-NH$_2$，氨基与 U(Ⅵ) 之间的吸附力较弱，其对 U(Ⅵ) 的吸附性能与 HPBN 和 HPBN-PT 相近。通过对 HPBN 进行三联吡啶基团的官能化改性得到的 HPBN-TPy，相比其他 HPBN 材料，对 U(Ⅵ) 的吸附性能显著增强。在 pH=1～3 时，HPBN-TPy 几乎不吸附 U(Ⅵ)；但在 pH=4 时，HPBN-TPy 表现出较高的平衡吸附量（$q_e$ 约为 50 mg/g）；在 pH=5 时，HPBN-TPy 的 $q_e$ 达到了 134.2 mg/g，如图 2 所示。为了尽量避免 U(Ⅵ) 的水解从而实现良好的吸附性能，后续的吸附实验选择在 pH=5 的条件下进行。

吸附动力学显示，HPBN-TPy 对 U(Ⅵ) 的吸附在 0.5 min 内达到吸附平衡，展现了超强的吸附动力学。其得益于多级多孔结构，HPBN 基体中丰富的介孔为 U(Ⅵ) 的快速转移提供了通道。与报道的其他吸附剂相比，HPBN-TPy 具有更快的吸附速度，大大缩短了处理放射性污水所需的操作时间，减少了操作人员在辐射下的暴露时间。

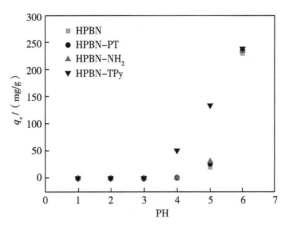

**图2** 不同pH值下不同HPBN材料对U(Ⅵ)的平衡吸附量（吸附剂用量＝0.2 g/L，$[U]_0$＝50 mg/L，$T$＝298±1 K，$t$＝12 h）

吸附等温线分析显示，随着U(Ⅵ)初始浓度的增加，$q_e$持续增长并达到暂时稳定。当初始浓度进一步增加时，$q_e$再次上升，即使初始浓度高达900 mg/g，也没有到达稳定状态。考虑到U(Ⅵ)浓度高时U(Ⅵ)的水解变得不可忽略，在此认为当初始U(Ⅵ)浓度高于500 mg/g时$q_e$的增加是由于U(Ⅵ)的水解而不是吸附。在此基础之上，对初始U(Ⅵ)浓度在50～500 mg/g时进行了吸附等温分析。采用Langmuir模型和Freundlich模型阐明了U(Ⅵ)在HPBN-TPy上的吸附机理。Langmuir模型的线性形式如式（4）所示：

$$\frac{c_e}{q_e} = \frac{1}{K_L \times q_m} + \frac{c_e}{q_m} \text{。} \tag{4}$$

式中，$K_L$和$q_m$分别为Langmuir模型的平衡常数和最大吸附容量。式（5）表示FreundLich模型的线性形式：

$$\ln q_e = \ln K_F + \frac{1}{n_F} \ln c_e \text{。} \tag{5}$$

式中，$K_F$和$n_F$分别为FreundLich模型的平衡常数和反映吸附过程有利的常数。

根据拟合结果（表1），Langmuir模型和Freundlich模型分别描述了U(Ⅵ)在HPBN-TPy上的吸附，但Langmuir模型较高的$R^2$值说明吸附更符合Langmuir模型，表明U(Ⅵ)以单分子层的形式吸附在HPBN-TPy上。此外，计算得到的$q_m$为357.1 mg/g，这高于许多已报道的U(Ⅵ)吸附剂。HPBN-TPy具有对U(Ⅵ)的超快吸附动力学和高吸附容量，在放射性污水中去除U(Ⅵ)具备巨大的实际应用潜能。

**表1** 利用Langmuir模型和Freundlich模型计算的U(Ⅵ)在HPBN-TPy上吸附的等温参数

| | $q_m$/(mg/g) | $K_L$/(L/mg) | $R^2$ |
|---|---|---|---|
| Langmuir模型 | 357.2 | 0.0121 | 0.9718 |
| | $n_F$ | $K_F$/[(mg/g)·(L/mg)$^{1/n}$] | $R^2$ |
| Freundlich模型 | 2.92 | 37.955 | 0.9063 |

通过式（6）、式（7）、式（8）计算U(Ⅵ)的吸附热力学参数，以探索吸附的热力学性质。计算标准吉布斯自由能变化（$\Delta G^0$）、焓变（$\Delta H^0$）和熵变（$\Delta S^0$）：

$$\Delta G^0 = \Delta H^0 - T \times \Delta S^0 \text{。} \tag{6}$$

$$\ln K_d = -\frac{\Delta H^0}{RT} + \frac{\Delta S^0}{R} \text{。} \tag{7}$$

$$K_d = 1000 \times \frac{q_e}{c_e} \text{。} \tag{8}$$

式中，$K_d$是由式（8）计算得到的热力学平衡常数。

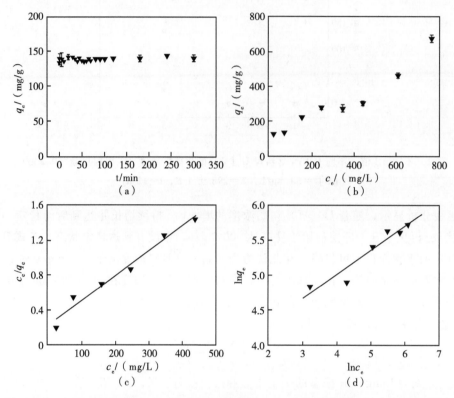

图 3　不同的时间，U（Ⅵ）在 HPBN－TPy 上的平衡吸附量（a）；在不同的初始 U（Ⅵ）浓度下，U（Ⅵ）在 HPBN－TPy 上的平衡吸附量（b）；使用 Langmuir 模型（c）和 Freundlich 模型（d）对 U（Ⅵ）在 HPBN－TPy 上的吸附等温线进行线性拟合（吸附剂用量＝0.2 g/L，[U]$_0$＝50～900 mg/L，初始 pH＝5.0±0.1，$T$＝298 K±1 K，$t$＝12 h）

根据不同温度下的吸附量和计算得到的参数，随着温度的升高，$q_e$增加，而 $\Delta G^0$变得更负，这表明 U（Ⅵ）在 HPBN－TPy 上的吸附是自发的和吸热的过程（图 3、图 4、表 2）。

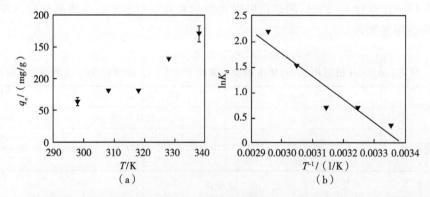

图 4　在不同温度下 U 在 HPBN－TPy 上的平衡吸附量（a）；ln $K_d$ vs. $T^{-1}$ 的线性拟合（b）
（吸附剂用量＝0.2 g/L，[U]$_0$＝50 mg/L，初始 pH＝5.0±0.1，$t$＝12 h）

表2  U（Ⅵ）在 HPBN-TPy 上吸附的热力学参数

| $\Delta H^0$/ (kJ/mol) | $\Delta S^0$/ (J/mol) | $\Delta G^0$/ (kJ/mol) | | | | | $R^2$ |
| --- | --- | --- | --- | --- | --- | --- | --- |
| | | 298 K | 308 K | 318 K | 328 K | 338 K | |
| 37.04 | 125.94 | 0.486 | 1.746 | 3.005 | 4.265 | 5.524 | 0.880 7 |

## 3  总结

在这项工作中，成功通过 γ 射线辐照技术对 HPBN 进行了氨基化改性，进而通过进一步引入吡啶功能基团对其进行功能化改性，更便捷地制备了 HPBN-TPy。与 HPBN 及 HPBN-PT 相比，HPBN-TPy 对 U（Ⅵ）的吸附能力方面显著增强。在 pH=1~3 时，HPBN-TPy 几乎不吸附 U（Ⅵ），但在 pH=4 时，HPBN-TPy 表现出较高的吸附容量（$q_e$ 约为 50 mg/g），在 pH=5 的条件下，HPBN-TPy 的 $q_e$ 达到了 134.2 mg/g。HPBN-TPy 对 U（Ⅵ）的吸附在 0.5 min 内可达到吸附平衡，$q_m$ 达到了 357.1 mg/g。HPBN-TPy 超快的吸附速率和较大的吸附容量表明其在吸附放射性废液中的 U（Ⅵ）方面具有重要的应用前景。

**参考文献：**

[1] KASAR S, MISHRA S, SAHOO S, et al. Sorption-desorption coefficients of uranium in contaminated soils collected around Fukushima Daiichi Nuclear Power Station [J]. Journal of environmental radioactivity, 2021, 233: 106617.

[2] YAMAMOTO T. Radioactivity of fission product and heavy nuclides deposited on soil in Fukushima Daiichi Nuclear Power Plant accident: fukushima NPP accident related [J]. Journal of nuclear science and technology, 2012, 49: 1116-1133.

[3] BHALARA P D, PUNETHA D, BALASUBRAMANIAN K. A review of potential remediation techniques for uranium (Ⅵ) ion retrieval from contaminated aqueous environment [J]. Journal of environmental chemical, 2014, 2: 1621-1634.

[4] UDDIN M K. A review on the adsorption of heavy metals by clay minerals, with special focus on the past decade [J]. Chemical engineering journal, 2017, 308: 438-462.

[5] ZHANG P, CHEN Y Z, WENG H Q, et al. Dication-accelerated anion transport inside micropores for the rapid decontamination of pertechnetate [J]. Nuclear science and techniques, 2022, 33 (4): 19-32.

[6] CHEN Y Z, ZHANG P, JIAO L M, et al. High efficient and selective removal of U（Ⅵ）from lanthanides by phenanthroline diamide functionalized carbon doped boron nitride [J]. Chemical engineering journal, 2022, 446P4: 137337, 2-11.

# Irradiation induced modification of hierarchically porous boron nitride and its adsorption performance for U (VI)

LI Yi-fan, ZHANG Peng, CHEN Yi-zhi,
WU Zhi-hao, LIN Ming-zhang*

(School of Nuclear Science and Technology, University of Science and Technology of China, Hefei, Anhui 230027, China)

**Abstract:** Specific objective of this study was to implement the fast and efficient removal of U (VI) from radioactive wastes. In this work, we modified boron nitride (BN) with hierarchically porous structure by amination induced by irradiation. On the basis of this, BN was further functionalized by pyridyl group. The adsorption performance of initial BN and modified BN was compared, then the effect of pH, absorptive time, the initial concentrations, temperature, competitive ions on adsorption of U (VI) on modified BN were also investigated. The results in this work indicated that modification greatly improved the absorption capacity of BN to U (VI), and modified BN had ultra-fast adsorption rate due to hierarchically porous structure, which adsorption equilibrium was achieved within 0.5 min. The results of adsorption isotherm showed modified BN had high maximum absorption capacity with 357.1 mg/g. Meanwhile, functionalized BN was found to be highly selectivity of adsorption to U (VI). This study indicate that modified BN has a potential application prospect in rapid and efficient removal of U (VI) from radioactive wastewater.

**Key words:** Hierarchically porous structure; Boron nitride; Gamma-irradiated; U (VI)

# 有机磷类萃取剂对镎（Ⅵ）、钚（Ⅳ）和镅（Ⅲ）萃取行为的 DFT 研究

郭琪琪[1]，陈怡志[1]，蒋德祥[2]，张　鹏[1]，林子健[1]，何　辉[2]，林铭章[1,*]

（1. 中国科学技术大学核科学技术学院，安徽　合肥　230026；2. 中国原子能科学研究院，北京　102413）

**摘　要**：TBP、TiAP、DMHMP 等有机磷萃取剂在从乏燃料中回收锕系元素方面表现出了良好的萃取性能。本文利用标量相对论密度泛函理论，研究了 TBP、TiAP 和 DMHMP 与锕系元素［Np（Ⅵ）、Pu（Ⅳ）、Am（Ⅲ）］之间的络合性质及热力学行为，旨在阐明萃取剂对锕系元素的萃取机理。结果表明，3 种萃取剂对锕系元素的络合能力依次为 DMHMP＞TiAP＞TBP，同时，静电势及分子轨道分析显示 DMHMP 比其他两种萃取剂具有更强的亲核能力。Wiberg 键指数（$WBI$）表明，DMHMP 配合物中的 M—O 键具有更多的共价，与金属离子形成更稳定的配合物，这与键距结果一致。从能量角度看，DMHMP 与金属离子的络合反应更容易发生。本工作阐明了锕系金属离子（$NpO_2^{2+}$、$Pu^{4+}$ 和 $Am^{3+}$）与 3 种萃取剂的配位结构和络合性质，有望为乏燃料后处理中关键锕系元素的高效回收提供理论依据，同时也为相关分离工艺的设计和开发提供了新的思路。

**关键词**：有机磷类萃取剂；锕系元素；络合性质；密度泛函理论计算

随着化石燃料的日益枯竭，开发高效的核能已成为维持能源可持续发展的有利手段。然而，乏燃料量的不断增加阻碍了核技术的进一步应用。一方面，铀、镎、钚和镅等锕系元素是乏燃料中的关键成分，也是造成长期放射性毒性的主要核素；另一方面，$^{237}Np$ 是制备 $^{238}Pu$ 核电池的必要原料，在航空航天和核医学领域有着重要的应用。因此，有效回收锕系元素（Np、Pu、Am）对于降低高废液的长期毒性和充分利用乏燃料具有重要意义[1]。溶剂萃取因其回收率高、操作简单等优点[2]，已成为一种应用广泛的乏燃料后处理分离技术。利用高效、辐射稳定性优异的萃取剂是成功回收锕系元素的关键。磷酸三丁酯（TBP）由于其理想的理化性质和良好的萃取性能，在乏燃料后处理及纯化镎靶溶液等方面得到了广泛的应用。然而，我们发现 TBP 仍然存在一些缺点，如在高酸度条件下容易发生酸水解，物理化学和辐射稳定性一般，容易形成第三相。为了克服这些缺点，引入合适的官能团对 TBP 衍生物进行优化逐渐成为实现锕系元素分离与回收的研究热点。

通常，有机磷萃取剂的萃取能力取决于 P═O 键供体的强度，这与诱导效应、位阻和磷原子上取代基性质等密切相关。结果表明，中性磷萃取剂 P═O 键上不同取代基对锕系元素的萃取能力有不同的显著影响。Annam 等[3]研究了有机磷萃取剂的碱度和取代基对锕系元素［U（Ⅵ）、Th（Ⅳ）、Pu（Ⅳ）和 Am（Ⅲ）］萃取效率的影响。结果表明，磷酰氧的碱度与取代基的性质和位阻有关，给电子基团的存在提高了萃取剂与锕系元素的配位能力。Siddal[4]发现三烷基氧化磷对 U（Ⅵ）和 Th（Ⅳ）的萃取能力强于相应的磷酸三烷基酯类萃取剂。这是由于烷基链与磷原子直接连接，增加了 P═O 键的电子密度，从而增强了萃取剂与金属离子的络合能力。此外，Xiao 等[5]还研究了煤油中 DMHMP 对 Np（Ⅵ）的萃取行为。可以清楚地看到 DMHMP 对 Np（Ⅵ）的萃取能力较 TBP 强；斜率分析表明萃取过程中形成的配合物为 $NpO_2(NO_3)_2·2DMHMP$。综上所述，有机磷类萃取剂的相关研究取得了一些新进展，但是在设计具有优异萃取性能的萃取剂方面仍有很大的突破空间。一方面，高放废

---

作者简介：郭琪琪（1998—），女，博士研究生，现主要从事锕系元素的溶剂萃取及理论计算等科研工作。
基金项目：国家自然科学基金项目"氮化硼和氧化石墨烯多级孔材料的制备及其对放射性钴的高效去除研究"（22276180）；国家自然科学基金项目"强 α 放射性溶液辐射分解产氢的机理和模型研究"（U2241289）。

液的真实环境复杂，有机磷类萃取剂种类繁多，结构可调；另一方面，Np、Pu和Am核素通常具有很强的放射性毒性，需要严格的实验平台。而使用有机磷萃取剂萃取Np（Ⅵ）、Pu（Ⅳ）和Am（Ⅲ）的理论研究有限。同时，锕系元素计算化学已成为研究锕系元素溶剂萃取行为和设计高效萃取剂的有效辅助手段，可为实验研究提供理论基础。因此，利用相对论量子化学方法研究有机磷萃取剂及其金属萃取剂配合物的结构和性质是十分必要的，这有利于从电子和原子水平角度解释不同萃取剂对锕系元素萃取性能的差异，从而优化设计新型高效的有机磷萃取剂。

综上所述，设计和开发优质的有机磷类萃取剂对核能的可持续发展具有重要意义。因此，有必要进一步了解有机磷类萃取剂对锕系金属离子的萃取行为。本文利用密度泛函理论（DFT）计算，研究了Np（Ⅵ）、Pu（Ⅳ）和Am（Ⅲ）与3种萃取剂（TBP、TiAP和DMHMP）（图1）的络合行为。首先，研究了3种萃取剂的电子结构和性质；其次，利用Multiwfn软件对3种萃取剂及其与锕系金属离子（$NpO_2^{2+}$、$Pu^{4+}$和$Am^{3+}$）配合物的微观结构和络合性质进行了详细分析；最后，在分子水平上揭示了3种有机磷萃取剂对锕系金属离子的萃取机理，有助于预测不同取代基对萃取剂萃取性能的影响，为乏燃料后处理中关键锕系元素的提取和分离提供了科学依据，同时也为从锕靶溶液中纯化镎和钚的新工艺提供了有价值的理论参考。

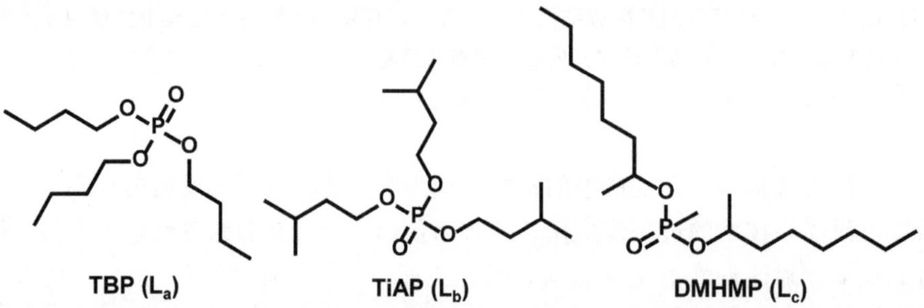

图1 磷酸三丁酯（TBP）（a）、磷酸三异戊酯（TiAP）（b）、磷酸二甲基庚酯（DMHMP）（c）的化学结构

## 1 理论方法

所有理论计算均采用DFT[6]和PBE1PBE纯泛函，使用Gaussian 16w[7]和GaussianView 6.0软件包进行计算。对于镎、钚和镅原子，考虑标量相对论性效应，利用有效核心势（RECP）取代了60个核心电子。剩余的价电子使用相应的ECP60MWB-SEG基组进行描述。在此工作中忽略自旋-轨道效应。对于这3种萃取剂，碳、氢、氧和磷原子采用6-311G（d，p）基组，所有化学物质均在气相理论的PBE1PBE/6-311G（d，p）/RECP水平上进行优化。基于优化的几何结构，在相同的理论水平上对所有化学物质进行频率计算。

利用Multiwfn 3.6软件包[8]对3种萃取剂的波函数进行分析并得到了3种萃取剂的静电势（$ESP$）。利用VMD软件生成分子表面静电势图。此外，根据优化后的结构得到3种萃取剂的最高已占据分子轨道（HOMO）和最低未占据分子轨道（LUMO）之间的能隙。电子布居采用标准的Mulliken程序进行分析。此外，为了了解金属离子与萃取剂之间的成键性质，基于优化结构进行自然键轨道（NBO）分析，并在相同的理论水平上计算Wiberg键指数（$WBI$）。焓变（$\Delta H$）、吉布斯自由能（$\Delta G$）和结合能（$\Delta E$）通过频率计算和热校正得到。通常，萃取过程涉及物质从水相转移到有机溶剂，如十二烷。为了获得3种萃取剂与$NpO_2^{2+}$、$Pu^{4+}$和$Am^{3+}$离子之间形成的配合物的热力学性质，采用了可极化连续溶剂化（PCM）模型。根据优化后的气相几何形状计算有机相中所有分子的溶剂化能。Klamt模型中十二烷的原子半径$r=2.01$。值得注意的是，使用PCM模型在有机相中优化的配合物没有显示虚频率。此外，根据相关文献报道，这3种萃取剂在萃取过程中与锕系金属离子

的配合物主要为 $[M·2L]^{n+}$（$M=NpO_2^{2+}$，$Pu^{4+}$，$Am^{3+}$；L=TBP，TiAP，DMHMP）。因此，本工作仅考虑金属与萃取剂的化学计量比为 1∶2 的配位模式并对其进行探索。

## 2 计算结果

静电势可以揭示萃取剂分子三维结构内的电荷分布，从而可以观察可变电荷区域的静电特性，这有助于评估萃取剂与金属离子之间的络合能力。如表1所示，3种萃取剂中的氧原子周围的 $ESP$ 值均为负值，这表明这些原子具有亲核性。此外，3种萃取剂中 P═O 键上的氧原子的 $ESP$ 值分别为 -44.68 kcal/mol（TBP）、-49.98 kcal/mol（TiAP）、-67.63 kcal/mol（DMHMP），比 P—O 键上的氧原子的 $ESP$ 值更负，这也强调了 P═O 键在有机磷萃取剂与金属离子相互作用中作为反应中心的重要性。

表1　3种萃取剂在 PBE1PBE/6-311G（d，p）/RECP 理论
水平下计算得到氧原子的 $ESP$ 值　　　　单位：kcal/mol

| Molecule | P═O | P—$O_3$ | P—$O_4$ | P—$O_5$ |
|---|---|---|---|---|
| TBP | -44.68 | -23.88 | -20.73 | -19.56 |
| TiAP | -49.98 | -33.89 | -19.65 | -20.59 |
| DMHMP | -67.63 | -33.52 | -37.33 | — |

为了进一步了解 P═O 键的电子布居情况，表2给出了通过 Mulliken 程序计算的 Mulliken 电荷。结果表明，3种萃取剂的磷原子带正电荷，氧原子带负电荷。可以看出，3种萃取剂中 P═O 键上的氧原子的 Mulliken 电荷比 P—O 键上的氧原子相应电荷更负，这与 $ESP$ 分析一致。一般来说，$ESP$ 值越负表明对金属离子的吸引力越强。根据 DFT 计算结果，3种萃取剂中 P═O 键的负电荷分别为 -0.856（TBP）、-0.865（TiAP）和 -0.886（DMHMP），依次降低，这与 $ESP$ 分析趋势一致。因此，$ESP$ 分析和电子布居分析表明，3种萃取剂对金属离子的反应性依次为 DMHMP>TiAP>TBP。

表2　在 PBE1PBE/6-311G（d，p）理论水平上所考虑的3种萃取剂的磷和氧原子上的 Mulliken 电荷

| Molecule | Mulliken Charges | | |
|---|---|---|---|
| | $Q_P$ | $Q_{O(P═O)}$ | $Q_{O(OR—)}$ |
| TBP | 1.303 | -0.856 | -0.580 |
| TiAP | 1.304 | -0.865 | -0.581 |
| DMHMP | 1.190 | -0.886 | -0.597 |

一般来说，HOMO 轨道的能量越高，表明分子更容易失去电子，而 LUMO 轨道的能量越低，表明分子更容易接受电子。因此，根据3种萃取剂的整体分子结构研究分子前沿轨道（MOs），可以全面了解其萃取性能的差异。3种萃取剂的 HOMO 和 LUMO 轨道图及相应的轨道能量如图2所示。可以观察到，HOMO 轨道主要位于萃取剂的 P═O 键上。TBP（-8.154 eV）和 TiAP（-8.144 eV）的 HOMO 轨道能逐渐增加，表明萃取剂中支链的存在使得 TiAP 更倾向于向金属离子提供电子。DMHMP（-7.551 eV）的 HOMO 轨道能量最高，表明其给电子能力最强，更容易与金属离子成键。这一发现与 $ESP$ 分析结果一致。

以往的研究表明，有机磷萃取剂对锕系元素的不同萃取性能可能源于萃取剂结构与锕系元素之间共价相互作用的差异。较软的萃取剂可能表现出对锕系元素的偏好。因此，柔软度是评价萃取剂对锕系元素萃取性能的重要指标。在 Koopmans 近似中，柔软度等于能隙（$E_{HOMO}-E_{LUMO}$）的倒数。对于结构相似的分子，一般认为柔软度越高的分子，其电子活性及形变能力越强，更容易发生萃取反应。

可以观察到，TBP（9.327 eV）和 TiAP（9.250 eV）的能隙逐渐减小，而其软度逐渐增大，说明萃取剂中支链的存在有利于与金属离子发生萃取反应。值得注意的是，DMHMP 的能隙值最小，为 8.343 eV。在 3 种萃取剂中 DMHMP 是最柔软的，并且可能最容易与金属离子形成配合物。HOMO 和 LUMO 轨道的能级及柔软度提供了 3 种萃取剂之间萃取性能差异的依据，揭示了共价相互作用和与金属离子的萃取反应。

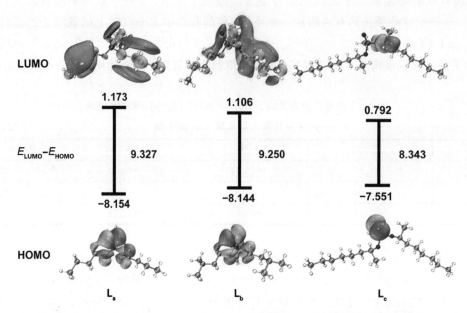

图 2　在 PBE1PBE/6-311G（d，p）理论水平下计算得到 3 种萃取剂的 MO 能量和 LUMO-HOMO 能隙及相应的 LUMO 和 HOMO 轨道图（等值面值设置为 0.02 au）

萃取剂与金属离子之间的成键性质可以解释 3 种萃取剂对金属离子萃取性能的差异。为了研究 $NpO_2^{2+}$、$Pu^{4+}$ 和 $Am^{3+}$ 配合物的成键特性，在理论的 PBE1PBE/6-311G（d，p）/RECP 水平上进行了 NBO 分析。配合物中 M—O 键的 WBI 值如表 3 所示。可以看出，Np=O 键的 WBI 值接近于 2，表明其具有双键特征。所有 M—O 键的 WBI 值均在 0.470～0.731，表明萃取剂与金属离子的相互作用为弱共价键。$[NpO_2·2L]^{2+}$ 配合物中 Np—O 键的 WBI 值依次为 0.470、0.506 和 0.521，遵循 $[NpO_2·2DMHMP]^{2+}$ > $[NpO_2·2TiAP]^{2+}$ > $[NpO_2·2TBP]^{2+}$ 的顺序。这意味着 $[NpO_2·2DMHMP]^{2+}$ 配合物中的 Np—O 键具有更多共价。值得注意的是，$[Pu·2L]^{4+}$、$[Am·2L]^{3+}$ 配合物的趋势也是一致的。结果表明，DMHMP 与金属离子具有较强的配位能力。

表 3　在 PBE1PBE/6-311G（d，p）理论水平下 $[M·2L]^{n+}$ 配合物中 M—O 键的平均 WBI 值

| Complex | Bond | WBI | | |
| --- | --- | --- | --- | --- |
| | | TBP | TiAP | DMHMP |
| $[NpO_2(L_i)_2]^{2+}$ | Np—O | 0.470 | 0.506 | 0.521 |
| $[Pu(L_i)_2]^{4+}$ | Pu—O | 0.683 | 0.725 | 0.731 |
| $[Am(L_i)_2]^{3+}$ | Am—O | 0.318 | 0.326 | 0.373 |

为了探究这 3 种萃取剂对金属离子的萃取机理，在理论的 PBE1PBE/6-311G（d，p）/RECP 水平上计算了这 3 种萃取剂与 $NpO_2^{2+}$、$Pu^{4+}$ 离子的络合反应。众所周知，金属离子的溶剂化能对计算模型非常敏感。考虑溶剂效应，用 PCM 模型计算了在正十二烷溶剂以 $[M·2L]^{n+}$ 为生成物的反应。表 4 清楚

地显示了$NpO_2^{2+}$、$Pu^{4+}$离子与3种萃取剂络合反应的结合能（$\Delta E$）、焓变（$\Delta H$）和吉布斯自由能（$\Delta G$）。可以看出，3种萃取剂与$NpO_2^{2+}$、$Pu^{4+}$离子的络合反应均可自发发生，且在溶剂中为放热反应。（$[NpO_2·2L]^{2+}$；L＝TBP，TiAP，DMHMP）配合物的$\Delta G_{sol}$值在$-649.14 \sim -464.35$ kJ/mol变化，（$[Pu·2L]^{4+}$；L＝TBP，TiAP，DMHMP）配合物的$\Delta G_{sol}$值在$-390.05 \sim -174.22$ kJ/mol变化。这些结果呈下降趋势。对于$NpO_2^{2+}$、$Pu^{4+}$离子，与TBP和TiAP相比，$[M·2DMHMP]^{n+}$配合物反应的$\Delta G$值更负，表明锕系金属离子更容易与DMHMP配合。总体而言，3种萃取剂在正十二烷溶剂中与金属离子络合反应的$\Delta G$值逐渐减小，萃取反应更容易进行。这可能是因为萃取剂中支链的存在和P＝O键电子密度的增加使萃取剂的萃取性能增强。

**表4** 在PBE1PBE/6－311G（d，p）/RECP理论水平下正十二烷溶剂中发生反应$M^{n+}＋2L\rightarrow[M·2L]^{n+}$（M＝$NpO_2^{2+}$，$Pu^{4+}$；L＝TBP，TiAP，DMHMP）得到的热力学能量（…/…分别表示$N_p/P_u$配合物）

单位：kcal/mol

| Complexes | $\Delta E$ | $\Delta H$ | $\Delta G_{sol}$ |
| --- | --- | --- | --- |
| $[M·2TBP]^{n+}$ | －438.15/－207.10 | －439.34/－208.28 | －464.35/－174.22 |
| $[M·2TiAP]^{n+}$ | －482.48/－242.42 | －483.67/－243.60 | －478.68/－204.38 |
| $[M·2DMHMP]^{n+}$ | －655.99/－423.28 | －657.17/－424.47 | －649.14/－390.05 |

## 3 结论

本工作从有机磷类萃取剂出发，利用DFT方法系统地探索了3种萃取剂（TBP，TiAP，DMHMP）对$NpO_2^{2+}$、$Pu^{4+}$和$Am^{3+}$离子的萃取机理，并且重点研究了3种萃取剂的分子结构及配合物$[M·2L]^{n+}$（M＝$NpO_2^{2+}$，$Pu^{4+}$，$Am^{3+}$；L＝TBP，TiAP，DMHMP）的键合性质及热力学性质。ESP分析表明，DMHMP与金属离子的络合能力强于TBP和TiAP。3种萃取剂的$E_{HOMO}-E_{LUMO}$结果显示DMHMP分子最柔软，更容易与金属离子络合，这可能是DMHMP萃取性能优于其他两种萃取剂的原因。此外，在优化的配合物结构中，金属离子在两种萃取剂中分别与P＝O键的氧原子络合。WBI分析进一步表明，$[M·2DMHMP]^{n+}$中的M—O键更具有共价性，这意味着DMHMP与金属离子具有较强的络合作用。从萃取反应的吉布斯自由能变化可知，DMHMP在正十二烷溶液中与金属离子络合的$\Delta G$值最小，比其他两种萃取剂更容易与金属离子结合。本研究从微观角度阐述了3种有机磷类萃取剂对$NpO_2^{2+}$、$Pu^{4+}$和$Am^{3+}$离子萃取性能的差异，为乏燃料后处理中关键锕系元素的提取和分离提供了理论依据，同时也为从镎靶溶液中纯化镎和钚的新工艺提供有价值的理论参考。

**参考文献：**

[1] KUMARI I, KUMAR B V R, KHANNA A. A review on UREX processes for nuclear spent fuel reprocessing [J]. Nuclear engineering and design, 2020, 358 (Mar.): 1-11.

[2] RITCEY, GORDON M. Solvent extraction in hydrometallurgy: present and future [J]. Journal of Tsinghua University, 2006, 11 (2): 137-152.

[3] ANNAM S, GOPAKUMAR G, RAO C V S B. Extraction of actinides by Tri-n-butyl phosphate derivatives: effect of substituents [J]. Inorganic chimica acta, 2018, 469: 123-132.

[4] SIDDALL T H. Trialkyl phosphates and dialkyl alkyl phosphonates in uranium and thorium extraction [J]. Industrial and engineering chemistry, 1959, 51: 41-44.

[5] XIAO Z, LI F F, WANG Y L, et al. Extraction of neptunium (Ⅵ) from nitric acid solution with di (1-methyl-heptyl) methyl phosphonate [J]. Journal of radioanalytical and nuclear chemistry, 2022, 331 (2): 975-984.

[6] KOHN W, SHAM L. Self-consistent equations including exchange and correlation effects, DFT [J]. Physical review letters, 1965, 140: A1133-A1138.
[7] FRISCH M J, TRUCKS G W, SCHLEGEL H B, et al. Gaussian 16, Revision A. 03, Gaussian [Z]. Wallingford CT, 2016.
[8] LU T, CHEN F. Multiwfn: a multifunctional wavefunction analyzer [J]. Journal of computational chemistry, 2012, 33 (5): 580-592.

# DFT calculation on the extraction behaviors of neptunium (Ⅵ), plutonium (Ⅳ), and americium (Ⅲ) with organophosphorus extractants

GUO Qi-qi[1], CHEN Yi-zhi[1], JIANG De-xiang[2], ZHANG Peng[1], LIN Zi-jian[1], HE Hui[2], LIN Ming-zhang[1,*]

(1. School of Nuclear Science and Technology, University of Science and Technology of China, Hefei, Anhui 230026, China; 2. China Institute of Atomic Euergy, China Institute of Atomic Energy, Beijing 102413, China)

**Abstract:** TBP, TiAP, DMHMP and other organophosphorus extractants showed good performance in the recovering actinides from spent fuel. In this work, the complexing nature and thermodynamic behaviors of TBP, TiAP and DMHMP with actinides [Np (Ⅵ), Pu (Ⅳ), Am (Ⅲ)] have been studied using scalar relativistic density functional theory. The extraction mechanism of actinides by extractants has been further clarified. The results showed that the complexation ability of the three extractants was DMHMP>TiAP>TBP. The electrostatic potential (*ESP*) and molecular orbitals showed that DMHMP had stronger nucleophilic ability than the other two extractants. Wiberg bond indices (*WBI*) suggested that the M-O bonds in DMHMP complexes had more covalency and formed more stable complexes with metal ions, which was consistent with the bond distance results. From the viewpoint of energy, the complex reaction between DMHMP and metal ions was more likely to occur. This study elucidated the coordination structures and complexation properties of actinide metal ions ($NpO_2^{2+}$, $Pu^{4+}$ and $Am^{3+}$) and three extractants. It is expected to provide a theoretical basis for the efficient recovery of key actinide elements in spent fuel reprocessing, and also provide new ideas for the design and development of related separation processes.

**Key words:** Organophosphorous extractants; Actinide; Complexing nature; Density functional theory

# 采用真密度仪测量金属产品密度方法的研究

王小维，张瑞娟，刘　清，刘云河

(四川红华实业有限公司，四川　乐山　614200)

**摘　要**：密度是金属产品最基本的物理参数，直接影响金属产品的性能及应用。公司在日常分析工作中使用传统"排液法"对金属产品的密度进行测量。此方法存在曲线绘制时间长、温度不易控制、使用有毒液体四氯化碳等缺点。本文建立了真密度仪测量金属产品密度的新方法，从实验参数的设定、扩展腔的控制、冲洗次数的选择、测试界面的设置确定了仪器最佳工作条件，并进行了精密度与准确度实验、新旧方法比对实验。结果显示与"排液法"相比，真密度法测量金属产品密度在测量结果上无显著性差异，测量精密度和准确度均小于0.02%，满足产品分析质量控制要求，且具有自动化程度高、不使用四氯化碳液体、操作简单、人为误差少、容易掌握等优点，在现场工作中可以替代传统"排液法"。

**关键词**：真密度仪；密度；金属产品；排液法

金属产品的密度是指20 ℃时金属产品的质量与体积之比，其为金属产品物理特性的一项主要指标。目前，金属产品密度测量所用方法是利用阿基米德原理，通过测量四氯化碳溶液密度曲线反推出产品密度，此方法在密度测量方法中属于浸渍法，此方法存在测量过程中温度不易控制，四氯化碳溶液对人体、产品产生影响，在不同温度下绘制四氯化碳溶液密度的标准曲线耗时长等问题。因此，为解决原方法所存在的问题，我们拟寻找新的方法对金属产品密度进行测量。测量真密度常用的方法有比重瓶法、沉浮法、密度梯度法、密度计法及浸渍法，而这些都是比较老式的测量方法，有其优点，但也有其缺点。而通过气体置换法测量真密度，则是一种比较新颖的方法[1]。本文采用新方法对金属产品的密度进行测量，解决原方法在测量过程中存在的问题，实现用惰性气体取代液体的方法，解决四氯化碳溶液泄漏和对人体造成伤害的问题。

本文采用真密度仪对金属产品进行测量，其原理简述如下：以气体为测量介质，通过测定由于仪器产品仓放入产品所引起的产品仓气体溶剂的减少来测量产品的真实体积[2]，根据测得产品体积和产品质量计算产品密度。整个过程只需要将金属产品置于仪器的产品仓中，之后的操作全部由仪器完成，整个操作过程简单，易掌握。该方法的优点：排除了"排液法"对产品溶解的可能性，具有不损坏产品的优点。因为气体能掺入产品中极小的孔隙和表面的不规则空陷，因此测出的产品体积更接近产品的真实体积，从而可以用来计算产品的密度，测试值也更接近产品的真密度[3]。

## 1　实验部分

### 1.1　实验原理

仪器基本原理主要基于气体方程$PV=nRT$[4]，其测试系统由测试腔和基准腔构成。测定样品密度时，仪器自动采集基准腔的压力$P_1$及体积$V_1$并记录；将一定未知体积$V$的产品放入已知体积$V_2$的测试腔，向基准腔注入一定量的气体并记录稳定后的压力$P_2$；将测试腔与基准腔连接体积$V$，再由产品的质量和体积计算出产品的真密度，实验原理如图1所示。

---

作者简介：王小维(1990—)，女，陕西渭南人，工程师，本科，现主要从事化学分析管理、检测工作。

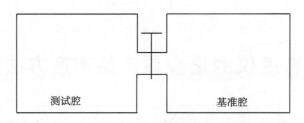

图 1　实验原理

### 1.2　试剂

（1）氦气：φ（He）=99.999%，充装压力>12 MPa。

（2）标准钢锭。

### 1.3　仪器和设备

（1）全自动真密度分析仪。

（2）电子天平。

### 1.4　实验步骤

（1）仪器准备：打开氦气瓶，打开仪器总电源进行预热。

（2）仪器气密性检验：安装空管，点开始即可；自检完成后，软件给出合格与否的判断。

（3）仪器校准

① 打开仪器校准界面，设置好仪器各项参数，测量产品管和基准腔的体积比。

② 填写已知标准钢锭的名称、质量和真密度。

③ 将标准钢锭装入产品管内，测量基准腔和产品管的体积。

④ 软件自动给出基准腔和产品管空管的体积。

⑤ 基准腔体积点保存后会自动保存在系统参数内；产品管空管体积点保存后会自动弹出窗口，给产品管体积编写名称，便于后续测试时查找。

（4）产品测定

① 在电子天平上准确称量金属产品的质量。

② 将金属产品放在产品管内。

③ 打开测试过程界面，设置仪器参数，包含产品名称、产品质量、达到指定重复性精度等进行输入。随后点击开始进行产品测试。

④ 软件会根据设置的测试精度在达到要求后自动结束测量。

### 1.5　结果计算

真密度仪气路结构如图 2 所示。

打开测位阀，使测试腔和基准腔连通，等压力稳定后，记录此时压力值为 $P_1$。然后关闭测位阀，打开进气阀，给基准腔充气，充到指定压力后，关闭进气阀，等压力稳定后，记录此时压力为 $P_2$。

此时系统内（指基准腔和测试腔）气体的摩尔量为：

$$n_1 RT = P_1 \times V_{测} + P_2 \times V_{基} \quad (1)$$

式中，$n_1$ 为此时系统内气体的摩尔量；$R$ 为气体摩尔常数；$T$ 为温度；$P_1$ 为未进气前基准腔和测试腔连通后的压力；$V_{测}$ 为测试腔体积；$P_2$ 为测位阀关闭，给基准腔进气达到的压力；$V_{基}$ 为基准腔体积。

再打开测位阀，让基准腔和测试腔充满气体，等压力稳定后，记录此时的压力 $P_3$。

$$n_2 RT = P_3 \times (V_{测} + V_{基}) P_1 \quad (2)$$

式中，$n_2$ 为此时系统内气体的摩尔量；$P_3$ 为基准腔进气后，打开测位阀，基准腔和测试腔连通后的压力。

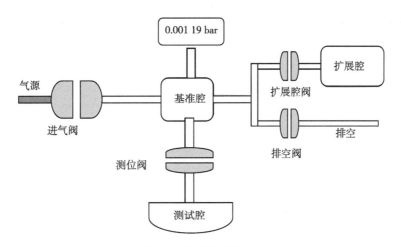

**图 2 真密度仪气路结构**

由于打开测位阀前后,系统内气体的总摩尔量没有发生变化,所以得出式(3)。

$$P_1 \times V_{测} + P_2 \times V_{基} = P_3 \times (V_{测} + V_{基})。 \tag{3}$$

由式(3)可得式(4)。

$$V_{测} = (P_2 - P_3) \times V_{基} / (P_3 - P_1)。 \tag{4}$$

$$V_{测} = V_{产品管} + V_{接} - V_{产品}。 \tag{5}$$

式(5)中,$V_{产品}$为产品骨架体积;$V_{产品管}$为产品管的空管体积;$V_{接}$为接头体积。

由式(4)和式(5)可得式(6)

$$V_{产品} = V_{产品管} + V_{接} - (P_2 - P_3) \times V_{基} / (P_3 - P_1)。 \tag{6}$$

$$\rho = \frac{m}{V_{产品}}。 \tag{7}$$

式中,$\rho$为产品的密度;$m$为产品的质量。

## 2 结果与讨论

### 2.1 实验参数的设定

(1)气密性与平衡时长

① 净化压力及测量压力的选择

净化过程是在测量产品之前,充入一定压力的氦气,以驱尽残留在测试腔及扩展腔中的空气,保证测量产品时结果的准确性[5]。本实验选择仪器的推荐压力为 0.34 MPa,测量金属产品时测试腔的压力应与净化时的压力一致,故测量过程的压力也选 0.34 MPa。

② 测试腔的密封性

测试腔的密封与否,将直接影响到检测结果的准确性和精度。因此,在测量之前必须对测试腔的密封性进行实验[5]。检验方法如下:打开进气阀开关,使测试腔压力达到一定值后关闭进气阀开关。观察压力变化,若压力变化量不超过 0.005 bar,表明测试腔密封性良好;若发生压力不稳定的情况,则表明测试腔密封性较差,必须擦干测试腔盖,重新涂抹一层高真空油脂,以确保测试腔的密封性满足实验要求。通过实验,得出气密性和平衡时长的设置参数,结果如表1所示。

表 1  气密性和平衡时长设置参数

| 参数名称 | 设置数据 | 结论 |
| --- | --- | --- |
| 进气阀 | 排空后等待 60 s，压力变化量不超过 0.005 bar。 | 正常 |
| 初检 | 进气达到 1.850 bar | 合格 |
| 终检 | 20 s 内，压力变化量不超过 0.001 bar | 合格 |
| 测试腔稳压时长 | 20 s | 合格 |
| 基准腔稳压时长 | 20 s | 合格 |
| 平衡标准偏差 | 0.001 bar | 合格 |
| 平衡用时上限 | 600 s | 合格 |
| 排空压力上限 | 1.100 bar | 合格 |
| 排空时长 | 10 s | 合格 |
| 真空泵排空时长 | 5 s | 合格 |
| 再排空 | 气路冲洗后，产品池达到目标压力后，等待 5 s | 再排空 |

## 2.2 扩展腔的控制

测试腔的大小与测量结果的准确性和精密度均有关。因此，在实验过程中测试腔的大小和产品大小之间的匹配也相当重要。当测试腔体积大于 60 mL 时，为了提高测试精度和测试准确性，就需要使用具有扩展腔的仪器进行测试，根据测试腔大小不同，扩展腔体积也会不同。为测试产品分析过程中是否需要使用扩展腔，本实验对仪器参数设置是否使用扩展腔进行了比对实验。

（1）不使用扩展腔进行产品分析

使用标准钢锭，在扩展腔勾选处不进行勾选的情况下，对标准钢锭进行测定，测定结果如表 2 所示。

表 2  不使用扩展腔标准钢锭的实验结果

| 序号 | 质量/g | 钢锭骨架体积/cm³ | 钢锭密度/(g/cm³) | 标准值/(g/cm³) | 相对标准偏差 |
| --- | --- | --- | --- | --- | --- |
| 1 | 472.5930 | 59.3198 | 7.9669 | | |
| 2 | 472.5930 | 63.7772 | 7.4101 | | |
| 3 | 472.5930 | 59.3315 | 7.9653 | | |
| 4 | 472.5930 | 60.2816 | 7.8398 | | |
| 5 | 472.5930 | 59.8763 | 7.8928 | 7.9146 | 2.13% |
| 6 | 472.5930 | 61.5829 | 7.6741 | | |
| 7 | 472.5930 | 59.5612 | 7.9346 | | |
| 8 | 472.5930 | 59.3653 | 7.9608 | | |
| 9 | 472.5930 | 60.1289 | 7.8597 | | |
| 10 | 472.5930 | 59.6079 | 7.9284 | | |

（2）使用扩展腔进行产品分析

使用标准钢锭，在扩展腔勾选处进行勾选的情况下，对标准钢锭进行测定，测定结果如表 3 所示。

表3 使用扩展腔标准钢锭的实验结果

| 序号 | 质量/g | 钢锭骨架体积/cm³ | 钢锭密度/（g/cm³） | 标准值/（g/cm³） | 相对标准偏差 |
|---|---|---|---|---|---|
| 1 | 472.5930 | 59.7081 | 7.9151 | 7.9146 | 0.018% |
| 2 | 472.5930 | 59.7149 | 7.9142 | | |
| 3 | 472.5930 | 59.7205 | 7.9134 | | |
| 4 | 472.5930 | 59.7362 | 7.9113 | | |
| 5 | 472.5930 | 59.7098 | 7.9148 | | |
| 6 | 472.5930 | 59.7316 | 7.9119 | | |

通过表2和表3的比对实验，可以看出：在对标准钢锭进行密度检测的实验过程中若不使用扩展腔进行密度测量，测量结果相对标准偏差过大，不满足实验要求。因此，在实验参数设置时应选择具有扩展腔。

## 2.3 冲洗次数的选择

在日常实验测试过程中冲洗是必不可少的。因此，在实验过程中，对产品冲洗次数进行了选择实验，实验结果如表4所示。

表4 不同冲洗次数对标准钢锭的测定结果的影响

| 冲洗次数 | 钢锭骨架体积/cm³ | 钢锭密度/（g/cm³） | 相对标准偏差 |
|---|---|---|---|
| 1 | 56.6793 | 8.3380 | 1.560% |
| | 55.8269 | 8.4653 | |
| | 56.0023 | 8.4388 | |
| | 54.8976 | 8.6086 | |
| | 55.2309 | 8.5567 | |
| | 53.9967 | 8.7523 | |
| 2 | 58.0213 | 8.1451 | 0.600% |
| | 57.9985 | 8.1484 | |
| | 58.7892 | 8.0388 | |
| | 58.1963 | 8.1207 | |
| | 57.6596 | 8.1963 | |
| | 58.3695 | 8.0966 | |
| 3 | 59.7211 | 7.9133 | 0.016% |
| | 59.7182 | 7.9137 | |
| | 59.7356 | 7.9114 | |
| | 59.7305 | 7.9120 | |
| | 59.7106 | 7.9147 | |
| | 59.7098 | 7.9148 | |

续表

| 冲洗次数 | 钢锭骨架体积/cm³ | 钢锭密度/(g/cm³) | 相对标准偏差 |
|---|---|---|---|
| 6 | 59.7307 | 7.9121 | 0.016% |
|  | 59.7092 | 7.9149 |  |
|  | 59.7288 | 7.9123 |  |
|  | 59.7218 | 7.9132 |  |
|  | 59.7398 | 7.9109 |  |
|  | 59.7219 | 7.9132 |  |

通过表 4 可以看出：当冲洗次数过少时，标准钢锭密度会偏大，且精密度较差。当冲洗次数为 3 次和 6 次时，标准钢锭测量结果的精密度满足要求且无明显差异，为节约测量时间故冲洗次数选为 3 次。

### 2.4 测试界面的设置

在测试界面处有产品分析的基本信息和产品分析的结束方式，根据具体情况对测试界面的参数进行设置，结果如表 5 所示。

表 5 测试界面参数设置

| 参数名称 | 参数设置 |
|---|---|
| 基本信息 | 填写产品名称、重量及环境温度 |
| 产品管 | 填写校准获得的空管体积 |
| 材料种类 | 普通 |
| 测试气体种类 | He |
| 结束方式 | 达到指定重复性精度（0.02%） |

### 2.5 仪器准确度实验

采用真密度仪对标准钢锭的密度进行测定，通过测量结果的绝对误差表征仪器的准确度[6]，测量结果如表 6 所示。

表 6 标准钢锭密度测量值和标准值比对数据

| 产品名称 | 质量/g | 钢锭骨架体积/cm³ | 钢锭密度/(g/cm³) | 标准砝码标准值/(g/cm³) | 相对标准偏差 | 绝对误差/(g/cm³) |
|---|---|---|---|---|---|---|
| 标准钢锭 | 472.5930 | 59.7151 | 7.9141 | 7.9146 | 0.006% | 0.0005 |
|  | 472.5930 | 59.7158 | 7.9140 |  | 0.007% | 0.0006 |
|  | 472.5930 | 59.7205 | 7.9134 |  | 0.015% | 0.0012 |
|  | 472.5930 | 59.7054 | 7.9150 |  | 0.005% | 0.0033 |
|  | 472.5930 | 59.7178 | 7.9138 |  | 0.010% | 0.0008 |
|  | 472.5930 | 59.7020 | 7.9159 |  | 0.016% | 0.0027 |

通过表 6 可以看出，该仪器测试结果与标准值的最大相对标准偏差为 0.016%、绝对误差为 0.0033 g/cm³；最小相对标准偏差为 0.005%、绝对误差为 0.0005 g/cm³，满足质量控制相对标准偏差不大于 0.02% 的要求，保证了使用该仪器测定产品密度的准确性。

## 2.6 仪器精密度实验

同一时间,同一操作人员短时间内用真密度仪对同一金属产品进行 6 次测量,实验结果如表 7 所示。

表 7 同一产品进行 6 次测量的精密度实验

| 产品编号 | 产品密度/（g/cm³） | 相对标准偏差 | 标准值 |
|---|---|---|---|
| 1 | X-06 | 0.020% | ≤0.02% |
| | X-15 | | |
| | X-11 | | |
| | X-04 | | |
| | X-05 | | |
| | X-09 | | |
| 2 | X-01 | 0.018% | |
| | X-09 | | |
| | X-05 | | |
| | X-99 | | |
| | X-00 | | |
| | X-02 | | |

通过表 7 可以看出,同一时间对同一产品进行测定,相对标准偏差最大为 0.020%,满足标准要求,因此使用真密度仪进行金属产品密度的测量结果精密度较好。

## 2.7 比对实验

（1）金属产品比对实验

对同一金属产品分别用"排液法"和真密度仪法测量密度,将结果进行比较,实验结果如表 8 所示。

表 8 "排液法"和真密度仪法测量金属产品密度的比对数据

| 产品编号 | 产品密度/（g/cm³） | 平均值 | 排液法测量密度/（g/cm³） | 两者之差/（g/cm³） |
|---|---|---|---|---|
| 1 | X-14 | X-07 | X-08 | 0.001 |
| | X-04 | | | |
| | X-02 | | | |
| 2 | X-98 | X-01 | X-08 | 0.007 |
| | X-06 | | | |
| | X-98 | | | |
| 3 | X-08 | X-02 | X-02 | 0 |
| | X-98 | | | |
| | X-99 | | | |
| 4 | X-08 | X-00 | X-08 | 0.008 |
| | X-95 | | | |
| | X-96 | | | |

通过表 8 可以看出,4 组比对实验中采用真密度仪法测量产品的密度与采用"排液法"的密度相差不大于 0.008 g/cm³,满足分析要求。

（2）数据分析

本文对实验过程中用真密度仪法测量金属产品密度和"排液法"测量金属产品密度的157组数据用 $t$ 检验进行分析，结果如表9所示。

本文根据实验数据，结合实际采用配对样本资料的 $t$ 检验。其定义为：配对设计是将受试对象配成对子，随机给予每对中的两个个体以不同处理。配对设计的主要形式有，自身配对：同一对象接受两种处理；异体配对：将条件相近的实验对象配对，并分别给予两种处理。原理：配对设计资料的分析着眼于每一对中两个观察值之差，这些差值构成一组资料，用 $t$ 检验推断差值的总体均数是否为"0"。检验假设为：

$H_0$：$\mu_d = 0$，即差数的总体均数为0；

$H_1$：$\mu_d \neq 0$，即差数的总体均数不为0。

给定一个小概率 $\alpha$，作为检验水准，如果与 $t$ 值相应的 $P$ 值小于给定的 $\alpha$，拒绝 $H_0$；否则，不拒绝 $H_0$。

表9 $t$ 检验：成对双样本均值分析

| 项目 | 真密度仪法 | 排液法 |
| --- | --- | --- |
| 平均 | X-02 | X-03 |
| 方差 | 0.000 025 108 9 | 0.000 019 840 8 |
| 观测值 | 157 | 157 |
| 泊松相关系数 | 0.556 245 736 | |
| 假设平均差 | 0 | |
| df | 156 | |
| $t$ Stat | -1.583 573 071 | |
| $P(T \leq t)$ 单尾 | 0.057 658 046 | |
| $t$ 单尾临界 | 1.654 679 996 | |
| $P(T \leq t)$ 双尾 | 0.115 316 093 | |
| $t$ 双尾临界 | 1.975 287 508 | |

通过表9可以看出：$P = 0.115 > 0.05$，接受 $H_0$，即差值的总体均数为0，可认为用真密度仪法和用"排液法"测量同一金属产品两者结果无显著性差异。

## 3 结论

（1）采用真密度仪法测量产品的相对偏差控制在0.02%以内。

（2）采用真密度仪法测定产品与传统"排液法"相比，避免四氯化碳的使用，自动化程度高。

（3）采用真密度仪法进行密度测量，即氦气置换法，具有操作简单快捷、容易掌握、人为因素影响小的优点，但测量平衡时间较长，其精度设置要求越高，气体置换时间越长，分析效率越低。

（4）金属产品可以用真密度仪进行分析，本文测量方法的准确度和重复性均符合要求，真密度仪法与日常分析用的"排液法"测量结果无显著性差异。因此，真密度仪法可用于日常金属产品的分析。

**参考文献：**

[1] 李辉，张嫦，陈峰，等. 高纯硅微粉真密度的测定[J]. 西南民族大学学报，2007，33(2)：344-346.

[2] 李苹. 采用真密度仪法测定煤的视相对密度可行性探讨[J]. 煤质技术，2017(5)：55-57.

[3] 高国玲. 全自动真密度仪在电瓷生产中的应用[J]. 现代技术陶瓷，2014，35(3)：56-58.

[4] 张迎春. 真密度方法的建立及应用 [J]. 辽宁化工, 2021, 50 (7): 1082-1084.
[5] 陈宗宏, 胥成民, 王以贵. 用全自动真密度仪测定锻烧焦真密度 [J]. 理化检验—物理分册, 2004, 40 (2): 76-77.
[6] 殷祥男, 王长安, 王伟智, 等. 全自动真密度分析仪测定水泥密度的应用 [J]. 水泥, 2019 (A01): 145-147.

# Study on the method of measuring the density of metal products with true density meter

## WANG Xiao-wei, ZHANG Rui-juan, LIU Qing, LIU Yun-he

(Sichuan Honghua Industrial Co., Ltd., Leshan, Sichuan 614200, China)

**Abstract**: Density is the most basic physical parameter of metal products, which directly affects the performance and application of metal products. The company used traditional "drainage method" to measure the density of metal products in its daily analysis work. This method had some disadvantages, such as long curve drawing time, difficult temperature control and the use of toxic liquid carbon tetrachloride. In this paper, a new method of measuring the density of metal products with true density instrument has been established. The optimum working conditions of the instrument were determined from the setting of experimental parameters, the control of expansion cavity, the selection of flushing times and the setting of test interface. The precision and accuracy experiments and the comparison of the old and new methods were also carried out. The results showed that compared with the "drainage method", the true density method had no significant difference in the measurement results, and the measurement precision and accuracy were less than 0.02%, which met the requirements of product analysis quality control. In addition, the true density method had the advantages of high automation, no use of carbon tetrachloride liquid, simple operation, less human error, easy to master and so on, and could replace the traditional "drainage method" in field work.

**Key words**: True density meter; Density; Metal products; Drainage method

# 机油中放射性活度测量方法研究及应用

刘昇平，谢敬丰，陈友宁，何莹洁，李金霞，张兆旸

（中核兰州铀浓缩有限公司，甘肃 兰州 730065）

**摘　要**：通过对机油的物理化学性质、机油的溶解处理方法、放射性测量仪器探测效率、自吸收因子、测量方法的重复性、探测下限、不确定度等的实验研究和总结，建立了机油中α放射性活度的测量—4π闪烁法的具体测量方法。经过理论计算和实验验证，测量方法重复性相对标准偏差为21%，加标回收率为90%～110%；当机油中α放射性活度浓度在5 Bq/g左右时，测量结果的相对扩展不确定度为19%（$k=2$）。所研究建立的机油中α放射性活度的测量-4π闪烁法相比其他放射性活度测量方法，其样品前处理过程简单（不需要灰化、萃取、分离等复杂过程），放射性测量探测效率高，探测下限较低，不确定度较低，完全满足国家对此类放射性废物监管方面的监测需求。整个测量方法操作简便、实用性高、效果良好。

**关键词**：机油；放射性活度；测量方法

核设施运行及退役过程中各类废物中放射性活度测量是环境及核安全监管部门强制要求的测量项目，其结果也是各类废物工艺处理的重要参考依据。我公司在铀浓缩设施运行和退役过程中产生大量含放射性物质的机油废物，应废物处理和管控的需要，急需此方面的测量方法和应用。

目前，国际对放射性废物比活度的分析技术和方法手段多，但因废物种类繁多，其被放射性物质沾污的状态机理，分析测量的原理和处理方法也均不相同。对于机油这种特殊的有机油类放射性废物，国内董文静等[1]研究了有机废液中铀、钍的前处理方法，优选出了合适的灰化方式、温度和助剂，建立了添加助剂的干法灰化法测定有机废液中铀、钍含量的分析方法，刘艳[2]项目组研究了一种用于放射性废油及油水混合废液的处理、整备技术，张琳[3]以实验室自制的硼掺杂金刚石薄膜（BDD）为阳极，开展模拟放射性废机油（液压油）的电化学氧化处理研究，万小岗等[4-6]研究得出采用"乳化-固化"的方法可以有效处理放射性废机油，使其转变为合格的水泥固化体，满足废物暂存要求。但对于石油类物质中放射性废物比活度测量研究成果目前没有公开和典型的方法，可参考和直接利用的成熟方法几乎没有。

本课题所研究的机油中放射性活度的测量方法为核设施运行及退役过程中机油废物放射性活度判定和测量提供了技术路线与方法依据，研究成果填补了国内本领域石油类物质及废物中放射性活度测量方法的空白，技术手段处于国内较先进水平。该成果可直接应用于我公司生产分析工作中，解决我公司铀浓缩设施运行和退役过程中产生的大量机油废物放射性活度的测量难题。还可应用于其他铀浓缩设施、核燃料元件制造设施、核反应堆等核设施中产生的机油废物放射性活度测量，也可以推广应用于类似废物中放射性活度的测量，在环境放射性监测、职业卫生监测、放射性废物处理等方面应用广泛，经济和社会效益较高。

## 1 技术路线

### 1.1 测量方法

常见的各类介质中放射性活度测量方法有饱和厚层法、薄层法和4π闪烁法[6,8-9]。薄层法要求样品在测量盘内铺成平整均匀的薄层，但是黏度较大的机油由于流动性和分散性较低而不易铺成平整均

---

作者简介：刘昇平，男，甘肃天水人，工程师，理学硕士，现从事放射化学、辐射防护工作。

匀的薄层，况且薄层法受自吸收影响明显，薄层厚度的任意一点变化对测量结果都会产生较大影响，用薄层法直接测量机油中放射性活度的方法不可行。饱和厚层法要求样品在测量盘内铺成平整均匀的厚层，但饱和厚层法需要试验确定测量的重要参数：饱和层厚度，试验难度和复杂性较高，其次铺盘机油用量大以致机油难以固化限制了方法的可操作性。$4\pi$闪烁法相比其他放射性活度测量方法，其样品前处理过程简单（不需要灰化、萃取、分离等复杂过程），放射性活度测量探测效率高，探测下限较低，不确定度较小，技术上可行。

本课题参考水中$\alpha$放射性活度的测量—$4\pi$闪烁法的原理和方法[7]，选取适宜的有机溶剂将机油溶解、稀释降低黏度和稠度，配制成分散性好的机油-有机溶剂溶液，再与硫化锌晶体粉末均匀混合，铺成发光效率高，自吸收低而易于探测和测量的机油样品盘，从而实现机油中放射性活度测量的理论可行性。再通过翔实严谨的试验确定方法技术和关键要素，研究并建立机油中放射性活度的测量方法。

### 1.2 方法原理

机油经适宜的有机化学溶剂溶解可降低稠度和黏性，将一定量的机油-有机溶剂溶液与荧光粉（含有ZnS）均匀混合在一起时，样品中放射性物质射出的$\alpha$粒子与ZnS作用，产生荧光的"闪光"，经由光电倍增管转化为脉冲电压，再经放大，成形后输入定标单元，进行脉冲计数。然后根据测量装置的相对探测效率计算得出$\alpha$放射性活度。

由于闪烁体表面积大，样品厚度相应减少，降低了$\alpha$粒子在样品层中的自吸收效应。同时，由于样品和闪烁体混合在一起，增加了相互接触面积，从而改善了探测的几何条件，提高了方法的探测效率和灵敏度。

## 2 材料设备

### 2.1 试验机油样品

（1）L-DAB220型压缩机润滑油。

（2）N-100型真空泵油。

### 2.2 试剂

（1）ZnS（Ag）荧光粉，硝酸铀酰（分析纯），硝酸，甲醇，无水乙醇，丙酮，丁酮，乙醚，石油醚。

（2）混合溶剂：乙醚（或石油醚）和丙酮按1∶1比例混合。

（3）1000 mg/mL天然铀放射性标准溶液：用分析天平准确称取0.2109 g（精确到0.1 mg）$UO_2(NO_3)_2 \cdot 6H_2O$（天然铀）于50 mL烧杯中，用0.01 mol/L硝酸溶液溶解，转入100 mL容量瓶中，再用0.01 mol/L硝酸溶液稀释至刻度。该溶液每毫升含天然铀为1.00 mg，每毫升$\alpha$放射性活度为25.4 Bq[10]。

（4）10.0 mg/mL机油-混合溶剂溶液：准确称取1.000 g机油溶于混合溶剂中，再用混合溶剂定容至100 mL。

（5）10.0 $\mu$g/mL天然铀-混合溶剂溶液：准确移取1.000 mg/mL天然铀放射性标准溶液1 mL，再用混合溶剂定容至100 mL。

（6）2.0 $\mu$g/mL天然铀-10.0 mg/mL机油-混合溶剂标准样品溶液：准确称取1.0 g机油于50 mL烧杯中，然后加入混合溶剂转移至100 mL容量瓶中，再加入0.2 mL浓度为1.000 mg/mL天然铀放射性标准溶液，最后用混合溶剂定容。

### 2.3 材料

（1）烧杯：50 mL、100 mL。

(2) 移液管：1 mL、2 mL、5 mL、10 mL。

(3) 容量瓶：50 mL、100 mL。

(4) 有机玻璃刮子。

(5) 测量盘，有效测量直径：φ120 mm，带厚度为 1 mm 的有机玻璃圆盖。

(6) 台秤或天平，一般称量用，分度值不大于 0.01 g。

(7) 分析天平，感量 0.1 mg。

(8) 烘箱。

(9) 4π闪烁α测量装置，对 4π闪烁参考标准源的探测效率（4π闪烁参考标准源的制备及 4π闪烁探测效率实验的方法参见文献[7]的附录A）不小于 60%；本底不大于 0.6 cpm。

## 3 基本方法步骤

### 3.1 机油样品采集

用硬质玻璃瓶或烧杯收集机油样品 5~10 g。

### 3.2 机油样品溶液配制

台秤或天平在小烧杯中准确称取 1 g 左右（一般为 0.8~1.2 g，精确到 0.01 g）机油样品，加入约 10 mL 混合溶剂搅拌溶解，转入 50 mL 容量瓶中。烧杯内残留物再分次加少量混合溶剂溶解洗涤，合并转入容量瓶，用混合溶剂定容（因所使用有机溶剂常温下易挥发损失，使溶液浓度变化不准确，因此该溶液应在临用时配制和使用）。

### 3.3 铺盘

(1) 用移液管准确吸取 5.00 mL 机油样品溶液加入已加有 1.50 g 荧光粉的测量盘中，用有机玻璃刮子将机油样品溶液与荧光粉刮匀，使其均匀分布在测量盘底部（必要时可加入少量混合溶剂进行分散，但禁止使用水），放置自然晾干。

(2) 测量盘内除不加样品外，其余按与样品测量盘相同的方法进行操作，制备本底测量盘。

### 3.4 测量

(1) 按顺序打开 4π闪烁α测量装置的电源、低压开关、高压开关，预热 10 min 左右使其稳定，调节仪器高压至所需工作电压。

(2) 本底测量：将制备好的本底测量盘小心放到 4π闪烁放射性活度测量装置探测室中，盖上盖子，确定测量时间（推荐时间为 100 min），记录计算本底计数率。

(3) 样品测量：将样品测量盘按与本底测量相同的方法进行操作，记录计算样品计数率。

(4) 测量完毕断开高压开关，取出测量盘，依次关闭测量仪器低压开关、高压开关、电源开关。

## 4 试验与讨论

### 4.1 机油的物理化学性质及放射性形成概述

机油概念并无确切的定义，是起润滑、绝缘、密封等作用的各类机械润滑油、电器用油、压缩机油、真空泵油等油类的泛称，主要来源于石油提炼生产和基础油调制。本实验过程所使用的机油均为不带放射性的真空泵油。

机油是石油产品的馏分组成之一，常温下机油呈浅黄色液态状，黏度和稠度较大，不易流动分散，50 ℃时机油的黏度介于 1.46~183.31 MPa·s，20 ℃时机油的密度介于 0.8787~0.8840 g/cm$^3$ [11-12]。机油是一种复杂的各种碳氢化合物——称作"烃类"的混合物，主要为烷烃、环烷烃和芳烃；另外，还有少量的烯烃和添加剂。烃类分子中碳原子数为 16~20 个，少部分分子中含有硫、氮、氧等原子，这些烃类组成结构上的差异，在机油中所占浓度的不同均直接影响机油的理化性质。

UF$_6$能与碳氢化合物迅速发生反应。如果 UF$_6$ 处于气相，反应生成一种铀-碳化物的黑色沉积物。如果 UF$_6$ 处于液相，反应加速进行，能引起容器爆炸[13]。显然，核设施运行和退役产生或作为放射性废物的机油因含有铀等放射性物质而具有放射性。

## 4.2 机油的溶解性

放射性活度的测量方法需要对样品进行前期定量、溶解、配制等化学处理，尤其是需确定样品如何铺盘以适合仪器进行放射性活度测量。因此，了解机油样品在各类溶剂中的溶解特性是必要的。本项试验是选择几种有机溶剂，经过试验验证，溶质（机油）和溶剂的最小配比为1∶10，选择1∶10的配比，试验机油样品在这几种溶剂或其混合状态下的溶解特性，确定一种合适的溶剂用于样品的前期处理。

表1列出了各种溶剂对机油的溶解试验情况。结果表明，乙醚和石油醚对机油均有较好的溶解性。由于乙醚挥发性强，将乙醚（或石油醚）和丙酮配制成1∶1的混合试剂，对机油能完全溶解，溶液透明，无论黏稠度、溶解度还是挥发性能均满足试验要求。因此，选择混合溶剂用于样品前期化学处理。

**表1 各种溶剂对机油的溶解试验情况**

| 溶剂 | 溶解性状描述 | 溶解结果 |
| --- | --- | --- |
| 乙醇 | 溶质与溶剂分层，溶质聚集于液体底部 | 不溶 |
| 甲醇 | 溶质与溶剂分层，溶质聚集于液体底部 | 不溶 |
| 丙酮 | 溶质与溶剂形成乳状液，液体基本不透明，底部有部分不溶物 | 微溶 |
| 乙醚 | 溶质大部分溶解，溶液底部有极少量不溶物，溶液透明，呈微黄色，黏稠度增大，流动性降低 | 可溶 |
| 石油醚 | 溶质大部分溶解，溶液底部有极少量不溶物，溶液透明，呈微黄色，黏稠度增大，流动性降低 | 可溶 |
| 混合溶剂 | 溶质全部溶解，溶液透明，呈微黄色，黏稠度较大，流动性降低 | 完全溶解 |

## 4.3 不同机油样品量铺盘效果试验

试验方法：在系列小烧杯中用分析天平分别准确称取 10.0 mg、20.0 mg、50.0 mg、100.0 mg、200.0 mg、500.0 mg 机油样品，分别加入 5 mL 混合溶剂搅拌溶解，分别转入已加有 1.50 g 荧光粉的系列测量盘中，烧杯内残留物再分次加少量混合溶剂，一并转入各测量盘，使样品与荧光粉混合并均匀铺盘，放置自然晾干。观察不同机油样品量时的铺盘效果。

试验观察结果表明，当铺盘机油样品量超过 100 mg 时，铺盘不平整、不均匀，因机油量较多，有聚集、起泡现象，整体铺盘效果差，不符合放射性活度测量技术要求；当铺盘机油样品量不超过 100 mg 时，铺盘平整、均匀，整体铺盘效果良好，符合放射性活度测量技术要求。根据以上结果且为尽量提高测量灵敏度。可确定对 4π 闪烁 α 放射性活度测量方法，机油样品铺盘取样量应在 50.0～100.0 mg，最佳为 100.0 mg。

## 4.4 放射性活度测量仪表探测效率试验

试验在测量盘中加入 10.0 μg/mL 天然铀-混合溶剂溶液 2.00 mL（其 α 放射性活度为 0.508 Bq[14]），与荧光粉均匀混合，然后进行铺盘，确定测量时间为 100 min，在 4π 闪烁 α 放射性活度测量装置上进行测量计数，计算测量仪表的探测效率。进行多次重复性试验结果（表2）表明：4π 闪烁 α 放射性活度测量装置的仪表探测效率均值为 0.716，仪表探测效率相对标准偏差为 2.8%。

表 2　机油中放射性活度测量探测效率试验

| 试验样品编号 | 1 | 2 | 3 | 4 | 5 | 6 |
|---|---|---|---|---|---|---|
| 加入天然铀标准/μg | 20.0 | | | | | |
| 理论α放射性活度/Bq | 0.508 | | | | | |
| 实测计数/cpm | 22.40 | 21.70 | 22.08 | 21.36 | 22.69 | 23.02 |
| 本底计数率/cpm | 0.38 | 0.38 | 0.38 | 0.38 | 0.38 | 0.38 |
| 仪表探测效率计算值 | 0.722 | 0.699 | 0.712 | 0.688 | 0.732 | 0.743 |
| 仪表探测效率均值 | 0.716 | | | | | |
| 仪表探测效率相对标准偏差 | 2.8% | | | | | |

### 4.5　机油中放射性活度测量自吸收试验

准确移取 10.0 mg/mL 机油-混合溶剂溶液 5.00 mL、6.00 mL、7.00 mL、8.00 mL、9.00 mL、10.00 mL、12.00 mL、15.00 mL，分别加入 10.0 μg/mL 天然铀-混合溶剂溶液 2 mL，进行铺盘测量，试验在样品测量盘中加入相同α放射性活度和不同机油量状态下机油对放射性活度测量的自吸收情况如表 3 所示。

结果表明：当样品测量盘中机油量在 50～150 mg 时，放射性活度测量的自吸收因子为 0.925～1.002，结果并未出现随着样品量的增加放射性活度测量自吸收渐大的规律性变化。8 个样本的自吸收因子均值为 0.953，自吸收因子相对标准偏差为 2.8%，因此当机油取样量在 50～150 mg 时，对 4π 闪烁α放射性活度测量方法可取确定的自吸收因子 $\rho=0.95$。

表 3　机油中放射性活度测量自吸收试验

| 试验样品编号 | 1 | 2 | 3 | 4 | 5 | 6 | 7 | 8 |
|---|---|---|---|---|---|---|---|---|
| 加入天然铀标准/μg | 20.0 | | | | | | | |
| 理论α放射性活度/Bq | 0.508 | | | | | | | |
| 加入机油质量/mg | 50 | 60 | 70 | 80 | 90 | 100 | 120 | 150 |
| 实测计数/cpm | 21.57 | 20.76 | 21.44 | 21.49 | 22.24 | 20.74 | 20.57 | 20.67 |
| 本底计数率/cpm | 0.38 | 0.38 | 0.38 | 0.38 | 0.38 | 0.38 | 0.38 | 0.38 |
| 仪表探测效率 | 0.716 | 0.716 | 0.716 | 0.716 | 0.716 | 0.716 | 0.716 | 0.716 |
| 实测α放射性活度/Bq | 0.493 | 0.474 | 0.490 | 0.491 | 0.509 | 0.474 | 0.470 | 0.472 |
| 自吸收因子 | 0.971 | 0.934 | 0.965 | 0.967 | 1.002 | 0.933 | 0.925 | 0.930 |
| 自吸收因子均值 | 0.953 | | | | | | | |
| 自吸收因子相对标准偏差 | 2.8% | | | | | | | |

### 4.6　机油中放射性活度测量结果计算方法

对于机油中一般的α放射性核素，机油中放射性活度测量结果应给出机油中α放射性活度浓度，即单位质量机油中α放射性活度，单位为 Bq/g。对于本课题所研究的机油中α放射性活度的测量——4π 闪烁法的测量结果应按下式计算：

$$A_\alpha = \frac{(n_{总} - n_{本})}{60 \times \rho \cdot \eta_{4\pi} \cdot W_{测}} \text{。} \tag{1}$$

式中，$A_\alpha$ 为被测机油中α放射性活度浓度，Bq/g；$n_{总}$ 为样品加上本底的总计数率，cpm；$n_{本}$ 为本底的计数率，cpm；$\rho$ 为测量样品所取质量对应的放射性活度测量自吸收因子（当机油中放射性活度测量时机油取样量在 50～150 mg 时，可取确定的自吸收因子为 0.95）；$\eta_{4\pi}$ 为测量仪表的 4π 闪烁探测效率；$W_{测}$ 为测量所取机油样品质量，g。

### 4.7 机油中放射性活度测量准确度试验

分别在 α 放射性活度浓度不同的机油样品中加入 10.0 μg/mL 天然铀-混合溶剂溶液 2 mL，按照基本操作方法进行铺盘，确定测量时间为 100 min，在 4π 闪烁 α 放射性活度测量装置上进行测量计数，计算此测量方法的加标回收率（表 4）。

表 4 机油中放射性活度测量准确度试验

| 试验样品编号 | 1 | 2 | 3 | 4 | 5 | 6 |
| --- | --- | --- | --- | --- | --- | --- |
| 加标前机油样品 α 放射性活度浓度/(Bq/g) | 4.89 | 5.21 | 4.88 | 5.13 | 4.87 | 4.95 |
| 加入天然铀标准/μg | 20.0 | 20.0 | 20.0 | 20.0 | 20.0 | 20.0 |
| 理论 α 放射性活度浓度/(Bq/g) | 5.08 | 5.08 | 5.08 | 5.08 | 5.08 | 5.08 |
| 实测计数/cpm | 42.07 | 41.08 | 39.28 | 40.19 | 40.83 | 43.29 |
| 本底计数率/cpm | 0.38 | 0.38 | 0.38 | 0.38 | 0.38 | 0.38 |
| 仪表探测效率 | 0.716 | 0.716 | 0.716 | 0.716 | 0.716 | 0.716 |
| 自吸收因子 | 0.95 | 0.95 | 0.95 | 0.95 | 0.95 | 0.95 |
| 加标后机油样品 α 放射性活度测量结果/(Bq/g) | 10.22 | 9.97 | 9.44 | 10.00 | 10.08 | 10.51 |
| 加标回收率 | 1.05% | 0.94% | 0.90% | 0.96% | 1.03% | 1.10% |

结果表明：此测量方法的加标回收率在 90%～110%。

### 4.8 机油中放射性活度测量重复性试验

用移液管分别准确吸取 5.00 mL 已处理好的机油样品溶液，即加入的机油样品质量均为 100 mg，按照基本操作方法进行铺盘，确定测量时间为 100 min，在 4π 闪烁 α 放射性活度测量装置上进行测量计数，计算此机油样品的测量结果及重复性测量相对标准偏差（表 5）。

表 5 机油中放射性活度测量重复性试验

| 试验样品编号 | 1 | 2 | 3 | 4 | 5 | 6 |
| --- | --- | --- | --- | --- | --- | --- |
| 加入机油质量/mg | 100 | 100 | 100 | 100 | 100 | 100 |
| 实测计数/cpm | 16.08 | 18.87 | 26.17 | 16.23 | 24.21 | 19.39 |
| 本底计数率/cpm | 0.38 | 0.38 | 0.38 | 0.38 | 0.38 | 0.38 |
| 仪表探测效率 | 0.716 | 0.716 | 0.716 | 0.716 | 0.716 | 0.716 |
| 自吸收因子 | 0.95 | 0.95 | 0.95 | 0.95 | 0.95 | 0.95 |
| 机油样品 α 放射性测量结果/(Bq/g) | 3.85 | 4.53 | 6.32 | 3.88 | 5.84 | 4.66 |
| 均值/(Bq/g) | 4.85 | | | | | |
| 标准偏差/(Bq/g) | 1.02 | | | | | |
| 相对标准偏差 | 21% | | | | | |

结果表明：机油样品 α 放射性测量结果均值为 4.85 Bq/g，测量方法重复性相对标准偏差为 21%。

### 4.9 机油中放射性活度测量探测下限的确定

对于本课题所研究的机油中 α 放射性活度的测量—4π 闪烁 α 放射性活度测量方法，各文献没有对方法的检测下限进行研究，本方法对探测下限的计算方法考虑如下：

被测机油中α放射性活度浓度探测下限可按下式[14]计算：

$$L_{\mathrm{D}} = 4.65 \times \frac{\sqrt{n_{\mathrm{b}}/t}}{F} \text{。} \tag{2}$$

式中，$L_{\mathrm{D}}$ 为被测机油中α放射性活度浓度探测下限，Bq/g；$n_{\mathrm{b}}$ 为放射性活度测量仪表的本底计数率，cpm；$t$ 为样品加本底的总测量时间，min；$F$ 为机油中放射性测量结果计算公式的综合校准因子（包含时间转换系数60、自吸收因子$\rho$、测量仪表的4π闪烁探测效率$\eta_{4\pi}$及测量所取机油样品质量$W_{测}$）。

机油中α放射性活度的测量—4π闪烁α放射性活度测量方法探测下限计算参量取值如表6所示。根据$L_{\mathrm{D}}$计算结果，可确定测量方法对机油中α放射性活度浓度探测下限为0.10 Bq/g。相对于国家标准GB 18871中放射性废物的豁免活度浓度管理限值（对天然铀为1 Bq/g）[15]，测量方法探测下限为豁免活度浓度管理限值的1/10，完全满足测量需求。

表6 探测下限计算参量取值及结果

| 计算参量 | 本底计数率 $n_{\mathrm{b}}$/cpm | 总测量时间 $t$/min | 自吸收因子$\rho$ | 4π闪烁探测效率$\eta_{4\pi}$ | 样品质量 $W_{测}$/g | α放射性活度浓度探测下限 $L_{\mathrm{D}}$计算结果/（Bq/g） |
|---|---|---|---|---|---|---|
| 取值 | ≤0.60 | 100 | 0.95 | ≥0.60 | 0.100 | 0.10 |

## 4.10 测量结果的不确定度评定

整个测量方法的不确定度是相对于样品中被测物质一定含量水平来进行评定，一般分析检测方法当样品中被测物质含量水平较高时，测量结果的不确定度则较小，反之当样品中被测物质含量水平较低时，测量结果的不确定度则较大[16-17]。本方法考虑对于机油中α放射性活度浓度在5 Bq/g左右时，进行测量结果的不确定度评定。其不确定度分项来源及计算值如表7所示。

表7 测量方法的不确定度分项来源及计算值

| 不确定度分项来源 | 放射性活度重复性测量相对标准不确定度 | 自吸收因子$\rho$ | 4π闪烁探测效率$\eta_{4\pi}$ | 样品称量$W_{测}$ | 玻璃器皿体积 | 其他（环境温湿度、铺盘均匀性、测量位置等） |
|---|---|---|---|---|---|---|
| 结果 | 8.6% | 1.1% | 1.1% | 2.4% | 0.8% | 2.0% |

根据表中不确定度分项来源及估计值计算机油中α放射性活度的测量—4π闪烁α放射性活度测量方法结果不确定度：

相对标准不确定度：$u = \sqrt{8.6^2 + 1.1^2 + 1.1^2 + 2.4^2 + 0.8^2 + 2^2}/100 \approx 9.3\%$

相对扩展不确定度：取$k=2$（置信水平为95%）时，$U=19\%$

综上所述，当机油中α放射性活度浓度在5 Bq/g左右时，方法测量结果的相对扩展不确定度为19%（$k=2$）。

## 5 实际分析测量应用

对某车间提供的核设施主工艺线含铀真空泵废油，应用本研究项目建立的测量方法实际进行样品放射性分析活度测量，结果如表8所示。测量方法操作简便、实用性高、效果良好。

表8 实际样品放射性活度分析测量结果

| 样品名称 | 样品编号 | 性状简单描述 | 测量结果/（Bq/g） | 扩展不确定度（$k=2$） |
|---|---|---|---|---|
| 罗茨真空泵组机油（03a） | 1# | 颜色橙黄，黏稠度一般 | 53.3 | 19% |
| | 2# | 颜色淡黄，黏稠度较小 | 1.95 | 19% |
| 真空泵油（VB11A） | 1# | 颜色较黑，非常黏稠 | 482 | 19% |
| | 2# | 颜色橙黄，黏稠度一般 | 30.5 | 19% |
| 真空泵油（某厂房） | 1# | 颜色棕黄，黏稠度很小 | 1.02 | 19% |
| | 2# | 颜色棕黄，黏稠度很小 | 0.76 | 19% |

## 6 结论

所研究建立的机油中α放射性活度的测量—4π闪烁法适用于含放射性物质的机油（泛指各类机械润滑油、真空泵油等）及其废物中α放射性活度浓度的测量，也可以推广应用于类似机油的无机、有机液体废物中α放射性活度浓度的测量。在环境放射性监测、职业卫生监测、放射性废物处理等方面应用广泛，经济和社会效益较高。

**参考文献：**

[1] 董文静，黄鹤翔，赵东．放射性有机废液中铀钚含量的分析［C］．绵阳：二十一世纪初辐射防护论坛第十次会议论文集与辐射设施退役及放射性废物治理研讨会，2012．
[2] 刘艳．放射性废机油固化技术［J］．工程物理研究院科技年报，2016（1）：160-162．
[3] 张琳．模拟放射性废机油的电化学高级氧化处理研究［M］．绵阳：西南科技大学，2019．
[4] 万小岗．放射性含乳化机油冷却液处理技术研究［J］．环境科学与技术，2011，34（9）：152-156．
[5] 万小岗，刘艳，陈晓谋，等．放射性废机油乳化技术研究［J］．环境工程，2015，33（S1）：557-580．
[6] 万小岗．铀污染废机油"乳化-固化"处理技术研究［J］．环境工程，2017，增刊2：225-229．
[7] 谢敬丰，李金霞．水中α放射性强度测量—4π闪烁法：Q/FHJ51042-2015［S］．兰州：中核兰州铀浓缩有限公司，2015．
[8] 刘书田，夏益华．环境污染监测实用手册［M］．北京：原子能出版社，1997．
[9] 陈竹舟，李学群，沙连茂，等．环境放射性监测与评价［M］．太原：中国辐射防护研究院，1991．
[10] 强亦忠，译．常用核辐射数据手册［M］．北京：原子能出版社，1990．
[11] 水天德．现代润滑油生产工艺［M］．北京：中国石化出版社，1997．
[12] 张向宇．实用化学手册［M］．北京：国防工业出版社，1986．
[13] 美国能源部橡树岭工厂．六氟化铀实用操作手册［M］．北京：原子能出版社，1995．
[14] 潘自强．辐射安全手册精编［M］．北京：科学出版社，2014．
[15] 潘自强，叶长青，张延生，等．电离辐射防护与辐射源安全基本标准：GB18871［S］．北京：中国标准出版社，2022．
[16] 高玉堂．环境监测常用统计方法［M］．北京：原子能出版社，1981．
[17] 黄治检．放射性污染源的调查与检测［J］．辐射防护通讯，2008，28（2）：32-45．

# Research and application of radioactivity measurement methods in engine oil

LIU Sheng-ping, XIE Jing-feng, CHEN You-ning, HE Ying-jie,
LI Jin-xia, ZHANG Zhao-yang

(CNNC Lanzhou Uranium Enrichment Company Co., Ltd., Lanzhou, Gansu 730065, China)

**Abstract:** In this paper, the specific measurement method of -4π scintillation method for the measurement of alpha activity in engine oil is established through the experimental research and summary of the physical and chemical properties of the engine oil, the dissolution treatment method of the engine oil, the detection efficiency of the radioactive measuring instrument, the self-absorption factor, the repeatability of the measurement method, the detection limit, the uncertainty, etc. After theoretical calculation and experimental verification, the relative standard deviation of the repeatability of the measurement method is 21%, and the spiked recovery rate is 90%~110%. When the activity concentration in engine oil is about 5 Bq/g, the relative expanded uncertainty of the measurement result is 19% (k=2). Compared with other radioactivity measurement methods, the studied and established -4π scintillation method for the measurement of alpha activity in engine oil has a simple sample pretreatment process (no need for complex processes such as ashing, extraction, and separation), high detection efficiency of radioactivity measurement, and lower detection limit, low uncertainty, fully meet the national monitoring requirements for such radioactive waste supervision. The whole measurement method is easy to operate, has high practicability and good effect.

**Key words:** Engine oil; Radioactivity; Measurement method

# 一种可用于强酸溶液中铀吸附的新型螯合离子固相萃取填料及其在模拟乏燃料回收中的应用

蔡天培，程　宇，于　伟，郭志谋，梁鑫淼

(中国科学院大连化学物理研究所，辽宁　大连　116023)

**摘　要**：乏燃料的回收涉及将乏燃料中的铀和核裂变产物完全分离并分别进行回收，这既可以去除乏燃料中具有中子毒性的镧系元素以实现核反应原料的再生利用，也有利于裂变产物的成分分析及对裂变产物中高值组分进行分离纯化。目前，对于乏燃料中铀的萃取回收主要通过液液萃取的方式完成，但液液萃取法对于成分复杂的乏燃料中的铀元素分离纯化效率较差，且会产生大量受放射性污染的废液。相较之下，固相萃取法具有更高的分离纯化效率，是高效分离纯化乏燃料中铀元素的更好选择。本工作制备合成了一种新型螯合离子固相萃取填料，并利用该材料对不同酸浓度的铀和镧系元素混合溶液进行萃取。实验结果显示，随着混合溶液酸浓度的增加，该材料对于铀的吸附能力逐渐增强而对镧系元素的吸附能力逐渐减弱。在溶液硝酸浓度大于 1.0 mol/L 后，该材料对铀的吸附率可达 90% 以上。此外，该萃取材料对镧系元素的吸附能力随溶液中酸浓度的升高持续降低，当溶液硝酸浓度大于 3.0 mol/L 时，材料对镧系元素基本无吸附效果。因此，本材料对于铀的吸附具有较强的选择性，特别适合于强酸性乏燃料消解液中铀的萃取回收及铀和裂变产物镧系元素的高效分离。本工作所开发的基于新型螯合离子固相萃取填料的固相萃取法具有分离快速、选择性好、强酸性环境中吸附铀效果优秀等优点，在乏燃料的高效处理及燃耗分析等领域具有很好的应用潜力。

**关键词**：螯合离子固相萃取填料；铀吸附材料；乏燃料再生；酸性乏燃料消解液；快速分离

铀及镧系元素的高效分离在核工业及稀土冶金中都具有重要的应用价值[1]。例如，在乏燃料回收中就涉及将乏燃料中的铀和裂变产物稀土元素完全分离进而实现对铀的回收[2]，而在稀土冶金分离纯化过程中也涉及对稀土元素中含有的微量铀和钍的脱除[3]。目前，在稀土冶金及核工业中乏燃料处置回收领域中应用最多的分离手段是液液萃取技术。虽然，液液萃取技术的生产成本较低且适合于大规模生产，但其分离效率较低，产物纯度普遍不高。不仅如此，其在放射性物质分离领域的应用中还存在着一些无法忽略的缺陷，如分离过程中会使用到大量的有毒挥发性有机溶剂，萃取剂和溶剂的水解及辐射降解现象，萃取过程中第三相的形成，以及大量二级放射性废物的产生等[4]。

为解决液液萃取技术存在的缺陷，研究者们发展了基于萃淋树脂的固相萃取法。虽然萃淋树脂分离技术极大地改善了液液萃取法传质速率慢，分离效率低的问题，但由于萃取剂是通过物理涂覆或浸渍的方法固载在固体基材上，所以制得的固相萃取材料稳定性较差，进而造成材料的使用寿命较短。另外，由于萃淋树脂技术本质上还是一种液液萃取技术，所以萃淋树脂的传质速率及稳定性相较于通过共价键合法制备的固相萃取填料仍有较大差距。

因此，针对铀及镧系元素的分离纯化方法所存在的问题，开发一种高效、稳定且成本低廉的新型固相萃取填料对于铀的回收及稀土样品中微量铀的脱除具有重大意义。在本工作中，我们计划制备一类基于邻菲罗啉类螯合配体的共价键合型固相萃取填料。依靠邻菲罗啉类螯合配体对镧系元素较强的亲和性，考察在不同酸度溶液中该填料对铀和稀土元素的吸附性能，为研发适用于强酸溶液中铀与稀土元素分离的固相萃取材料提供新思路。

---

**作者简介**：蔡天培（1991—），男，博士，现主要从事新型金属离子分离材料及分离方法的开发。
**基金项目**：中国科学院大连化学物理研究所创新基金（DICP I202113）。

# 1 实验部分

## 1.1 主要材料及试剂

2,9-二甲基-1,10-菲啰啉、二氧化硒、4-溴-丁胺氢溴酸盐、1-（3-氨基丙基）咪唑、$N',N-$羰基二咪唑（CDI）、二异丙基乙胺（DIPEA）均为购自上海阿拉丁生化科技股份有限公司的分析纯试剂。乙腈、乙醇、环己烷、$N',N-$二甲基甲酰胺（DMF）、碳酸钠均为购自上海泰坦科技股份有限公司的分析纯试剂。丙酮（AR，≥99.5%）、乙醚（AR，≥99.5%）购自西陇科学股份有限公司，色谱级甲醇购自美国Sigma-Aldrich公司。环氧丙基修饰的聚苯乙烯微球（PS-GMA）由中国科学院大连化学物理研究所提供。

## 1.2 主要仪器

金属离子含量测定在Agilent ICP-MS 7700（安捷伦，北京）上完成。萃取过程所用注射泵（TYD02-01-CE）购自保定雷弗流体科技有限公司。磁力搅拌器（RCT基本型）和旋转蒸发仪（RV3）购自艾卡（广州）仪器设备有限公司，机械搅拌器（S-90C）购自上海申胜生物技术有限公司，转盘混匀器（QB-128）购自海门市其林贝尔仪器制造有限公司。

## 1.3 2,9-二[N-（1-咪唑基）丙氨羰基]-1,10-菲啰啉键合聚苯乙烯微球螯合固相萃取填料的制备

（1）1,10-菲啰啉-2,9-二羧酸合成

将5.62 g（50 mmol）二氧化硒加入到150 mL 1,4-二氧六环和10 mL水的混合溶剂中，加热至回流。将2,9-二甲基-1,10-菲啰啉（5.02g，24 mmol）的100 mL 1,4-二氧六环溶液在10 min内滴加入到上述溶液中。反应在回流下持续2 h，随后对溶液进行热过滤。所得滤液静置冷却后，得到黄色针状结晶，过滤后用温二氧六环洗涤。将所得结晶放入85 mL 68%浓盐酸中搅拌回流3 h，冷却后将反应液倒入30 g冰中，静置待沉淀生成后过滤并用水和乙醚洗涤，得到淡黄色固体粉末。所得1,10-菲啰啉-2,9-二羧酸不需纯化，直接用于下步反应。

（2）2,9-二[N-（1-咪唑基）丙氨羰基]-1,10-菲啰啉的合成

将4.5 g（16.8 mmol）上述所得1,10-菲啰啉-2,9-二羧酸加入至95 mL DMF中，加热至45 ℃。随后分数次加入8.55 g（52.73 mmol）CDI，并在45 ℃下反应2 h。在20 ℃下逐滴加入4.30 mL（36 mmol）的N-（3-氨基丙基）咪唑，随后反应在室温下搅拌4天。反应结束后在反应液中加入适量水，减压蒸馏去除DMF。将200 mL 1mol/L的$Na_2CO_3$加入到残余物中，在5 ℃下放置过夜，所得沉淀经水和乙醚清洗后用乙腈/乙醇混合溶剂溶解，溶液呈浑浊黄色，过滤去除沉淀，得澄清黄色溶液，旋蒸除去溶剂，得到棕色液体，60 ℃下放置过夜，液体凝固为黄白色固体，即制得2,9-二[N-（1-咪唑基）丙氨羰基]-1,10-菲啰啉（IAP）。

（3）2,9-二[N-（1-咪唑基）丙氨羰基]-1,10-菲啰啉键合聚苯乙烯微球螯合固相萃取填料的合成

将2.34 g（10.05 mmol）的4-溴-丁胺氢溴酸盐溶于10 mL乙腈中，缓慢逐滴加入到90 mL含有2.0 g（4.15 mmol）2,9-二[N-（1-咪唑基）丙氨羰基]-1,10-菲啰啉的乙腈/乙醇（V/V=8/1）溶液中。随后，溶液在20 ℃下搅拌12 h，在75 ℃下反应2天。加入12 mmol二异丙基乙胺搅拌2 h，随后减压蒸馏去除溶剂，并用正己烷洗涤残余物。所得产物真空干燥，随后可用于PS-GMA的修饰。

取上述产物溶于20 mL乙腈和15 mL乙醇的混合溶剂中，随后将2.5 g PS-GMA分散于该溶液中，机械搅拌下65 ℃反应24 h，离心，乙醇、水、丙酮洗涤，制得2,9-二[N-（1-咪唑基）丙氨羰基]-1,10-菲啰啉键合聚苯乙烯微球螯合固相萃取填料（PS-IAP）。制备过程如图1所示。

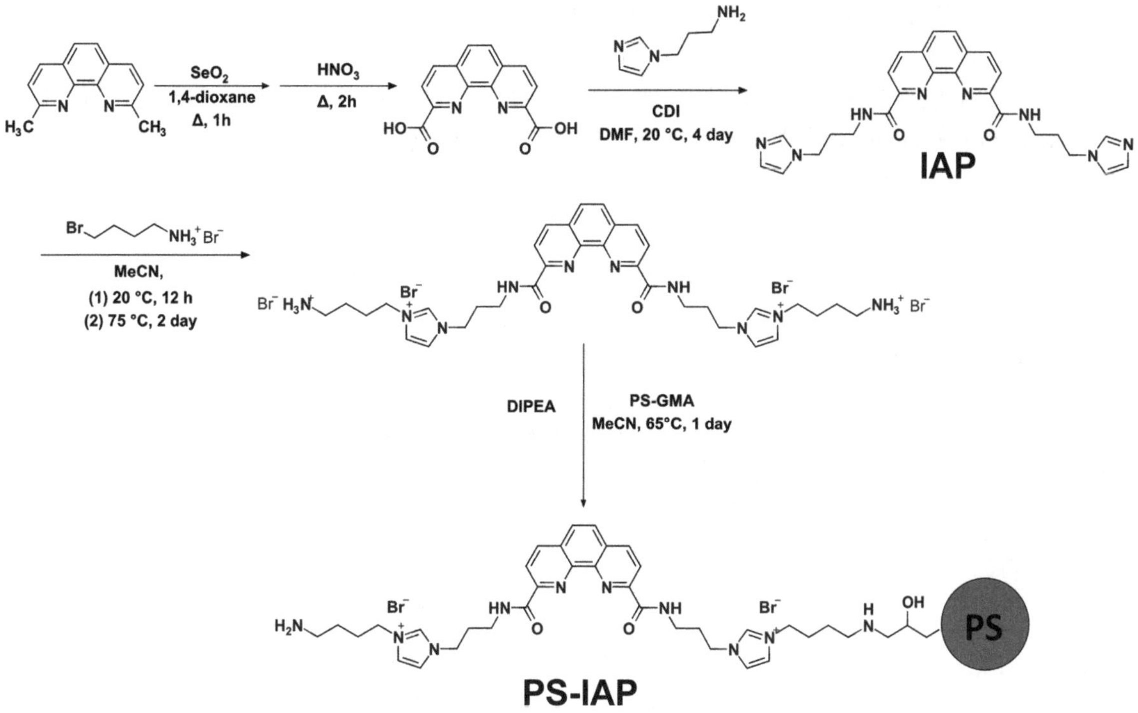

图 1 PS‐IAB 制备流程示意

## 1.4 萃取实验

(1) PS‐IAP 对铀的吸附能力测试

分别选取 0.2 mL/min, 1.0 mL/min, 2.0 mL/min 3 种流速, 将 20 mL、$UO_2^{2+}$ 浓度为 0.2 mg/L 的硝酸溶液（硝酸浓度 1 mol/L）上样至 0.3 g PS‐BIAP 填料装填的 SPE 色谱柱内, 检测上样流出液中的铀浓度, 计算 PS‐BIAP 固相萃取小柱对铀的吸附率。

(2) 不同酸度溶液中 PS‐IAP 吸附性能测试

首先, 配制一系列不同硝酸浓度（0.005 mol/L, 0.025 mol/L, 0.050 mol/L, 0.250 mol/L, 0.500 mol/L, 1.000 mol/L, 1.500 mol/L）的混合溶液, 其中均含有相同浓度的铀（47.6 mg/L）及 4 种稀土元素溶液（La, 43.6 mg/L; Sm, 34.2 mg/L; Yb, 47.9 mg/L; Y, 22.6 mg/L）, 分别取上述不同硝酸浓度的溶液各 20 mL, 然后加入 10 mg 螯合固相萃取填料 1, 均匀分散后, 在旋转培养器振摇吸附 2 h。吸附结束后, 静置 10 min, 取上清液 2 mL 于离心管中, 使用 ICP‐MS 测定上清液中剩余稀土元素含量, 进而计算出 PS‐IAP 对含有不同硝酸浓度的溶液中的铀及 4 种稀土元素溶液的吸附效率。

(3) PS‐IAP 在酸性溶液中的稳定性测试

为考察 PS‐BIAP 在酸性环境下的结构稳定性, 分别将 20 mg 的 PS‐IAP 填料在 1 mol/L、2 mol/L、3 mol/L 浓度的硝酸溶液中浸泡 1、2、3 天, 然后将填料放入含有 1 mol/L 硝酸的 $UO_2^{2+}$ 溶液中, 通过测试吸附前后溶液中 $UO_2^{2+}$ 浓度考察酸浸泡后材料对铀的饱和吸附量, 确定材料酸稳定性。

(4) 共存重金属离子对 PS‐IAP 吸附铀性能的影响

首先配制 $Fe^{3+}$、$Zn^{2+}$、$Ni^{2+}$、$Co^{2+}$、$Cu^{2+}$、$Zr^{4+}$、$Pb^{2+}$、$Cs^+$、$Ba^{2+}$、$Ru^{3+}$ 10 种重金属离子与 $UO_2^{2+}$ 的混合溶液, 其中重金属离子的浓度为 50 mg/L, 铀含量为 0.2 mg/L。随后以 2 mL/min 的流速将 100 mL 上述溶液上样至 0.3 g PS‐IAP 填料装填的 SPE 色谱柱内, 检测上样流出液中的铀浓度, 考察重金属离子的存在对 PS‐IAP 吸附铀性能的影响。

(5) 酸性条件下铀和10种重金属离子的竞争吸附实验

实验中首先配制了 $Fe^{3+}$、$Zn^{2+}$、$Ni^{2+}$、$Co^{2+}$、$Cu^{2+}$、$Zr^{4+}$、$Pb^{2+}$、$Cs^+$、$Ba^{2+}$、$Ru^{3+}$ 10种重金属离子与 $UO_2^{2+}$ 的混合溶液100 mL，然后加入40 mg PS-BIAP材料，在室温下搅拌12 h，随后采用ICP-MS分别测试吸附实验前后上述11种金属离子浓度变化。

(6) PS-IAP在模拟乏燃料中铀元素吸附的应用

首先，将0.5 g螯合固相萃取填料装入SPE柱管中；然后，使用10 mL水进行冲洗，再用2 mol/L硝酸溶液平衡固相小柱，取0.2 mL含有1 mol/L和2 mol/L硝酸的模拟乏燃料消解液（表1）对固相小柱进行上样，上样流速为0.2 mL/min；最后，使用10 mL相同浓度的硝酸冲洗小柱，收集流出液，对其中铀含量进行检测。

**表1 模拟轻水堆乏燃料中各元素含量**

| 元素 | 浓度/ppm | 元素 | 浓度/ppm |
|---|---|---|---|
| La | 447.39 | Eu | 51.27 |
| Ce | 872.65 | Gd | 29.80 |
| Pr | 411.83 | Tb | 0.76 |
| Nd | 1482.55 | Dy | 0.35 |
| Pm | 31.51 | Y | 167.22 |
| Sm | 291.17 | U | 100 000.00 |

## 2 结果与讨论

### 2.1 PS-IAP对铀的吸附性能

如表2所示，PS-IAP对硝酸溶液中 $UO_2^{2+}$ 的吸附能力很强，且当上样流速在2 mL/min以内时，PS-IAP对 $UO_2^{2+}$ 的吸附能力基本不受影响，对铀的吸附效率可达99.71%以上，且最高可将溶液中铀的浓度脱除至0.0563 ppb以下。

**表2 PS-IAP在不同上样流速下对铀的吸附效果**

| 上样流速/(mL/min) | 上样液中铀浓度/ppb | 上样量/ng | 流出液中浓度/ppb | 流出液中含量/ng | 吸附率 |
|---|---|---|---|---|---|
| 0.2 | 195.8 | 3916 | 0.102 5 | 2.050 | 99.95% |
| 1 | 164.0 | 3280 | 0.480 0 | 9.600 | 99.71% |
| 2 | 195.8 | 3916 | 0.056 3 | 1.125 | 99.97% |

### 2.2 酸性溶液中PS-IAP对铀及稀土元素的吸附性能

如图2所示，PS-IAP对4种稀土元素的吸附能力随样品溶液中硝酸浓度的升高而呈减弱趋势，而对 $UO_2^{2+}$ 的吸附能力则随着硝酸浓度的升高而逐渐增强。在溶液中硝酸浓度高于1 mol/L时，$UO_2^{2+}$ 的吸附率达到90%以上。因此，可通过控制溶液酸度实现铀和稀土元素的快速分离，此性能使得PS-IAP在乏燃料中铀与裂变产物稀土元素的分离方面颇具应用价值。

随后，实验中又考察了PS-IAP在不同浓度酸性溶液中的吸附性能稳定性，如表3所示，采用1 mol/L硝酸浸泡2 h、采用2 mol/L硝酸浸泡1天和采用3 mol/L硝酸浸泡3天的材料对铀的饱和吸附量基本相当，因此可认为PS-IAP在≤3 mol/L的硝酸环境中具有较好的结构稳定性，其吸附性能不会因其长时间存在于强酸性溶液环境中而受到影响。

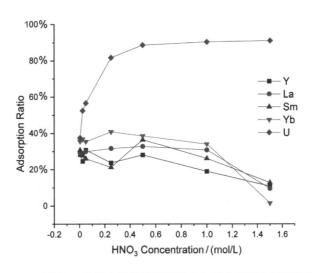

图2 PS-IAP 对铀和 4 种稀土元素的吸附能力与样品溶液中硝酸浓度间的关系

表3 PS-IAP 在不同浓度酸性溶液中的吸附性能稳定性

| $HNO_3$ 浓度/(mol/L) | 酸处理时间/h | 起始浓度/(μg/L) | 最终浓度/(μg/L) | 吸附量/(mg/g) |
| --- | --- | --- | --- | --- |
| 1 | 2 | 11 076.75 | 8667.40 | 12.05 |
| 2 | 24 | 6778.10 | 4294.65 | 12.42 |
| 3 | 72 | 5611.45 | 3005.45 | 13.03 |

### 2.3 PS-IAP 对铀的选择性吸附能力考察

在考察共存重金属离子对 PS-IAP 吸附铀性能的影响时发现，相较于对 $UO_2^{2+}$ 单样进行吸附时超过 99.9% 的吸附率，当样品溶液中存在大量共存重金属离子时（总重金属离子浓度∶$UO_2^{2+}$ 浓度 = 2500∶1），PS-IAP 材料对铀的脱除率降至约 80%，但仍可将溶液中铀浓度降低至 40 ppb 以下（表4）。此结果说明一些重金属离子的存在对 PS-IAP 的铀吸附性能有一定影响。

表4 PS-IAP 对与 10 种重金属离子共存的 $UO_2^{2+}$ 的吸附效果

| 上样体积/mL | 上样液中铀浓度/ppb | 吸附后流出液中铀浓度/ppb | 铀吸附率 |
| --- | --- | --- | --- |
| 100 | 190.65 | 39.895 | 79.27% |

为进一步确认影响 PS-IAP 吸附铀效率的主要干扰离子的种类，实验中，使用 PS-IAP 在酸性条件下对 $UO_2^{2+}$ 和 10 种重金属离子进行竞争吸附，竞争吸附结果如图3所示。从图3可以看出，在酸性溶液中 PS-IAP 对碱金属和碱土金属没有吸附效果；对重金属元素中的 $Ni^{2+}$ 没有吸附效果，但对 $Co^{2+}$、$Cu^{2+}$、$Zn^{2+}$、$Pb^{2+}$ 有较弱的吸附能力，然而 PS-IAP 却表现出了对 $Fe^{3+}$ 较强的吸附能力；对于乏燃料中含量最多的 $Zr^{4+}$ 离子，在竞争吸附中无法被 PS-IAP 吸附，但是 PS-IAP 对裂变产物 $Ru^{3+}$ 却表现出了很强的吸附能力，可能会影响材料对铀的吸附量；不出意外，PS-IAP 对 $UO_2^{2+}$ 仍表现出了最强的吸附能力，在有多种干扰离子存在的情况下，材料对 $UO_2^{2+}$ 的吸附量还可达到 9.95 mg/g。以上结果表明，使用 PS-BIAP 材料对乏燃料中铀进行吸附回收时，主要会受到乏燃料消解液中 $Fe^{3+}$ 和 $Ru^{3+}$ 的干扰。

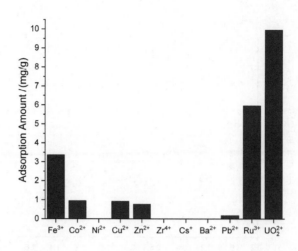

**图3　在酸性条件下 PS-IAP 对 $UO_2^{2+}$ 和 10 种重金属离子的竞争吸附结果**

### 2.4　PS-IAP 对强酸性模拟乏燃料消解液中铀元素吸附的吸附效果

PS-IAP 对强酸性模拟乏燃料消解液中铀元素的吸附效果如表 5 所示，从表中可以看出，PS-IAP 固相萃取材料对强酸性模拟乏燃料消解液中的铀具有较好的吸附效率，可以很好地捕集乏燃料中的铀元素，有潜力成为一种可用于真实反应堆乏燃料中铀回收的分离材料。

**表 5　PS-IAP 对强酸性模拟乏燃料消解液中铀元素的吸附效果**

| 样品名称 | 实验结果 | |
| --- | --- | --- |
| 上样液中硝酸浓度 | 1.0 mol/L | 2.0 mol/L |
| 模拟乏燃料上样液中铀含量 | 10 mg | 20 mg |
| 流出液中铀含量 | 0.68 mg | 0.23 mg |
| 铀吸附率 | 93% | 98% |

## 3　结论

本工作中成功制备了一种可用于强酸溶液中铀吸附的新型聚合物基质的螯合固相萃取填料，2,9-二［N-（1-咪唑基）丙氨羰基］-1,10-菲啰啉键合聚苯乙烯微球螯合固相萃取填料（PS-IAP），该填料对铀的吸附能力优秀，可将溶液中铀浓度降低至 0.0563 ppb 以下。同时，在强酸性溶液中 PS-IAP 对铀具有良好的吸附效果，但对稀土元素吸附能力很弱，非常适合于乏燃料消解液中铀与裂变产物稀土元素间的快速分离，并且 PS-IAP 具有良好的酸稳定性，可有效保证其在高酸度环境下的耐用性。此外，该填料对铀的吸附不容易受其他共存重金属离子的干扰，在重金属离子浓度高于铀的 2500 倍时，PS-IAP 对铀的吸附率仍能接近 80%，而影响铀吸附的主要干扰离子为 $Fe^{3+}$ 和 $Ru^{3+}$。综上可知，本工作开发的新型螯合离子固相萃取填料及相应的固相萃取法具有分离快速、选择性好、强酸性环境中吸附铀效果优秀等优点，在乏燃料的高效处理及燃耗分析等领域具有很好的应用潜力。

**参考文献：**

[1] MOHAPATRA A B K. Separation of trivalent actinides and lanthanides using various 'N', 'S' and mixed 'N, O' donor ligands: a review [J]. Radiochim acta: international journal for chemical, 2019 (9-11): 931-949.

[2] COSTA PELUZO B M T. Uranium: the nuclear fuel cycle and beyond [J]. International journal of molecular sciences, 2022, 23 (9): 4655.

[3] JUDGE, AZIMI G. Recent progress in impurity removal during rare earth element processing: a review [J]. Hydrometallurgy, 2020, 196: 105435.
[4] KHAYAMBASHI A, CHEN L, DONG X, et al. Efficient separation between trivalent americium and lanthanides enabled by a phenanthroline-based polymeric organic framework [J]. Chinese chemical letters, 2022, 33 (7): 3429-3434.

# A new chelating ion SPE packing material applicable for uranium adsorption in acidic solution and its application in recycling of spent nuclear fuel

CAI Tian-pei, CHENG Yu, YU Wei, GUO Zhi-mou, LIANG Xin-miao

(Dalian Institute of Chemical Physics, Chinese Academy of Sciences, Dalian, Liaoning 116023, China)

**Abstract**: The recycling of spent nuclear fuel (SNF) refers to the separation and recovery of uranium and fission products, which not only can remove neutron poisons of lanthanides from spent nuclear fuel to realize the recycling of uranium, but also benefits to the component analysis of fission products and the isolation of high-valued isotopes from fission products. Currently, the recovery of uranium from SNF mainly realized by liquid-liquid extraction. However, the purification efficiency of liquid-liquid extraction towards uranium is quite low due to the complexity of SNF components, besides, the liquid-liquid extraction would also generate large amount of radioactive waste organic liquids. In contrast, solid phase extraction can provide better separation efficiency, which may be a better option for the efficient purification of uranium from SNF. In this work, a new chelating ion SPE packing material was developed, which was then used for the separation of uranium and lanthanides in solutions with different acid concentrations. The experimental results shows that the adsorb ability of uranium on the prepared SPE packing material is positively correlated to the acid concentration of the solution, the adsorption ratio of uranium can reach over 90% when the acid concentration is higher than 1.0 mol/L; on the contrary, the adsorption ratio of lanthanides is negatively correlated to the acid concentration of the solution, which almost reach to 0% when the acid concentration is higher than 3.0 mol/L. Therefore, the prepared SPE packing material shows good selectivity towards uranium, especially suitable for the recovery of uranium from acidic SNF digestion and the group separation of fission products. The SPE method based on the proposed packing material has good potential for the efficient handling of SNF and burn-up analysis, owing to its fast separation ability, good selectivity and exellent uranium adsorption ability in strong acidic soluttion.

**Key words**: Chelating ion SPE packing material; Adsorption; Spent nuclear fuel; Acidic spent nuclear fuel digestion; Fast separation

# ICP-MS 测定贫铀化合物中铀同位素组成及其不确定度评估

崔荣荣，黄　卫，龚　昱

(中国科学院上海应用物理研究所，上海　201800)

**摘　要**：铀同位素比值的准确测定是监测核燃料的重要手段之一，在几种测定同位素丰度的仪器中，电感耦合等离子体质谱仪（ICP-MS）是一种相对廉价、操作简单、可快速测定的仪器。但是，由于普通四级杆质谱存在分辨率较低、质谱干扰、基体效应等诸多因素的影响，使其测定的准确性和精密度相对较差。本工作系统地研究了 ICP-MS 仪器参数及测定条件对准确测定铀同位素比值的影响，通过优化仪器参数，提高了铀同位素比值测定的精密度和准确度。经标准物质验证、仪器比对和重复性测定，验证了检测方法的准确性；进而分析了测定过程中的不确定度来源，计算得出了测定结果的不确定度范围，提出了提高分析结果准确度的关键因素。

**关键词**：铀同位素比值；ICP-MS；不确定度

$^{235}$U 是一种重要的裂变材料，广泛应用于核反应堆和核电站等许多领域。随着很多核设施的退役，对核设施周围环境样品进行分析、进行放射性源项调查工作及周围环境中的核素迁移研究日益受到人们的关注。贫铀的主要同位素是 $^{235}$U 和 $^{238}$U，还有极少量的 $^{234}$U、$^{236}$U。其中，$^{235}$U 的含量（同位素丰度）决定了铀材料的浓缩度，是核科学工作者关注的焦点之一。通常情况下，由于铀元素中 $^{238}$U 同位素的含量较高，也经常使用 $^{235}$U/$^{238}$U 的同位素比值来表示 $^{235}$U 的同位素丰度。铀同位素比值的测量，在铀浓缩、燃料元件制造、核燃料燃耗监测到核废料处置整个核燃料循环过程中均是很重要的一个环节，能有效地确定核活动类型与进程，在核保障中具有重要的作用[1]。

铀同位素比值的测定主要有质谱测量法和无损放射性测量法。质谱测量法主要采用以下几种仪器：热表面电离质谱（TIMS）[2-4]、多接收杯电感耦合等离子体质谱（MC-ICP-MS）[5-8]、高分辨电感耦合等离子体质谱（HR-ICP-MS）[9]和电感耦合等离子体质谱（ICP-MS）[10-14]。其中，ICP-MS 将 ICP 离子源的高离子化效率和很好的信噪比与质谱的高精度测量结合起来，从而使得仪器分析的发展向前迈进了一大步；TIMS 虽然由于精度高、稳定性强而被广泛使用，但是采用 TIMS 分析铀同位素电离效率较低，对样品纯度要求高需要分离杂质，样品用量较大［铀的同位素分析多为微克（μg）到皮克（pg）量级］，对于某些铀含量非常低的样品已经不能满足需要，发展痕量铀的同位素分析技术研究势在必行；MC-ICP-MS 和 HR-ICP-MS 都采用扇形磁场，同属高分辨质谱，测定同位素的准确度和精密度都较高。但是仪器价格相对昂贵、维护运行成本较高，没有 ICP-MS 普遍。无损放射性测量法，主要有 α 谱仪法[15-18]、γ 谱仪法[19-20]、中子活化分析方法[21]和缓发中子测量方法[22]，但这些方法的缺点是测定时间相对较长，特别对于含量较低的待测铀同位素，测定的积分时间太长，最快也要 1 小时，而且有些方法还需要进行分离以避免临近的谱峰干扰；而 ICP-MS 只需要几分钟就可以快速完成测定。ICP-MS 不仅能检测同位素比值，还能同时测定多种核素的含量，具有测量时间短、检出限低、多核素同时测量等优势，是铀同位素检测最先进、便捷的手段之一，近年来有许多文献报道采用 ICP-MS 调查环境[10-13]和生物样品中铀的含量及其同位素比值[23]。但是对低丰度同位素的测定，ICP-MS 的精密度和准确度相对于 TIMS、MC-ICP-MS 等还有很大的提升空间[24]。特别是燃耗测定方面对不确定度的要求较高，一般要求不超过 2.5%，这就对不确定度贡献

---

**作者简介**：崔荣荣（1984—），女，博士生，工程师，现主要从事核燃料分析、氟化挥发等科研工作。
**基金项目**：上海市"基础研究特区计划""钍基燃料盐的物化性质和转化规律研究"（E139041031）。

最大的同位素分析精度提出了更高要求[24-26]。所以，采用 ICP-MS 测定同位素丰度仍需解决如何优化仪器参数、提高测定结果的准确度和精密度的问题，并分析不确定度的来源以确定从哪些方面可以减小分析误差。

本工作研究了 ICP-MS 仪器条件及工作参数对铀同位素比值准确度和精密度的影响，在优化的条件下测试了贫铀及天然丰度铀化合物中的铀同位素比值。并且以 $UF_4$ 中的铀同位素比值测定为例，分析了测定过程中的不确定度来源，计算了测定结果的不确定度。

# 1 实验部分

## 1.1 试剂及标准溶液

69% $HNO_3$：优级纯，苏州晶瑞化学有限公司。

实验用水：Milli-Q A10 超纯水仪生产的电阻率 18.2 MΩ·cm 的超纯水。

1%（V/V）$HNO_3$：使用上述浓硝酸和超纯水稀释得到。

GBW4220、GBW4222：六氟化铀中铀同位素丰度标准物质，中国核工业总公司八一四、五零四厂，固体粉末，溶解并用 1%（V/V）$HNO_3$ 稀释后使用。

贫铀 $UF_4$：核级纯，中核北方核燃料元件有限公司，溶解后使用 1%（V/V）$HNO_3$ 稀释至 20～30 μg/L。

天然丰度硝酸铀酰标准溶液：市售分析纯，使用 1%（V/V）$HNO_3$ 稀释至 20～30 μg/L 使用。

## 1.2 实验仪器

电感耦合等离子体质谱（ICP-MS），美国 Perkin Elemer NexION 300D。

高分辨电感耦合等离子体质谱（HR-ICP-MS），英国 Nu Instrument。

Alpha 能谱仪（α spectrometer），美国 ORTEC。

超纯水仪，美国 Millipore Milli-Q A10。

## 1.3 仪器参数

同位素比值的测定对测量精密度有很高的要求，本实验使用 1 μg/L 的多元素混合标准溶液调谐 ICP-MS 的离子透镜电压及其他参数，优化原则为改善铀的各同位素信噪比，并使高低质量数灵敏度分布的曲线从中间高、两端低的平滑曲线模式转向有利于高质量数信号。使用 1 μg/L 的 $^7Li$、$^9Be$、$^{24}Mg$、$^{140}Ce$、$^{114}In$、$^{238}U$ Set up 调谐液和仪器自带的 Set up 程序，每日测试前对 ICP-MS 进行仪器性能优化，对仪器工作参数进行调谐，使仪器灵敏度、氧化物、双电荷、双检测器、质量轴分辨率等各项指标达到测定要求，最终获得最优工作条件（表1）。

表 1  ICP-MS 仪器优化工作参数

| 参数 | 设定值 | 参数 | 设定值 |
| --- | --- | --- | --- |
| RF 功率 | 1600 W | 三重锥类型 | 铂锥 |
| 脉冲电压 | 850～950 V | 雾室 | 低温石英旋流雾室 |
| 工作气体 | 氩气 | 进样泵转速 | 20 r/min |
| 仪器分辨率 | 0.3～0.7 AMU | 扫描方式 | 跳峰 |
| 辅助气流速 | 1.2 L/min | 扫描次数 | 500 |
| 雾化气流速 | 1.02～1.06 L/min | 重复次数 | 3 次 |
| 等离子体气流速 | 17 L/min | 积分时间 | 1000 ms |
| 测量模式 | STD | 死时间 | 35 ns |

HR-ICP-MS主要工作参数如下：射频功率1300 W，冷却气流速13.0 L/min，辅助气流速1.0 L/min，雾化器压力33.0 psi，镍锥，分辨率300，采集方式为跳峰，溶液提升量200 μL/min。测试时直接对溶液进样分析。

Alpha能谱仪的主要工作参数：八路PIPS离子注入表面钝化硅半导体探测器，有效探测面积600 cm$^2$，能量分辨率24 keV @ 5.486 MeV（$^{241}$Am），能量范围：3～10 MeV。测试时事先将溶液电镀到Alpha不锈钢源片上并使用紫外灯烘干。

### 1.4 样品制备

$UF_4$样品的溶解[27]：首先，称取0.1000 g $UF_4$样品（墨绿色粉末），置于100 mL石英烧杯中，于石英烧杯中加1.7 mL双氧水（30%）室温静置10 min；然后，加3.4 mL氨水（30%）室温静置10 min，加入2.2 mL浓硝酸，130 ℃加热10 min后即可溶解；最后，130 ℃加热赶酸至溶液近干，再用1% $HNO_3$采用逐级稀释的方法得铀含量分别为25 μg/L、30 μg/L的待测溶液。

$UF_6$标准物质的溶解：称取$UF_6$标准物质0.1000 g，置于100 mL石英烧杯中，于石英烧杯中加浓硝酸1～2 mL，加热约0.5 h使其溶解，使用1% $HNO_3$采用逐级稀释的方法得铀浓度为25 μg/L、30 μg/L的溶液。

### 1.5 结果计算

各同位素含量以质量百分比wt%表示，参见以下计算方程：

$$wt\%^{234}U = \frac{\frac{^{234}U}{^{238}U}}{\frac{^{234}U}{^{238}U}+\frac{^{235}U}{^{238}U}+\frac{^{236}U}{^{238}U}+1} \times 100。 \quad (1)$$

$$wt\%^{235}U = \frac{\frac{^{235}U}{^{238}U}}{\frac{^{234}U}{^{238}U}+\frac{^{235}U}{^{238}U}+\frac{^{236}U}{^{238}U}+1} \times 100。 \quad (2)$$

$$wt\%^{236}U = \frac{\frac{^{236}U}{^{238}U}}{\frac{^{234}U}{^{235}U}+\frac{^{236}U}{^{238}U}+\frac{^{236}U}{^{238}U}+1} \times 100。 \quad (3)$$

$$wt\%^{238}U = 100\% - wt\%^{234}U - wt\%^{235}U - wt\%^{236}U。 \quad (4)$$

式中，$\frac{^{234}U}{^{238}U}$，$\frac{^{235}U}{^{238}U}$，$\frac{^{236}U}{^{238}U}$为软件计算结果，分别为样品中$^{234}U$、$^{235}U$、$^{236}U$与$^{238}U$的质量百分比值（采用标准物质校正仪器质量歧视后，软件自动计算的校正后的结果）。

## 2 结果讨论

### 2.1 仪器条件优化

为了更加准确地测定铀同位素丰度，本实验使用GBW4222铀同位素标准溶液进行优化，目的是改善采集信号的精度。使用较少的通道数（MCA Channels）时能获得较好精度，但影响准确度；使用多个通道数可以有效地提高比值的准确度，但也相应延长了数据采集所需的总测量时间；通过提高铀的浓度也可以提高分析准确度，以抵消通道数因素的影响。综合比较后发现，使用跳峰模式每个同位素上1个通道采集数据效果较好。本实验所用仪器在200万以上计数时会用到仪器的模拟检测器，需要双检测器校准后模拟信号才准确。为了避免信号波动及双检测器校准引起的误差，使用200万计数以下时越大的计数引起的脉冲信号波动越小，对应的测定精密度和准确度越高，所以一般最佳计数范围为180万～200万cps（Counts Per Second）。最佳计数范围对应的浓度为最佳分析浓度（最佳分析浓度根据仪器当天灵敏度的不同，稍有差异，也可改变脉冲电压和雾化气流速来调节，一般铀浓度在 20～30 μg/L 时计数能到上述范围)。在确定了最佳分析浓度范围后对仪器的停留时间、扫描次数进行了优化，对死时间和质量轴进行了校准；对校正因子的稳定性和测定准确度也根据分析质控的要求做了考察，在下文展开具体说明。

### 2.1.1 停留时间对铀同位素比值测定准确度的影响

停留时间（Dwell Time）是指测量一个特定质量的元素（或核素）信号所需的时间。停留时间的长短，会影响测定结果的准确性。在以上特定的数据采集模式下，图1给出了每个同位素峰上的停留时间对铀同位素比值测定准确度（每个数据点为3次测定结果的平均值，图中虚线为对应的标准值）的影响情况。从图中看出在一定的同位素信号的采集次数下，停留时间为 10 ms 左右时测定的同位素比值准确度较差；继续减少停留时间（<10 ms），铀同位素比值测量的准确度和精密度更差（图上没有显示），且比值严重偏离标准值（图1中虚线与坐标轴的交点处为 GBW4222 铀同位素标准物质同位素比值的证书值，即标准值）。停留时间在 20 ms 左右时，3组同位素比值都比较接近标准值；增加停留时间（≥30 ms），比值相对有所偏离标准值，并且需要更长的总测量时间。此时，仪器进样系统中的小波动（如长时间进样管路中积累小气泡等）因素会制约精度的进一步改善。

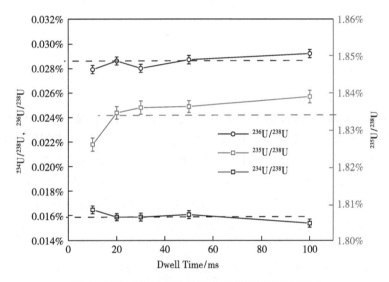

**图 1 停留时间对铀同位素比值测定准确度的影响**

### 2.1.2 扫描次数对铀同位素比值测定精密度的影响

为了提高分析结果的精密度和准确度，需要增加总积分时间，对应仪器操作条件就是增加对所有同位素信号的扫描次数。从图2中可以看出，其他仪器条件不变（参见表1），采集次数为500次时，样品3次测定精密度[以相对标准偏差（RSD）表示]最好，小于500次时随着扫描次数的增多，RSD 值逐渐减小，测定精密度提高；为500次时 RSD 值最小，即精密度最高；当扫描次数继续提高达到1000次后，RSD 值逐渐增大，精密度反而下降，表明增加积分时间对提高精度无益，因为当进样时间太长时，进样系统中的小波动（如长时间进样管路中积累小气泡等）因素会制约精度的进一步改善。

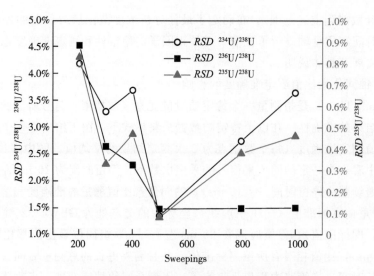

图 2 扫描次数对铀同位素比值测定精密度的影响

## 2.2 死时间和质量歧视校正

死时间即检测器无法分辨连续脉冲的时间间隔。超过一定计数率时，由于死时间的影响仪器信号响应成非线性[14]，所以需要进行死时间校正。本实验中在最佳计数范围 180 万～200 万 cps 内确定最佳分析浓度（最佳分析浓度根据仪器灵敏度的不同，稍有差异，也可改变脉冲电压和雾化气流速来调节，一般铀浓度在 20～30 μg/L 时计数能到上述范围）。在最佳分析浓度下，研究了死时间在 25～70 ns 内仪器的信噪比，在软件中显示为优化对应的线性相关系数。实验表明随着死时间增长，线性相关系数先升高后下降，在 35 ns 时线性相关系数最接近 1，达 0.9998，如图 3 所示。

由于仪器分辨率的问题，测定同位素之前需要进行质量轴校准。本实验对质量轴的校准，注重 $^{238}$U 和 $^{235}$U 的校准，质量轴校正之后得到的 $^{238}$U 和 $^{235}$U 的分辨率分别为 0.72 AMU 和 0.71 AMU，可以达到 ASTM C1474[14] 所要求的对 $^{235}$U 的分辨率设在 1/10 峰高的宽度（FWTM）处为 0.7±0.15 AMU，以达到减少相邻同位素效应的目的，如强的 $^{235}$U 的峰对 $^{234}$U 和 $^{236}$U 的干扰等。另外，本实验中也考察了复合离子干扰，使用测试浓度一致的天然铀测定 236 质量数处几乎没有计数（计数为个位数），说明在该实验条件下，$^{235}$U 与基体硝酸中的 $H^+$ 形成 $^{235}UH^+$ 复合离子的产率太低可以忽略，而且也没有发现因为拖尾而导致 $^{236}$U 正误差的干扰。

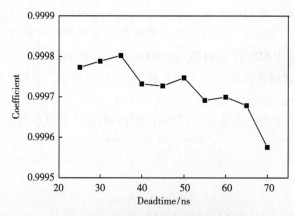

图 3 死时间校正对应线性相关系数

由于质谱测量同位素存在质量歧视，即测得的两个同位素的比值与真实同位素比值之间存在偏差。这种偏差是几种不同过程的结果，主要由 ICP-MS 离子传输和聚焦中所产生的空间电荷效应造成，导致较轻的同位素损失[14]，通俗地讲，即由于重质量数同位素的存在影响轻质量数同位素的准确测定。所以测定同位素比值前，要先使用同位素比值标准物质进行校正。使用与待测样品中同位素丰度越接近的标准物质，相应的影响越一致，质量歧视的校正效果就越好。本实验使用 GBW4220 标准物质溶解稀释后的标准溶液作为标准对仪器测量的铀同位素比值进行质量歧视校正，软件自动产生校正因子（Ratio Correction Factor），应用于后续的样品分析中。使用国家标准物质 GBW4220 六氟化铀（$UF_6$）样品，使用仪器的优化参数对标准样品进行测定，得到 $^{234}U$、$^{235}U$、$^{236}U$、$^{238}U$ 的计数，分别使用每个核素的计数除以所有核素的计数之和，得到各个核素的未校正的丰度值；使用上述未校正的丰度值除以标准物质的证书值（标准值）得到每个核素丰度的校正因子（Ratio Correction Factor，缩写为 $RCF$，$RCF = S_{measured}/S_{known}$）。每次测定样品之前，先做标准物质校正，校正质量歧视效应的影响。再测定样品，仪器自动校正得到同位素比值。每次测定的 $RCF$ 值都在 1 附近波动，一般在 0.9～1.1，与测量仪器的状态有关系。同一批定值的样品（同一时间段内测定的样品）可以使用同一个校正因子，并在测试批次样品的过程中使用标准物质进行质控。

**2.3 仪器稳定性考察-校正因子随时间的变化趋势**

为了考察仪器的稳定性，定期记录校正因子，观察仪器有无明显的异常，两个月内的校正因子随时间变化趋势如图 4 所示。可以看出校正因子随时间和仪器状态略有变化，但变化不大，基本在 0.97～1.03，其中 $^{235}U/^{238}U$ 的波动最小，在 0.99～1.02。其他两个比值的校正因子波动较大是因为它们的丰度较低，计数较小，测定的精密度相对较差，但都没有超出痕量分析精密度的范围（＜3％）。这个结果说明 ICP-MS 测定同位素丰度的长期稳定性非常好。校正因子如果超出正常的趋势，表明系统最近可能受丰度不同的材料的污染，表示系统需要清洁。

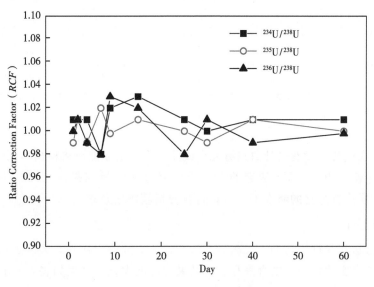

图 4 校正因子随时间变化趋势

**2.4 分析结果的质控**

每次测定样品时均使用同浓度的六氟化铀中铀同位素丰度标准物质作为质控，在优化的最佳条件下测定 GBW4222 和 GBW4220 两种 $UF_6$ 标准物质，以及天然丰度铀标准溶液中铀同位素比值（$^{234}U$、$^{235}U$、$^{236}U$ 与 $^{238}U$ 的比值），获得了与理论值较一致的数据，质控标准物质的数据（只列出了 $^{235}U/^{238}U$）如表 2 所示。表中数据表明测定结果的误差均≤0.02 wt％，测定精密度 $RSD$ 均＜1％，能达到 ASTM

C1474标准中的质控要求，$^{235}U/^{238}U$ 或 $^{238}U/^{235}U$ 的5次测定的 $RSD$ 应小于1%。可以看出，表2中 $^{235}U/^{238}U$ 的测定值与理论值一致性较高，但仍然存在一定偏差，偏差的主要原因还是上文中提到的质量歧视效应。虽然在测量过程中使用标准物质进行了校正，但是由于与待测物质中同位素丰度的差异，仍然会导致一定的误差。

表2 ICP-MS测定标准物质的铀同位素比值

| 样品 | $^{235}U/^{238}U$ 测定值 | 精密度 $RSD$ | $^{235}U/^{238}U$ 理论值 |
|---|---|---|---|
| GBW4222 | 1.822 | 0.45% | 1.834 |
| GBW4220 | 0.324 | 0.32% | 0.321 |
| 天然丰度硝酸铀 | 0.713 | 0.69% | 0.725 |

### 2.5 实验结果比对

为证明本方法所测同位素丰度的准确性，我们不仅使用了同位素丰度标准物质作为质控，同时使用了 HR-ICP-MS 和 α 能谱仪做了比对，结果如表3所示。

表3 ICP-MS、HR-ICP-MS、α能谱仪测定的 $UF_4$ 中铀同位素比值结果比对

| 项目 | $^{235}U/^{238}U$/wt% | | | $^{234}U/^{238}U$/wt% | | | $^{236}U/^{238}U$/wt% | | |
|---|---|---|---|---|---|---|---|---|---|
| | ICP-MS | HR-ICP-MS | α S | ICP-MS | HR-ICP-MS | α S | ICP-MS | HR-ICP-MS | α S |
| $UF_4$-1 | 0.377 | 0.389 | / | 0.002 06 | — | / | 0.006 04 | 0.011 17 | / |
| $UF_4$-2 | 0.375 | 0.383 | / | 0.001 94 | — | / | 0.005 87 | 0.003 83 | / |
| $UF_4$-3 | 0.374 | 0.382 | / | 0.001 95 | — | / | 0.005 98 | 0.004 02 | / |
| $UF_4$-4 | 0.381 | 0.374 | / | 0.002 04 | — | / | 0.005 90 | — | / |
| 平均值 | 0.377 | 0.382 | 0.371 | 0.002 00 | — | 0.002 05 | 0.005 95 | 0.006 34 | ND |
| $RSD$ | 0.82% | 1.62% | / | 3.07% | — | / | 1.30% | 66.01% | / |

注："α S"代表α能谱仪，"/"表示因为没有测试或没有多次测试，不适用；"—"表示HR-ICP-MS测试时计数为负或者样品结果为负，无法定量；"ND"表示未检出。α能谱仪测样时间较长，一个样品需要几天时间，故只测试了一个样品，没有给出测试精密度等信息。

其中，$^{236}U$ 丰度太低几乎没有（计数只有几个或几十个，故α能谱未检出），其他核素3种仪器测定结果基本都一致。使用ICP-MS测定的 $^{235}U$ 质量百分比测量结果的相对标准偏差 $RSD$ 远小于3%，低丰度的 $^{234}U$ 质量百分比的略大于3%，符合分析精密度要求。

### 2.6 分析结果的重复性

为了评价分析方法重复性，取同一批次的 $UF_4$ 样品，6份平行样品，分别进行独立实验，得到6份待测溶液，计算6次实验中杂质的含量和分析结果的标准偏差，结果如表4所示。由于证书值的不确定度范围是以丰度表示的，为了后文计算不确定度需要，后续列出的结果均为计算后的丰度值。

表4 分析结果的重复性

| 样品 | 质量百分含量 | | | |
|---|---|---|---|---|
| | $^{234}U$ | $^{235}U$ | $^{236}U$ | $^{238}U$ |
| 1 | 0.001 97% | 0.372 85% | 0.005 99% | 99.619 20% |
| 2 | 0.002 05% | 0.374 48% | 0.005 93% | 99.617 55% |

续表

| 样品 | 质量百分含量 | | | |
|---|---|---|---|---|
| | $^{234}U$ | $^{235}U$ | $^{236}U$ | $^{238}U$ |
| 3 | 0.002 08% | 0.375 65% | 0.006 01% | 99.616 25% |
| 4 | 0.002 08% | 0.374 80% | 0.006 20% | 99.616 92% |
| 5 | 0.001 93% | 0.373 93% | 0.005 86% | 99.618 28% |
| 6 | 0.002 18% | 0.374 34% | 0.005 96% | 99.617 51% |
| 平均值 | 0.002 05% | 0.374 34% | 0.005 99% | 99.617 62% |
| SD | 0.000 08% | 0.000 79% | 0.000 10% | 0.000 87% |
| RSD | 3.723 14% | 0.210 19% | 1.640 55% | 0.000 87% |

该测试结果满足 ASTM C1474 标准中要求的 $^{235}U$ 和 $^{238}U$ 的 5 次重复测量的 $RSD$ 应小于 3 %；$^{235}U/^{238}U$ 或 $^{238}U/^{235}U$ 的多次测定的 $RSD$ 应小于 1 %。

## 3 测定方法的不确定度评估

在 $^{238}U$ 计数满足测定精度需求后，由于同位素比值测定值与铀浓度关系不大，所以不确定度与浓度及相关的参数均无关，而与仪器的稳定性相关，仪器的稳定性主要从测试样品的重复性体现出来；另外，测定中因要用到校正因子，与标准溶液的证书值有关。所以，根据文献测量不确定度评定与表示[28]、测量不确定度要求[29]和化学分析中不确定度的评估指南的准则和要求[30]，主要从重复性和证书值两方面引入的不确定度进行计算，其他都可以忽略不计。重复性即体现为多次测定结果的精密度 $RSD$，证书值的不确定度范围越小，和待测值越接近，则校正质量歧视的效果越好，对应的测定结果的不确定度也就越小。所以，优化仪器提高分析结果的精密度并选用和待测同位素丰度较一致的同位素丰度标准物质校正质量歧视，是提高同位素比值测定准确度的关键。

### 3.1 分析测定的重复性引入的不确定度

根据化学分析中不确定度的评估指南，分析测定的重复性引入的不确定度评估，作为 A 类不确定度，符合使用独立测定同一样品 6 次的 $SD$ 值，结果详见本文"2.6 分析结果的重复性"，使用 $u_{rel}=SD/\sqrt{6}$ 计算相对不确定度。

### 3.2 证书值引入的不确定度

根据 CNAS-GL006-2019 化学分析中不确定度的评估指南[30]，由证书值引入的不确定度评估，作为 B 类不确定度，给出了 $\pm a$ 的范围，符合矩形分布，所以使用公式 $u_{rel}=U_{certi}/\sqrt{3}\sqrt{X_{4220}}$ 计算其相对不确定度，其证书值不确定度范围及使用本方法测定的结果如表 5 所示。

### 3.3 扩展不确定度

扩展不确定度使用 $U=U_{rel}\times \bar{X}$ 计算，相对合成不确定度由 $u_{crel}=\sqrt{u_{rei2}^{3}+u_{ewl2}^{3}}$ 计算，而相对扩展不确定度由 $U_{rel}=k\times u_{crel}$（$k=2$）计算，根据各式，最终计算出其扩展不确定度，及样品的测定值范围（表 5）。

表 5 不确定度详表

| 项目 | | $^{234}U/wt\%$ | $^{235}U/wt\%$ | $^{236}U/wt\%$ | $^{238}U/wt\%$ |
|---|---|---|---|---|---|
| 样品重复性 | SD | 7.62E-05 | 7.87E-04 | 9.83E-05 | 8.69E-04 |
| u A 类 | $u_{rel}=SD/\sqrt{6}/\bar{X}$ | 1.52E-02 | 8.58E-04 | 6.70E-03 | 3.56E-06 |

续表

| 项目 | | $^{234}U/wt\%$ | $^{235}U/wt\%$ | $^{236}U/wt\%$ | $^{238}U/wt\%$ |
|---|---|---|---|---|---|
| 证书值不确定度 | $U_{certi}$ | 2.00E-04 | 4.70E-04 | 6.40E-04 | 9.00E-04 |
| 相对合成标准不确定度 | $u_{crel}$ | 1.66E-02 | 1.21E-03 | 4.56E-02 | 6.31E-06 |
| 相对扩展不确定度 | $U_{rel}=k\times u_{crel}(k=2)$ | 3.32E-02 | 2.42E-03 | 9.11E-02 | 1.26E-05 |
| 扩展不确定度 | $U=U_{rel}\times \bar{X}$ | 6.79E-05 | 9.05E-04 | 5.46E-04 | 1.26E-03 |
| UF$_4$测定值范围 | $\bar{X}\pm U$ | 0.002 05±0.000 068 | 0.374 34±0.000 91 | 0.005 99±0.000 55 | 99.617 62±0.0013 |

## 4 结语

本工作使用四级杆ICP-MS准确测定了贫铀样品中的铀同位素比值，系统研究了ICP-MS的仪器条件及工作参数对铀同位素比值准确测定的影响，考察了仪器的长期稳定性。使用UF$_6$中铀同位素丰度标准物质GBW4222和GBW4220验证了分析方法的准确性，同时考察了测定方法的重复性和仪器的稳定性等因素，并与其他仪器的测量结果做了比对，发现ICP-MS的测定结果准确度和精密度都较好，准确度在标准值范围内，精密度达到了ASTM C 1474标准的质控要求。说明相对价格昂贵的HR-ICP-MS和α谱仪两种仪器，ICP-MS测定同位素丰度更加方便省时，且准确度及精密度也可以满足分析需求。以UF$_4$的测定结果为例，系统地分析测定过程中的不确定度来源，提出了提高ICP-MS测定同位素比值准确度的关键：优化仪器提高分析结果的精密度并选用和待测同位素丰度较一致的同位素丰度标准物质校正质量歧视。计算了ICP-MS测定铀同位素丰度的不确定度范围（$1\times10^{-5}\sim1\times10^{-3}$），该范围远小于燃耗测定的不确定度要求（≤2.5%）。该方法同样适用于其他铀化合物的铀同位素丰度测定或其他燃耗监测核素（如Nd同位素丰度）的测定，说明ICP-MS测定同位素丰度的方法可以用于反应堆燃料纯度监测、燃耗测定等核工业分析、监测及环保等领域，且具有分析准确度高、分析速度快等优势。

**参考文献：**

[1] 肖才锦，张贵英，袁国军，等．~(235)U/~(238)U同位素比值测定方法研究[C]．全国活化分析技术学术交流会．北京：中国核物理学会出版社，2013.

[2] 张继龙，黎春，王岚，等．热电离质谱法测定国际比对氧化铀芯块中的铀同位素比值[J]．铀矿地质，2019，35（1）：38-43.

[3] KASAR S, AONO T, SAHOOS K. Precise measurement of $^{234}$U/$^{238}$U, $^{235}$U/$^{238}$U and $^{236}$U/$^{238}$U isotope ratios in Fukushima soils using thermal ionization mass spectrometry [J]. Spectrochimica acta part B: atomic spectroscopy, 2021, 180: 1-9.

[4] 陈道军，张建生．含钆UO$_2$芯块和粉末中铀同位素丰度的热电离质谱法测定[J]．科技资讯，2015，13（32）：202-203.

[5] 李力力，李金英，赵永刚，等．多接收电感耦合等离子体质谱法精密测量铀基体中痕量钚同位素比值方法研究[J]．中国原子能科学研究院年报，2006（1）：290.

[6] 汪伟，徐江，翟利华，等．MC-ICP-MS测量铀中低丰度铀同位素比值[J]．质谱学报，2019，40（6）：518-524.

[7] 李春华，黄孟杰，廖泽波，等．MC-ICP-MS两步静态法测量U-Th同位素[J]．质谱学报，2019，40（3）：209-221.

[8] BOULYGA S F, KOEPF A, KONEGGER-KAPPEL S, et al. Uranium isotope analysis by MC-ICP-MS in sub-ng sized samples [J]. Journal of analytical atomic spectrometry, 2016, 31 (11): 2272-2284.

[9] 郭冬发,张彦辉,武朝晖,等. 高分辨电感耦合等离子体质谱法测定铀矿石样品中 $^{234}U/^{238}U$, $^{230}Th/^{232}Th$ 和 $^{228}Ra/^{226}Ra$ 同位素比值 [J]. 岩矿测试, 2009, 28 (2): 101-107.

[10] 陈进国,魏伟奇,柯宗枝,等. 福建省核电站周边饮用水中铀含量及 $^{235}U/^{238}U$ 比值的研究 [J]. 中国卫生检验杂志, 2016, 26 (14): 2075-2077.

[11] 李思璇,黄雯娜,王钟堂,等. 环境样品中铀同位素的 ICP-MS 测量方法研究 [J]. 辐射防护, 2018, 38 (4): 270-274.

[12] MAS J L, MA R, MCLEOD C, et al. Determination of $^{234}U/^{238}U$ isotope ratios in environmental waters by quadrupole ICP-MS after U stripping from alpha-spectrometry counting sources [J]. Analytical and bioanalytical chemistry, 2006, 386 (1): 152-160.

[13] CHARALAMBOUS C, ALETRARI M, PIERA P, et al. Uranium levels in Cypriot groundwater samples determined by ICP-MS and α-spectroscopy [J]. Journal of environmental radioactivity, 2013, 116 (Feb.): 187-192.

[14] ASTM. Standard test method for analysis of isotopic composition of uranium in nuclear-grade fuel material by quadrupole inductively coupled plasma-mass spectrometry: ASTM C 1474 [S]. United States: ASTM, 2019.

[15] WILLMAN C, HAKANSSON A, OSIFO O, et al. A nondestructive method for discriminating MOX fuel from LEU fuel for safeguards purposes [J]. Annals of nuclear energy, 2006, 33 (9): 766-773.

[16] ASTM. Standard test method for radiochemical determination of uranium isotopes in urine by alpha spectrometry: ASTM C1473 [S]. United States: ASTM, 2019.

[17] ASTM. Standard test method for radiochemical determination of uranium isotopes in soil by alpha spectrometry: ASTM C1000 [S]. United States: ASTM, 2019.

[18] DAI X X. Isotopic uranium analysis in urine samples by alpha spectrometry [J]. Journal of radioanalytical and nuclear chemistry, 2011, 289 (2): 595-600.

[19] 唐培家,李鲲鹏. γ能谱法测定铀、钚同位素丰度 [J]. 同位素, 2001 (3): 166-173.

[20] 杜旭红,游国强,郑建国,等. γ能谱法测量核材料铀富集度应用研究 [J]. 核电子学与探测技术, 2021, 41 (1): 6-11.

[21] 杨伟,袁国军,肖才锦,等. 中子活化分析 $k\_0$ 法用于 $^{235}U/^{238}U$ 比值测定 [J]. 中国原子能科学研究院年报, 2012 (1): 120-121.

[22] AKYUREK T, SHOAIB S B, USMAN S. Delayed fast neutron as an indicator of burn-up for nuclear fuel elements [J]. Nuclear engineering and technology, 2021, 53 (10): 3127-3132.

[23] SHI Y, DAI X, COLLINS R, et al. Rapid determination of uranium isotopes in urine by inductively coupled plasma-mass spectrometry [J]. Health physics, 2011, 101 (2): 148-153.

[24] 郭景儒. 裂变产物分析技术 [M]. 北京: 原子能出版社, 2008: 66-72.

[25] INES G L, NIKO K, JUDITH K W, et al. Characterization of nuclear fuels by ICP mass-spectrometrictechniques [J]. Analytical and bioanalytical chemistry, 2008, 390 (2): 503-510.

[26] WOLF S F, BOWERS D L, CUNNANE J C. Analysis of high burnup spent nuclear fuel by ICP-MS [J]. Journal of radioanalytical and nuclear chemistry, 2005, 263 (3): 581-586.

[27] 郑小北,刘玉侠,张岚. 一种四氟化铀的溶解方法: CN201510486616.9 [P]. 2019-05-07.

[28] 国家质量监督检验检疫总局. 测量不确定度评定与表示: JJF1059.1 [S]. 北京: 国家质量监督检验检疫总局, 2012.

[29] 中国合格评定国家认可委员会. 测量不确定度的要求: CNAS-CL01-G003 [S]. 北京: 中国合格评定国家认可委员会, 2021.

[30] 中国合格评定国家认可委员会. 化学分析中不确定度的评估指南: CNAS-GL006 [S]. 北京: 中国合格评定国家认可委员会, 2019.

# Determination of uranium isotope composition and uncertainty evaluation in depleted uranium compounds by ICP - MS

CUI Rong-rong, HUANG Wei, GONG Yu

(Shanghai Institute of Applied Physics, Chinese Academy of Science, Shanghai 201800, China)

**Abstract:** The accurate determination of U isotope ratio is one of the crucial means to monitor nuclear fuel. Inductively Coupled Plasma Mass Spectrometer (ICP - MS) is a relatively inexpensive, simple and rapid instrument for determining isotope abundance among several instruments. However, due to the influence of numerous factors such as low resolution, mass spectrum interference and matrix effect, the accuracy and precision of ordinary quadrupole mass spectrometry are relatively poor. In this work, the influence of ICP - MS instrument parameters and measuring conditions on the accurate determination of U isotope ratio were systematically studied. By optimizing the instrument parameters, the precision and accuracy of U isotope ratio determination were improved. The accuracy of the test method was verified by reference material verification, instrument comparison, and repeatability measurement. Then the source of uncertainty in the measurement process was analyzed, the uncertainty range of the measurement result was calculated, and the key factors to improve the accuracy of the analysis result were put forward.

**Key words:** U isotope ratio; ICP - MS; Uncertainty

# 锕系物理与化学
Actinides Physics and Chemistry

# 目　录

基于铋酸钠氧化及色层分离纯化镅与锔的方法研究 ……………… 王玉凤，凡金龙，樊　懋，等（1）

# 基于铋酸钠氧化及色层分离纯化镅与锔的方法研究

王玉凤，凡金龙，樊　懋，翟秀芳，
代义华，康　泰，汪　伟，白　涛，刘志超

（西北核技术研究所，陕西　西安　710024）

**摘　要**：镅与锔的相互分离对于镅锔同位素放化分析具有重要意义。本工作以铋酸钠同时作为氧化剂和吸附剂，结合HDEHP和DGA萃取色层，建立了镅与锔高效分离方法；研究了铋酸钠色层柱流速、酸浓度等因素对镅与锔分离的影响，以及HDEHP树脂和DGA树脂对铋、钠的去污行为，确立了优化的分离条件；推荐了三柱连续色层分离镅与锔的流程。镅和锔的回收率分别高达91%和95%，镅锔相互间的去污因子优于$1\times10^2$。该方法有望应用于α能谱法和质谱法对镅锔同位素的准确测量分析。

**关键词**：镅；锔；分离纯化；铋酸钠柱；HDEHP树脂；DGA树脂

在质谱法和α能谱法测量分析镅锔同位素中，镅与锔的相互分离及对其他干扰基体的去除非常重要[1]。在酸溶液中，镅和锔以稳定的三价态存在，而三价镅和锔的化学性质极其相似，相互分离非常困难。但是，电氧化法或强氧化剂可以将镅从三价氧化到更高价态，如五价和六价[2-3]，而锔在酸性介质中仍以三价存在，利用价态的不同来实现镅与锔的分离是一种非常有效的手段。

近年来，很多学者对$NaBiO_3$氧化Am（Ⅲ）方法进行了很深入的研究。Hara等研究了铋酸钠氧化过程中铋和镅的价态及形貌变化[4]。Mincher等利用UV-Vis光谱法分析了铋酸钠对Am（Ⅲ）的氧化产物及TBP萃取其氧化产物的机理[5]。Wang等报道了铋酸钠氧化体系中采用DGA溶剂萃取实现Am与镧系元素的相互分离[6]。Kulyako等报道了采用$Na_4XeO_6 \cdot 8H_2O$协同$NaBiO_3$将Am（Ⅲ）氧化至Am（Ⅳ），并采用TBP溶剂萃取法实现镅锔间的相互分离[7]。Richards报道了$NaBiO_3$不仅用作氧化剂，还可作为三价镧锕元素的吸附剂，此时六价的镅不吸附，通过固液萃取或$NaBiO_3$-Celite色层方法可以实现镅锔的相互分离，分离因子可达到90[8]。

然而，$NaBiO_3$在硝酸中的溶解度随酸浓度的增大而增大，使得$NaBiO_3$氧化分离获得的镅和锔产品液中存在大量的铋和钠离子，对测量产生严重的基体干扰及$^{209}Bi^{32}S^+$等复合离子干扰，影响准确测量分析，因此，进一步除去镅和锔产品液中的钠和铋显得非常必要。尽管Rice等研究了$NaBiO_3$在HCl、$H_3PO_4$、$HO_2CMe$等介质中将Am（Ⅲ）选择性氧化到$AmO_2^+$或$AmO_2^{2+}$的机理[9]，并采用阴离子交换色层和DGA萃取色层法除去$Bi^{3+}$，但对于硝酸介质中镅与铋的相互分离未见报道。

本工作以铋酸钠为固定相，研究了在不同$HNO_3$浓度、不同柱流速条件下镅和锔的淋洗行为，测定了回收率和去污因子，获得镅锔优化的分离条件。进一步研究了HDEHP树脂和DGA树脂对镅锔与钠、铋的分离行为，从而建立了基于铋酸钠氧化法高效分离纯化镅与锔的流程，验证了流程的分离性能。

## 1　实验部分

### 1.1　材料与仪器

DGA树脂（密度：0.33 g/mL；粒径：100～150 μm）购自法国Triskem International公司；

---

作者简介：王玉凤（1994—），女，硕士，助理研究员，现主要从事锕系元素的放化分离及制源等方面的科研工作。

HDEHP树脂为通过浸渍方法在实验室自主合成（密度：0.33 g/mL；粒径：75～125 μm）。

放射性同位素$^{241}$Am、$^{244}$Cm购自中国同辐公司，Bi标准溶液（1 mg/mL）购自国家有色金属及电子材料分析测试中心，硝酸（优级纯）、$NaBiO_3 \cdot 2H_2O$购自国药集团化学试剂有限公司，Celite-535购自上海振谱生物科技有限公司。

Bi元素浓度低于10 ppb时使用ICP-MS（Angilent 8800）测量，高于10 ppb时使用ICP-OES（Perkin Elmer Avio 200）测量。

阱式HPGe γ谱仪测量$^{241}$Am、$^{243}$Cm的活度，半导体α能谱仪（Canberra，7200）和MC-ICP-MS（Nu Plasma）测量锔和铜相应放射性核素的同位素比值。

## 1.2 静态吸附实验

在10 mL离心管中称取50 mg干树脂，向离心管内加入5 mL不同酸浓度的待分析元素的溶液，之后用空气浴振荡器于（20±0.2）℃温度下振荡4 h，之后将混合物通过0.22 μm孔径的滤膜过滤，取上清液测量清液中待测元素含量。质量分配系数（$D_w$）和分离因子（$SF$）分别用式（1）和式（2）计算得到。

$$D_w = \frac{A_0 - A_s}{A_s} \cdot \frac{w}{V} \quad (1)$$

$$SF = \frac{D_w(\text{Bi})}{D_w(\text{Am})} \quad (2)$$

式中，$A_0$和$A_s$为溶液相中待分析元素的初始和平衡后的活度（浓度），Bq（ppm）；$w$为树脂的质量，g；$V$为溶液相的体积，mL。

## 1.3 柱分离实验

铋酸钠与Celite的混合物（质量比为1:9）采用干法装填至内径为5 mm的树脂柱，采用蠕动泵控制液体流速，HDEHP树脂和DGA树脂用湿法装填至所需尺寸的树脂柱，重力驱动溶液流动。树脂柱在分离前需用上柱酸介质预平衡，料液上柱后，经过洗涤解吸等步骤，流出液经测量分析后可获取淋洗曲线，并计算回收率（$R$）和去污因子（$DF$），如式（3）和式（4）所示。

$$R_{M_i} = \frac{A_{r, M_i}}{A_{1, M_i}} \quad (3)$$

$$DF_{M_1/M_2} = \frac{A_{1, M_1}}{A_{e(M_2), M_1}} \quad (4)$$

式中，$M_i$为待分析元素，如锔或铜；$A_{r,M_i}$为$M_i$回收液中$M_i$的活度，Bq；$A_{1,M_i}$为上柱料液中$M_i$的活度，Bq；$DF_{M_1/M_2}$为$M_2$回收液中对$M_1$的去污因子；$A_{e(M_2),M_1}$为$M_2$回收液中$M_1$的活度，Bq。

## 2 结果与讨论

### 2.1 色层分离条件优化研究

#### 2.1.1 铋酸钠树脂柱分离锔和铜

铋酸钠在锔铜分离过程中不仅是三价铜的强氧化剂，而且是三价铜的吸附剂，氧化还原过程和吸附过程的动力学影响锔铜分离效果。流速是影响动力学的重要因素，流速较低情况下，高价态的铜被还原的概率增大，发生多次氧化—还原—吸附—氧化过程，影响分离效果，而流速过高会导致氧化和吸附过程均不完全，也影响分离效果。因此本工作研究了不同流速条件下锔和铜的淋洗行为，如图1所示。

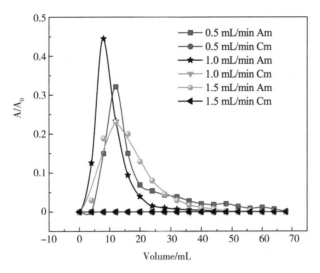

**图 1 铋酸钠色层柱上不同流速洗脱镅的镅镉淋洗曲线**

（树脂柱尺寸：Φ5 mm×100 mm；淋洗液：0.1 mol/L $HNO_3$）

由图 1 可知，0.1 mol/L $HNO_3$ 淋洗，1.0 mL/min 流速条件下，镅的淋洗峰拖尾明显小于流速为 0.5 mL/min 和 1.5 mL/min 时的峰拖尾，此现象也说明在 1.0 mL/min 流速条件下，铋酸钠的氧化还原速率与吸附脱附速率相近。计算回收率和去污因子可知，当流速分别为 0.5 mL/min、1.0 mL/min 和 1.5 mL/min 时，淋洗收集液中镅的回收率分别是 74%、95%、88%，镅中镉的去污因子均大于 $1×10^3$。另外，镉解吸的同时会把色层柱上残留的镅也解吸下来，镉解吸液中镅的去污关键在于镅是否被 0.1 mol/L 硝酸溶液淋洗完全，由计算可知，镉解吸液中镅的去污因子分别为 11、489 和 47。在 1.0 mL/min 流速条件下，镅的回收率更高且镉中镅的去污因子最大，因此，1.0 mL/min 是最佳的淋洗流速。

为探索镉的解吸条件，在 1.0 mL/min 流速条件下，用不同酸浓度的硝酸溶液解吸镉，如图 2 所示，酸浓度越高，镉越容易被解吸下来，需要的解吸溶液体积越小。然而，除考虑淋洗体积外，还需考虑铋酸钠的溶解度，图 3 为用不同浓度的硝酸溶液淋洗铋酸钠色层柱，淋洗液中铋的浓度曲线。当硝酸浓度在 0.5 mol/L 以下时，淋洗液中铋的浓度随淋洗液体积增大呈下降趋势，而硝酸浓度高于 1.0 mol/L 时，淋洗液中铋的浓度先降低后增大。由于 2.0 mol/L 酸浓度条件下铋流出的浓度远高于 1.0 mol/L 酸浓度，而镉回收率达 99% 所需要的解吸溶液体积相差不大，因此选择采用 1.0 mol/L 的酸浓度解吸镉。

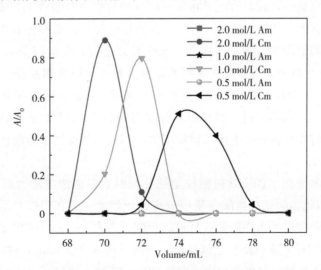

**图 2 铋酸钠色层柱上不同硝酸浓度解吸镉的镅镉淋洗曲线**

（树脂柱尺寸：Φ5 mm×100 mm；流速：1.0 mL/min）

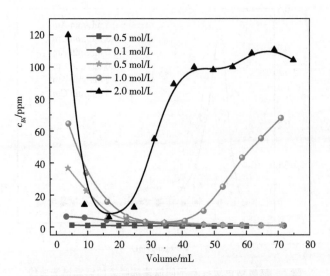

图 3 不同浓度硝酸溶液淋洗铋酸钠色层柱的淋洗曲线

(树脂柱尺寸：Φ 5 mm×100 mm；流速：1.0 mL/min；室温)

在铋酸钠柱淋洗收集的锔和镅溶液中仍含有百微克至毫克量级的铋和钠，如此大量的基体元素，直接电沉积制备 α 测量源时会在不锈钢片上沉积一层铋，干扰 α 能谱测量，加之铋还会形成多原子复合离子，严重影响到锔同位素的质谱测量分析，因此需要解决锔镅与铋和钠的高去污分离问题。

### 2.1.2 HDEHP 树脂柱及 DGA 树脂柱分离锔和铋、钠

铋酸钠柱流出液中回收的高价锔失去了氧化环境，很快会转换为三价，而三价锔和镅性质极其相似，因此，对于锔和镅回收液中的铋和钠的去除，本工作只研究锔与铋、钠的分离行为。锔回收液的酸介质为 0.1 mol/L 硝酸，镅回收液的酸介质为 1.0 mol/L 硝酸，为减少接续流程中的介质转化，节省分离时间，本工作探索 0.1 mol/L 和 1 mol/L 硝酸介质直接上样条件下，锔和铋、钠的分离。

McAlister 等报道 LN 树脂（主要成分为磷酸二乙基己基酯，即 HDEHP）对锔的吸附能力随酸浓度的增大而降低[10]，Brown 等报道 HDEHP 在硝酸介质中对铋的萃取能力随酸浓度的增大而降低，并且在 1.0 mol/L 硝酸溶液中仍具有较高的萃取性能[11]。另外，根据 Horwitz 等报道，在 0.5～10 mol/L 硝酸介质中，锔和铋在 DGA 树脂柱上强烈吸附，而在稀盐酸介质中，锔的吸附能力弱，而铋仍具有较强的吸附能力[12]。

在上述文献报道的基础上，我们研究了在不同硝酸和盐酸浓度条件下，锔和铋在 DGA 树脂柱和 HDEHP 树脂柱上的静态吸附性能，如图 4 所示。在硝酸介质中，锔和铋在 DGA 树脂柱上的质量分配系数随着酸浓度的升高而增大，酸浓度在 0.1 mol/L 以上时，分离因子为 20～70；另外，锔和铋的质量分配系数在 $1×10^2$ 以上，需要大量体积的硝酸溶液才可以将锔淋洗下来。然而，在盐酸介质中，锔在 DGA 树脂柱上的分配系数随着酸浓度的增大而增大，而铋的分配系数随酸浓度增大先增大后降低，盐酸浓度低于 0.2 mol/L 时，锔和铋的分离因子在 $1×10^3$ 以上，且锔的分配系数低于 10，因此，稀盐酸溶液可以将锔从树脂柱上快速解吸下来，而铋仍强保留于树脂柱上，从而实现锔与铋的快速分离。

在盐酸介质中，锔和铋在 HDEHP 树脂柱上的分配系数随酸浓度增大而降低，锔和铋的分离因子较小，在 10 以下，因此锔和铋在盐酸介质中分离比较困难。而在硝酸介质中，锔和铋在 HDEHP 树脂柱上的分配系数随酸浓度增大而降低，且铋的分配系数大于锔。当酸浓度低于 0.1 mol/L 时，锔和铋的分配系数大于 $5×10^2$，在树脂柱上强保留，而酸浓度为 0.4 mol/L 时，锔的分配系数在 10 以下，铋的分配系数在 $10^2$ 量级，可以实现锔的解吸回收，而铋在树脂柱上保留。

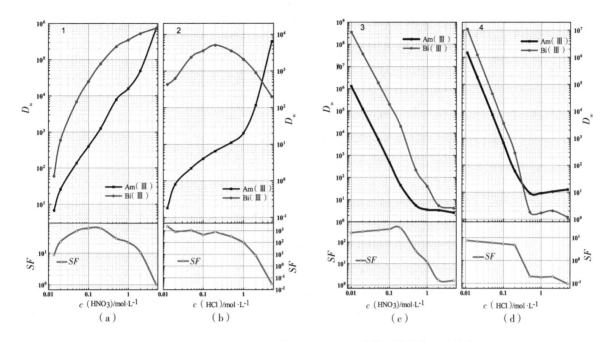

**图 4 镅和铋在 DGA 树脂柱和 HDEHP 树脂柱上的静态吸附性能**

(a) DGA 树脂柱，硝酸介质；(b) DGA 树脂柱，盐酸介质；(c) HDEHP 树脂柱，硝酸介质；(d) HDEHP 树脂柱，盐酸介质

在静态实验的基础上，我们进一步研究了 DGA 树脂柱和 HDEHP 树脂柱上镅、钠、铋的动态分离行为，以期获得更好的分离效果，淋洗曲线分别如图 5 和图 6 所示。在 1 mol/L 硝酸介质中，镅、铋和钠混合料液上 DGA 树脂柱，通过洗涤，可以将钠离子完全去除，而保留在树脂柱上的镅可以用稀盐酸溶液有效脱附回收，此时，铋仍保留在 DGA 树脂柱上，并与镅实现分离。在 0.1 mol/L 硝酸介质中，镅、铋和钠混合料液上 HDEHP 树脂柱，0.1 mol/L 硝酸洗涤可以完全去除钠离子，0.4 mol/L 硝酸溶液可以将 HDEHP 树脂柱上的镅有效脱附回收，而铋仍保留在 HDEHP 树脂柱上。

通过研究表明，HDEHP 树脂柱和 DGA 树脂柱可以有效去除镅和镉回收液中的铋和钠，镅和镉均能实现定量回收，而产品液中铋和钠的浓度达到 2%～5% 硝酸溶液的本底水平。

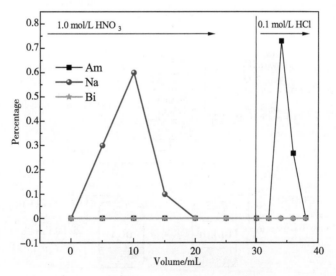

**图 5 DGA 树脂柱上钠、镅和铋的淋洗曲线**

(树脂柱尺寸：Φ9 mm×45 mm)

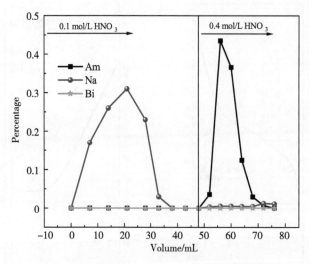

**图 6　HDEHP 树脂柱上钠、镅和铋的淋洗曲线**

(树脂柱尺寸：Φ9 mm×40 mm)

## 2.2　镅锔分离推荐流程及性能测定

通过对铋酸钠柱流速和酸浓度对镅锔脱附行为影响的研究，以及 HDEHP 树脂和 DGA 树脂对分离镅锔与钠、铋的研究，我们推荐了镅锔分离纯化流程，如图 7 所示，具体步骤如下。

(1) 铋酸钠色层分离镅与锔：0.1 mol/L 硝酸的镅锔混合料液上铋酸钠色层柱，首先用 20 mL 0.1 mol/L 硝酸溶液洗涤色层柱，收集上柱流出液和洗涤液作为镅馏分；再用 15 mL 0.1 mol/L 硝酸溶液洗涤色层柱，洗去并弃掉镅的拖尾；最后用 10 mL 1 mol/L 硝酸溶液解吸回收锔馏分。

(2) HDEHP 萃取色层纯化镅：将镅直接馏分上 HDEHP 树脂柱，再用 20 mL 0.1 mol/L 硝酸溶液洗涤除去钠离子，然后用 0.4 mol/L 硝酸溶液解吸回收镅。

(3) DGA 萃取色层纯化锔：将锔直接馏分上 DGA 树脂柱，再用 1 mol/L 硝酸溶液洗涤除去钠离子，然后用 0.1 mol/L 盐酸溶液解吸回收锔。

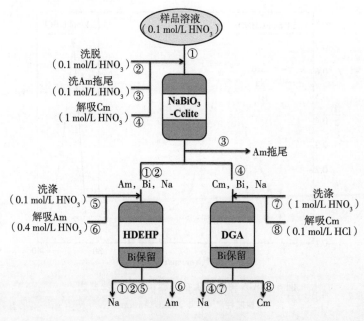

**图 7　镅锔分离纯化流程**

为检验镅锔流程的分离去污性能，本工作配制了 $^{241}$Am、$^{244}$Cm 的混合溶液，按照流程进行了镅和锔分离实验，表 1 列出了 3 组模拟样品镅锔分离后的回收率和去污因子数据。由表可知，镅和锔分别具有 91% 和 95% 的回收率，镅中锔的去污因子在 $1\times10^3$ 以上，锔中镅的去污因子在 $1\times10^2$ 以上。

表 1 模拟样品经分离后的回收率和去污因子测定

| 样品 | 加入量/Bq | | 镅产品液含量/Bq | | 锔产品液含量/Bq | | 回收率 | | 去污因子 | |
|---|---|---|---|---|---|---|---|---|---|---|
| | $^{241}$Am | $^{244}$Cm | $^{241}$Am | $^{244}$Cm | $^{244}$Cm | $^{241}$Am | Am | Cm | Am 中 Cm | Cm 中 Am |
| 1 | 2134 | 1497 | 1942 | 1.1 | 1405 | 21 | 91% | 94% | 1940 | 102 |
| 2 | 2456 | 1574 | 2198 | 1.4 | 1487 | 23 | 89% | 94% | 1754 | 107 |
| 3 | 2342 | 1432 | 2135 | 1.2 | 1364 | 23 | 91% | 95% | 1952 | 102 |

## 3 结论

本工作联合铋酸钠氧化色层和 HDEHP、DGA 萃取色层，建立了连续、高效的镅锔分离流程。在铋酸钠动态柱氧化过程中，由于氧化和吸附过程动力学的影响，合适的流速（1.0 mL/min）可确保镅的有效氧化并与锔实现高效分离。通过巧妙的流程设计和实验研究，镅和锔回收馏分中含有的大量钠和铋，可以直接上样通过 DGA 树脂和 HDEHP 树脂进一步分离纯化，既减少了繁琐的介质转化步骤，节省了分离时间，又可以获得较高纯度的镅和锔产品液。镅和锔的回收率分别达到 91% 和 95%，镅与锔的去污因子优于 $1\times10^2$，镅和锔产品液中铋和钠达到 2%～5% 硝酸溶液本底水平。该方法可用于镅锔同位素的 α 能谱和质谱分析。

**参考文献：**

[1] CHARTIER F, AUBERT M, PILIER M. Determination of Am and Cm in spent nuclear fuels by isotope dilution inductively coupled plasma mass spectrometry and isotope dilution thermal ionization mass spectrometry after separation by high-performance liquid chromatography [J]. Fresenius J Anal Chem, 1999, 364: 320-327.

[2] BURNS J D, SHEHEE T C, CLEARFIELD A, et al. Separation of americium from curium by oxidation and ion exchange [J]. Analytical chemistry, 2012, 84 (16): 6930-6932.

[3] KAZI Z, GUéRIN N, CHRISTL M, et al. Effective separation of Am (Ⅲ) and Cm (Ⅲ) using a DGA resin via the selective oxidation of Am (Ⅲ) to Am (V) [J]. Journal of radioanalytical and nuclear chemistry, 2019, 321: 227-233.

[4] HARA M, SUZUKI S. Oxidation of americium (Ⅲ) with sodium bismuthate [J]. Journal of radioanalytical chemistry, 1977, 36: 95-104.

[5] MINCHER B J, MARTIN L R, SCHMITT N C. Tributylphosphate extraction behavior of bismuthate-oxidized americium [J]. Inorganic chemistry, 2008, 47 (15): 6984-6989.

[6] WANG Z, LU J, DONG X, et al. Ultra-efficient americiumlanthanide separation through oxidation state control [J]. Journal of the american chemical society, 2022, 144 (14): 6383-6389.

[7] KULYAKO Y M, MALIKOVA D A, TROFIMOVA T I, et al. Separation of americium and curium in nitric acid solutions via oxidation of Am (Ⅲ) by bismuthate and perxenate ions [J]. Radiochemistry, 2020, 62: 581-586.

[8] RICHARDS J M, SUDOWE R. Separation of americuim in high oxidation states from curium ultilizing sodium bismuthate [J]. Analytical Chemistry, 2016, 88 (9): 4605-4608.

[9] RICE N T, DALODIèRE E, ADELMAN S L, et al. Oxidizing americium (Ⅲ) with sodium bismuthate in acidic aqueous solutions [J]. Inorganic chemistry, 2022, 61 (33): 12948-12953.

[10] MCALISTER D R, HORWITZ E P. Characterization of extraction of chromatographic materials containing bis (2-ethyl-1-hexyl) phosphoric acid, 2-ethyl-1-hexyl (2-ethyl-1-hexyl) phosphonic acid, and bis (2, 4, 4-

trimethyl - 1 - pentyl) phosphinic acid [J]. Solvent extraction and ion exchange, 2007, 25 (6): 757-769.
[11] BROWN L C, CALLAHAN A P. The large-scale production of carrier-free 206Bi for medical application [J]. The international journal of applied radiation and isotopes, 1975, 26 (4): 213-217.
[12] HORWITZ E P, MCALISTER D R, BOND A H, et al. Novel Extraction of chromatographic resins based on tetraalkycolamides: characterization and potential application [J]. Solvent extraction and ion exchange, 2005, 23 (3): 319-344.

# Study on the separation and purification of americium and curium based on oxidation and chromatographic method

WANG Yu-feng, FAN Jin-long, FAN Mao, ZHAI Xiu-fang, DAI Yi-hua, KANG Tai, WANG Wei, BAI Tao, LIU Zhi-chao

(Northwest Institute of Nuclear Technology, Xi'an, Shaanxi 710024, China)

**Abstract**: Separation and purification of americium and curium was of great significance for their isotopic analysis by α-spectrometry or mass spectrometry. In this work, a method based on the combination of oxidation and extraction chromatography was proposed. As the oxidant and adsorbent, sodium bismuth was applied to oxidize Am (Ⅲ) to hexavalent and adsorb trivalent curium to realize their mutual separation. The separation conditions including column flow rate and the concentration of nitric acid of $NaBiO_3$ column were optimized, and the separation conditions on HDEHP resin and DGA resin columns for the further removal of bismuth and sodium from the Am and Cm were explored. Finally, an efficient procedure for the separation and purification of Am and Cm was established. The results showed that the recoveries of Am and Cm were 91% and 95% separately, and the decontamination factors of each other were more than $1 \times 10^2$. This method was hopefully applied in the analysis of Am and Cm using α spectrometry and ICP-MS.

**Key words**: Americium; Curium; Separation and purification; $NaBiO_3$ column; HDEHP resin; DGA resin